"十三五"国家重点出版物出版规划项目

光电子科学与技术前沿丛书

有机薄膜晶体管材料器件和应用

孟 鸿 黄 维/著

科学出版社
北京

内 容 简 介

本书从有机薄膜晶体管的发展历程、器件结构与原理、材料种类、器件性能及应用等方面对这种新型的有机电子器件作了较全面的论述。重点梳理了作者及国内外同行在有机薄膜晶体管有源层及介电层材料方面的研究成果，涵盖小分子材料、高分子材料、液晶材料、介电材料、材料计算模拟、有机单晶材料的发展与生长方法等。系统阐述了提高有机薄膜晶体管器件性能的各种方法。

本书可作为在有机光电子材料领域从事基础研究的科研工作者和企业产品开发人员的参考资料和工具书，也可作为高等院校精细化工、有机化学、高分子材料等专业的教师、高年级本科生和研究生的教学参考书。

图书在版编目（CIP）数据

有机薄膜晶体管材料器件和应用 / 孟鸿，黄维著.
—北京：科学出版社，2019.1
（光电子科学与技术前沿丛书）
"十三五"国家重点出版物出版规划项目　国家出版基金项目
ISBN 978-7-03-058486-1

Ⅰ.①有… Ⅱ.①孟… ②黄… Ⅲ.①薄膜晶体管—有机材料—光电材料—研究 Ⅳ.①TN321②TN204

中国版本图书馆CIP数据核字（2018）第181226号

责任编辑：潘志坚　王 威 / 责任校对：谭宏宇
责任印制：黄晓鸣 / 封面设计：黄华斌

科学出版社 出版
北京东黄城根北街16号
邮政编码：100717
http://www.sciencep.com

北京虎彩文化传播有限公司印刷
科学出版社发行　各地新华书店经销

*

2019年1月第 一 版　开本：B5（720×1000）
2019年10月第三次印刷　印张：19 1/4
字数：365 400

定价：108.00元
（如有印装质量问题，我社负责调换）

"光电子科学与技术前沿丛书"编委会

主　编　褚君浩　姚建年

副主编　黄　维　李树深　李永舫　邱　勇　唐本忠

编　委（按姓氏笔画排序）

王　树　　王　悦　　王利祥　　王献红　　占肖卫
帅志刚　　朱自强　　李　振　　李文连　　李玉良
李儒新　　杨德仁　　张　荣　　张德清　　陈永胜
陈红征　　罗　毅　　房　喻　　郝　跃　　胡　斌
胡志高　　骆清铭　　黄　飞　　黄志明　　黄春辉
黄维扬　　龚旗煌　　彭俊彪　　韩礼元　　韩艳春
裴　坚

孟鸿有机光电材料与器件
研究团队部分成员名单

孟　鸿

博士研究生

胡　钏　徐　汀　陈小龙

硕士研究生

陈彦彤　李　珂　邵　姗　史晶晶　许盼盼
徐文俊　姚　超　朱濛濛　朱小思　张应霜
陈梦芸　胡　丹　李微硕　陈　默　郭怡彤
曾兴为　曹菊鹏　魏潇赟　朱亚楠　曾先哲

博士后

余洪涛　张董伟　王成群

工作人员

贺耀武　李爱源　徐秀茹　刘　铭　贺　超　缪景生

丛书序

光电子科学与技术涉及化学、物理、材料科学、信息科学、生命科学和工程技术等多学科的交叉与融合,涉及半导体材料在光电子领域的应用,是能源、通信、健康、环境等领域现代技术的基础。光电子科学与技术对传统产业的技术改造、新兴产业的发展、产业结构的调整优化,以及对我国加快创新型国家建设和建成科技强国将起到巨大的促进作用。

中国经过几十年的发展,光电子科学与技术水平有了很大程度的提高,半导体光电子材料、光电子器件和各种相关应用已发展到一定高度,逐步在若干方面赶上了世界水平,并在一些领域实现了超越。系统而全面地梳理光电子科学与技术各前沿方向的科学理论、最新研究进展、存在问题和发展前景,将为科研人员以及刚进入该领域的学生提供多学科交叉、实用、前沿、系统化的知识,将启迪青年学者与学子的思维,推动和引领这一科学技术领域的发展。为此,我们适时成立了"光电子科学与技术前沿丛书"专家委员会,在丛书专家委员会和科学出版社的组织下,邀请国内光电子科学与技术领域杰出的科学家,将各自相关领域的基础理论和最新科研成果进行总结梳理并出版。

"光电子科学与技术前沿丛书"以高质量、科学性、系统性、前瞻性和实用性为目标,内容既包括光电转换基本理论、有机自旋光电子学、有机光电材料理论等基础科学理论,也涵盖了太阳能电池材料、有机光电材料、硅基光电材料、微纳光子材料、非线性光学材料和导电聚合物等先进的光电功能材料,以及有机/聚合物光电子器件和集成光电子器件等光电子器件,还包括光电子激光技术、飞秒光谱技术、太赫兹技术、半导体激光技术、印刷显示技术和荧光传感技术等先进的光电子技术及其应用,将涵盖光电子科学与技术的重要领域。希望业内同行和读者不吝赐教,帮助我们共同打造这套丛书。

在丛书编委会和科学出版社的共同努力下,"光电子科学与技术前沿丛书"获得2018年度国家出版基金支持并入选了"十三五"国家重点出版物出版规划项目。

我们期待能为广大读者提供一套高质量、高水平的光电子科学与技术前沿著作,希望丛书的出版有助于光电子科学与技术研究的深入,促进学科理论体系的建设,激发科学发现,推动我国光电子科学与技术产业的发展。

最后,感谢为丛书付出辛勤劳动的各位作者和出版社的同仁们!

"光电子科学与技术前沿丛书"编委会

2018年8月

序 言

在贝尔实验室的第一个晶体管专利发布28年之后,美国科学家艾伦·黑格、艾伦·马克迪尔米德和日本科学家白川英树于1975年发现了导电高分子。采用有机半导体薄膜构筑晶体管器件并有场效应迁移率报道的工作始于1986年,其有源层由电化学聚合成膜的聚噻吩构成,迁移率仅有 10^{-5} $cm^2/(V·s)$;第一个可溶解的有机聚合物材料——聚-3己基噻吩(P3HT)在1988年被应用于场效应晶体管;1992年,经典材料并五苯被提出;1994年,Francis Garnier在《科学》杂志上首次提出印刷晶体管的可能性,指出"全有机"柔性器件低成本和易于大面积制造的独特优势;1996年,采用高度区域规整的P3HT作为有源层,晶体管迁移率获得数量级的提升,为全印刷高迁移率晶体管的实现奠定了基础。此后,人们对有机薄膜晶体管材料器件及其应用的研究一直不断推进。

我与本书的作者孟鸿教授曾共事于美国贝尔实验室,2000~2001年间,当时还是UCLA博士研究生的孟鸿在我课题组做Intership。我们合作开发一类高稳定性且具有荧光特性的半导体材料,一系列基于低聚噻吩-芴类有机半导体的高性能薄膜晶体管被报道,引起了学术界和产业界的广泛关注。随后,他进入美国杜邦公司继续从事有机薄膜晶体管(OTFT)和有机发光材料与器件的研发。2002年,朗讯科技的贝尔实验室承担了一项关于新型OTFT材料和设计工艺研发的重大专项,通过技术合作,整合杜邦在OLED显示面板、柔性基底、低成本印刷和OTFT技术上的专业知识和Sarnoff在有源矩阵TFT设计和视频显示系统上的专长,促进诸如全彩聚合物有源矩阵 OLED 显示器等下一代柔性显示器的商业化。OTFT 确实是低成本、易于大面积、可柔性化的先进器件，显示出重大的进步。但是，在当时看来，OTFT 迁移率还是不够高，工艺还不够成熟，柔性电子的市场需求也还不够明晰，以至于 OTFT 的商业化进程缓慢，短时间内还无法撼动硅基 TFT 的地位。

近十几年来，越来越多的新材料和器件及应用被研究，OTFT 在迁移率、稳定性及功能化方面都取得了重大进展。例如，大面积单晶薄膜的溶液法生长及单晶阵列的图案化成为了可能，基于有机单晶的晶体管实现了高迁移率；垂直场效应晶体管结构大幅提高了 OTFT 的开态电流，弥补了迁移率的不足；有机半导体与聚合物绝缘复合材料改善了 OTFT 载流子界面，等等，这些都让我们看到了 OTFT 的希望。OTFT 制程、材料及性能的优化和提升，为有机半导体器件构成集成电路夯实了基础。尤其在传感器无处不在的物联网时代，OTFT 的未来充满着无限的可能。在过去的两年中，可拉伸 OTFT 所取得的新进展为 OTFT 的研究与发展开辟了新的方向，可拉伸 OTFT 在可穿戴电子器件和机器人技术中应用极有可能再次革新人们的生活方式。另外，我们也应关注到有机半导体 n 型材料发展缓慢、有机单晶数据库缺乏、针对器件界面问题的系统性理论还未建立等不足，未来 OTFT 的基础研究还需要持续投入和发展。

《有机薄膜晶体管材料器件和应用》介绍了有机薄膜晶体管的发展历程、现状和趋势，读者可以从中了解到当前国内外有机薄膜晶体管的最新研究成果，尤其是中国学者在 OTFT 基础研究领域的贡献。在产业化方面，不少中国企业开始投入到以 OTFT 为核心技术之一的柔性电子产业中，比如，平板显示行业的 OTFT-OLED 全彩柔性显示技术、柔性有机液晶显示（OLCD）技术、物联网有机射频识别标签（ORFID）技术等。这一形势为中国 OTFT 技术从实验室走向产业化增加了机会，也会进一步促进中国有机电子学科的发展。未来可期待中国在 OTFT 基础研究和商业化进程中取得全球性的成果。

美国工程院院士
鲍哲南
2018 年 6 月

前　言

有机薄膜晶体管是一种半导体材料来源广泛、制备温度低、制备工艺简单、成本低、可与柔性基底兼容且易实现大面积制造的晶体管元器件，可广泛应用到柔性显示、电子纸、智能卡、传感器、射频标签等领域。第一个有机薄膜晶体管诞生于20世纪80年代，经过30多年的发展，有机薄膜晶体管的研究取得了巨大的进展。各项器件性能指标已经超越了无机非晶硅薄膜晶体管的器件性能，目前小分子单晶场效应晶体管的迁移率已经达到42 $cm^2/(V·s)$，而聚合物薄膜晶体管的迁移率最高达到102 $cm^2/(V·s)$，迁移率已经满足工业化生产所需的要求。

在这一过程中，并苯类、苯并噻吩并苯并噻吩类、DPP类、D-A类等一系列高迁移率有机半导体材料被发现；材料的溶液加工性、空气稳定性得到提升；加工工艺对分子排列的影响，薄膜形貌与器件性能的关系，有机单晶的可控生长，材料迁移率各向同性的调控等关键问题被逐渐探明；有机薄膜晶体管正从原来单纯的基础有机材料和器件的研究向集成电路和各种功能化器件的研究方向发展。我国在有机薄膜晶体管研究方面与世界研究水平接近。本书的主旨是向读者介绍近年来国内外有机薄膜晶体管的新材料、新工艺和新应用，使读者能够了解当前国内外有机薄膜晶体管的最新研究成果。

有机薄膜晶体管是通过改变栅电压的大小来控制源漏电极之间电流输出的有源器件，本书从有机薄膜晶体管的发展历程、器件结构与原理、有源层材料、介电材料、器件性能及应用等方面对这种新型的有机电子器件作了较全面的论述。全书共分10章，重点阐述有机薄膜晶体管关键材料和器件优化方案，探讨材料结构与性能的关系。第1章主要介绍有机薄膜晶体管的历史、现状和未来发展趋势；第2章主要介绍有机场效应晶体管的构造和工作原理；第3章至第6章梳理了国内外在有机薄膜晶体管有源层及介电层材料方面的研究成果，涵盖小分子材料、高分子材料、液晶材料、介电层材料、材料计算模拟方法等。第7章主要介绍有机半导体单晶场效应晶体管，包括有机半导体单晶材料的发展、有机半导体晶体的生长方法与生长机理、有机单晶电荷传输的各向异性研究等；第8章主要介绍有机光电晶体管；第9章主要介绍提高有机半导体器件性能的各种方法；第10章主要介绍有机薄膜晶体管在集成电路、有源显示驱动、传感器和射频识别等方面的应用。

本书材料来源于著者长期从事有机薄膜晶体管基础研究和技术研发所取得的研究成果。在编写过程中，著者参考了一些国内外有关领域的最新进展和成果，引用了参考文献中的部分内容、图表和数据，在此特向书刊的作者表示诚挚的谢意。书稿形成过程中，作者的博士研究生、硕士研究生和实验室研究人员对本书内容的形成和定稿做出了很大的贡献。此外，感谢科学出版社对本书出版工作的大力支持。

本书力求反映目前有机薄膜晶体管新材料的研究成果和发展动向，希望能有利于有机薄膜晶体管的发展，有益于研究生、大学生的培养及技术水平的提高，并希望对有机薄膜晶体管的未来发展有所指导，能够成为有实用价值的关于有机薄膜晶体管方面的参考书。限于著者知识水平，书中难免会出现疏漏和不足之处，敬请广大读者和专家指正，在此表示诚挚的谢意！

著 者

2018年5月

目 录

丛书序 ·· i
序言 ·· iii
前言 ·· v

第 1 章 有机薄膜晶体管的历史、现状和未来发展趋势 ············ 001
1.1 从无机场效应晶体管到有机薄膜晶体管 ···································· 001
1.2 有机薄膜晶体管的特色与优势 ·· 002
1.3 有机薄膜晶体管的发展历史 ·· 003
参考文献 ·· 012

第 2 章 有机场效应晶体管构造和工作原理 ······························· 015
2.1 有机场效应晶体管器件结构及工作原理 ···································· 015
2.1.1 四种基本结构 ··· 016
2.1.2 有机场效应晶体管工作原理 ·· 016
2.2 器件主要性能参数 ·· 018
2.2.1 输出与转移特性曲线 ··· 018
2.2.2 阈值电压 ··· 020
2.2.3 场效应迁移率 ··· 021
2.2.4 电流开关比 ·· 022
2.2.5 亚阈值斜率 ·· 023
2.3 有机场效应晶体管中的电荷输运 ·· 023
参考文献 ·· 026

第 3 章　OTFT 小分子半导体材料 ·············· 029
3.1　p 型小分子半导体材料 ·············· 030
3.1.1　并苯类化合物及其衍生物 ·············· 030
3.1.2　并杂环及苯并杂环（O、S 或 Se）类衍生物 ·············· 036
3.1.3　TTFs 及寡聚噻吩类衍生物 ·············· 042
3.1.4　苯并氮杂环及其衍生物 ·············· 044
3.1.5　环状有机半导体材料 ·············· 045
3.2　n 型小分子半导体材料 ·············· 046
3.2.1　酰亚胺类有机半导体材料 ·············· 047
3.2.2　含氰基的有机半导体材料 ·············· 050
3.2.3　含卤素的有机半导体材料 ·············· 053
3.2.4　富勒烯类有机半导体材料 ·············· 054
3.3　有机液晶半导体材料 ·············· 055
3.4　展望 ·············· 058
参考文献 ·············· 058

第 4 章　OTFT 高分子半导体材料 ·············· 073
4.1　p 型高分子半导体材料 ·············· 074
4.1.1　噻吩类高分子半导体材料 ·············· 074
4.1.2　噻唑类高分子半导体材料 ·············· 075
4.1.3　吡咯并吡咯二酮类高分子半导体材料 ·············· 076
4.1.4　异靛类高分子半导体材料 ·············· 079
4.2　n 型高分子半导体材料 ·············· 081
4.2.1　苝酰亚胺类高分子半导体材料 ·············· 081
4.2.2　萘酰亚胺类高分子半导体材料 ·············· 083
4.2.3　吡咯并吡咯二酮类高分子半导体材料 ·············· 084
4.2.4　其他 n 型高分子半导体材料 ·············· 085
4.3　双极性高分子半导体材料 ·············· 086
4.3.1　吡咯并吡咯二酮类高分子半导体材料 ·············· 087
4.3.2　其他新型受体类高分子半导体材料 ·············· 088
参考文献 ·············· 090

第 5 章　介电层材料 ·············· 095
5.1　介电层材料研究现状 ·············· 095
5.2　无机介电层材料 ·············· 099

	5.2.1 Ba 系介电层材料	102
	5.2.2 Al 系介电层材料	102
	5.2.3 Hf 系介电层材料	104
	5.2.4 Ta 系介电层材料	105
	5.2.5 La 系介电层材料	106
	5.2.6 其他无机介电层材料	107

5.3 有机聚合物介电层材料 108
5.4 复合介电层材料 122
    5.4.1 多层结构介电层 123
    5.4.2 自组装单分子 126
    5.4.3 有机-无机掺杂介电层 129
    5.4.4 接枝复合材料 130
    5.4.5 聚合物、离子液及电解质介电层 132
5.5 影响因素 134
    5.5.1 介电常数 135
    5.5.2 粗糙度 135
    5.5.3 表面能 136
    5.5.4 界面极性 137
5.6 介电层表征 137
    5.6.1 粗糙度 137
    5.6.2 厚度 138
    5.6.3 表面能 138
    5.6.4 电学性能 138
参考文献 141

第 6 章　OTFT 材料计算模拟　151

6.1 量子化学计算发展史 151
6.2 量子化学的基本原理和研究范围 152
    6.2.1 量子化学的基本原理 152
    6.2.2 量子化学的研究范围 152
6.3 量子化学计算方法分类 154
    6.3.1 从头算法 154
    6.3.2 密度泛函（DFT）方法 156
    6.3.3 半经验方法 156
    6.3.4 其他方法 157
6.4 量子化学计算的任务类型举例 158

6.4.1　单点能计算 ……………………………………………………… 158
6.4.2　分子几何构型优化 ………………………………………………… 158
6.4.3　频率分析 …………………………………………………………… 159
6.5　量子化学计算在 OTFT 材料中的应用 ……………………………………… 160
6.5.1　应用 Spartan 软件计算相关材料的能级及重组能举例 ………… 161
6.5.2　应用 Gaussian 软件计算相关材料重组能举例 ………………… 162
6.5.3　材料模拟计算的主要研究组举例（以迁移率计算为例）……… 163
参考文献 …………………………………………………………………………… 172

第 7 章　有机半导体单晶场效应晶体管 …………………………………… 174
7.1　有机半导体单晶 FET 研究现状 ……………………………………………… 174
7.2　有机半导体晶体生长机理 …………………………………………………… 175
7.3　物理气相转移法制备单晶 OFET …………………………………………… 177
7.4　有机单晶电荷传输的各向异性 ……………………………………………… 179
7.5　溶液法单晶生长以及其他单晶相关内容 …………………………………… 183
参考文献 …………………………………………………………………………… 187

第 8 章　有机光电晶体管 ……………………………………………………… 190
8.1　光电晶体管基本特性 ………………………………………………………… 190
8.2　光电晶体管器件结构与工作原理 …………………………………………… 191
8.3　器件性能及表征 ……………………………………………………………… 194
8.4　光电功能有机半导体材料 …………………………………………………… 196
8.4.1　有机单分子和高分子材料 …………………………………………… 197
8.4.2　有机异质结复合材料 ………………………………………………… 202
8.4.3　有机-无机异质结复合材料 ………………………………………… 204
8.4.4　有机单晶材料 ………………………………………………………… 204
8.4.5　其他材料 ……………………………………………………………… 208
参考文献 …………………………………………………………………………… 209

第 9 章　提高有机半导体器件性能方法 …………………………………… 215
9.1　有机半导体器件性能优化方案 ……………………………………………… 215
9.2　材料合成侧链效应、杂原子效应和分子量效应 …………………………… 217
9.2.1　侧链效应 ……………………………………………………………… 217
9.2.2　杂原子效应 …………………………………………………………… 225
9.2.3　分子量效应 …………………………………………………………… 228

9.3 共混及掺杂半导体材料器件 ··· 230
　　9.3.1 小分子半导体与聚合物绝缘体共混 ························· 230
　　9.3.2 小分子半导体与聚合物半导体共混 ························· 233
　　9.3.3 小分子半导体共混 ··· 234
　　9.3.4 聚合物半导体与聚合物绝缘体共混 ························· 236
　　9.3.5 聚合物半导体共混 ··· 237
　　9.3.6 掺杂半导体器件 ·· 239
9.4 薄膜工艺优化 ·· 242
　　9.4.1 刷涂法定向分子成膜提高迁移率 ···························· 242
　　9.4.2 退火工艺 ··· 245
　　9.4.3 磁场诱导排列 ·· 247
9.5 界面工程 ··· 249
　　9.5.1 电极/半导体层界面优化 ····································· 249
　　9.5.2 介电层/半导体层界面优化 ·································· 251
9.6 新型器件结构 ·· 254
　　9.6.1 立式 OTFT 器件结构 ·· 254
　　9.6.2 双栅极 OTFT ··· 256
　　9.6.3 梳状结构 OTFT ·· 258
参考文献 ··· 259

第 10 章　有机薄膜晶体管的应用 ·· 270

10.1 应用于集成电路 ··· 271
　　10.1.1 浮栅型有机薄膜晶体管存储器 ····························· 271
　　10.1.2 铁电型有机薄膜晶体管存储器 ····························· 273
　　10.1.3 聚合物绝缘层有机薄膜晶体管存储器 ···················· 275
10.2 应用于有源显示驱动 ··· 276
　　10.2.1 OTFT-LCD ··· 276
　　10.2.2 OTFT-EPD ··· 277
　　10.2.3 OTFT-OLED ··· 278
10.3 应用于传感器 ·· 279
　　10.3.1 气相传感器 ··· 280
　　10.3.2 液体传感器 ··· 282
　　10.3.3 压力传感器 ··· 283
10.4 应用于射频识别 ··· 285
参考文献 ··· 287

索引 ··· 291

第 1 章

有机薄膜晶体管的历史、现状和未来发展趋势

1.1 从无机场效应晶体管到有机薄膜晶体管

随着计算机的出现和普及，信息技术带领着我们从工业时代步入信息时代。我们身处多媒体的信息时代，信息高速有效地传递和交流，光电子和微电子技术彻底改变了我们的生活。信息技术发展的一个重要物质载体是晶体管和集成电路。信息时代的所谓三大定律：摩尔定律、吉尔德定律和麦特卡尔夫定律都在描述着晶体管、集成电路和网络的快速发展。相比最初发明的晶体管和集成电路的大小，现在的晶体管和集成电路微乎其微。

半导体器件的发展最初要追溯到1874年，德国人Braun研究发现金属（如铜、铁）与半导体（如硫化铅等）接触时，电流的传导是非对称性的。虽然当时人们对这种非对称性的电流传导机理还不清楚，但是由金属与半导体制备的器件被用于无线电早期实验的检波器中。1906年，Pickard申请了半导体硅点接触二极管的专利，而后1907年，Pierce在各种半导体上喷涂金属时，发现了二极管的整流特性并发表了相关论文对其进行阐明。1931年，Schottky、Stormer和Waibel对金属半导体接触整流特性的解释迈出了重要的一步，他们指出在金属和半导体的接触处存在某种势垒。1938年，Schottky和Mott各自独立提出金属半导体接触的整流现象可以用电子以漂移和扩散过程越过势垒的行为来解释。Mott认为接触势垒起源于金属和半导体功函数之差。在第二次世界大战期间，随着雷达的发展，人们对整流二极管和混频器的需求量上升，也促使人们不断地对金属半导体接触进行研究。这一阶段最重要的理论进展是Bethe提出的热电子发射理论，该理论认为金属和半导体之间的电流由电子发射到金属的过程决定，而不是半导体中电子的漂移和扩散过程决定。半导体技术的另一个重大科研进展发生在1947年12月，美国贝尔实验室的物理学家威廉·肖克利（William Shockley）、约翰·巴丁（John Bardeen）和沃尔特·布拉顿（Walter Brattain）发明了点接触型锗晶体管（图1.1）。点接触型锗

图1.1 贝尔实验室发明的第一支点接触型锗晶体管

晶体管为未来的电子信息技术革命带来了深远的影响,可以说是微电子革命的先声。但点接触型晶体管存在许多的缺陷,如制造工艺复杂,导致产品容易出现故障,还有噪声大、适用范围窄等缺点。为了解决这些问题,肖克利提出使用"整流结"的方案,并在1950年开发出双极晶体管。之后很多类型的晶体管被开发出来,其中不得不提的是金属-氧化物-半导体场效应晶体管。这种无机场效应晶体管于1960年由韩裔美国人Dawon Kahng发明,虽然其开关速度比相对双极晶体管较慢,但它具有体积小、便于集成、功耗低等优点,金属-氧化物-半导体场效应晶体管的发明很大程度上简化了晶体管的制备工艺,提高了器件的集成度和稳定性,同时降低了器件的制备成本。当前无机场效应晶体管技术已经相当成熟,目前市场上绝大多数电子产品所使用的晶体管是无机场效应晶体管。

近年来,有机薄膜晶体管受到工业界和学术界越来越多的关注。相比无机场效应晶体管,有机薄膜晶体管具有半导体材料来源广泛、制备温度低、制备工艺简单、可与柔性基底兼容、成本低且容易实现大面积制造的特点,可广泛应用到柔性显示、电子纸、智能卡、传感器、射频标签等领域。

1.2 有机薄膜晶体管的特色与优势

根据所用的半导体材料的类型,有机薄膜晶体管(organic thin-film transistor,OTFT)可以分为小分子OTFT和高分子OTFT两种。小分子半导体材料和高分子半导体材料性质不同,因此,从两类材料的合成和提纯到器件的制备工艺都不相同。通常,小分子半导体材料在高真空条件下通过热蒸发的方式成膜,高分子半导体材料通过溶液法加工制备成膜。当然,通过分子设计合成可溶解的有机小分子半导体材料,也可以通过溶液法加工成膜从而制备成器件。小分子OTFT和高分子OTFT优良的加工特性和较低的生产成本,使OTFT在未来大规模工业化生产中具有广阔的应用前景。

OTFT以其特色和优势,吸引了全球各大公司和科研机构投入大量的人力和物力进行相关的学术和商业应用研究。与无机场效应晶体管相比,OTFT的优势之一在于其拥有很好的柔韧性。目前的研究表明,使用有机材料制备的OTFT器件在一定范围内进行适度的弯曲和拉升后，器件的各项电学性能指标并不会发生显著的改变，这使得OTFT能很好的应用在可穿戴电子器件中。OTFT器件除了拥有可制备成柔性的优势外，和无机场效应晶体管相比，另一个很重要的优势在于可进行低温制备。图1.2列出了OTFT和其他薄膜晶体管(thin-film transistor, TFT)(如多晶硅场效应晶体管，氧化物场效应晶体管和无定型硅场效应晶体管)加工制备的温度和不同器件对迁移率的要求范围。OTFT的制备温度在200℃以下，而TFT的加工温度在200℃以上。为了获得更高迁移率的无机场效应晶体管，如多晶硅场效应晶体管，加工温度需在300℃以上。在200℃以内加工制备而成的OTFT器件所具备的器件性能已经可以满足电子纸、液晶显示器、有机发光二极管显示器的要求。

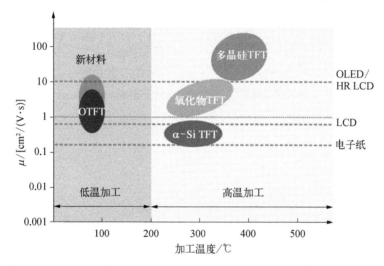

图1.2　目前各种场效应晶体管制备的驱动面板加工温度和器件性能的关系

此外，OTFT材料来源广泛，容易获取，且可以根据加工工艺的不同设计合成出与加工工艺相匹配的有机半导体材料。如在分子链上接入不同的基团从而改变有机半导体材料的溶解特性等。OTFT所拥有的这些优势使得其加工工艺更为简单，且能有效地降低器件的制备成本。

1.3　有机薄膜晶体管的发展历史

OTFT的起步和发展要远远晚于无机TFT的发展。第一个OTFT器件的诞生要追溯到1986年，由日本科学家Tsumura等制备，其器件结构为底栅底接触结构，用二氧化硅作为绝缘层，Au/Cr作为源漏电极，聚噻吩作为有机半导体，利用电化学聚合的方法在无水无氧的环境下进行聚合（图1.3）[1]。作为p型半导体，得到的迁移率为10^{-5} cm^2/(V·s)。相比于第一个无机TFT的诞生，第一个OTFT器件

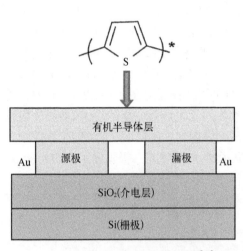

图1.3 第一个有机场效应晶体管[1]

的诞生时间晚了将近28年。由每年发表的关于OTFT的论文数量可见OTFT这个研究领域越来越受到人们的关注(图1.4)。

虽然OTFT起步时间较晚,但经过材料学家和器件物理学家的努力,目前已经取得了长远的进步。由高分子和小分子有机半导体制备的p型和n型场效应晶体管的迁移率进展可以看出(图1.5),2010年以后有机场效应晶体管的性能每年都取得重大突破。目前,无论是有机小分子OTFT和高分子OTFT的器件性能都已经超越了无机非晶硅(α-Si:H)场效应晶体管。

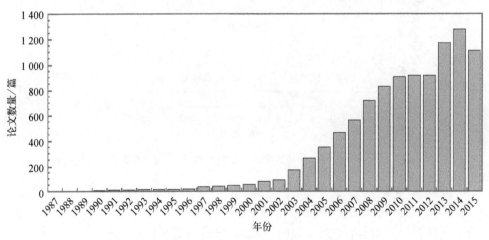

图1.4 每年各个期刊发表关于OTFT论文的数量

OTFT的发展历史可被划分为五个发展阶段。图1.6展示了各个发展阶段的特色和创新。第一个OTFT诞生之前,场效应晶体管全部由无机材料制备而成,第一个OTFT器件诞生后开启了场效应晶体管的另一个重大研究领域,有机场效应晶体管的研究。

1. 第一个发展阶段

第一个发展阶段从1986年第一个OTFT诞生到1995年。这一阶段主要以研究当时现有的有机半导体材料为主,是OTFT研究的启蒙阶段。1986年OTFT器件首次报道之后,基于其他有机半导体材料制备的OTFT器件的性能报道接踵而

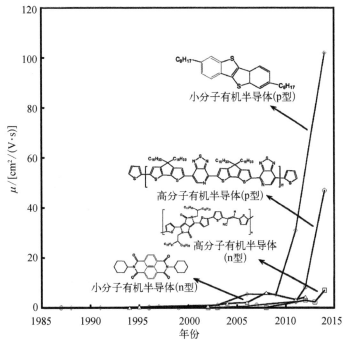

图1.5 使用聚合物和小分子有机半导体薄膜制备的p型和n型场效应晶体管迁移率的研究进展[2-8]

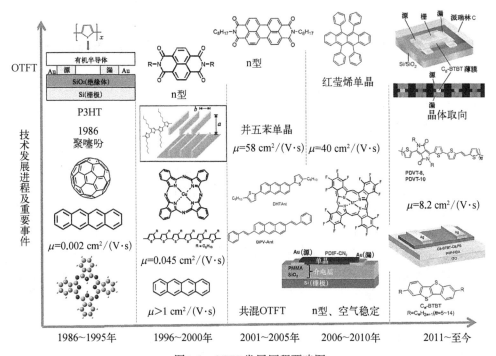

图1.6 OTFT发展历程要略图

至，当时报道的有机小分子半导体材料有低聚噻吩、酞菁染料、并五苯、富勒烯，高分子有机半导体材料有聚3-己基噻吩（P3HT）、聚对苯撑乙炔（PPV）的衍生物。1989年，Horowitz等首次使用低聚噻吩制备OTFT器件，这篇论文开创了采用有机共轭小分子半导体材料制备OTFT器件的先河[9]。1991年，Akimichi等报道了噻吩个数对器件性能的影响，他们发现当烷基接入三个噻吩、四个噻吩和五个噻吩的低聚噻吩末端后，器件的迁移率有很大的提高[10]。1993年，Garnier等用己烷基取代六个噻吩组成的低聚噻吩时发现同样的现象[11]。酞菁染料应该是最早用于有机半导体特性研究的一类材料，也是最早用于制备OTFT器件的有机半导体材料之一[12]。1988年，Madru等就报道了酞菁染料OTFT的相关性能[13]。并五苯是这个阶段研究的比较多的OTFT小分子半导体材料之一，1960年到1970年就有相当多关于并五苯半导体特性的研究。1991年，Horowitz等报道了并五苯的OTFT性能，受限于当时对OTFT器件的认识，迁移率只有 $0.002 \ cm^2/(V \cdot s)$ [14]。由高分子半导体制备的OTFT迁移率普遍比由小分子有机半导体制备的OTFT迁移率低，在1995年Pichler等的报道中，高分子半导体OTFT器件的迁移率仅有 $10^{-7} \ cm^2/(V \cdot s)$ [15]。

此外，n型OTFT亦有相关报道，1995年Bell实验室利用C60作为n型有源层材料，通过热蒸发工艺，C60层呈现60～70 Å的多晶结构，在高真空条件下对器件性能进行测试，场效应迁移率达到 $0.3 \ cm^2/(V \cdot s)$ [16]。

2. 第二个发展阶段

第二个发展阶段从1996年到2000年。在1996年到2000年这段时间，人们逐步认识到加工工艺对OTFT器件性能的影响很大。1996年，Bao等利用聚3-己基噻吩（P3HT）作为有源层，采用溶液加工成膜，发现不同溶剂和加工方式对器件迁移率影响很大[17]。不同的加工方式可改变有源层分子的堆叠方式，进而影响器件的迁移率。不同加工方式对应的迁移率变化从 $2 \times 10^{-5} \ cm^2/(V \cdot s)$ 到 $4.5 \times 10^{-2} \ cm^2/(V \cdot s)$。同年，Bao等利用一种已经商业化的金属配合物酞菁染料CuPc作为有源层，通过不同蒸镀温度来调控成膜的形貌即分子的堆叠，得到的迁移率为 $0.02 \ cm^2/(V \cdot s)$ [18]。1998年，Jackson等利用并五苯制备OTFT，器件迁移率达到 $1 \ cm^2/(V \cdot s)$ 以上，但不同温度下器件的迁移率发生明显变化，说明在并五苯薄膜中，载流子以热激发跳跃的方式进行传输，陷阱和接触效应影响了不同温度下的器件性能[19]。

在这一阶段，研究者们对有机薄膜内部不同分子排列产生的影响也展开了深入研究。1999年，Sirringhaus等发现P3HT分子排列方向受分子量大小、规整度和成膜条件的影响[20]。当P3HT分子排列垂直于基底时，规整的分子排列能使相邻的P3HT分子之间的离域化的分子轨道呈现一定的重合，从而影响载流子的传输。这一发现为优化成膜工艺提供了理论指导，通过控制成膜工艺条件尽量使有机分子垂直于基底排列，从而提高器件迁移率。

这一阶段使用溶液法加工制备OTFT器件同样取得了一定的进展。1999年，Mullen等发明可溶液加工的并五苯衍生物，尽管迁移率只有 $0.2 \ cm^2/(V \cdot s)$，但这类可溶液加工的材料为将来实现场效应晶体管阵列的大面积制备奠定了基础[21]。

n型OTFT器件在空气中很不稳定,自从n型的OTFT器件首次报道以来,人们一直试图解决这个问题。2000年,Katz等合成了一种可溶液加工且在空气中稳定的n型材料,对比了不同长度的烷基链以及含氟基团对分子及器件性能的影响[22]。其中,含有F原子的分子具有更好的空气稳定性,在空气中没有测得场效应,在真空环境下,三天后迁移率从最初的0.001 $cm^2/(V·s)$增长到0.16 $cm^2/(V·s)$。

在这一发展阶段,人们在前人研究基础上逐渐加深了对OTFT器件、工艺和材料的认识。

3. 第三个发展阶段

第三个发展阶段从2001年到2005年。在OTFT材料方面,研究仍然以聚噻吩、寡聚噻吩和并苯类材料为主。该阶段的一个重要进展是单晶OTFT器件的快速发展,有机单晶没有晶界的影响,能更好的反映有机半导体材料本征的传输特性。对于不溶的有机半导体而言,通常使用气相法沉积制备有机单晶半导体器件。2004年,Palstra等报道了并五苯单晶OTFT,并讨论了杂质对并五苯单晶OTFT器件性能的影响,通过红外光谱检测C=O键以判断并五苯里杂质6,13-并五苯二醌的存在,通过多次提纯除去杂质6,13-并五苯二醌后,室温迁移率达到35 $cm^2/(V·s)$,在225 K下达到58 $cm^2/(V·s)$[23]。

2005年,Kline等研究了不同分子量(数均分子量)对OTFT成膜形貌及迁移率的影响[24]。当分子量较小时,在原子力显微镜下观察,膜呈现规整的棒状形貌,当分子量较大时,则是无定形的节点状形貌。低分子量对应的形貌更规整,但迁移率却更低。当分子量较小时,通过滴膜、退火或者改变溶剂的办法,能有效改善器件的迁移率,但分子量较大时,迁移率对成膜的制备条件并不敏感。

大部分小分子在有机溶剂中的溶解性较差,只能用真空蒸镀的办法制备OTFT,但是OTFT的溶液法制备一直是大家探索的方向。利用高分子材料优异的加工性能,将有机小分子半导体材料和高分子材料共混,以提高器件性能。这一方法最早见于2004年德国Merch公司的专利报道。在掺杂质量比很小的条件下,所制备的OTFT器件迁移率不但没有衰减,反而可能提高。2005年,Russell等将噻吩齐聚体DH4T跟聚合物P3HT共混,利用旋涂的方法制备半导体有源层,当小分子的质量比达到一定值后,器件的迁移率达到饱和[25]。随后Wolfer证明,绝缘的高分子也可作为共混母体。此外,并五苯衍生物跟高分子的共混体系,因性能优异也被广泛研究。

在n型OTFT器件和材料上,2002年IBM公司以苝酰亚胺衍生物为n型材料制备场效应晶体管,迁移率达到0.6 $cm^2/(V·s)$。并通过X射线衍射仪(XRD)表征得到了蒸镀成膜后的分子间距[26]。

4. 第四个发展阶段

第四个发展阶段从2006年到2010年。这一时期,OTFT研究领域的一个重要研究进展是苯并噻吩并苯并噻吩(BTBT)、吡咯并吡咯二酮(DPP)结构的发现和应用。2007

年，Ebata等报道了BTBT结构的OTFT材料，迁移率接近3 cm^2/(V·s)[27]。2010年，Li等报道了基于含DPP结构单元的高分子半导体材料制备的OTFT，迁移率达到0.94 cm^2/(V·s)[28]。

在器件的制备工艺上，这个阶段也有相当多的研究进展。2007年，Park等报道了具有三异丙基硅取代的并五苯衍生物（TPIS-PEN）的OTFT溶液法制备，TPIS侧链一方面能增加有机半导体材料在溶液中的溶解性，另一方面，它的引入并没有改变分子的有序排列，因而不需要额外的高温过程来去除TPIS基团[29]。Park等尝试了旋涂，滴涂以及滴膜等不同的成膜工艺，并使用不同沸点的溶剂。研究发现，成膜过程越长得到的薄膜规整性越好，最优器件迁移率大于1 cm^2/(V·s)。2009年，Hamilton等报道了双噻吩蒽衍生物（diF-TESADT）与聚三芳胺（PTAA）共混体系，迁移率达到2.4 cm^2/(V·s)[30]。共混OTFT器件性能好坏的关键在于能否实现相分离，并且在小分子相有规整的分子排列。为了考察高分子和小分子在垂直方向上的相分离，Hamilton等制备了双栅极OTFT，分别用顶栅和底栅对器件进行表征。结果发现顶栅工作时，顶部的导电沟道表现出更高的迁移率。通过电子能谱表征发现，在底部虽然也能形成一定的导电沟道，但小分子更倾向于在顶部团聚。2008年，Kang等报道了基于并五苯衍生物（TPIS-PEN）和聚甲基苯乙烯（PαMS）共混体系的OTFT器件，在界面处得到近乎纯并五苯衍生物层，有机半导体层的结晶度高，分子间距为16.6 Å。此外，共混结构表现出对材料纯度不敏感的特性[31]。2010年，Chung等研究了并五苯衍生物跟PαMS的共混体系，对半导体材料进行UV照射，以产生不纯组分，未共混体系照射后材料结构改变且器件性能也几乎消失，而共混体系OTFT的结构和器件性能都未受影响，说明共混体系具有自动将纯度不高的部分进行分离的自纯化功能[32]。2008年，Bao等利用溶液刮膜法制备高度取向的有机半导体膜，获得了高迁移率场效应晶体管。该方法在加热的衬底上滴加有机半导体溶液，用薄板在上面沿一个方向进行刮涂，分子沿着刮膜方向进行有序的堆叠，不同的刮膜速率对应不同形貌的有机半导体薄膜[33]。2009年，Jimison等报道了P3HT膜的各向异性[34]。文章利用三氯苯（TCB）作为P3HT的溶剂，在室温下凝固并形成规整的排列，引导P3HT在衬底上形成一定取向，最后以气体形式挥发，得到一系列的P3HT平行线状结构。OTFT表征结果显示，在平行于分子排列方向出现的颗粒边界效应跟分子排列之间的颗粒边界效应对P3HT的电荷传输影响不一样，表现出电荷传输的各向异性。

在单晶OTFT器件上，2007年，Palstra等报道了使用6,13-并五苯二醌作为绝缘层，得到可重复性好且迁移率在15～40 cm^2/(V·s)的OTFT器件[35]。该报道指出，由于并五苯界面处有6,13-并五苯二醌作为杂质存在，形成散射中心，从而降低了并五苯的迁移率；如果直接使用6,13-并五苯二醌作为绝缘层，使得原本在界面处作为杂质存在的6,13-并五苯二醌形成规则排列，并五苯上的电荷传输也得到恢复。Park等在2007年报道了红荧烯（Rubrene）单晶OTFT器件，其迁移率达到40 cm^2/(V·s)[29]。利用高纯Rubrene作有源层,分别利用两探针和四探针方法进行迁移率测试。结果表明,栅极电压(V_G)绝对值较小时迁移率较高,而V_G绝对值较大时,迁移率反而衰减。Takeya等提出,在纯度不高的情况下,随着V_G绝对值的增大,界面处的缺陷会得到填补,因而迁移率会得到恢复;而在纯度非常高且界面缺陷少的情况下,较小的V_G诱导出的载流子分布在界面和半导体体内,它们同时参与传输,在界面处的载流子仍然会受到界面处的缺陷影响,而在半导体内的载流子则不受影响,因而迁移率更接近本征迁移率,高纯度Rubrene利用空间电荷限制电流测试的迁移率达到50 cm^2/(V·s);而当V_G绝对值较大时,电场更大,所有电荷都诱导在界面处,因此,受界面缺陷的影响迁移率反而降低。

在n型OTFT器件和材料上,2006年胡文平课题组报道了在空气中能稳定工作的基于十六氟酞菁铜(F_{16}CuPc)的n型单晶OTFT器件,该器件的电子迁移率为0.5 cm^2/(V·s)[36]。2009年,Facchetti等制备了基于苝酰亚胺类衍生物(PDIF-CN$_2$)的n型OTFT器件,在真空中迁移率为6 cm^2/(V·s),在空气中迁移率为3 cm^2/(V·s)[37]。

这一阶段,不论是材料还是器件制备方面,OTFT领域得到了长足发展。许多研究课题组报道的OTFT迁移率达到并超过了1 cm^2/(V·s),也就是超过了低温多晶硅的迁移率。高迁移率的工作频频被报道,稳定性方面也有所进步。

5. 第五个发展阶段

第五个发展阶段我们可以从2011年划分至今。从2011年至今,OTFT材料和器件研究发展到了一个新高度,取得了重大进展。2011年,Hiromi等通过打印技术,使用含苯并噻吩并[3,2-b]苯并噻吩(BTBT)单元的有机小分子半导体制备了迁移率高达31.3 cm^2/(V·s)的OTFT器件[38]。同年,Bao等利用并五苯衍生物作为有机半导体材料,通过调节刮膜速率,得到最高迁移率为4.6 cm^2/(V·s)的器件,相比常规方法提高了近六倍[39]。优化的刮膜工艺可以使得分子间的堆叠距离从3.33 Å降低到3.08 Å,分子间距离变短,共轭电子的电子云重叠程度增大,因而具有更高的迁移率。此工作通过引入简单的工艺,揭示了材料微结构与宏观器件性能之间的密切关系。

2012年,Beng等报道了基于给体-受体(D-A)结构的聚合物OTFT,迁移率大于10 cm^2/(V·s),并且具有很好的稳定性[40]。分子链中有D(给体)跟A(受体)共聚,会实现基态电荷转移,从而改善分子链内的电荷传输。但给体与受体的相互作用需要认真调控,假如两者之间作用过强,就会形成离子对或者极化子,丧失掉半导体的性质而更倾向于导体,例如四硫代富瓦烯-四氰基对二次甲基苯醌(TTF-TCNQ)和聚(3,4-乙烯二氧乙撑噻吩)(PEDOT)。同年,刘云圻课题组通过在噻吩主链上引入吡咯并吡咯二酮(DPP)单元合成了给-受体型共轭共聚物(PDVT-10),用该共轭聚合物制备的OTFT器件迁移率高达8.3 cm^2/(V·s)[41]。2012年,Bazan等报道了在Si/SiO$_2$衬底上形成纳米沟道以引导给-受体结构共聚物(PCDTPT)有序排列的方法[42]。Bazan等利用尺寸在100 nm左右的金刚石颗粒在Si/SiO$_2$衬底上沿一个方向进行摩擦,制备了具有纳米尺寸的沟道,迁移率最高达到6.7 cm^2/(V·s),相比未摩擦处理的样品迁移率提高了两个数量级。2014年,Bazan课题组改进了制备工艺,利用毛细现象在具有纳米沟道的衬底上对高分子进行沉积,制备了迁移率为36.3 cm^2/(V·s)的器件,若不考虑接触电阻的影响,理论上可达到47 cm^2/(V·s)[43]。此外,Bazan等还考察了OTFT的各向异性,沿纳米沟道方向上得到的迁移率较高,而垂直于纳米沟道方向的迁移率变得非常低,通过掠入射X射线衍射技术(GIXRD),模拟了分子排列的方向。沿分子链方向具有高迁移率,垂直于分子链方向迁移率很低,因为分子间的传递具有较大的电阻,这一点跟传统小分子的传输有所区别。2014年,Bao等用C8-BTBT跟聚苯乙烯混合,利用偏心旋涂方式,得到取向性很好的薄膜,器件迁移率为43 cm^2/(V·s)[44]。除迁移率高以外,器件的透过率高达90%以上,非常适合于将来用于显示产品或探测器。该组还在这篇论文中报道了空穴迁移率高达102 cm^2/(V·s)的器件。

在n型OTFT研究领域,这个阶段也取得了很多突破性的进展,2013年Won等报道了在空气中稳定、迁移率高达2.36 cm^2/(V·s)的n型OTFT器件[45]。2015年裴坚课题组报道了在空气中稳定工作,迁移率高达10 cm^2/(V·s)的n型单晶OTFT器件[46]。

这个阶段除了研究器件的稳定性和获取更高迁移率的有机半导体材料和器件外,在OTFT的功能化应用领域也取得了很多研究进展。在国内,如2013年黄维课题组在 *Advanced Materials* 上首次报道了通过水溶液加工二维分子纳米晶体制备可读写的有机薄膜存储器件[47]。2015年胡文平课题组在 *Nature Communication* 上发表基于2,6-二苯基蒽的有机场效应晶体管阵列,并成功的应用于驱动基于2,6-二苯基蒽制备的发光二极管[48]。2017年刘云圻课题组在 *Advanced Materials* 发表基于有机半导体材料制备的无滤光片柔性视网膜模拟器,且该器件具备很强的色彩分辨能力[49]。在国外,2016年Someya等在 *Nature Nanotechnology* 上报道了采用碳纳米管和石墨烯复合纳米纤维制备对弯曲不敏感,但对压力敏感的透明柔性压力传感器[50]。2017年Bao等报道了采用纳米限域效应制备在伸展100%时不影响迁移率的有机薄膜晶体管[51]。OTFT这五个发展阶段各种类型的材料合成和器件制备表征工艺方法将在后面的章节中进行详细阐述。

OTFT从诞生到现在,在学术上已经取得了很多重大的研究进展,并且开始逐步进入大规模的应用阶段。目前一些研究课题组使用OTFT技术制作驱动背板来实现柔性有机发光二极管(organic light-emitting diodes, OLED)显示器,无线射频识别标签(radio frequency identification, RFID)和传感器等。我们把目前OTFT可以应用到的领域总结于图1.7。

因OTFT在各个领域都存在潜在的商业应用价值,国内外各大公司正着手推进OTFT在相关领域的产业化。2017年,国内的信利半导体有限公司与英国的FlexEnable

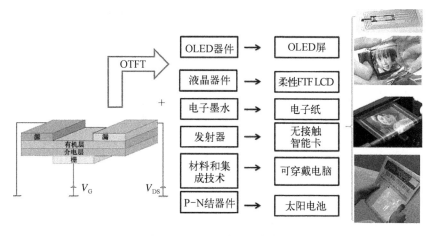

图 1.7　OTFT 的应用研究领域

公司签署了技术转让与许可协议,期待在中国实现基于OTFT的低成本柔性液晶显示屏(liquid crystal display, LCD)的产业化(图1.8)。除此之外,国外的三星、夏普、Plastic Logic、飞利浦等公司及国内的京东方、TCL等公司也正在着手进行OTFT在产业化应用上的相关突破。

虽然经过将近30年的发展,OTFT的研究取得了巨大的进展。各项器件性能指标已经超越了无机非晶硅TFT,正从原来单纯的基础有机材料和器件的研究向集成电路和各种功能化OTFT器件的研究发展。但是近年来OTFT的相关基础研究逐渐放缓。主要原因有两个,其一在于至今OTFT的应用前景并不是很明朗,没有在某一个商业应用领域取得突破性的广泛应用;另一个原因在于对目前所测的高迁移率OTFT器件的迁移率推导计算方法还存在争议。2016

图 1.8　FlexEnable采用低成本OTFT背板技术与传统LCD技术结合制备的柔性屏

年,Emily等在 *Nature Communication* 上报道了目前OTFT器件的测试方法带来器件迁移率高估的问题[52]。他们发现在OTFT器件I_D-V_{GS}特性曲线中存在偏离理想器件模型的行为,从而导致从OTFT的理想器件模型中推导计算出的迁移率要比实际器件的迁移率高了几乎一个数量级。除了目前上面所提及的两个问题外,未来若要实现OTFT的商业化,还有一些问题尚待解决。

目前，有机单晶小分子OTFT的迁移率已经达到42 cm^2/(V·s)，而聚合物OTFT的迁移率最高达到了102 cm^2/(V·s)，迁移率已经满足工业化生产所需的要求。但是，文献报道的高迁移率OTFT器件的阈值电压普遍较高。我们知道，阈值电压必须要在电路设计的电压范围内。如果一个电路的工作电压在0～3 V，而OTFT的阈值电压在5 V，那么这个电路将不能被置于"开"和"关"的状态，即整个电路将不能工作。如何降低OTFT器件的阈值电压，目前还存在一些挑战。从OTFT器件寿命上看，很多高迁移率有机半导体能满足实际应用中对稳定性的要求，但OTFT器件寿命能否满足未来柔性电子器件的进一步要求还有待研究。除了阈值电压和寿命这两个关键指标，金属源漏电极与有机半导体之间的接触电阻、金属源漏电极中金属原子容易向有机半导体扩散等问题还有待解决。总的来说，实现OTFT大规模工业化已经不远了，未来OTFT的大规模应用将极大的改变目前电子集成工业的现状。

参 考 文 献

[1] Tsumura A, Koezuka H, Ando T. Macromolecular electronic device field-effect transistor with a polythiophene thin-film. Appl. Phys. Lett., 1986, 49: 1210-1212.

[2] Horowitz G. Organic field-effect transistors. Adv. Mater., 1998, 10: 365-377.

[3] Zaumseil J, Sirringhaus H. Electron and ambipolar transport in organic field-effect transistors. Chem. Rev., 2007, 107: 1296-1323.

[4] Braga D, Horowitz G. High performance organic field-effect transistors. Adv. Mater., 2009, 21: 1473-1486.

[5] Anthony J E, Facchetti A, Heeney M, et al. N-type organic semiconductors in organic electronics. Adv. Mater., 2010, 22: 3876-3892.

[6] Klauk H. Organic thin-film transistors. Chem. Soc. Rev., 2010, 39: 2643-2666.

[7] Dong H L, Fu X L, Liu J, et al. Key points for high-mobility organic field-effect transistors. Adv. Mater., 2013, 25: 6158-6182.

[8] Zhao Y, Guo Y L, Liu Y Q. Recent advances in n-type and ambipolar organic field-effect transistors. Adv. Mater., 2013, 25: 5372-5391.

[9] Horowitz G, Fichou D, Peng X, et al. A field-effect transistor based on conjugated alpha-sexithienyl. Solid State Commun., 1989, 72: 381-384.

[10] Akimichi H, Waragai K, Hotta S, et al. Field-effect transistors using alkyl substituted oligothiophenes. Appl. Phys. Lett., 1991, 58: 1500-1502.

[11] Garnier F, Yassar A, Hajlaoui R, et al. Molecular engineering of organic semiconductors: Design of self-assembly properties in conjugated thiophene oligomers. J. Am. Chem. Soc, 1993, 115. 8716-8721.

[12] Eley D D. Phthalocyanines as semiconductors. Nature, 1948, 162: 819.

[13] Madru R, Guillaud G, Sadoun M A, et al. A well-behaved field effect transistor based on an intrinsic molecular semiconductor. Chem. Phys. Lett., 1988, 145: 343-346.

[14] Horowitz G, Peng X Z, Fichou D, et al. Organic thin-film transistors using pi-conjugated oligomers-influence of the chain-length. J. Mol. Electron., 1991, 7: 85-89.

[15] Pichler K, Jarrett C P, Friend R H, et al. Field-effect transistors based on poly(p-phenylene

vinylene) doped by ion implantation. J. Appl. Phys., 1995, 77: 3523−3527.
[16] Haddon R C, Perel A S, Morris R C, et al. C60 thin film transistors. Appl. Phys. Lett., 1995, 67: 121−123.
[17] Bao Z, Dodabalapur A, Lovinger A J. Soluble and processable regioregular poly(3-hexylthiophene) for thin film field-effect transistor applications with high mobility. Appl. Phys. Lett., 1996, 69: 4108−4110.
[18] Bao Z, Lovinger A J, Dodabalapur A. Organic field-effect transistors with high mobility based on copper phthalocyanine. Appl. Phys. Lett., 1996, 69: 3066−3068.
[19] Nelson S F, Lin Y Y, Gundlach D J, et al. Temperature-independent transport in high-mobility pentacene transistors. Appl. Phys. Lett., 1998, 72: 1854−1856.
[20] Sirringhaus H, Brown P J, Friend R H, et al. Two-dimensional charge transport in self-organized, high-mobility conjugated polymers. Nature, 1999, 401: 685−688.
[21] Herwig P T, Mullen K. A soluble pentacene precursor: Synthesis, solid-state conversion into pentacene and application in a field-effect transistor. Adv. Mater., 1999, 11: 480−483.
[22] Katz H E, Lovinger A J, Johnson J, et al. A soluble and air-stable organic semiconductor with high electron mobility. Nature, 2000, 404: 478−481.
[23] Jurchescu O D, Baas J, Palstra T M. The effect of impurities on the mobility of single crystal pentacene. Appl. Phys. Lett., 2004, 84: 3061−3063.
[24] Kline R J, Mcgehee M D, Kadnikova E N, et al. Dependence of regioregular poly(3-hexylthiophene) film morphology and field-effect mobility on molecular weight. Macromolecules, 2005, 38: 3312−3319.
[25] Russell D M, Newsome C J, Li S P, et al. Blends of semiconductor polymer and small molecular crystals for improved-performance thin-film transistors. Appl. Phys. Lett., 2005, 87: 222109.
[26] Malenfant P R L, Dimitrakopoulos C D, Gelorme J D, et al. N-type organic thin-film transistor with high field-effect mobility based on a N,N′-dialkyl-3,4,9,10-perylene tetracarboxylic diimide derivative. Appl. Phys. Lett., 2002, 80: 2517−2519.
[27] Ebata H, Izawa T, Miyazaki E, et al. Highly soluble [1] benzothieno [3,2-*b*] benzothiophene(BTBT) derivatives for high-performance, solution-processed organic field-effect transistors. J. Am. Chem. Soc., 2007, 129: 15732−15733.
[28] Li Y, Singh S P, Prashant S. A high mobility p-type DPP-thieno [3,2-*b*] thiophene copolymer for organic thin-film transistors. Adv. Mater., 2010, 22: 4862−4866.
[29] Park S K, Jackson T N, Anthony J E, et al. High mobility solution processed 6, 13-bis(triisopropyl-silylethynyl) pentacene organic thin film transistors. Appl. Phys. Lett., 2007, 91: 063514.
[30] Hamilton R, Smith J, Ogier S, et al. High-performance polymer-small molecule blend organic transistors. Adv. Mater., 2009, 21: 1166−1171.
[31] Kang J, Shin N, Jang D Y, et al. Structure and properties of small molecule-polymer blend semiconductors for organic thin film transistors. J. Am. Chem. Soc., 2008, 130: 12273−12275.
[32] Chung Y S, Shin N, Kang J, et al. Zone-refinement effect in small molecule-polymer blend semiconductors for organic thin-film transistors. J. Am. Chem. Soc., 2011, 133: 412−415.
[33] Becerril H A, Roberts M E, Liu Z, et al. High-performance organic thin-film transistors through solution-sheared deposition of small-molecule organic semiconductors. Adv. Mater., 2008, 20: 2588−2594.
[34] Jimison L H, Toney M F, McCulloch I, et al. Polymer charge transport: Charge-transport

anisotropy due to grain boundaries in directionally crystallized thin films of regioregular poly(3-hexylthiophene). Adv. Mater., 2009, 21: 1568-1572.

[35] Jurchescu O D, Popinciuc M, Wees B J, et al. Interface-controlled, high-mobility organic transistors. Adv. Mater., 2007, 19: 688-692.

[36] Tang Q, Li H, Liu Y, et al. High-performance air-stable n-type transistors with an asymmetrical device configuration based on organic single-crystalline submicrometer/nanometer ribbons. J. Am. Chem. Soc., 2006, 128: 14634-14639.

[37] Molinari A S, Alves H, Chen Z, et al. High electron mobility in vacuum and ambient for PDIF-CN2 single-crystal transistors. J. Am. Chem. Soc., 2009, 131: 2462-2463.

[38] Hiromi M, Toshikazu Y, Hiroyuki M, et al. Inkjet printing of single-crystal films. Nature, 2011, 475: 364-367.

[39] Gaurav G, Eric V, Mannsfeld S B, et al. Tuning charge transport in solution-sheared organic semiconductors using lattice strain. Nature, 2011, 480: 504-508.

[40] Li J, Zhao Y, Tan H S, et al. A stable solution-processed polymer semiconductor with record high-mobility for printed transistors. Sci. Rep., 2012, 2: 754.

[41] Chen H, Guo Y, Yu G, et al. Highly π-extended copolymers with diketopyrrolopyrrole moieties for high-performance field-effect transistors. Adv. Mater., 2012, 24: 4618-4622.

[42] Tseng H R, Ying L, Hsu B B, et al. High mobility field effect transistors based on macroscopically oriented regioregular copolymers. Nano Lett., 2012, 12: 6353-6357.

[43] Luo C, Kyaw A K, Perez L A, et al. General strategy for self-assembly of highly oriented nanocrystalline semiconducting polymers with high mobility. Nano Lett., 2014, 14: 2764-2771.

[44] Yuan Y, Giri G, Ayzner A L, et al. Ultra-high mobility transparent organic thin film transistors grown by an off-centre spin-coating method. Nat. Commun., 2014, 5: 3005.

[45] Park J H, Jung E H, Jung J W, et al. A fluorinated phenylene unit as a building block for high-performance n-type semiconducting polymer. Adv. Mater., 2013, 25: 2583-2588.

[46] Dou J H, Zheng Y Q, Yao Z F, et al. A cofacially stacked electron-deficient small molecule with a high electron mobility of over 10 cm^2/Vs in air. Adv. Mater., 2015, 27: 8051-8055.

[47] Lin Z Q, Liang J, Sun P J, et al. Spirocyclic aromatic hydrocarbon-based organic nanosheets for eco-friendly aqueous processed thin-film non-volatile memory devices. Adv. Mater., 2013, 25: 3664-3669.

[48] Liu J, Zhang H, Dong H, et al. High mobility emissive organic semiconductor. Nat. Commun., 2015, 6: 10032.

[49] Wang H, Liu H, Zhao Q, et al. A retina-like dual band organic photosensor array for filter-free near-infrared-to-memory operations. Adv. Mater., 2017, 29: 1701772.

[50] Lee S, Reuveny A, Reeder J, et al. A transparent bending-insensitive pressure sensor. Nat. Nanotechnol., 2016, 11: 472-478.

[51] Xu J, Wang S, Wang G N, et al. Highly stretchable polymer semiconductor films through the nanoconfinement effect. Science, 2017, 355: 59-64.

[52] Bittle E G, Basham J I, Jackson T N, et al. Mobility overestimation due to gated contacts in organic field-effect transistors. Nat. Commun., 2016, 7: 10908.

第2章

有机场效应晶体管构造和工作原理

2.1 有机场效应晶体管器件结构及工作原理

场效应晶体管(field-effect transistor,FET)是电子产品中具有较多应用的器件,是现代集成电路中最核心、最基础的元器件,为现代信息技术的发展奠定了基础,在该领域中起掌控全局的关键作用。而将有机材料引入场效应晶体管,使有机材料在器件性能、制备过程和生产成本等方面发挥出优势和特色,这就是有机场效应晶体管(organic field-effect transistor,OFET)。基于有机高分子和小分子的有机场效应晶体管出现于20世纪80年代,而用小分子共轭化合物制作的小分子有机薄膜晶体管(organic thin-film transistor,OTFT)始于1989年。与传统无机材料器件相比,OFET的优势在于材料来源渠道多、加工温度低、易与柔性聚合物衬底兼容、适宜大尺寸生产、成膜工艺简单(很容易通过旋涂等工艺快速获得大面积低成本薄膜)等。此外,对于有机半导体材料,研究人员可以通过改变分子结构很容易地实现对器件性能的调控,从而可以根据器件的不同要求来设计有机半导体材料的结构,因此受到研究人员的广泛关注。

OFET主要可用于显示、传感、电子标签、大规模和超大规模集成电路等诸多领域,有望实现大面积传感器阵列、记忆组件、有机激光、超导材料制备等新型先进应用。基于OFET的诸多优势和广泛应用,将OFET与柔性衬底相结合是最符合其发展趋势的。与传统的刚性场效应晶体管相比,柔性有机场效应晶体管具有很多优点,例如低成本、质量轻、可折叠等,其在柔性传感器、柔性显示和柔性集成电路等方面的应用前景非常广阔,受到了工业界和学术界的广泛关注,已成为目前最热门的研究方向之一。

OFET经过近年来的不断发展,虽然取得了超常的进步,其各项性能得到了明显的改善和提高,但还是存在很多问题,例如柔性聚合物衬底容易被弯折,容易损坏器件或者影响器件的性能,并且柔性衬底在长期操作过程中表现不稳定,对操作条件的变化极其敏感,与柔性聚合物衬底相兼容的低温、低成本的溶液制备技术急需开发[1-2]。

2.1.1 四种基本结构

普通单极型OFET可根据各功能层的相对位置不同分为四类基本结构(图2.1)。在OFET中,施加于源极和漏极之间的电压称为源漏电压(V_D),通过的电流称为源漏电流(I_D)或沟道电流,施加于栅极的电压称为栅电压(V_G)。器件工作时,通常以源极为电压参考零点,在源漏极之间施加一定的电压V_D,如果V_G很小,由于有机层中的载流子浓度很低,此时I_D会很小,器件处于关态;随着V_G的增加,由于绝缘层的电容效应,有机层中靠近绝缘层界面处会感应出较多电荷,载流子在V_D的作用下定向运动,参与导电,使I_D增大,器件处于开态。通过调节V_G可以改变注入载流子的浓度,即可实现对I_D的控制。

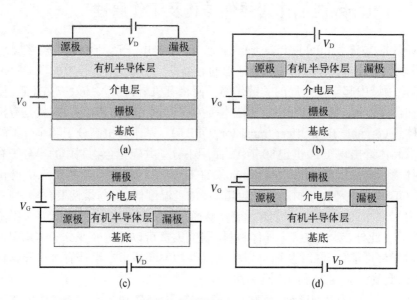

图2.1 有机场效应晶体管器件的四种基本结构(以p型为例)
(a)底栅顶接触结构;(b)底栅底接触结构;(c)顶栅底接触结构;(d)顶栅顶接触结构

2016年,Kim等报道了从器件结构设计角度提高器件迁移率的办法,主要思路是采用立式结构(图2.2),将沟道层从水平方向改为垂直方向,薄膜厚度就为沟道长度,使得沟道长度容易可控,并且使用石墨烯等新兴二维材料修饰沟道层[3]。

2.1.2 有机场效应晶体管工作原理

OFET是通过改变栅电压的大小来控制源漏之间电流输出的有源器件。当器

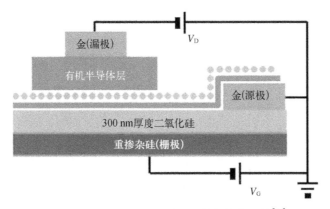

图2.2　立式有机场效应薄膜晶体管结构器件[3]

件工作时，如果不加任何栅电压V_G，而半导体具有很低的本征电导率，即便施加一个源漏电压V_D，也不会有源漏电流I_D通过，其大小几乎为零。此时的器件处于关状态，流过的电流为关态电流I_{off}。

如果加一个负栅电压V_G，在栅电压作用下，空穴会源源不断地从源电极注入有机半导体有源层，并在绝缘层与有机半导体层的界面处累积起来。此时如果在漏电极与源电极之间施加一个负的源漏电压V_D，则在源漏电压V_D的驱动下，沟道区积累的空穴载流子就会运动起来，形成源漏电流I_D，此时的器件处于开状态，流过的电流为开态电流I_{on}。

随着源漏电压V_D的不断增加，当其增大到一定数值的时候，就会夹断沟道区域，而夹断区域的沟道电阻非常大，增加的源漏电压几乎都施加到夹断区域上。由于源漏电压是一定的，导电沟道两端的电压基本不会发生改变，沟道电流（即源漏电流I_D）也不再随着源漏电压的增加而不断增加。此时，源漏电流几乎达到了饱和，器件工作在饱和区域。

图2.3为OFET的工作原理示意图。对于p型半导体活性层，如果在栅极上加以足够的负电压时，就可在半导体活性层与绝缘体的界面上，诱导吸引足够的空穴载流子形成导电沟道，从而使源极与漏极导通；对于n型半导体活性层，情况相反，栅极加以足够的正电压，则诱导足够的电子载流子形成导电沟道。

通常情况下，有机半导体最高已占分子轨道（HOMO）或最低未占分子轨道（LUMO）能级上的载流子浓度极低。当$V_G > 0$、$V_{DS} = 0$时，在有机半导体层和绝缘层界面处将产生很强的电场，在该电场的影响下，有机半导体的HOMO/LUMO能级将相对金属费米能级向下移动，随着V_G的增加，LUMO能级将降至与金属费米能级相接近，此时，电子将从金属电极注入有机半导体的LUMO能级，从而在有机半导体层与绝缘层界面处聚集电子。此时，若施加一定源漏电压（$V_D > 0$），会产生一沿沟道的横向电场，在此电场的作用下电子将向漏极运动并被漏极收集，同时形成电子导电沟道电流。同样，对于p型有机半导体，在负栅压的作用下，

HOMO/LUMO能级将向上移动,当HOMO能级与金属费米能级相同时,有机半导体HOMO能级中的电子将溢出流向金属,在HOMO能级中留下带正电的空穴。此时,若施加适当的横向电场($V_D<0$),这些空穴将会向漏极运动并被漏极收集,同时形成空穴导电沟道电流。

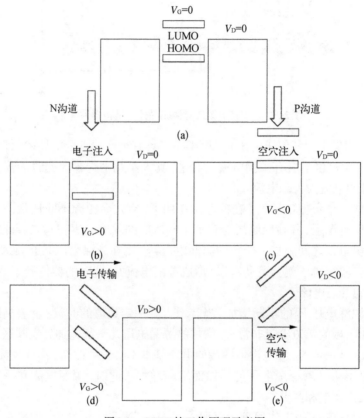

图2.3 OFET的工作原理示意图
(a) 无偏压下OFET理想能级图;(b) 电子注入;(c) 空穴注入;(d) 电子传输;(e) 空穴传输

2.2 器件主要性能参数

OFET的主要性能参数包括迁移率μ、开关比I_{on}/I_{off}和阈值电压V_T。在实际测量中,主要利用OFET的输出特性曲线和转移特性曲线来计算有机场效应晶体管的电学性质,下面对相关的参数进行介绍[4]。

2.2.1 输出与转移特性曲线

在讨论OFET性能的过程中,输出特性曲线和转移特性曲线是两条最重要的特征曲线(图2.4)。在这两条曲线中的标准参数：L为沟道长度，W为沟道宽度，V_G为栅极与源极电压，μ为迁移率，E_x为电场强度，Q_{th}为载流子因为被缺陷或杂质陷住而损失的电荷量，C_i为单位面积绝缘层电容（$C_i=\varepsilon\varepsilon_i/d$）。

在距离源极x位置处因平面电容产生的电荷量为

$$Q(x)=C_i[V(x)-V_G] \tag{2.1}$$

在距离源极x位置处电流密度为

$$j(x)=en(x)\mu E_x(x) \tag{2.2}$$

在距离源极x位置处电荷密度为

$$en(x)=Q(x)-Q_{th} \tag{2.3}$$

在距离源极x位置处电流为

$$I(x)=j(x)\cdot W \tag{2.4}$$

且满足：

$$V_T=-Q_{th}/C_i \tag{2.5}$$

所以：

$$\begin{aligned}I(x)&=W\cdot\mu E_x(x)[Q(x)-Q_{th}]\\&=W\cdot\mu C_i[V(x)-V_G+V_T]\left[-\frac{\partial V(x)}{\partial x}\right]dx\end{aligned} \tag{2.6}$$

对整个沟道长度做积分求得总电流：

$$\begin{aligned}I_D L&=\int_0^L W\cdot\mu C_i[V(x)-V_G+V_T]\left[-\frac{\partial V(x)}{\partial x}\right]dx\\&=\int_0^{L_{DS}}W\cdot\mu C_i(V_G-V_T-V)dV\\&=W\cdot\mu C_i(V_G-V_T-V_D/2)\cdot V_D\end{aligned} \tag{2.7}$$

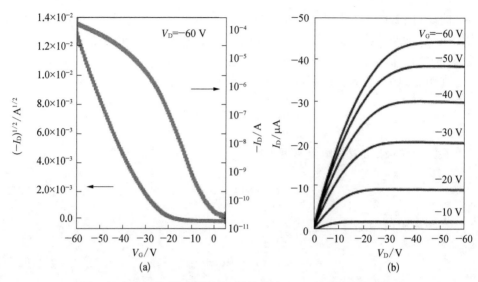

图2.4 有机场效应晶体管输出特性曲线(a)和转移特性曲线(b)

当源漏极电压 V_D 很小时，源漏极电流随着源漏极电压的增加呈指数增加。当 V_D 等于栅极电压时，两者之间的电势差为零，因此在沟道内形成了夹断，进而形成饱和源漏极电流 I_D。从上面推导过程可知，在线性区，源漏极电流、源漏极电压和栅极电压之间的关系满足下述方程：

$$I_D = \frac{W}{L} \cdot \mu C_i \left[(V_G - V_T) \cdot V_D - \frac{1}{2} V_D^2 \right] \tag{2.8}$$

其中 μ 是场效应载流子迁移率，V_T 是阈值电压。从上式可以看出，当器件工作在线性区域时，源漏极电流与栅极电压成正比，与源漏极电压的二次方成正比。

当 V_D 继续增大，源漏电极之间电势大于栅极电压与阈值电压之差时，源漏电极之间载流子的输运增强，导致漏极处的载流子耗尽，这样使得 I_D 由于沟道夹断而逐渐趋于饱和。饱和区电流电压关系遵循以下公式：

$$I_D = \frac{W}{L} \cdot \mu C_i (V_G - V_T)^2 \tag{2.9}$$

2.2.2 阈值电压

阈值电压 V_T 的物理意义是指场效应晶体管形成导电沟道时所必需的最低栅极电压，单位为伏特。通常我们希望阈值电压相对较低，这表示器件可以在较小的驱动电压下正常工作。

通常可用两种方式获得器件阈值电压：

第一种是根据场效应晶体管线性区的电流公式。在转移特性曲线中，源漏电压较小时，转移曲线中 $V_G > V_D + V_T$ 的部分反映的是器件线性区的特性，将 I_D 与 V_G 关系曲线的线性区域延长，V_G 轴上的截距即为零电流处的电压 V_T。

第二种方式是利用饱和区的转移特性曲线测得 V_T 的具体数值。当 V_S 较大时，漏源电流的平方根与栅极电压呈较好的线性关系，通过对 $|I_D|^{1/2}$ 与 V_G 的关系曲线进行拟合，拟合线与 V_G 轴的交点即为晶体管的阈值电压 V_T。同时，对场效应晶体管的饱和区的电流公式进行二次函数拟合，亦可计算出器件的阈值工作电压 V_T。根据转移特性曲线的线性区与饱和区推导出的阈值电压一般会略有差别。

场效应晶体管的阈值电压 V_T 主要取决于以下几个因素：源漏电极与有机半导体界面的接触势垒，有机半导体与绝缘层间的电荷陷阱密度以及是否存在内建导电沟道等。

2.2.3 场效应迁移率

场效应迁移率是指单位电场下电荷载流子的平均漂移速度，反映在电场的作用下，载流子在材料中的移动能力。定量地说，迁移率就是单位电场下载流子获得的速度。在微观层面上，载流子由于受到电场力的作用而加速运动，同时在运动过程中受到晶格散射等作用导致损失了一部分动量。这个过程发生得极其迅速，是通过观测大量的载流子获得的平均效应。在宏观层面上观测，载流子的运动在固体材料中是一个黏性流动的过程。在给定电场下，载流子速度是一个常量，与电场强度之间是线性关系。

迁移率公式定义为

$$\mu = \frac{\gamma}{E} \tag{2.10}$$

材料的迁移率一般通过器件的转移曲线获取，可以分别从饱和区和线性区的曲线计算得到。

在线性区域，由公式2.8推导可以得到

$$\mu = \frac{L}{WC_i V_G} \cdot \frac{\partial I_D}{\partial V_G} \tag{2.11}$$

在饱和区域，由公式2.9可推得

$$\mu = \frac{2L}{WC_i} \left(\frac{\partial \sqrt{I_D}}{\partial V_G} \right)^2 \tag{2.12}$$

由公式可得到饱和区域内的场效应迁移率。通常使用的迁移率单位为 $cm^2/(V \cdot s)$。

器件的迁移率大小与很多因素有关。在薄膜晶体管中,迁移率除了与材料的本征电荷传输能力有关外,薄膜的形貌、分子的取向和有序度、半导体和电极界面接触、半导体和绝缘层界面等都有着十分密切的关系[5-7]。鉴于薄膜晶体管中沟道的载流子主要积累在半导体层和绝缘层的界面,界面散射作用和缺陷等因素会阻碍载流子的输运,因此薄膜态的场效应晶体管的迁移率通常低于体材料的迁移率[8-13]。

2.2.4 电流开关比

开关比的数学表达为I_{on}/I_{off},定义是在"开"和"关"状态时源漏电流I_{SD}的比值,是在有机场效应晶体管中另一个最重要的性能参数。它反映了在一定栅极电压下器件开关性能的好坏,在用于显示阵列中的基本单元时和在逻辑电路中,开关比特别重要。

高的开关比意味着更好的稳定性、抵抗干扰的能力和驱动更大负载的能力,反之,若开关比较小,其相应的性能将下降。高开关比需要尽可能高的开启电流和低的关闭电流,电流开关比反映了器件对电流的调控能力。

在转移特性曲线中,开态电流首先随着栅极电压的增大而增大,而当栅极电压增大到一定数值,源漏电流I_D不再随V_G的增大而产生明显变化,此时I_D达到最大值I_{on}。在栅电压为零时,I_D的值则为器件的关态电流I_{off}。实际上,关态电流即为器件的漏电流,其直接影响器件功耗的大小,并由器件的基本性质决定。I_{on}越高表明器件的驱动能力越强,I_{off}越低则表明器件的关断能力越强。对于OFET在有源驱动显示中的应用,一般要求器件的电流开关比达到10^6量级,而在逻辑电路中应用时则往往需要具备更高的电流开关比。

以图2.5为例,器件在栅电压在0 V时,其沟道电流约为10^{-13} A,漏电压分别为0.1 V和10.1 V时,栅极电压为8 V时对应的沟道电流分别约为10^{-7} A和10^{-5} A,开关比在漏极电压为0.1 V和10.1 V时分别为10^6和10^8。

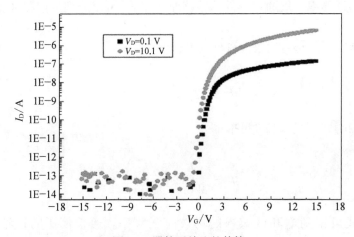

图2.5 器件开关比的估算

2.2.5 亚阈值斜率

当栅极电压 V_G 低于阈值电压 V_T，且接近于阈值电压时称晶体管工作在亚阈值区。亚阈值斜率的定义为：在亚阈值工作区，沟道电流变化一个数量级所对应的栅极电压的改变量，单位为mV/dec*，表达公式为

$$S = dV_G/d(\lg I_D) \tag{2.13}$$

通常，这个数值依赖于绝缘层的电容密度 C_i。为了更直接的反映不同器件的性能，采用标准化的亚阈值斜率 $S_i=S \cdot C_i$，S_i 越小，表示晶体管由关态切换到开态的速度越快。此外，亚阈值斜率还能反映有机层与绝缘层的界面处载流子的陷阱态密度，即可以反映界面接触质量的好坏[14-16]。

2.3 有机场效应晶体管中的电荷输运

有机场效应晶体管是研究有机半导体电荷运输机制的有力工具，通过测量其特征曲线，可以导出电荷在半导体内的迁移率。对于大部分多晶和无定型态半导体的有机场效应晶体管，通过拟合载流子迁移率和温度之间的关系，可以得到跟hopping（跃迁）模型相一致的结果。然而在少数有机单晶的场效应晶体管中，由于单晶中缺陷更少，载流子迁移率和温度关系则表现出能带传输特征。

如今有机半导体器件的研究得到了迅速的发展，人们在享受有机半导体器件带来的优质体验的同时，其性能的许多限制因素也在制约着有机半导体器件的进一步发展，例如，器件使用寿命短，器件的性能不稳定，器件的能量利用率低，器件的反应速度慢等。从根本上讲，有机半导体器件所有的缺陷都是由有机半导体材料自身的特点所决定。想要从本质上弥补有机半导体器件的不足，就必须更进一步研究有机半导体材料的物理及化学性质[16-19]。针对有机半导体在不同器件中的应用，目前为止发展了几种电荷注入和传输的理论模型，互为补充，现罗列如下。

电荷在金属电极-薄膜-金属电极结构中的输运机制主要有直接隧穿、Fowler-Nordheim（F-N）隧穿、Schottky发射效应、Poole-Frankel效应、跳跃传导（hopping conduction）及空间电荷限制（SCLC）效应六种，各种输运机制的能带示意图、电流特性公式及电流对温度和电压的依赖关系如表2.1所示。

---

* 1 decade（dec）相应于源漏电流10倍的增幅。

表2.1 常用电荷输运模型

输运机制		电流特性公式	温度依赖性	电压依赖性
直接隧穿[20]		$I = S \dfrac{q^2 V \alpha}{\hbar^2 d}(2m\varphi)^{\frac{1}{2}} \exp\left[\dfrac{-2\alpha d}{\hbar}(2m\varphi)^{\frac{1}{2}}\right]$	—	$I \propto V$
Fowler-Nordheim隧穿[27]		$I = \dfrac{Smq^3}{8\pi h m^* \varphi} E^2 \exp\left[-\dfrac{4\sqrt{2m^*}}{3hqE}(\varphi_{FN})^{\frac{3}{2}}\right]$	—	$\ln(1/V^2) \propto 1/V$
Schottky发射效应[28]		$I = SAT^2 \exp(e\beta E^{\frac{1}{2}} - \phi_0/kT)$	$\ln(1/T^2) \propto 1/T$	$\ln I \propto V^{1/2}$
Poole-Frankel效应[29]		$I = \dfrac{SV\sigma_0}{d}\exp\left[\dfrac{q(\varphi_{PF}-\sqrt{qE/\pi\varepsilon\varepsilon_0})E_a}{kT}\right]$	$\ln I \propto 1/T$	$\ln(I/V) \propto V^{1/2}$
跳跃传导[30]		$I = \dfrac{S}{d}V\sigma_0 \exp\left(-\dfrac{E_a}{kT}\right)$	$\ln(I/V) \propto 1/T$	$I \propto V$
SCLC效应[31]		$I = \dfrac{9S\varepsilon_s \mu \theta V^2}{8d^3}$	—	$I \propto V^n$
standard diode方程		$I = I_s\left[\exp\dfrac{qV}{nkT} - 1\right]$	—	—

续 表

输运机制	电流特性公式	温度依赖性	电压依赖性
Mott-Gurney law	$J = \dfrac{9}{8}\varepsilon_0\varepsilon_r\mu V^2/L^3$	—	$J^{1/2} \propto V$
欧姆传导	$J_\Omega = \dfrac{q\mu_n n_0 V}{d}$	—	$\ln J_\Omega \propto \ln V$

其中,q 为电子电荷;V 为外加电压;k 为波尔兹曼常数;n 为理想因子;I_s 为饱和电流;ε_r 为相对介电常数;ε_0 为真空介电常数;L 为阴阳两极间距离

直接隧穿和 Fowler-Nordheim 隧穿属于非共振遂穿,电流大小均和温度无关,其中直接隧穿适用于小电压范围($eV < \Phi$),电流和电压呈线性关系;Fowler-Nordheim 隧穿适用于较高电压范围($eV > \Phi$),$\ln(I/V^2)$ 和 $1/V$ 呈线性关系。在小电压范围,美国耶鲁大学 Reed 等利用直接隧穿模型研究了饱和烷硫醇自组装薄膜器件在变温条件下的电荷输运机制,并推算出势垒高度 Φ 及衰减系数 β[20]。清华大学陈培毅等也对烷基硫醇饱和分子结中的电荷输运进行了研究,证实了隧穿为饱和分子结中的主要电荷输运机制[20]。中国科学技术大学王晓平等研究了自组装硫醇分子膜输运特征的压力依赖性,分析表明自组装硫醇分子膜输运特征的压力依赖性也主要源于电荷在分子膜中的链间隧穿过程[21]。在较高电压范围,韩国光州科学技术院 Lee 等观察到饱和烷硫醇自组装薄膜器件电流输运机制由直接隧穿转变为 Fowler-Nordheim 隧穿,并研究了不同条件下过渡电压的变化规律[22]。中国科学院上海微系统与信息技术研究所董耀旗等基于分栅闪存存储器的结构,对多晶硅/隧穿氧化层/多晶硅非平面结构的 F-N 隧穿进行了研究[23]。天津大学胡明等在研究碳纳米管场发射性能时认为其至少在某一电流密度范围内属于 Fowler-Nordheim 遂穿[24]。直接隧穿和 Fowler-Nordheim 隧穿是饱和烷烃自组装薄膜中最常见的两种输运机制,然而对于 π 共轭分子,由于禁带宽度较小,则有可能是近似共振隧穿机制。

Schottky 发射效应是指在一定温度下,金属中部分电子将获得足够的能量越过绝缘体的势垒,此过程又称为热电子发射,由电流特性公式可知 $\ln(I/T^2)$ 和 $1/T$、$\ln I$ 和 $V^{1/2}$ 均呈线性关系。

如果介质层包含有非理想性结构,如不纯原子导致的缺陷,那么这些缺陷将扮演电子陷阱的作用,诱陷电子的场加强热激发将产生电流,此即为 Poole-Frankel 效应。在该机理中,电流对温度和电压的关系为 $\ln I \propto 1/T$ 和 $\ln(I/V) \propto V^{1/2}$。

如果介质层缺陷密度很大,电子的输运将由跳跃传导控制,此时,电流和电压呈线性关系,电流与温度的关系为 $\ln I \propto 1/T$。美国耶鲁大学周崇武等研究 Au/Ti/4-硫乙酰基联苯/Au 分子结时观察到,在负偏压且偏压较小时即属于跳跃传导

机制[25]。新加坡国立大学Nijhuis等在研究Ag^{TS}SC$_{11}$Fc$_2$/Ga$_2$O$_3$/EGaIn分子结时也观察到跳跃传导机制[26]。在自组装薄膜中跳跃传导相对于隧穿机制来说观察到的频率较低,因为目前所研究的分子中长度很少超过2 nm。

空间电荷限制效应是指注入具有一定绝缘性电介质中的电子将形成一定的分布,通过这一介质的电流与介质的电导率无关,只是由介质中出现的空间电荷决定,故称为空间电荷限制电流效应。由电流特性公式可知空间电荷限制效应中电流和温度无关。理想条件下,电流对电压依赖关系中电压上的指数是2;在非理想条件下则是一个大于或等于1的数,表中用n表示。哈尔滨理工大学雷清泉课题组研究聚酰亚胺薄膜高场电导特性时,根据空间电荷限制电流与温度的关系,求出了聚酰亚胺薄膜的陷阱能级[32]。

影响金属电极-薄膜-金属电极结构中电荷输运机制的因素较多,目前尚没有一个统一的模型来很好地解释这一输运过程。现有研究多根据薄膜I-V曲线不同的阶段特征应用这些理论模型进行分段模拟,得到势垒高度、衰减系数等参数,然而不同的课题组甚至同一课题组多次测量会得到不同的结论。对于这些报道的差异性,究其原因,一方面是技术上不够成熟,如分子与电极间接触不良、电极间的距离不合适、电极间的分子数目很难控制等;另一方面是由于人们对分子特性及电荷输运机制认识不够,不能很好地指导实验。因此科研工作人员进一步推理、发展这些理论模型就显得尤为重要。这些理论模型可以为科研工作人员探索分子器件的工作原理、寻找不同功能的分子材料及设计不同功能的分子器件提供进一步的指导,更好地促进有机电子学的发展[33-37]。

参 考 文 献

[1] Briseno A L, Miao Q, Ling M M, et al. Hexathiapentacene: Structure, molecular packing, and thin-film transistors. J. Am. Chem. Soc., 2006, 128: 15576-15577.

[2] Klauk H, Zschieschang U, Weitz R T, et al. Organic transistors based on di(phenylvinyl) anthracene: Performance and stability. Adv. Mater., 2007, 19: 3882-3887.

[3] Kim J S, Kim B J, Choi Y J, et al. An organic vertical field-effect transistor with underside-doped graphene electrodes. Adv. Mater., 2016, 28: 4803.

[4] Kim C H, Bonnassieux Y, Horowitz G. Compact DC modeling of organic field-effect transistors: Review and perspectives. IEEE Trans. Electron Devices, 2014, 61: 278-287.

[5] Meng H, Perepichka D F, Bendikov M, et al. Solid-state synthesis of a conducting polythiophene via an unprecedented heterocyclic coupling reaction. J. Am. Chem. Soc., 2003, 125: 15151-15162.

[6] Meng H, Sun F, Goldfinger M B, et al. High-performance, stable organic thin-film field-effect transistors based on bis-5′-alkylthiophen-2′-yl-2,6-anthracene semiconductors. J. Am. Chem. Soc., 2005, 127: 2406-2407.

[7] Meng H, Sun F, Goldfinger M B, et al. 2,6-bis [2-(4-pentylphenyl)vinyl] anthracene: A stable

and high charge mobility organic semiconductor with densely packed crystal structure. J. Am. Chem. Soc., 2006, 128: 9304-9305.

[8] Zhang F, Hu Y, Schuettfort T, et al. Critical role of alkyl chain branching of organic semiconductors in enabling solution-processed n-channel organic thin-film transistors with mobility of up to 3.50 cm^2/Vs. J. Am. Chem. Soc., 2013, 135: 2338-2349.

[9] Meng H, Chen Z K, Yu W L, et al. Synthesis and electrochemical characterization of a new polymer constituted of alternating carbazole and oxadiazole moieties. Synthetic Met., 1999, 100: 297-301.

[10] Meng H, Chen Z K, Liu X L, et al. Synthesis and characterization of a novel blue electroluminescent polymer constituted of alternating carbazole and aromatic oxadiazole units. Phys. Chem. Chem. Phys, 1999, 1: 3123-3127.

[11] Meng H, Chen Z, Huang W. Spectroscopic and electrochemical study of a novel blue electroluminescent p-n diblock conjugated copolymer. J. Phys. Chem. B, 1999, 103: 6429-6433.

[12] Meng H, Wang Y, Huang W. Facile synthetic route to a novel electroluminescent polymer-poly(p-phenylenevinylene) containing a fully conjugated aromatic oxadiazole side chain. Macromolecules, 1999, 32: 8841-8847.

[13] Meng H, Huang W. Novel photoluminescent polymers containing oligothiophene and m-phenylene-1,3,4-oxadiazole moieties: Fsynthesis and spectroscopic and electrochemical studies. J. Org. Chem., 2000, 65: 3894.

[14] Meng H, Wudl F. A robust low band gap processable n-type conducting polymer based on poly(isothianaphthene). Macromolecules, 2001, 34: 1810-1816.

[15] Meng H, Bao Z, Lovinger A J, et al. High field-effect mobility oligofluorene derivatives with high environmental stability. J. Am. Chem. Soc., 2001, 123: 9214-9215.

[16] Meng H, Tucker D, Chaffins S, et al. An unusual electrochromic device based on a new low-bandgap conjugated polymer. Adv. Mater., 2003, 15: 146-149.

[17] Meng H, Bendikov M, Mitchell G, et al. Tetramethylpentacene: Remarkable absence of steric effect on field effect mobility. Adv. Mater., 2003, 15: 1090-1093.

[18] Meng H, Zheng J, Lovinger A J, et al. Oligofluorene-thiophene derivatives as high-performance semiconductors for organic thin film transistors. Chem. Mater., 2003, 15: 1778-1787.

[19] Meng H, Perepichka D F, Wudl F. Facile solid-state synthesis of highly conducting poly(ethylenedioxythiophene). Angew. Chem. Int. Edit., 2003, 42: 658-661.

[20] Lee T, Wang W, Reed M A. Mechanism of electron conduction in self-assembled alkanethiol monolayer devices. Ann. Ny. Acad. Sci., 2003, 1006: 21.

[21] 董浩,邓宁,张磊.烷基硫醇饱和分子结中的电荷输运.功能材料与器件学报,2007,13: 561-565.

[22] Wang G, Kim T W, Jo G, et al. Enhancement of field emission transport by molecular tilt configuration in metal-molecule-metal junctions. J. Am. Chem. Soc., 2009, 131: 5980-5985.

[23] 董耀旗,孔蔚然.多晶硅/氧化硅/多晶硅非平面结构中Fowler-Nordheim隧穿及氧化层退化研究.功能材料与器件学报,2010,16: 560-564.

[24] 房振乾,胡明,李海燕等.碳纳米管冷阴极材料制备及其场发射性能研究.压电与声光,2006,28: 715-718.

[25] Zhou C, Deshpande M R, Reed M A, et al. Nanoscale metal/self-assembled monolayer/metal heterostructures. App. Phys. Lett., 1997, 71: 611−613.

[26] Nijhuis C A, Reus W F, Siegel A C, et al. A molecular half-wave rectifier. J. Am. Chem. Soc., 2011, 133: 15397.

[27] Kies R, Papadas C, Pananakakis G, et al. Temperature dependence of fowler-nordheim emission tunneling current in MOS structures. Solid State Device Research Conference, 1994. Essderc ' 94. European IEEE, 1994: 507−510.

[28] Gaffar M A, Fadl A A, Anooz S B. Doping-induced-effects on conduction mechanisms in incommensurate ammonium zinc chloride crystals. Cryst. Res. Technol., 2007, 42: 569−577.

[29] Aswal D K, Lenfant S, Guerin D, et al. Self assembled monolayers on silicon for molecular electronics. Anal. Chim. Acta, 2006, 568: 84−108.

[30] Dibenedetto S A, Facchetti A, Ratner M A, et al. Charge conduction and breakdown mechanisms in self-assembled nanodielectrics. J. Am. Chem. Soc., 2009, 131: 7158−7168.

[31] Oduor A O, Gould R D. A comparison of the DC conduction properties in evaporated cadmium selenide thin films using gold and aluminium electrodes. Thin Solid Films, 1998, 317: 409−412.

[32] 张沛红,李刚,盖凌云等.聚酰亚胺薄膜的高场电导特性.材料研究学报,2006,20：465−468.

[33] Xu T, Zhou J G, Huang C C, et al. Highly simplified tandem organic light-emitting devices incorporating a green phosphorescence ultrathin emitter within a novel interface exciplex for high efficiency. ACS Appl. Mater. Interfaces., 2017, 9: 10955−10962.

[34] Xu T, Zhang Y X, Wang B, et al. Highly simplified reddish orange phosphorescent organic light-emitting diodes incorporating a novel carrier- and exciton-confining spiro-exciplex-forming host for reduced efficiency roll-off. ACS Appl. Mater. Interfaces., 2017, 9: 2701−2710.

[35] Xu T, Yang M, Liu J, et al. Wide color-range tunable and low roll-off fluorescent organic light emitting devices based on double undoped ultrathin emitters. Org. Electron., 2016, 37: 93−99.

[36] Xu T, Yan L, Miao J, et al. Unlocking the potential of diketopyrrolopyrrole-based solar cells by a pre-solvent annealing method in all-solution processing. RSC Adv., 2016, 6: 53587−53595.

[37] Cicoira F, Santato C, Dadvand A, et al. Environmentally stable light emitting field effect transistors based on 2-(4-pentylstyryl) tetracene. J. Mater. Chem., 2008, 18: 158−161.

第 3 章

OTFT 小分子半导体材料

有机半导体材料是有机薄膜晶体管的重要组成部分，起着载流子传输的作用。有机半导体材料根据分子量的大小不同，可以分为小分子半导体材料和高分子半导体材料。科研工作者经过多年的积累，摸索出了小分子半导体材料和高分子半导体材料各自的优缺点。如高分子半导体材料具有溶液加工成膜性好、制备工艺简单及成本低廉等优势，使实现大面积喷墨打印制备有机光电薄膜器件成为可能。而小分子半导体材料具有材料制备工艺简单、可通过多种纯化方式获得高纯度的半导体材料等优点。小分子半导体材料用蒸镀法可制备结晶性和有序性良好的薄膜，其半导体器件性能较好，但小分子半导体材料用溶液法制备薄膜的均一性及成膜性不佳，限制了其溶液法制备半导体器件的实际应用。寻找一种能结合小分子和高分子优势的方法，解决各自存在的缺陷，将可实现实际的应用。

有机半导体材料按照在有机场效应晶体管中传输载流子的不同可以分为三类：传输载流子为电子的 n 型有机半导体材料，传输载流子为空穴的 p 型有机半导体材料以及同时传输空穴和电子的双极性有机半导体材料。近年来，随着科研工作者积极地投身于有机半导体材料领域，有机半导体材料的研究取得了很大的进展，有机场效应晶体管的迁移率已经可以与无定形硅的性能相媲美。特别是 p 型半导体材料，1986 年，以聚噻吩为有源层制备了第一个有机场效应晶体管，迁移率仅为 10^{-5} $cm^2/(V \cdot s)$，目前，有报道 C8-BTBT 薄膜的迁移率高达 43 $cm^2/(V \cdot s)$，并数次观察到了 90～118 $cm^2/(V \cdot s)$ 的惊人迁移率。n 型半导体材料的最大迁移率也已达 14.9 $cm^2/(V \cdot s)$。图 3.1 展示了各类型材料迁移率随年份递增的曲线。从图中可以看出，近年来材料的迁移率已达到非常高的水平，结合器件工艺的优化，有机场效应晶体管实现实际应用指日可待。

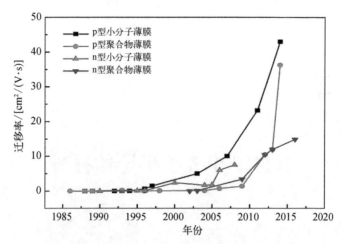

图3.1　半导体材料迁移率的发展与时间的关系曲线

3.1　p型小分子半导体材料

有机半导体材料自身的结构和性质决定了载流子迁移率的大小以及器件的热学及化学稳定性，从而决定了有机薄膜晶体管的性能。因此，如何设计、合成高性能，高稳定性，可大面积、低成本制备的半导体材料是制备高性能有机薄膜晶体管器件的关键科学问题。在有机薄膜晶体管材料的设计中，化合物的HOMO/LUMO能级是关键要素之一。对于p型半导体材料，理想的HOMO能级应该在-5.0 eV左右，与常用的电极材料Au(-5.1 eV)相匹配，具有较低的势垒，有利于空穴的注入。从材料的稳定性及常用的功焓来考虑，理想的n型半导体材料LUMO能级应该在-3 eV至-4 eV之间。目前，p型有机半导体材料总体发展较快，表现出了较高的迁移率和良好的空气稳定性，部分材料的有机薄膜晶体管器件的迁移率已经达到甚至超过了非晶硅薄膜器件的性能。目前研究的小分子材料大都是具有共轭性的芳香类化合物，如并苯类化合物，和含杂环原子(S、Se、N等)的取代的并苯类化合物。

3.1.1　并苯类化合物及其衍生物

并苯类化合物具有很好的平面共轭性有利于载流子的传输，在有机薄膜晶体管中研究最为广泛，特别是蒽、并四苯和并五苯类衍生物，因其优异的性能而引起了广泛的关注。一些代表性的萘、蒽和菲衍生物p型半导体材料的结构如图3.2所示。

萘(**1**)作为最小的并苯单元，其来源比较丰富，合成比较简单，HOMO能级为-5.79 eV，LUMO能级为-0.95 eV。萘的本征迁移率可通过飞行时间(TOF)的方法来表征[1]。在萘母核线性方向引入取代基，可以扩大共轭体系，使迁移率得到提高。如孟鸿等报道了化合物**2**，具有很好的热和光稳定性并且具有蓝色荧光特性，

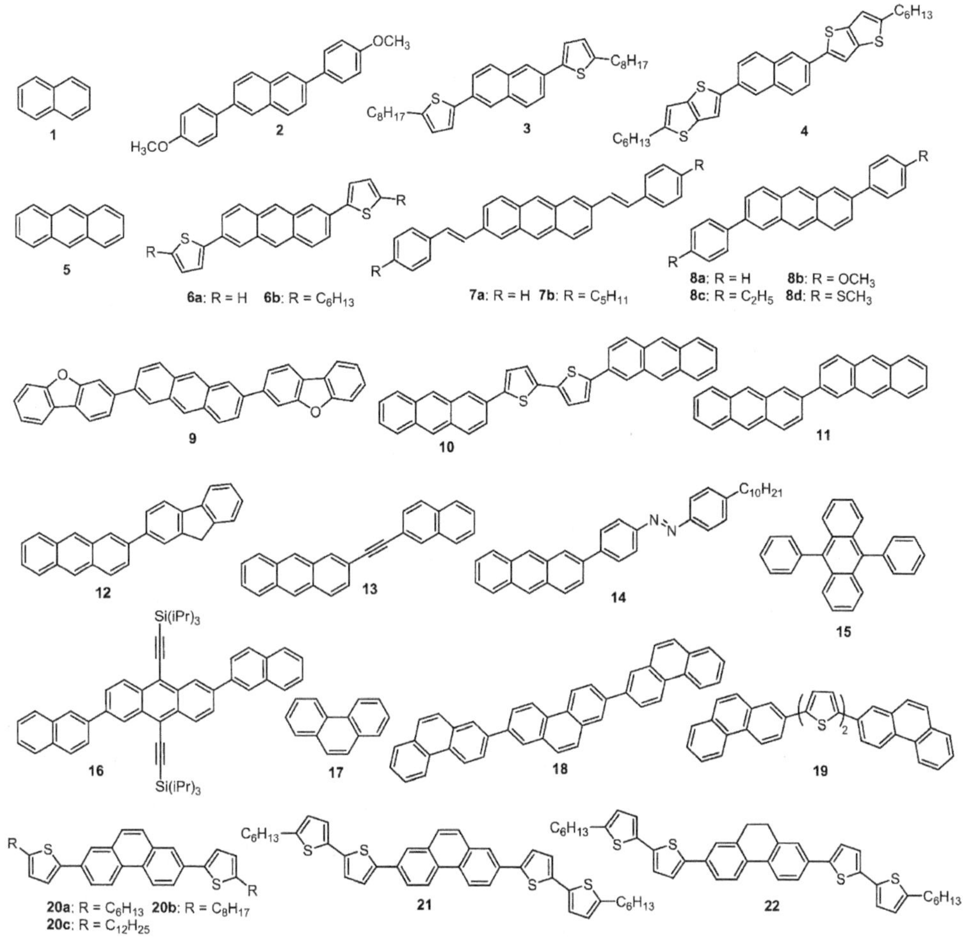

图3.2 一些代表性的萘、蒽和菲衍生物p型半导体材料的结构

量子产率为(32±5)%,迁移率达到了1.4 cm²/(V·s)[2]。含长链噻吩萘衍生物3,多晶薄膜迁移率为0.14 cm²/(V·s)[3]。化合物4通过在末端引入烷基化并噻吩取代基,可以明显提高其化学稳定性,热重分析(TGA)表征其在390℃左右时开始分解,HOMO能级为−5.40 eV,LUMO能级为−2.75 eV,其迁移率为0.084 cm²/(V·s),开关比为$8.8×10^5$ [4]。关于萘的p型小分子OTFT的报道较少,其器件性能一般,基于萘的酰亚胺类n型OTFT报道较多,并且器件性能也提升到一个较为理想的范围,将在n型OTFT里面着重介绍。

蒽因具有较大的能带间隙、高的荧光量子产率和极佳的载流子传输性能而被广泛地应用于有机发光二极管、有机场效应晶体管和有机光伏器件中。蒽(5)具有良好的共平面性以及在晶体中具有良好的π-π堆积,单晶蒽的带隙约为3.9 eV,在空气中能稳定存在;单晶蒽在室温下运用TOF的方法测得的空穴迁移率达到

3 cm²/(V·s)[5]。因蒽导电性不足,未能制备理想的有机薄膜晶体管器件,但对其结构进行衍生,有望筛选出理想的有机薄膜晶体管材料。在蒽母核的2-位、6-位用芳基取代能有效提高π共轭的程度和平面性,从而提高半导体材料的器件性能。孟鸿等在此领域开展了大量的研究工作,如化合物DTAnt(**6a**)和DHTAnt(**6b**),为分别在蒽的2,6位用噻吩和烷基链封端的噻吩取代,以真空蒸镀的方法制备了顶接触的有机薄膜晶体管,迁移率分别为0.063 cm²/(V·s)和0.48 cm²/(V·s)。进一步研究发现,对于DHTAnt先在衬底温度120℃条件下沉积一层约为20 nm厚的薄膜,薄膜的晶体颗粒比较大,晶界较宽,衬底温度降低至80℃,继续沉积一层20 nm的薄膜,由此填补了薄膜晶界中的裂隙,保证了晶粒间的连接。这种构筑方式使得化合物**6b**薄膜器件的平均迁移率提高到了0.5 cm²/(V·s),开关比为10⁷。通过单晶结构分析,烷基链取代的分子排列更加紧密,从而提高了半导体器件性能[6]。2,6位通过双键与芳基连接,既可以增加分子的共轭体系,也可以有效地避免分子发生扭曲,更大程度的提高分子之间的共平面性。DPVAnt(**7a**)和DPPVAnt(**7b**)为通过双键连接的蒽类衍生物,化合物DPVAnt(**7a**)与并五苯具有类似的器件性能,迁移率达到了1.3 cm²/(V·s),相对并五苯具有更高的电离电势,具有更好的空气稳定性[7]。研究者进一步开展了DPVAnt单晶晶体管器件研究,发现DPVAnt分子在单晶中以鱼骨状的方式堆积,晶体为正交晶系。利用十字交叉的有机微米线作为掩模板,在同一个单晶片上构筑了沟道沿a轴和b轴两个方向的晶体管器件,来探测电荷传输的各向异性。沿a轴方向器件的迁移率得到最高的4.3 cm²/(V·s),沿b轴方向器件的性能较低,迁移率为2.2 cm²/(V·s)。说明沿a轴方向分子堆积更加紧密,有利于电子在分子间的传输,因而具有更大的迁移率[8]。含对戊基苯乙烯基的蒽类衍生物DPPVAnt(**7b**),该化合物的带隙为2.59 eV,比并五苯的带隙要高1 eV,分子在单晶结构中以鱼骨状方式堆积,分子排列与并五苯相比更为紧密,其最高薄膜迁移率达到1.28 cm²/(V·s),略高于同样器件结构的以并五苯为活性层的器件[迁移率在1.05 cm²/(V·s)左右],表现出较好的空气稳定性[9]。胡文平等在蒽的2,6位直接引入苯基[即化合物DPA(**8a**)]。真空沉积薄膜迁移率超过10 cm²/(V·s),开关比达到10⁸,最高迁移率达到14.8 cm²/(V·s)[10]。而且器件具有很好的空气稳定性。DPA的单晶荧光量子产率达到了41.2%,且单晶器件的迁移率高达34 cm²/(V·s)[11]。同时,孟鸿等探讨了杂原子取代对蒽类衍生物能级、光学及半导体器件性能的影响。化合物BOPAnt(**8b**),BEPAnt(**8c**)和BSPAnt(**8d**)分别为蒽的取代基上含有氧原子(O),硫原子(C)与碳原子(S),这三个化合物都具有很强的荧光性能。由于分子堆积方式的不同及薄膜形貌的不同,三个化合物的器件性能具有很大的差异,BEPAnt器件性能最佳,迁移率达到了3.72 cm²/(V·s),BOPAnt次之,迁移率为2.96 cm²/(V·s),虽然BSPAnt与BOPAnt只有一个元素的不同,S原子替代O原子之后,器件性能明显降低,迁移率仅为0.12 cm²/(V·s)[12]。二苯并呋喃引入蒽环体系中，化合物BDBFAnt(**9**)，薄膜迁移率最高能达到3.0 cm²/(V·s)。材料BDBFAnt具有很好的热稳定性，其分解温度高达460℃，其器件经220℃退火后其迁移率仍维持不变，具有很好的热稳定性[13]。蒽的寡聚物也引起了研究者的注意，5,5′-二蒽基-2,2′-二噻吩(**10**)，迁移率达到0.1 cm²/(V·s)。用MoO$_x$对半导体层进行修饰，联蒽2A(**11**)迁移率达到了1.0 cm²/(V·s)[14]。2017年，孟鸿等利用联蒽2A与FlAnt(**12**)具有相似的物理性质等特点，共混制备了薄膜半导体器件，迁移率最大达到了2.36 cm²/(V·s)，并且可通过共混掺杂制备白光OLED器件[15]。胡文平等在β位通过三键连接萘来增加蒽的共轭体系，得到半导体材料**13**，器件具有很好的空气稳定性，迁移率达到1.6 cm²/(V·s)。在蒽的一端接入具有光致顺反异构化的偶氮苯基团，并在偶氮苯的另一端连有烷氧基长链，合成出具有液晶性能的偶氮半导体材料APDPD(**14**)。在紫外光(254 nm)照射下，分子发生反式-顺式的空间构象改变，并在可见光照射下可进行顺式-反式的转化，通过紫外-可见吸收光谱可分别地观测到分子在溶液中和薄膜上明显的变化。半导体器件性能随着光的辐射而发生改变[16]。运用TOF的方法发现9,10-二苯基蒽(**15**)具有双极性，其空穴和电子迁移率分别为3.7 cm²/(V·s)和13 cm²/(V·s)[17]。但因很难获得结晶性较好的半导体薄膜，制备的薄膜晶体管器件性能较差。把三异丙基硅基引入分子中，可以很大程度上提高半导体材料的溶解性，对于使用溶液法制备半导体器件而言，是一种理想的选择，材料**16**溶液法制备的薄膜迁移率为0.24 cm²/(V·s)[18]。

菲(**17**)作为蒽的同分异构体，与蒽相比，菲有更高的共振能，菲的部分化合物也表现出了良好的半导体器件性能。相对蒽而言，菲的研究相对较少。Geng等合成了菲的衍生物**18**和**19**，HOMO能级分别为-5.85 eV、-5.40 eV，在空气中都非常稳定[19]。化合物**18**在高温下(150℃)表现出了1.1×10^{-2} cm²/(V·s)的迁移率，开关比为2×10^5。由于噻吩环的引入，化合物**19**器件性能相比化合物**18**有了明显的提高，迁移率为0.12 cm²/(V·s)。该团队还合成了菲的二取代衍生物**20**[20]，可溶于常规的有机溶剂，并且能形成高度有序的液晶相。在衬底温度80℃时，MoO$_x$修饰的Au作为电极，三个化合物表现出了良好的器件性能。化合物**20a**的迁移率达到0.16 cm²/(V·s)；化合物**20b**的迁移率为0.34 cm²/(V·s)，而化合物**20c**的性能相对较差，迁移率仅为0.14 cm²/(V·s)，将噻吩基团引入到菲上，将使分子的稳定性和器件的迁移率较大地提高。另外，联噻吩引入蒽体系中，化合物**21**的迁移率为6.7×10^{-2} cm²/(V·s)[21]。化合物**22**为化合物**21**的还原产物，其空穴迁移率达到了0.42 cm²/(V·s)，器件性能相比于化合物**21**有了较大地提升[22]。

代表性p型半导体材料如并四苯、䓛和并五苯类结构如图3.3所示。在蒽、并四苯、并五苯这三类最有代表性的稠环芳香烃母核中，并四苯比蒽的迁移率高，并五苯表现出了卓越的性能但在光和空气的条件下形成二聚物导致材料不稳定而限制了其实际的应用。并四苯(**23**)薄膜迁移率为0.12 cm²/(V·s)[23]，以聚二甲基硅氧烷作为介电修饰层，制备的并四苯单晶薄膜场效应晶体管迁移率达到了

2.4 cm^2/(V·s)[24]。Takenob等以并四苯制备出了双极性的有机发光晶体管，其空穴和电子迁移率分别达到了0.16 cm^2/(V·s)和3.7×10^{-2} cm^2/(V·s)，并观测到了器件发绿光[25]。与蒽的衍生物10的结构类似，联噻吩二取代并四苯24，获得了比蒽类衍生物10更高的迁移率，迁移率为0.5 cm^2/(V·s)。通过在分子中引入卤素来调控材料的能级从而提高半导体器件的性能是常用的方法。化合物25、26和27中含有氯或溴原子，溶液法制备出5-氯代并四苯（25a）的单晶器件的迁移率为1.4×10^{-4} cm^2/(V·s)；分别采用溶液和升华的方式制备5-溴代并四苯（25b）的单晶器件，其迁移率分别为2×10^{-3} cm^2/(V·s)和0.3 cm^2/(V·s)，迁移率的显著区别可能是溶液法制备出的单晶更加粗糙的表面形貌、晶体缺陷更多及溶液法制备过程中易引入杂质等原因，从而导致制备所得的晶体质量不佳，这些分子以鱼骨状堆叠。而5,11-氯代并四苯（26）以升华法得到的单晶制备成器件后，测得迁移率为1.6 cm^2/(V·s)，其分子堆叠由常见的鱼骨状堆叠，变为了具有更高π-π堆叠程度的堆积结构，器件性能更佳[26]。5,6,11,12-四氯并四苯（27）有机单晶薄膜场效应晶体管迁移率达到了1.7 cm^2/(V·s)[27]。以2-对戊基苯乙烯基并四苯（28）为有源层制备发光晶体管，迁移率为0.2 cm^2/(V·s)，发绿光，其具有很好的空气稳定性[28]。孟鸿等在并四苯的2-位直接引入苯基（29a）和含烷基链的苯基（29b），发现29a的迁移率为1.1 cm^2/(V·s)，而增加烷基链，29b薄膜形貌得到了明显的改善，迁移率达到了1.8 cm^2/(V·s)[29]。

红荧烯（30a）是并四苯衍生物中最具代表性、研究最为广泛的化合物。红荧烯薄膜结晶性不佳，以红荧烯为半导体层制备的有机薄膜晶体管的性能并不理想，迁移率仅为0.7 cm^2/(V·s)[30]。Takeya等制备了基于红荧烯的有机单晶薄膜场效应晶体管，其迁移率高达18 cm^2/(V·s)，且测得其红荧烯的本征迁移率为40 cm^2/(V·s)，表明了红荧烯具有优异的半导体特性[31]。红荧烯多用于制备p型有机薄膜晶体管，但也有研究人员尝试着使用红荧烯来制备双极性的有机薄膜晶体管。Takeya等以红荧烯薄膜作为有机半导体层，制备出了基于红荧烯的双极性单晶晶体管，制备所得的器件空穴和电子的迁移率分别为1.8 cm^2/(V·s)和0.011 cm^2/(V·s)[32]。Batlogg等在红荧烯的5,11位上的两个苯环引入了叔丁基侧链（30b），并制备了该化合物的两种单晶，一种单晶形态没有测出信号，而另外一种单晶形态的迁移率达到了12 cm^2/(V·s)[33]。

䓛（31）的合成方法简单，有望成为一个候选的有机半导体材料。通过引入取代基，扩大分子的共轭体系，可以得到较为理想的迁移率。在氟树脂（CYTOP）处理过的SiO$_2$基底上，化合物32a的迁移率为1.6 cm^2/(V·s)，开关比为10^4；化合物32b的迁移率达到了2.2 cm^2/(V·s)[34]。而用溶液法制备单晶器件，化合物m-nP-28CR（33）系列化合物表现出了良好的器件性能，其中，m-7P-28CR的迁移率达到了11.9 cm^2/(V·s)[35]。近年来光化学引入到化学合成中，为䓛及其衍生物的合成提供了便利。芘（34）是一类新型的稠环类化合物，主要从煤焦油沥青中提纯得到，因其所有原子在同一平面上而引起科学家的关注。高纯度的芘显示了较高的空穴迁移率[1.2 cm^2/(V·s)]和电子迁移率[3 cm^2/(V·s)][36-37]。

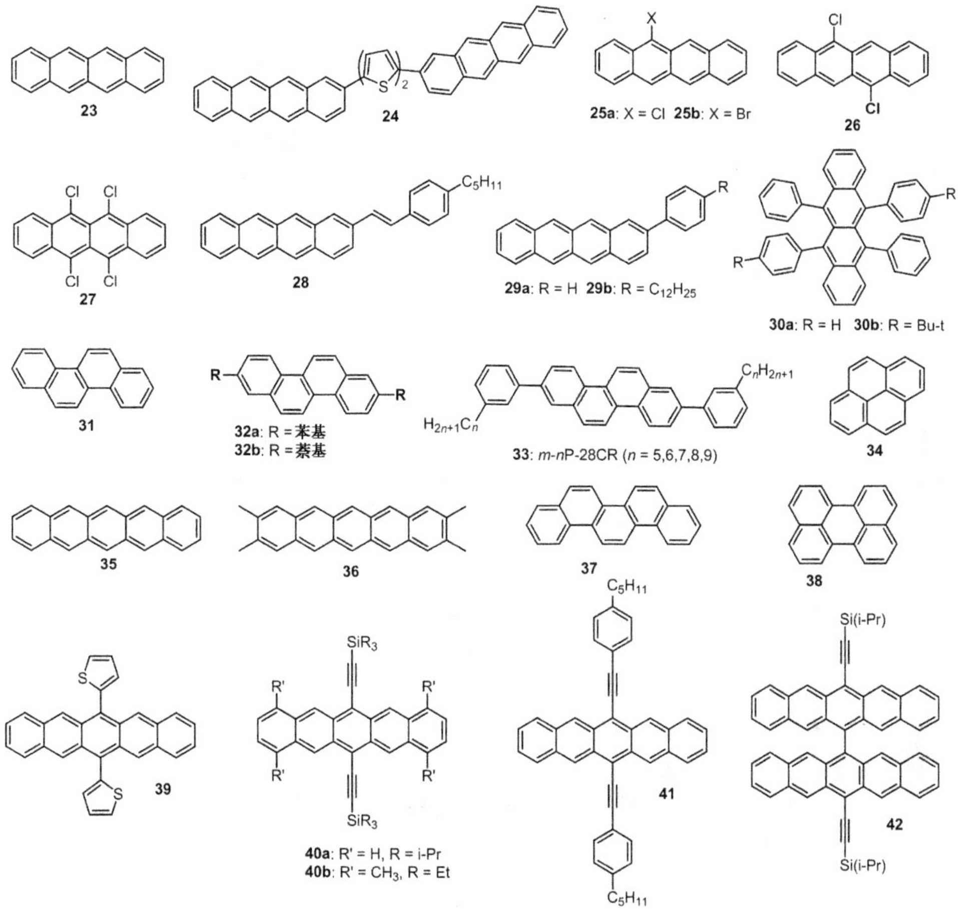

图3.3 代表性的并四苯,䓛和并五苯类p型半导体材料

并五苯(**35**)由5个苯环稠环并联而成,难溶于有机溶剂,微溶于热的苯溶液。并五苯易结晶,其晶体结构为呈鱼骨状排列,是一种理想的场效应晶体管传输材料,与其他并苯类(蒽、并四苯)相比,并五苯中随着苯环重复单元的增加,HOMO能级不断升高,有利于在绝缘层和半导体层的界面上形成空穴,从而提高场效应晶体管的性能。1991年,Horowitz等首次以并五苯为活性层构筑了有机薄膜晶体管,其迁移率为0.002 cm^2/(V·s),在当时是有机薄膜晶体管中迁移率最高的[38]。科研工作者进一步开展了对并五苯的研究,Lin等报道并五苯的有机薄膜晶体管的迁移率达到了1.5 cm^2/(V·s),开关比超过10^8[39]。Kim等对介电层进行修饰后,基于并五苯的有机薄膜晶体管的迁移率提高到5.5 cm^2/(V·s);Mathews等用溶胶凝胶SiO$_2$做绝缘层,以并五苯做为活性层的有机薄膜晶体管的空穴迁移率已经高达6.3 cm^2/(V·s)[40]。而Palstra等用6,13-并五苯二醌作为绝缘层制备单晶并五苯,迁移率高达15~40 cm^2/(V·s)[41]。这一数值

能与多晶硅相媲美,但是并五苯难溶于有机溶剂,对光和氧气极其敏感,稳定性较差等因素限制了其应用。通过结构衍生来获得理想的并五苯衍生物也引起了广泛的关注。如2,3,9,10-四甲基并五苯(**36**),有机薄膜晶体管的迁移率可达0.3 cm^2/(V·s)且稳定性得到了提高[42]。人们对并五苯的二烷基取代物也进行了研究。6,13-二噻吩并五苯(**39**)具有较低的阈值电压和较大的开关比,迁移率为0.1 cm^2/(V·s)[43]。硅烷基引入分子中能很大程度上提高材料的溶解性,用溶液法制备有机薄膜晶体管中,**40a**最大迁移率达到了1.8 cm^2/(V·s)[44],**40b**最大迁移率达到了2.5 cm^2/(V·s)[45]。溶液法分别制备**41**对应的有机薄膜晶体管和单晶器件,迁移率分别达到了0.08 cm^2/(V·s)和0.52 cm^2/(V·s)[46]。2D型结构具有各项异性的传输功能,同时也能使分子薄膜中的排列更有序,如具有2D结构的并五苯衍生物**42**,具有很好的溶解性,两个并五苯单元与邻近的分子采用面/面π堆积,薄膜迁移率为0.11 cm^2/(V·s)[47]。芘(**37**)作为并五苯的同分异构体,也表现出了良好的器件性能。在用氧气掺杂的情况下,迁移率达到了3.2 cm^2/(V·s)[48],而苝(**38**)的迁移率非常低[49]。

3.1.2 并杂环及苯并杂环(O、S或Se)类衍生物

并噻吩类化合物应用于有机薄膜晶体管的研究始于20世纪80年代。从化学合成、分子结构、化学稳定性、耐热性和溶解性等方面来提高有机半导体材料的性能已经成为这一领域研究的重点。并苯类化合物如并五苯,具有良好的电学和光学性能,在有机半导体器件中得到了非常广泛的应用。而并噻吩作为以噻吩为单元的杂环化合物,也逐渐被研究者所重视。代表性的并噻吩及苯并硫杂类有机半导体材料的结构如图3.4所示。从苯并噻吩的晶体结构来看,它们具有平面的和大

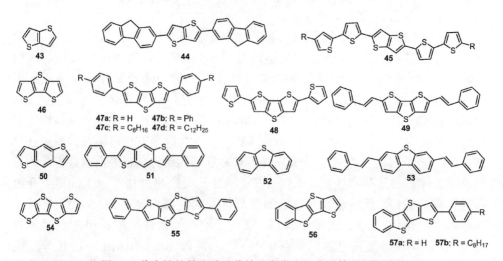

图3.4　代表性的并噻吩及苯并硫杂类有机半导体材料的结构

面积的π共轭电子云,使得它们具有成为高效的有机功能材料的潜能。而且相邻分子之间的S…S相互作用对于有机薄膜晶体管中电荷的传输也起到了很重要的作用。

噻吩[3,2-b]并噻吩(**43**)是最简单的并噻吩类化合物,它有多个异构体。以**43**为母核的一系列化合物在有机半导体器件中都有较好的应用。化合物**44**和**45**为代表性的并噻吩衍生物。Kim等报道了含芴基取代的噻吩[3,2-b]并噻吩衍生物**44**,由于芴的9-位易被氧化形成羰基,因而形成羰基缺陷,其迁移率为0.09 cm^2/(V·s)[50]。烷基链封端的二联噻吩取代的噻吩[3,2-b]并噻吩(**45**),因烷基链封端,提高了材料的空气稳定性,迁移率达到了0.12 cm^2/(V·s)[51]。

并三噻吩也具有多个异构体,其中化合物**46**较为经典,**47a**迁移率为0.42 cm^2/(V·s),**47b**的迁移率为0.12 cm^2/(V·s),**48**的迁移率为0.14 cm^2/(V·s),**47a**和**47b**不仅热稳定性好而且暴露在空气和日光下仍具有很高的稳定性[52]。而通过引入烷基链,性能有了很大的提高,**47c**和**47d**是在**47a**的基础上引入了烷基链,其单晶的最大迁移率达到了10.2 cm^2/(V·s)[53]。而苯乙烯基取代衍生物**49**的迁移率仅为0.17 cm^2/(V·s)[54]。苯并二噻吩(**50**)为蒽的类似物,其衍生物**51**的迁移率为0.081 cm^2/(V·s)[55]。二苯并噻吩(**52**)为蒽的类似物,其衍生物**53**的迁移率为0.15 cm^2/(V·s)[56]。

并四噻吩(**54**)作为并四苯的类似物,具有良好的半导体性能。如2,6-二苯基并四噻吩(**55**)迁移率达到了0.14 cm^2/(V·s)。并四苯的另一类似物苯并三噻吩(**56**)也表现出了不错的性能,溶液法制备薄膜器件,P-BTDT(**57a**)的迁移率为0.7 cm^2/(V·s),OP-BTDT(**57b**)的迁移率为0.05 cm^2/(V·s),而OP-BTDT与P-BTDT以1∶0.33的比例混合制备薄膜器件,迁移率达到了0.65 cm^2/(V·s)。这两个化合物混合再进一步与C60共混制备器件,器件呈现出了双极性的性能,空穴和电子迁移率分别为0.03 cm^2/(V·s)和0.02 cm^2/(V·s)[57]。

苯并噻吩[3,2-b]苯并噻吩(BTBT,**58**)是一类经典的半导体材料,近年来引起了广泛的关注。BTBT分子间HOMO的重叠对于载流子的传输起着非常积极的影响。代表性的并噻吩及苯并硫杂类有机半导体材料的结构如图3.5所示。DPh-BTBT(**59a**)是第一个报道的应用于有机薄膜晶体管器件的BTBT衍生物,迁移率达到了2.0 cm^2/(V·s),开关比大于10^7[58]。孟鸿等把甲氧基引入材料体系中,DBOP-BTBT(**59b**)迁移率提高到了3.57 cm^2/(V·s),且材料具有很好的空气和热稳定性[59]。

通过双键与BTBT母核连接的化合物DCV-BTBT(**60a**)的迁移率仅为0.024 cm^2/(V·s)。把环己烷变为苯基,DPV-BTBT(**60b**)的迁移率达到了0.437 cm^2/(V·s),DCV-BTBT由于带有椅式的环己烷链取代基没有连苯环取代基的DPV-BTBT稳定,分子排列更加不规则,导致迁移率不佳[60]。2007年,Takimiya等考查了烷基链取代的BTBT衍生物(Cn-BTBT),材料都具有很好的溶解性,随着烷基链的增长其溶解度先是增加,随后又减小,器件迁移率在C13-BTBT的迁移率最佳,最高迁移率可到2.75 cm^2/(V·s)[61]。科研工作者在此基

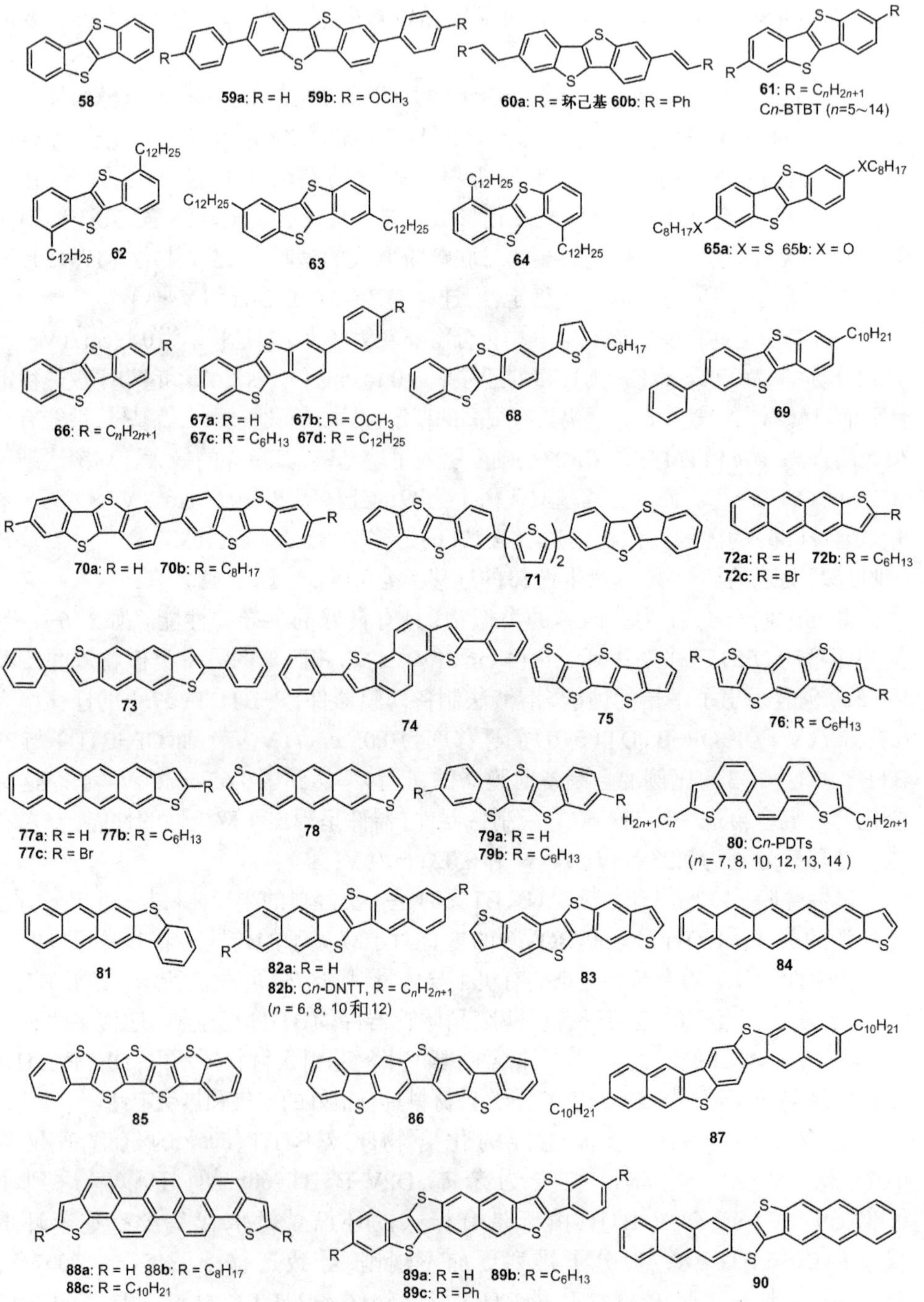

图3.5 代表性的并噻吩及苯并硫杂类有机半导体材料的结构

础上，对器件结构及界面修饰做了大量的研究工作，Bao等利用偏心旋涂法制备的透明C8-BTBT薄膜的迁移率高达43 cm^2/(V·s)，并数次观察到了90～118 cm^2/(V·s)的惊人迁移率[62]。Geerts等探讨了烷链不同位置取代的BTBT衍生物[**61**(n=12),**62**～**64**]的本征迁移率，利用实验和理论结合的方法，发现本征迁移率高达170 cm^2/(V·s)[63]。氧烷基链和硫烷基链分别引入分子中，**65a**和**65b**分别显示出了0.05 cm^2/(V·s)和0.5 cm^2/(V·s)的迁移率[64]。单边取代的BTBT衍生物(**66**)也具有良好的器件性能，十三烷基链单边取代衍生物C13-BTBT(n=13)的多晶薄膜中，相邻分子间的距离为13～14 Å，通过对栅极材料的选择和修饰，最大迁移率达到了17.3 cm^2/(V·s)[65]。孟鸿等发现单苯基取代衍生物**67a**的迁移率非常低，仅为0.034 cm^2/(V·s)，而通过烷基链的引入，器件性能得到了很大的改善，如BTBT衍生物(**67b**)的迁移率为0.63 cm^2/(V·s)，C6-Ph-BTBT(**67c**)的迁移率达到了4.6 cm^2/(V·s)，C12-Ph-BTBT(**67d**)的迁移率达到了8.7 cm^2/(V·s)[59,66,67]。Iino等用溶液法制备了**68**和**69**的薄膜晶体管器件，迁移率分别为1.4 cm^2/(V·s)和14.7 cm^2/(V·s)[68-69]。

寡聚BTBT类化合物**70a**的迁移率为0.67 cm^2/(V·s)，而引入烷基链之后，**70b**的迁移率达到了1.33 cm^2/(V·s)[70]。Geng等在同样条件下，研究了**70a**和**71**的性能，两个化合物表现出了非常好的热稳定性，迁移率分别为2.12 cm^2/(V·s)和1.39 cm^2/(V·s)，**70a**的薄膜器件还表现出了极好的空气和热稳定性[71]。

蒽并噻吩(**72a**)的迁移率为0.15 cm^2/(V·s)，扩大共轭体系，并四苯并噻吩(**77a**)的迁移率达到了0.47 cm^2/(V·s)，同样，在分子中引入溴原子或烷基链，迁移率都有不同程度的提高，如**72c**和**77c**都含溴原子，迁移率分别为0.18 cm^2/(V·s)和0.79 cm^2/(V·s)，**72b**和**77b**含己基，迁移率部分为0.12 cm^2/(V·s)和0.23 cm^2/(V·s)，说明增加材料的共轭体系能提高其迁移率。萘并二噻吩衍生物**73**为类并四苯化合物，薄膜迁移率为1.5 cm^2/(V·s)，**74**为䓛的类似物，迁移率为0.8 cm^2/(V·s)[72]。化合物(**75**)为并五噻吩，目前测得的最高的迁移率仅为0.045 cm^2/(V·s)，虽然迁移率比并五苯要低，但其在空气中具有很好的稳定性，在今后的研究工作中还有很大的提升空间[73]。溶液法制备**76**的薄膜器件，迁移率达到了1.7 cm^2/(V·s)。

蒽并二噻吩**78**是并五苯的类似物，具有顺/反两种异构体存在，最大迁移率为0.09 cm^2/(V·s)[74]。并三噻吩并二苯DBTDT(**79a**)具有高的电离电势，对热和光具有很好的稳定性，薄膜迁移率达到了0.5 cm^2/(V·s)，单晶器件的迁移率为1.8 cm^2/(V·s)[75-76]。C6-DBTDT(**79b**)单晶具有α、β两相，基于β相的单晶OFETs迁移率达到了18.9 cm^2/(V·s)[77]。不对称结构蒽并苯并噻吩(**81**)的薄膜迁移率为0.41 cm^2/(V·s)，器件具有很好的空气稳定性[78]。菲并二噻吩衍生物**80**(Cn-PDTs)可用溶液法在柔性衬底上制备器件，C12-PDTs的最大迁移率达到了2.2 cm^2/(V·s)[79]。DNTT(**82a**)是BTBT结构的衍生，其薄膜迁移率为2.9 cm^2/(V·s)，单晶迁移率为8.3 cm^2/(V·s)，开关比达到了10^9[80-81]。Takimiya等报道了不同长度烷基链取代的DNTT衍生物(Cn-DNTT，**82b**)，其中C10-DNTT的最大薄膜迁移率接近8.0 cm^2/(V·s)[82]。

DBTTT(**83**)为DNTT的类似物,同样是具有非常优异的性能[83]。DBTTT分子间通过强的S⋯S相互作用,提高了分子内电荷的转移,分子内π-π耦合的距离缩短,比等电子体的并苯类化合物具有更高的耦合密度。DBTTT的薄膜最高空穴迁移率已经达到19.3 $cm^2/(V·s)$。

并五苯并噻吩(**84**)为并六苯的类似物,而并六苯在空气中不稳定而很难获得稳定的薄膜器件,**84**相对比较稳定,最大迁移率达到了0.574 $cm^2/(V·s)$[84]。并五噻吩并二苯(**85**)拥有更大的共轭体系,具有很好的化学稳定性和空气稳定性,单晶迁移率为0.5 $cm^2/(V·s)$[85]。化合物**86**的薄膜迁移率为0.15 $cm^2/(V·s)$。以溶液法制备**87**的单晶器件,达到了5.0~10.0 $cm^2/(V·s)$的迁移率[86]。

芘并二噻吩衍生物(**88**)具有很深的HOMO能级(-5.6 eV),因此材料具有很好的空气稳定性,其中**88b**的薄膜迁移率达到了2.36 $cm^2/(V·s)$[87]。BBTNDT(**89a**)的结构为两个BTBT并合而成,其迁移率为5.6 $cm^2/(V·s)$,当在此结构中引入烷基链(**89b**),其溶解性有了明显的改善,迁移率为1.8 $cm^2/(V·s)$,而在分子中引入苯基(**89c**),其稳定性得到了很大的提高,且迁移率达到了7.0 $cm^2/(V·s)$[88]。并苯类化合物随着并苯数量的增加,稳定性越低,如并五苯的空气稳定性不佳,并六苯、并七苯等更不理想。而噻吩的引入,分子的稳定性得到了提到,**89a**和**90**都为并八苯的类似物,在空气中都能稳定存在,化合物**90**的薄膜迁移率为3.0 $cm^2/(V·s)$[89]。

含呋喃和硒吩的化合物表现出了优良的半导体器件性能而引起了科研工作者的关注。代表性的苯并氧/硒杂环类有机半导体材料的结构如图3.6所示。呋喃与噻吩具有相似的化学结构和电学性质,跟噻吩相比较,用氧原子取代硫原子会降低芳香性和氧化电位,有利于载流子的注入和传输。在有机薄膜晶体管材料的研究中,含呋喃衍生物报道较少,**91**为双萘andp呋喃,相比噻吩衍生物,其具有很好的发光性能,制备的发光薄膜晶体管器件,表现出了双极性的性能,空穴和电子迁移率分别为0.1 $cm^2/(V·s)$和0.04 $cm^2/(V·s)$,器件还呈现出了蓝绿色发光性能,最大外量子产率达到了0.27%[90]。萘并二呋喃衍生物**92**迁移率为0.6 $cm^2/(V·s)$[91]。萘并二呋喃的另一异构体衍生物**93a**,用蒸空升华的方法制备的单晶器件迁移率为1.3 $cm^2/(V·s)$,含烷基链的衍生物**93b**不仅具有很好的溶解性,其结晶性也很好,用溶液法制备的单晶器件迁移率达到了1.5~3.6 $cm^2/(V·s)$[92-93]。细微结构的改变,对迁移率有很大的影响,如化合物**94**和**93a**的结构非常相似,但相同条件下制备器件,迁移率仅为0.1~0.2 $cm^2/(V·s)$[93]。蒽并二呋喃衍生物**95**的迁移率为0.6 $cm^2/(V·s)$,结构相似的噻吩和硒吩衍生物的迁移率分别为1.3 $cm^2/(V·s)$和0.5 $cm^2/(V·s)$[94]。C10-DNF-VW(**96**)和C10-DNF-VV(**97**)为烷基链取代位置不同,溶液法制备的单晶器件具有相似的迁移率,迁移率分别为1.1 $cm^2/(V·s)$和1.3 $cm^2/(V·s)$,两者都具有很强的深蓝色荧光性能,具有制备发光晶体管的可能[95]。"U"字形结构化合物**98**由于两个外侧苯环间C—H键之间的相互排斥,该使得分子具有扭曲的π电子体系,在化合物**98**的结构中,两个外侧苯环间的扭转角为25°,单晶结构呈现鱼骨状堆积结构,对分子间电荷传输有利,单晶器件的迁移率达到了1.0 cm^2/(V·s)[96]。化合物**99**和**100**含氧原子但不是呋喃衍生物,两者为非直线型稠环衍生物,**99a**和**99b**材料非常稳定,能形成有序的薄膜,迁移率分别为0.25 cm^2/(V·s)和0.1 cm^2/(V·s)[97]。Sony公司对PXX衍生物开展了系列研究,其中Ph-PXX(**100a**)和PrPh-PXX(**100b**),因氧原子的引入,材料的空气稳定性很好,Ph-PXX(**100a**)迁移率为0.4 cm^2/(V·s),器件在空气中储存5个月性能没有衰减,采用溶液法和真空沉积法制备的基于PrPh-PXX(**100b**)的OTFT器件迁移率分别为0.41 cm^2/(V·s)和0.81 cm^2/(V·s),器件具有很好的空气稳定性和热稳定性[98]。

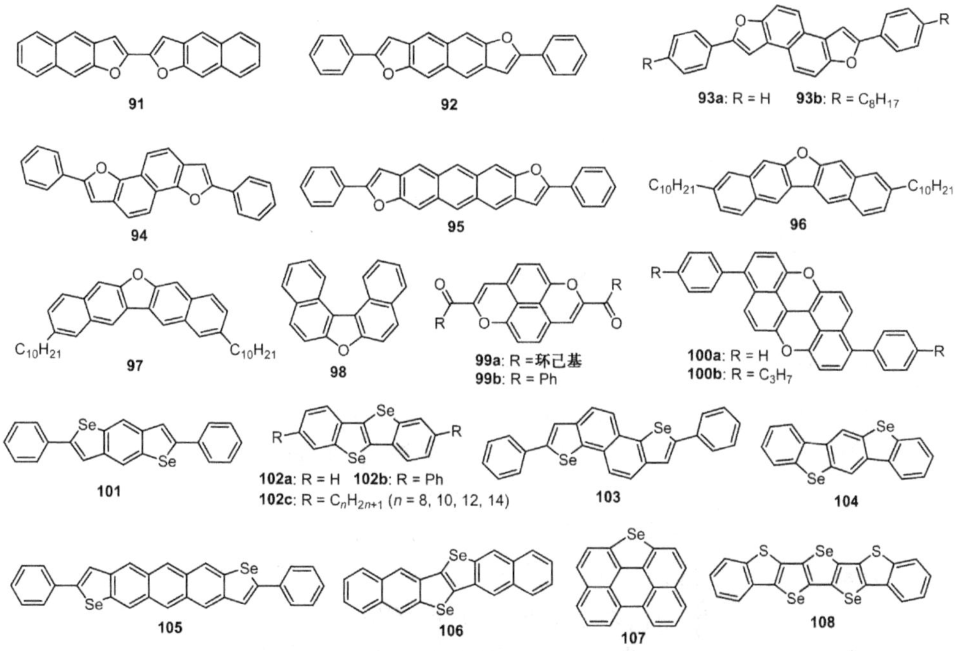

图3.6 代表性的苯并氧/硒杂环类有机半导体材料的结构

苯并二硒吩衍生物(**101**)的迁移率比相似结构含S或Te的迁移率要高得多,迁移率分别为0.17 cm^2/(V·s)、8.1×10^{-2} cm^2/(V·s)、7.3×10^{-3} cm^2/(V·s)[99]。BSBS(**102a**)作为BTBT的类似物,具有类似的化学性质及电子结构,其衍生物DPh-BSBS(**102b**)薄膜迁移率为0.31 cm^2/(V·s),材料及器件都具有很好的稳定性[100]。烷基链取代的BSBS衍生物具有很好的溶解性,不同烷基链长度取代衍生物**102c**真空沉积薄膜迁移率为0.066~0.23 cm^2/(V·s),溶液法制备薄膜器件的迁移率为0.012~0.03 cm^2/(V·s)[101]。BSBS异构体衍生物**103**的薄膜迁移率达到0.7 cm^2/(V·s),比类似结构的含S衍生物的迁移率要高,而含烷基链衍生物虽然具有很好的溶解性,而用溶液法没有获得理想的器件结果[102]。含硒原子的并五苯类似物**104**迁移率为3.8×10^{-3} cm^2/(V·s)。**105**的迁移率为0.5 cm^2/(V·s)[94]。

106 为含硒的 DNTT 类似物,薄膜迁移率达到了 1.9 cm²/(V·s)。材料和器件都具有很好的稳定性[80]。化合物 **107** 单晶结构中,Se⋯Se 之间短的接触(3.49 Å)有利于载流子的传输,单晶器件迁移率为 2.66 cm²/(V·s)[103]。含 S/Se 衍生物 **108** 具有很好的化学稳定性和空气稳定性,单晶迁移率为 1.1 cm²/(V·s)[85]。

3.1.3　TTFs 及寡聚噻吩类衍生物

四硫富瓦烯(**109a**, Tetrathiafulvalene, 简称 TTF)是一个性能优异的有机半导体材料,在诸多领域中具有重要的应用价值。20 世纪 70 年代,Wudl 等报道了 TTF 的制备,发现其在有机导电材料领域有着重要应用[104]。Thorup 等于 1980 年首次制备出含硒取代的 TTF 有机超导体(TMTSF)$_2$·PF$_6$[105]。此后,TTF 及其衍生物引起了科研工作者的广泛关注,TTF 型电子给体也成为有机光电材料中引人注目的一个重要分支,其应用涵盖了超导材料、有机薄膜晶体管等诸多领域。代表性 TTFs 半导体材料的结构如图 3.7 所示。

1993 年,TTF 衍生物首次作为有机半导体活性层用于有机薄膜晶体管[106]。胡文平等通过溶液法成功获得 TTF 的 α-TTF 单斜晶系和 β-TTF 三斜晶系微晶,利用这些微晶制备单晶薄膜场效应晶体管,发现 α 相 TTF 单晶在 b 轴有着较强的 π-π 堆积,从而有着较高的迁移率,高达 1.2 cm²/(V·s),而 β 相 TTF 迁移率仅为 0.23 cm²/(V·s)。因 TTF 是典型的富电子体系,在空气中易被氧化而不稳定,通过对 TTF 母核进行修饰可应用于有机薄膜晶体管器件中。Ulanski 等用溶液法获得了高取向性 TTF-4SC18(**109b**)有机薄膜晶体管,其迁移率高达 0.1 cm²/(V·s),开关比为 10⁴,分子中的烷基链增强了分子间相互作用,提高了分子间 π-π 重叠,从而提高了迁移率[107]。为了提高 TTF 稳定性,减弱分子给电子能力,Yamashita 等通过在 TTF 两端引入芳环合成了一系列 TTF 衍生物(**110**~**113**),不仅增加了分子内电荷离域、降低了分子 HOMO 能级,而且芳香体系的引入增加了分子间 π-π 电子云重叠,有利于改善固态分子排列的有序度,提高器件迁移率,**110** 的有机薄膜晶体管迁移率为 0.06 cm²/(V·s),单晶器件的迁移率为 0.1~1.0 cm²/(V·s),基于化合物 **111** 的有机薄膜晶体管器件迁移率达到了 0.42 cm²/(V·s),而含氮衍生物 **113** 迁移率为 0.2 cm²/(V·s)[108-109]。溶液法制备 **112** 的单晶器件迁移率达到了 3.6 cm²/(V·s)[110]。Takahashi 等利用 TTF-TCNQ 薄膜作为源漏电极制备了基于化合物 HMTTF(**114a**)的单晶薄膜场效应晶体管,迁移率最高达 11.2 cm²/(V·s),单晶结构显示化合物 HMTTF 分子间为二维层状堆积,增加了分子间的 π-π 相互作用,从而提高了迁移率[111]。Mori 等合成了一系列 HMTTF 衍生物,都显示出较好的场效应特性,基于 HMTTF 的顶接触式有机薄膜晶体管的迁移率最高达 3.6 cm²/(V·s),化合物 **114b**、**114c**、**114d**、**114e** 的薄膜迁移率分别为 0.026 cm²/(V·s)、0.98 cm²/(V·s)、0.19 cm²/(V·s)、0.6 cm²/(V·s),其中化合物 **114c** 和 **114e** 的底接触式单晶薄膜场效应晶体管迁移率分别为 2.3 cm²/(V·s)

和 1.4 cm^2/(V·s)，开关比分别为 5×10^5 和 10^5，且阈值电压接近 0 V[112]。化合物 **115** 为 **114a** 的同分异构体，薄膜迁移率为 0.27 cm^2/(V·s)，器件具有很好的空气稳定性和阈值电压 (−1.9 V)[113]。将吸电子基团苯并噻二唑引入到 TTF 中得到化合物 BTQBT (**116**)，显示出较好 p 型场效应性能，薄膜迁移率为 0.2 cm^2/(V·s)，霍尔迁移率达到 4.0 cm^2/(V·s)[114-115]。

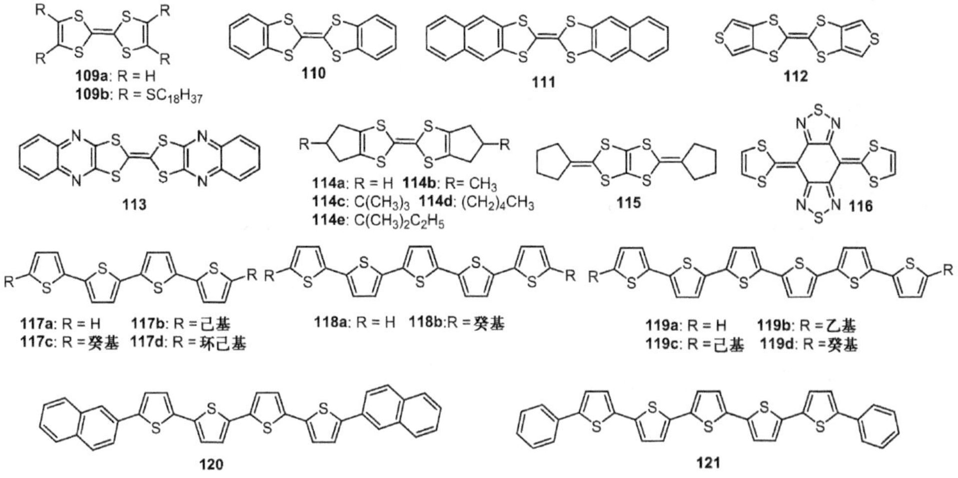

图 3.7 代表性 TTFs 和寡聚噻吩类半导体材料的结构

自 OTFTs 发展以来，寡聚噻吩备受关注。噻吩寡聚物被认为是一类有前途的有机半导体材料。噻吩寡聚物中硫原子具有较大的极性有利于分子内，分子间相互作用和共轭链的稳定，因此载流子的迁移率较高；合成简单，通过修饰分子的末端（在 α-位、β-位、ω-位）引入特定取代基团，特别是末端 α-位、ω-位封端基团的引入可以避免副反应的发生，例如氧化和聚合反应，还有利于层状分子的生长，促进薄膜二维分子间密堆积，可以调节化合物的物理化学性质。所有这些都有利于提高载流子传输性能。寡聚噻吩有相对较高的 HOMO 能级，由于氧掺杂，导致空气稳定性不足和电流开关比较低。通过结构衍生，有望获得高性能的寡聚噻吩类有机半导体材料。代表性寡聚噻吩类半导体材料的结构如图 3.7 所示。

四联噻吩 **117a** 的迁移率为 0.037 cm^2/(V·s)[116]。进一步增加噻吩的个数得到了化合物 **118a** 和 **119a**。化合物 **118a** 在基底温度为 90 ℃时，迁移率达到 0.078 cm^2/(V·s)[117]。化合物 **119a** 薄膜的迁移率是 0.1 cm^2/(V·s)，气相法获得 **119a** 的单晶制备器件，呈现出双极性的性能，电子和空穴在室温的迁移率分别为 0.7 cm^2/(V·s) 和 1.1 cm^2/(V·s)[118]。烷基链取代的寡聚噻吩分子长轴垂直于基底排列，这种高度有序的分子排列有利于载流子的传输，从而具有较好的场效应晶体管性能。但同时，烷基侧链成为了分离接触界面和共轭载流子沟道的内在阻碍。因此，器件接触构型的选择至关重要。在四联噻吩 **117a** 的 α 位引入不同长度的烷基链,得到化合物**117b**、**117c**和**117d**。正己基取代化合物**117b**的迁移率为0.12 cm²/(V·s),开关比为10⁶[119]。进一步增加烷基链长度,得到化合物**117c**,迁移率为0.2 cm²/(V·s)[120-121]。环己基取代正己基,化合物**117d**的迁移率为0.038 cm²/(V·s),采用滴涂法制备薄膜器件,迁移率还能进一步提高[122]。烷基取代的五联噻吩衍生物**118b**的迁移率达到了0.5 cm²/(V·s)。在顶端接触TFTs中,测得化合物**119b**和**119c**,即乙基和己基取代的六聚噻吩衍生物迁移率分别为1.0 cm²/(V·s)和1.1 cm²/(V·s),而进一步增加烷基链长度,化合物**119d**迁移率下降至0.5 cm²/(V·s)。分析结构显示,在顶端接触OTFTs器件结构中,侧链长度超过己基单元长度,将增加接触电阻,导致器件性能降低[120]。芳基封端的寡聚噻吩衍生物也引起了科研工作者的关注,用萘封端的四联噻吩衍生物**120**的迁移率为0.4 cm²/(V·s),器件具有很好的空气和光稳定性[123]。以苯封端的五联噻吩衍生物**121**的迁移率为0.13 cm²/(V·s)[124]。噻吩2-位封端基团的引入,能够提高噻吩的抗氧化性,降低聚合性能,缩小分子间相互作用力,从而提高噻吩的共平面性,提高半导体器件的性能。

3.1.4 苯并氮杂环及其衍生物

基于并五苯的有机薄膜晶体管具有良好的迁移率和电流开关比,然而其空气稳定性的不足限制了其在实际中的应用。科研工作者拟通过氮原子的取代来达到理想的结果。代表性的含氮杂环衍生物的结构如图3.8所示。Miao等合成了并五苯的类似物含氮稠环化合物DHDAP(**122a**),DHDAP分子间距离为12.9 Å,迁移率最高值达到了0.45 cm²/(V·s),电流开关比大于10⁶[125]。Tao等报道了DHDAP的含氯衍生物**122b**,其薄膜迁移率达到1.4 cm²/(V·s),而化合物**123**的迁移率仅为0.13 cm²/(V·s)[126]。Głowacki等在氮掺杂的并四苯和并五苯分子中

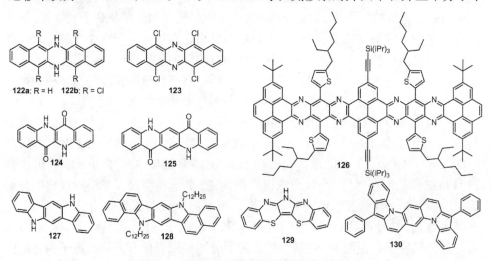

图3.8 代表性的含氮杂环衍生物的结构

引入了羰基,得到化合物**124**和**125**。分子中含有羰基和N—H,可形成分子间的氢键,材料具有很好的稳定性,在空气中测得化合物**124**和**125**的空穴迁移率分别为1.5 cm^2/(V·s)和0.2 cm^2/(V·s),同等条件下测试并四苯和并五苯的迁移率分别为0.1 cm^2/(V·s)和1.0 cm^2/(V·s)[127]。通过氮原子的调控,Zhang等报道了十二并芳环衍生物**126**,由于烷基噻吩和三异丙基硅烷基团的引入,材料在常规溶剂中具有很好的溶解性,同时也具有很好的结晶性,薄膜迁移率为8.1×10^{-3} cm^2/(V·s)[128]。

稠环氮取代化合物中研究较多的除了氮取代并五苯衍生物外,吲哚[3,2-b]咔唑类化合物由于结构类似并五苯,近年来也引起了科学家广泛的兴趣。由于氮原子具有吸电子能力,被广泛用于OTFT的材料中来增强稳定性,同时,相邻分子中N—H原子的π电子相互作用使得分子间相互作用力更强,更强的分子间相互作用力增加了材料的载流子传输能力,同时还可能导致分子的排列堆积方式发生改变,进而改变材料的迁移率。胡文平等合成了吲哚[3,2-b]咔唑(**127**)及其衍生物,来研究N—H相互作用对分子间载流子传输和排列堆积方式的影响。测得吲哚[3,2-b]咔唑的最高迁移率为0.1 cm^2/(V·s),而氮原子被封端之后,由于分子间N—H相互作用力消失,N上有取代的吲哚[3,2-b]咔唑衍生物迁移率明显降低[129]。Sung等运用一种新型的直接印刷法,液桥介导的转移成型方法制备了吲哚咔唑衍生物(**128**)单晶器件,空穴迁移率达到1.5 cm^2/(V·s),在空气中十分稳定。化合物**129**的单晶迁移率达到3.6 cm^2/(V·s),器件具有很好的稳定性,一年之后测试性能没有衰减[130]。化合物**130**的单晶迁移率为1.0 cm^2/(V·s)[131]。

3.1.5 环状有机半导体材料

环状有机半导体材料,结构比较特殊,研究也较早,部分材料表现出优良的器件性能。其中含氮的大环类半导体材料中卟啉和酞菁类化合物较为经典。代表性的大环类有机半导体材料的结构如图3.9所示。Kummel等探讨了以四苯并酞菁(**131**)和四苯并卟啉(**134**)两化合物作为化学传感器的性能,以求获得性能更好的选择性OTFT传感器,化合物**131**测得一系列不同基底温度条件下的迁移率,其中基底温度为250℃时迁移率最高,迁移率为8.6×10^{-4} cm^2/(V·s),化合物**134**用溶液法得到的迁移率为5.3×10^{-3} cm^2/(V·s)[132]。真空蒸镀方法制备基于酞菁类化合物的半导体器件呈现出的迁移率一般为10^{-5}~10^{-3} cm^2/(V·s)。而通过溶液法制备的有机薄膜晶体管器件,因其半导体薄膜结晶性不佳,迁移率较低,为了获得可溶液制备薄膜且材料结晶性能良好的半导体器件,通常采用酞菁或者卟啉前驱体溶液制备器件,后期热处理退火,前驱体变成结晶性能较好的目标化合物[133]。Bao等报道了酞菁铜衍生物**132a**的最大薄膜迁移率为0.02 cm^2/(V·s),其迁移率跟薄膜形貌具有很大的关系[134]。Kloca等报道了用气相法获得了酞菁铜的单晶,其制备的器件迁移率达到了1.0 cm^2/(V·s),具有较低的阈值电压[135]。酞菁钴**132b**的迁移率为0.11 cm^2/(V·s)[136]。溶液法制

备卟啉镍 **135a** 的薄膜器件，迁移率达到了 0.2 cm²/(V·s)[137]。卟啉铜 **135b** 的迁移率为 0.1 cm²/(V·s)，阈值电压较低，仅为 5 V[138]。用酞菁氧化金属作为有机薄膜晶体管的有源层，表现出了很好的器件性能。酞菁氧钛 **133a** 不同的温度下制备薄膜，具有多个相态，分子排列方式不一样，表现出了不同的器件性能，在 150℃ 下沉积薄膜形成具有 α 相的酞菁氧钛薄膜，其制备的器件最大迁移率达到了 10 cm²/(V·s)[139]。酞菁氧钒 **133b** 的迁移率为 1.5 cm²/(V·s)[140]。朱道本等利用LB膜技术（单分子膜制备技术）制备了化合物 **136** 的薄膜器件，迁移率达到了 0.68 cm²/(V·s)[141]。将卟啉中的吡咯环换成噻吩环，得到化合物 **137**，材料具有很好的热稳定性，其多晶薄膜的迁移率为 0.05 cm²/(V·s)[142]。环辛烷并杂化化合物 **138**，作为一类新颖结构的有机半导体材料，**138a** 和 **138b** 的迁移率分别为 9×10^{-3} cm²/(V·s) 和 1×10^{-3} cm²/(V·s)[143-144]。

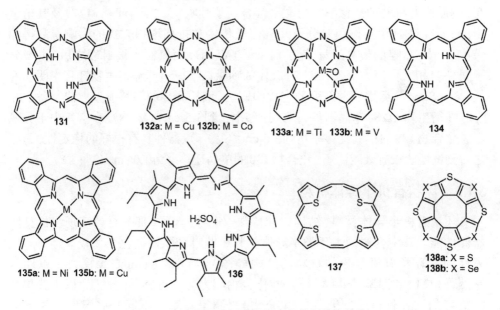

图3.9 代表性的大环类有机半导体材料的结构

3.2 n型小分子半导体材料

相对p型有机半导体材料，n型半导体材料的发展相对滞后，限制了它的实际应用。其主要原因是n型材料不稳定。对于OTFT的发展，n型有机半导体材料和p型有机半导体材料的发展是同等重要的，因为二者共同构筑的有机互补电路具有功耗低、操作速度快、设计简单、噪声容限大等优点，可广泛用于各种数字逻辑电路，是实现有机电子功能器件产业化的基础。因此发展高性能、空气稳定的n型有机半导体材料是近年来OFET领域的研究热点。n型有机半导体材料一般需要具有较低的LUMO能级,与电极的功函相匹配,以便于电子从电极注入有机半导体层。目前,大部分的n型半导体材料的LUMO能级在-2.5 eV至-3.5 eV之间,与常用的电极Au的功函数不匹配,在电子注入过程中具有较大的势垒,阻碍了电子的注入和传输。一般会采用Ga和Mg等金属作为电极来改善这类材料的电子注入势垒,然而,这些金属在空气中不稳定容易氧化。因此,通过分子设计,直接来调控分子的能级来达到与Au电极匹配是一种最优的选择。在有机化合物中引入吸电子基团(如卤素原子,氰基,羰基和酰亚胺基团等)来降低分子的LUMO能级,从而有利于电子的注入及材料稳定性的提高。

要实现有机薄膜晶体管器件的市场化应用,空穴和电子传输需达到一个平衡。目前,用来实现双极型OTFT的方法有:材料共混(体异质结)、层状复合(双层异质结)以及采用单一双极型有机半导体材料。材料共混是将高迁移率的p型和n型有机半导体材料混合,通过真空蒸镀或溶液成膜方法一次性成膜。层状复合是让p型和n型材料先后成膜,这样可以克服材料混合所造成的成膜缺陷、减小薄膜起伏,有利于获得更高的迁移率。当然,最理想的方式是单一的双极性半导体材料能满足这一要求。n型的材料缺失严重影响着这一领域的进一步发展及应用。因此研究与p型材料匹配的n型材料或单一的双极性材料迫在眉睫,也已引起了科研工作者的广泛关注。

3.2.1 酰亚胺类有机半导体材料

n型材料的发展和双极性有机半导体/设备相对于p型材料较为落后,因空气中的氧和水对电子具有淬灭效应,n型材料的电子传输较差和稳定性较差。萘作为母体的n型小分子是当今OTFT器件的重要材料。以萘的衍生物萘-1,4,5,8-四甲酸二酐合成n型萘衍生物是一种常见的方法。萘-1,4,5,8-四甲酸二酐也是较早应用于OTFT的n型材料,电子迁移率为3×10^{-3} cm^2/(V·s)[145]。1,4,5,8-萘四碳二酰亚胺的电子迁移率仅仅达到10^{-4} cm^2/(V·s)[145]。随后研究人员发现,在1,4,5,8-萘四碳二酰亚胺的N上引入取代基可以大幅度提高材料的电子迁移率。代表性的酰亚胺类有机半导体材料如图3.10所示。如正己烷取代衍生物**139a**的电子迁移率最高达到了0.7 cm^2/(V·s),而环己烷取代衍生物**139b**的迁移率明显提高达到6.2 cm^2/(V·s),低温氮气条件下测试甚至可以达到7.5 cm^2/(V·s),这可能是因为分子的排序改变导致共轭的改变[146]。孟鸿等研究了苄基或芳基取代对器件性能的影响,NDI-POCF3(**139c**)和NDI-BOCF3(**139d**)具有相似的光学和电化学性质,具有相似的LUMO能级(4.2 eV),但却显示出完全不同的电子迁移率和分子堆积结构。相比于NDI-POCF3表现出的不理想薄膜形貌和结晶性以及不可检测的电子迁移率,NDI-BOCF3薄膜表现出良好的结晶性和有序性,尤其沉积温度为70°C的情况下,迁移率高达0.7 cm^2/(V·s),且具有很好的空气稳定性[147]。

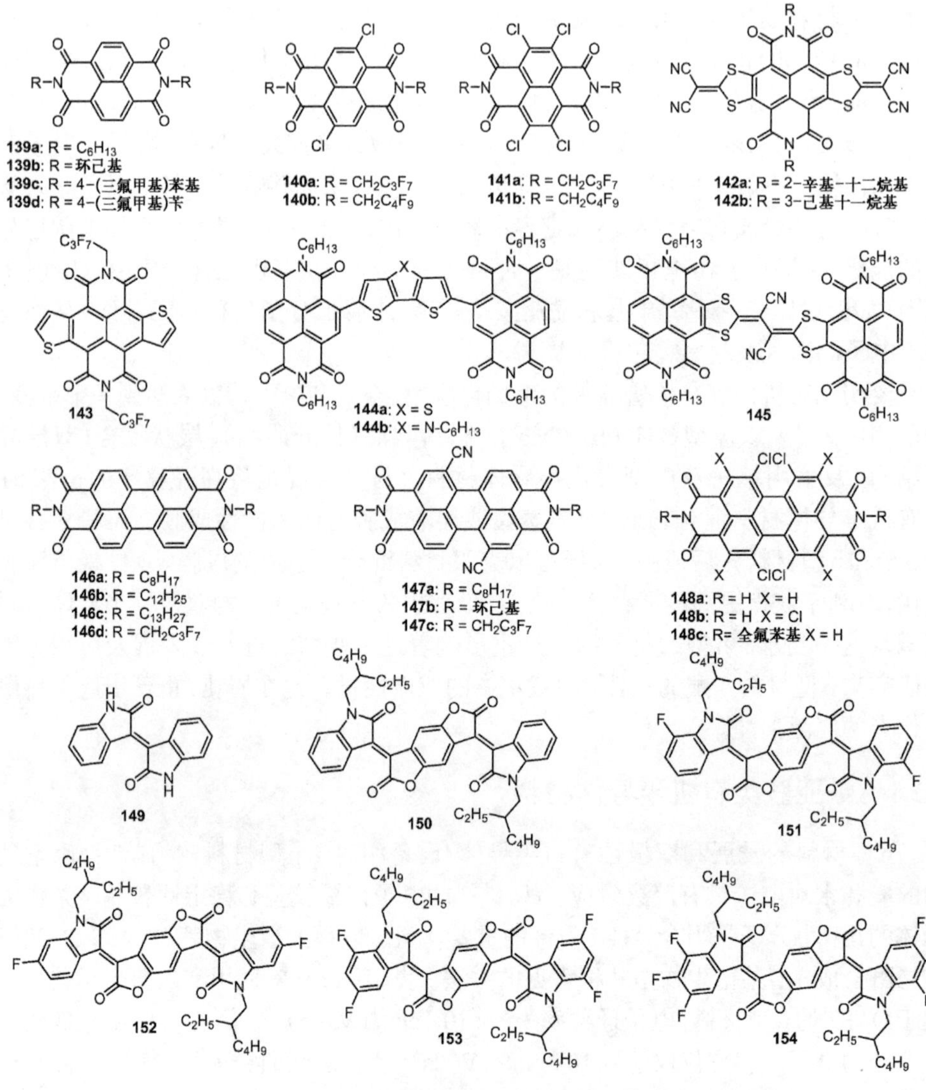

图3.10 代表性的酰亚胺类有机半导体材料

对萘环进行修饰时将萘环进行卤化后引入其他基团是一种提高材料半导体性能的有效方法。**140a** 和 **140b** 为二氯代取代衍生物,同时通过在 N 上引入含氟取代的长烷基链,在空气中电子迁移率达到 0.91 cm^2/(V·s) 和 1.43 cm^2/(V·s),在偏压应力条件下,**140a** 的迁移率达到了 4.26 cm^2/(V·s),通过溶液法制备其单晶,迁移率达到了 8.6 cm^2/(V·s),阈值电压为 9 V,开关比为 7×10^7 [148-149]。当萘上进行四氯取代后化合物 **141a** 和 **141b** 的电子迁移率分别为 0.15 cm^2/(V·s) 和 0.44 cm^2/(V·s),这其中的原因可能是氯的原子半径太大过多包围使酰胺受到挤压从而整体共轭面扭曲共轭型变差,从而导致器件性能变差[150]。对萘二酰胺衍生物进行进一步衍生得到化合物**142a**和**142b**，溶液法制备**142a**的薄膜器件，迁移率达到了$1.2~\text{cm}^2/(\text{V}\cdot\text{s})$，具有很好的空气稳定性[151]。朱道本等研究不同支链位点对迁移率的影响，其中发现**142b**的迁移率最高，溶液法制备薄膜器件迁移率达到了$3.5~\text{cm}^2/(\text{V}\cdot\text{s})$[152]。萘二酰胺衍生物**143**，含氟烷基链取代，在空气中具有很好的稳定性，其单晶器件迁移率为$1.59~\text{cm}^2/(\text{V}\cdot\text{s})$[153]。萘二酰胺寡聚物也引起了科研工作者的注意，**144a**迁移率为$0.24~\text{cm}^2/(\text{V}\cdot\text{s})$，**144b**表现出了双极性的性能，电子和空穴迁移率分别为$1.5~\text{cm}^2/(\text{V}\cdot\text{s})$和$9.8\times10^{-3}~\text{cm}^2/(\text{V}\cdot\text{s})$，然而，阈值电压较大限制了其实际的应用[154]。类TTF结构并入萘二酰胺结构中，化合物**145**的迁移率为$0.45~\text{cm}^2/(\text{V}\cdot\text{s})$[155]。

芘为有四个苯的化合物，相比萘拥有更大π共轭效应。作为n型传输材料其电子迁移率只有$10^{-4}~\text{cm}^2/(\text{V}\cdot\text{s})$[156]，在真空条件下，芘四羧酸二酐单晶的电子迁移率可达$5\times10^{-3}~\text{cm}^2/(\text{V}\cdot\text{s})$[157]。和萘酰胺类似，将酸酐转换成酰胺后在N原子上引入不同的取代基是获取高性能n型半导体材料的有效方法。正辛烷取代衍生物**146a**的线性区域迁移率为$0.6~\text{cm}^2/(\text{V}\cdot\text{s})$，饱和区的迁移率达到了$1.7~\text{cm}^2/(\text{V}\cdot\text{s})$，开关比为$10^7$[158]。继续增加烷基链长度，迁移率有所降低[158]，**146b**和**146c**的迁移率分别为$0.52~\text{cm}^2/(\text{V}\cdot\text{s})$和$0.58~\text{cm}^2/(\text{V}\cdot\text{s})$[159]。Ichikawa对器件进行优化，发现基于**146c**的薄膜器件在140℃退火之后，器件性能得到了很大的提高，其迁移率达到了$2.1~\text{cm}^2/(\text{V}\cdot\text{s})$[160]。氟原子的引入能极大地提高材料的空气稳定性，七氟丁基衍生物**146d**具有很好的空气稳定性，迁移率为$1.4~\text{cm}^2/(\text{V}\cdot\text{s})$，开关比大于$10^6$[161]。氰基的引入能极大地提高n型半导体材料的稳定性，如**147a**、**147b**和**147c**三个含氰基的芘类衍生物具有很好的空气稳定性[162]，薄膜器件迁移率分别为$0.15~\text{cm}^2/(\text{V}\cdot\text{s})$、$0.1~\text{cm}^2/(\text{V}\cdot\text{s})$和$0.64~\text{cm}^2/(\text{V}\cdot\text{s})$[163]。**147c**的单晶器件，在空气条件下测试迁移率为$0.8\sim3~\text{cm}^2/(\text{V}\cdot\text{s})$，真空条件下测试迁移率为$1\sim6~\text{cm}^2/(\text{V}\cdot\text{s})$[164]。引入卤素来调整材料的能级，从而达到空气稳定的目的，化合物**148a**含四个氯原子取代，其迁移率为$0.11~\text{cm}^2/(\text{V}\cdot\text{s})$[165]，随着氯数量的增加，其器件性能也得到了提高，八氯取代衍生物**148b**在氮气条件下迁移率为$0.91~\text{cm}^2/(\text{V}\cdot\text{s})$，空气中测试迁移率为$0.82~\text{cm}^2/(\text{V}\cdot\text{s})$[166]。全氟苯取代的衍生物**148c**的迁移率为$0.38~\text{cm}^2/(\text{V}\cdot\text{s})$[167]。

异靛青类衍生物在有机半导体材料领域有着广泛的应用。异靛青(**149**)是一种酰亚胺类结构单元，分子中存在两个内酰胺结构，整个骨架通过两个分子内氢键形成共轭结构，具有很强的缺电子性，结构具有较低的HOMO/LUMO能级。异靛青是传统染料分子靛青的异构体。研究人员以异靛青为基本单元，合成了系列有机小分子和聚合物，并对异靛青母核进行了进一步的修饰和拓展，获得了诸多基于异靛青结构的新型有机半导体材料。这些异靛青类半导体材料在有机光电器件中表现出了良好的器件性能。北京大学裴坚等报道了系列小分子异靛青类n型半导体材料**150～154**，其单晶器件的迁移率分别为$3.25~\text{cm}^2/(\text{V}\cdot\text{s})$、$2.6~\text{cm}^2/(\text{V}\cdot\text{s})$、$6.55~\text{cm}^2/(\text{V}\cdot\text{s})$、$12.6~\text{cm}^2/(\text{V}\cdot\text{s})$和$4.66~\text{cm}^2/(\text{V}\cdot\text{s})$，BDOPV和含氟取代的F4-

BDOPV，其中F4-BDOPV(**153**)的迁移率最高，是首次报道的电子迁移率大于 $10\ cm^2/(V\cdot s)$ 的小分子半导体材料，且这些材料都具有很好的空气稳定性[168-169]。

3.2.2 含氰基的有机半导体材料

氰基作为一种吸电子基团，主要以二氰亚甲基、三氰乙烯基的形式作为修饰集团引入被修饰母核中，通过降低LUMO能级和HOMO能级，使得更有利于电子注入/传输，从而获得高性能的有机半导体。代表性的含氰基的n型半导体材料的结构如图3.11所示。7,7,8,8-四氰基对苯二醌二甲烷(TCNQ, **155**)是研究最多也较早的一个n型有机半导体材料，LOMO能级较低，为-4.8 eV。Ogura等在1987年报道了一个新的金属有机电子受体TTF(四硫富瓦烯)-TCNQ复合物[170]。此后，TCNQ在导电电荷传输领域引起了人们的广泛关注。1994年，Brown等探索了其作为活性材料在OTFT中的使用，制备了以银作为电极的底接触OTFTs器件，测得在空气中的迁移率为 $3\times10^{-5}\ cm^2/(V\cdot s)$，开关比为450[171]。之后，Uemura制备了空气稳定的n型单晶TCNQ场效应晶体管，迁移率达到了 $0.5\ cm^2/(V\cdot s)$[172]。2004年，Rogers等报道了基于TCNQ的单晶FETs器件，以聚二甲基硅氧烷(PDMS)为介电层，真空中迁移率高达 $1.6\ cm^2/(V\cdot s)$，表明含氰基的醌型衍生物在n型OTFTs中具有一定的应用前途[173]。2011年，Mukherjee等采用滴涂技术制备了溶解性较差的金属有机复合物TTF-TCNQ的薄膜，将其作为源漏接触电极，由于其较低的功函和较高的导电性，从而使得电荷高效率从电极注入半导体。因此，相对于Au电极，以TTF-TCNQ作为源漏接触电极的器件，表现出了较好的性能[174]。

Uppstrom等报道了TCNQ五元杂环类似物**156**，硫原子的引入被期望更有利于形成分子复合物，但是作为电子受体，由于其较弱的电子亲和性，将其应用于有机薄膜晶体管材料的报道较少[175]。通过扩大分子的共轭体系，系列具有醌式结构的n型半导体材料被报道。2002年，Mann等研究了端位为二氰基乙烯取代的三联噻吩醌**157**，当时用溶液法和真空蒸镀制得器件的电子迁移率分别为 $0.002\ cm^2/(V\cdot s)$ 和 $0.005\ cm^2/(V\cdot s)$[176]。2007年，日本科学家Takimiya等报道了化合物**157**的衍生物**158**，迁移率达到 $0.16\ cm^2/(V\cdot s)$[177]。

由于氧原子较低的极性，较短的原子半径，呋喃被视为高性能有机半导体中的不利单元，因此呋喃很少用于有机半导体材料。中国科学院上海有机化学研究所李洪祥等发现基于噻吩单元的有机半导体中呋喃单元的嵌入，可以诱导固态时具有强烈的π-π分子间相互作用的面堆积结构[178]。该课题组报道了化合物**159a**(TTT-CN)和**159b**(TFT-CN)，X射线单晶结构显示TFT-CN晶体采取滑移面-面排列结构，该结构具有强烈的分子间相互作用，并且固态时TFT-CN采取*cis-cis*排列结构。旋涂的TFT-CN薄膜在150℃热退火，迁移率最大为 $1.11\ cm^2/(V\cdot s)$，开关比为 10^5，阈值电压为7.1 V，这是当时通过非氯代溶剂旋涂制备的性能最好的基于n型半导体材料的有机薄膜晶体管。而相应的基于TTT-

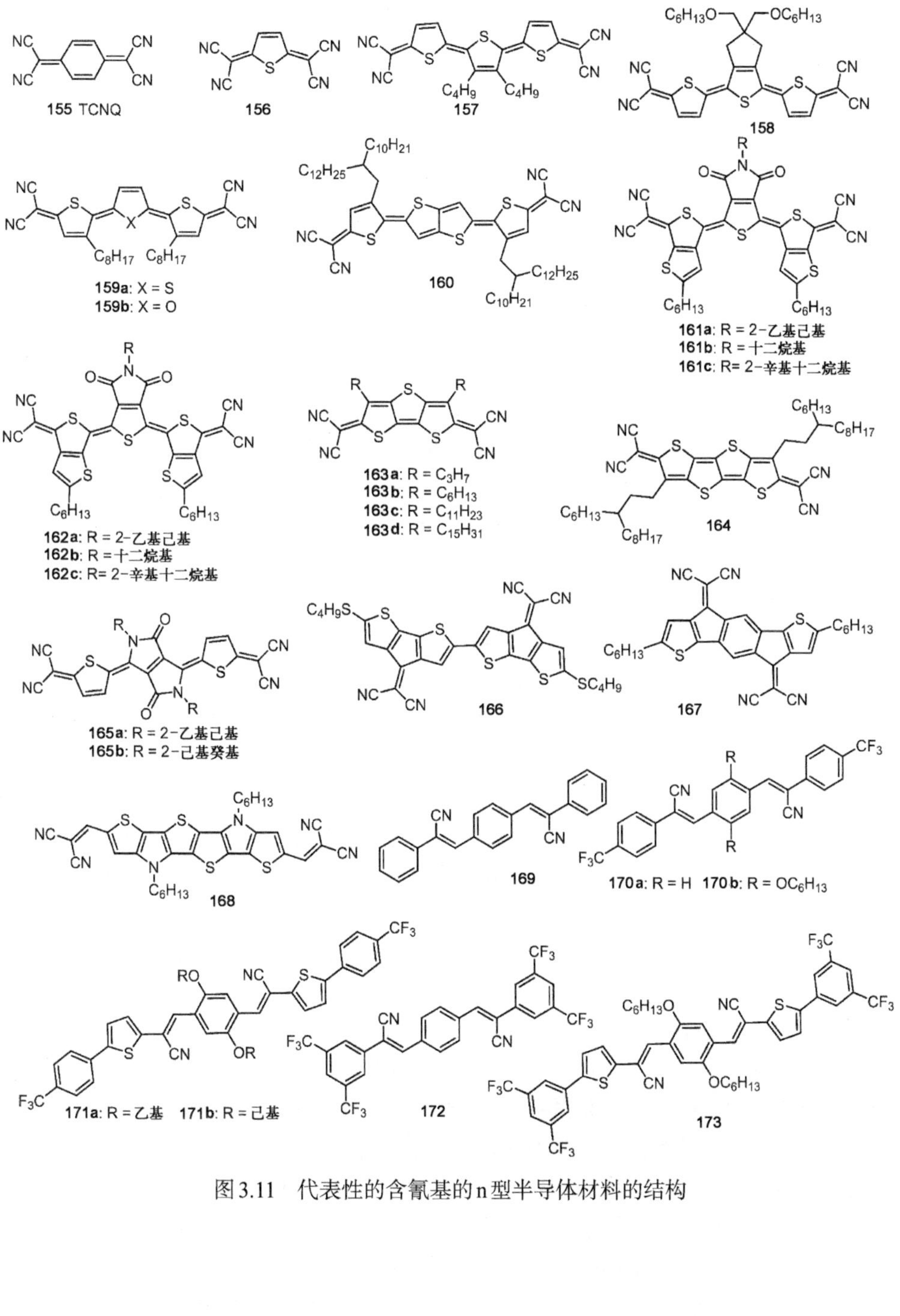

图3.11 代表性的含氰基的n型半导体材料的结构

CN的器件在退火温度为150℃时,迁移率最大为0.05 cm²/(V·s)。为消除晶界的影响,进一步提高器件的性能,Li等制备了微型尺寸的带状底栅顶接触晶体管。他们通过滴涂的方法制备了微型尺寸的带状物,原子力显微镜显示带状物的长、宽为毫米级,表面粗糙度为1.515 nm,迁移率最大为7.7 cm²/(V·s)。XRD分析显示薄膜和带状物均呈高度有序排列[179]。

烷基链取代位置对其性能也有着很重要的影响,在系列并噻吩不同位置烷基链取代的化合物中,相比化合物**160**的性能最优,其迁移率达到0.22 cm²/(V·s)[180]。

狄重安等引入并二噻吩和N-乙基吡咯二酮单元,构建新型2Dπ共轭醌型三噻吩化合物**161**和**162**,新型分子拥有相对较大的π平面[181-182]。除了更好的分子间π-π相互作用,并二噻吩和N-乙基吡咯二酮单元的引入,赋予分子一些新的结构特点:①通过较弱的S-O和S-S(侧面噻吩-中心噻吩)相互作用,平面结构很稳定。②A-D-A-D-A(给体-受体)电子结构能够保持LOMO能级足够低。③N-烷基吡咯二酮上烷基链的取代可以调节溶解性和薄膜形态学结构。噻吩趋向的微小变化显著影响薄膜的形态结构,微结构的有序性取决于稠合噻吩单元的方向。因此,它们的迁移率显著不同。化合物**161a**和**162a**的迁移率分别为3.0 cm²/(V·s)和0.44 cm²/(V·s)。**161a**晶体结构具有较高的结晶性,较长的晶体一致性长度,和较好的取向规则性,使其成为优秀的半导体材料。烷基链的不同,材料的器件性能也表现出了很大的差异,**161b**、**161c**、**162b**和**162c**的迁移率分别为0.36 cm²/(V·s)、5.2 cm²/(V·s)、0.48 cm²/(V·s)和0.1 cm²/(V·s)。结合溶解性和分子聚集等方面综合考虑,Facchetti等合成了含烷基链取代的丙二腈封端的并三噻吩醌式化合物**163**,这些材料具有良好的器件性能及空气稳定性和电稳定性,烷基链长度为十一时,其性能最佳,迁移率达到0.45 cm²/(V·s)[183]。朱道本等报道了二氰甲烯基取代的并四噻吩衍生物**164**,其LOMO能级较低(-4.3 eV),将其应用在溶液法处理的n型OTFTs中,在空气中测得迁移率为0.9 cm²/(V·s)[184]。DPP类化合物一直是有机光电材料领域研究的热点,通过引入二氰甲烯基,形成醌式结构,具有n型半导体特征,真空沉积的化合物**165a**薄膜在空气中测得迁移率为0.55 cm²/(V·s),开关比为10^6。溶液法制备的**165b**薄膜,退火后的迁移率为0.35 cm²/(V·s),开关比为$10^5 \sim 10^6$ [185]。在线性醌式结构的四氰基寡聚噻吩基础上,Navarrete等报道了交联共轭的四氰基四聚噻吩化合物**166**,环戊烷单元的引入既增加了半导体材料的溶解性又提高了其平面性,迁移率为0.34 cm²/(V·s)[186]。梯形共轭分子固有的平面特性有利于π电子高效离域和强烈的分子间相互作用。而且可以通过改变骨架单元间的平面性程度或者引入杂原子(如S,Si,N桥原子)来调节它们的性质。Geng等报道了**167**的LOMO和HOMO能级分别为-4.7 eV和-6.0 eV。晶体结构显示分子呈一维的滑面π-π堆积。在顶接触的有机薄膜晶体管中,电子迁移率为

0.33 cm²/(V·s)。化合物**168**的迁移率为0.021 cm²/(V·s)[187]。结果表明,梯形化合物是高迁移率n型半导体的理想骨架结构。

近年来,1,4-二芳乙烯基苯衍生物在有机半导体材料领域有着广泛的应用。1,4-二芳乙烯基苯从结构上可以看作是聚苯撑乙烯(PPV)的二聚体,分子骨架具有较强的平面刚性。在结构中引入吸电子取代基(如氰基和氟)可降低其HOMO和LUMO能级,使材料由p型变为双极性或n型。氰基位置的不同性能有差异。这类衍生物在有机发光器件中有着广泛的应用。通过引入取代基,可对其发光颜色进行调节。氰基位于β位置的1,4-二芳基乙烯基苯衍生物(**169**)具有双极性或n型性能。马於光等报道化合物**169**具有双极性的性能,且单晶器件电子迁移率与空穴迁移率相当,分别为2.5 cm²/(V·s)和2.1 cm²/(V·s),且具有很强的绿色电致发光性能[188]。日本科学家Nagamatsu等报道的化合物**170**为典型的n型材料,其电子迁移率为0.17 cm²/(V·s),开关比为10⁶且在空气中非常稳定,在空气中储存一年,其OTTF器件性能没有明显的降低[189]。Park等报道了化合物**171a**和**171b**的单晶器件性能,器件具有很好的空气稳定性,**171b**的迁移率达到7.81 cm²/(V·s)[190]。四个三氟甲基取代的衍生物**172**电子迁移率达到了0.55 cm²/(V·s)[191],**173**的迁移率为0.61 cm²/(V·s)[190]。

3.2.3 含卤素的有机半导体材料

氟是电负性最强的元素,氟原子取代可以将p型材料转化成n型材料。氟原子具有很好的疏水性,能提高材料及半导体器件的空气稳定性。氟取代的主要形式为苯环和噻吩环氟代物,或烷基氟取代物等。代表性的含氟半导体材料如图3.12所示。全氟酞菁铜(F16CuPc,**174**)于1998年被Bao等报道,迁移率为0.03 cm²/(V·s),器件具有很好的空气稳定性[192]。在稠环类的半导体材料中,并五苯类是发现比较早的一类半导体材料,将并五苯中的氢被氟所取代,得到全氟并五苯(**175**),Suzuki等报道了全氟并五苯的迁移率为0.11 cm²/(V·s),开关比为

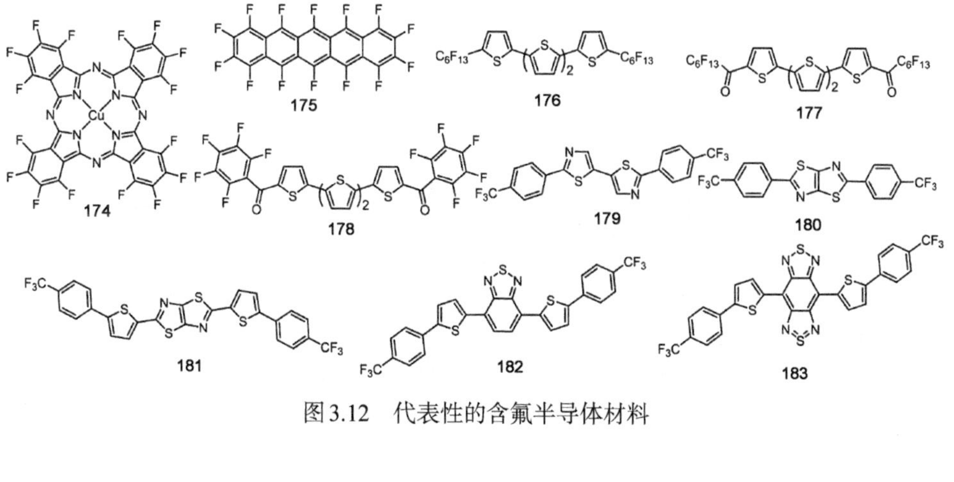

图3.12 代表性的含氟半导体材料

10^5[193]。Marks等研究了含氟烷基链取代的低聚噻吩衍生物,发现化合物**176**的器件性能最佳,最优达到0.22 cm²/(V·s)的迁移率,这在当时已是n型半导体材料迁移率中的最高值[194]。而在噻吩环与含氟烷基链之间引入羰基(**177**),通过对电极进行修饰,其迁移率达到了1.7 cm²/(V·s),开关比达到10^9[195],以Au作为电极的顶接触式器件迁移率达到了4.6 cm²/(V·s)[196]。全氟苯取代衍生物**178**的迁移率为0.45 cm²/(V·s),开关比为10^8[197]。

含氮类的含氟衍生物作为n型半导体材料也具有很好的性能,化合物**179**的迁移率达到1.83 cm²/(V·s)[198]。化合物**180**没有表现出明显的器件性能[199],通过引入噻吩扩大分子的共轭体系,化合物**181**的电子迁移率达到了1.2 cm²/(V·s)[200]。含氟D-A型化合物**182**电子迁移率为0.19 cm²/(V·s)[201],且具有发光性能。苯并二噻吩衍生物**183**,具有很好的空气稳定性,迁移率达到0.77 cm²/(V·s)[202]。

3.2.4 富勒烯类有机半导体材料

富勒烯是一个庞大的家族,在有机半导体材料中占有一席之地。其中,以C60(**184**)和C70(**185**)为代表的衍生物研究较多,也表现出了很好的器件性能。代表性的富勒烯类半导体如图3.13所示。通过TOF方法测得C60单晶的电子和空穴迁移率分别为(0.5 ± 0.2) cm²/(V·s)和(1.7 ± 0.2) cm²/(V·s)[203]。基于C60的第一个薄膜晶体管于1995年被报道,在超真空条件下测试其迁移率为0.08 cm²/(V·s)[204]。Kobayashi等利用分子束沉积的方式制备C60的薄膜器件,迁移率达到了0.3~0.50 cm²/(V·s)[205]。底接触模式C60薄膜器件最大迁移率达到了3.23 cm²/(V·s)[206]。Bao等继续优化C60薄膜器件工艺,通过对界面进行修饰,其电子迁移率达到5.3 cm²/(V·s)[207]。C70的薄膜晶体管器件电子迁移率2×10^{-3} cm²/(V·s)[208]。PCBM(**186**)作为一个经典的材料,广泛地应用于有机太阳能电池中。溶液法制备薄膜器件其电子迁移率为0.05~0.2 cm²/(V·s)[209]。Chikamatsu等报道含氟烷基链取代的C60衍生物(**187**),在空气中测试其迁移率达到了0.25 cm²/(V·s)[210]。

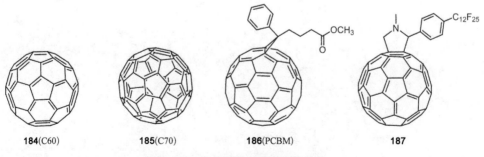

184(C60)　　**185**(C70)　　**186**(PCBM)　　**187**

图3.13　代表性的富勒烯类半导体

3.3 有机液晶半导体材料

液晶是一种材料的状态,近年来,液晶材料广泛应用于有机光电领域,部分材料表现出了p型、n型或双极性的性能。在本节中单独列出,供科研工作者参考。液晶(liquid crystal, LC)是一种介于固体与液体之间、具有规则性分子排列的有机化合物。它除了兼有液体和晶体的某些性质如流动性、各向异性等外,还具有其独特的物理性质。液晶分子在不同液晶相态下具有独特的分子排列方式,图3.14为物质处于晶体、液晶和液体三种状态下的分子排列示意图。从图中可以看出液体分子排列杂乱无章,单晶中分子具有规则的定向排列,而液晶是一种处于单晶与液体之间的分子排列方式。液晶还具有向列相和近晶相等多种液晶相态,不同液晶相态具有定向的分子排列。近晶相SmA、SmB和SmE等不同液晶相态的排列方式如图3.15所示[211]。可以通过分子设计合成具有某一种或某几种液晶中间相的液晶分子,达到获得某种分子定向排列的目的。正是因为有机液晶分子不同液晶相态下具有不同分子排列方式,近年来,科研工作者开始关注有机液晶材料在有机薄膜晶体管中的应用。

液晶材料具有多种特性:① 在常规有机溶剂中具有很好的溶解性;② 可通过溶液制备方法制备均匀的半导体薄膜;③ 分子取向容易控制;④ 具有自我修复的能力。这些特殊的性质,正是有机薄膜晶体管器件制备对材料所需的要求。通过新型液晶材料的设计和合成,有望推动有机薄膜晶体管进入到实际应用的阶段。

在分子中,通过引入烷基链,使分子长宽比达到一定的程度时,分子将具有液晶性能。烷基链的引入,可以增加材料的溶解性。在已报道的液晶小分子半导体材料中,绝大部分可以溶解在普通的有机溶剂中。利用液晶分子进行器件制备时,可以采用溶液旋涂的方式进行器件制备,这样不仅简化了器件的制备过程,节约了

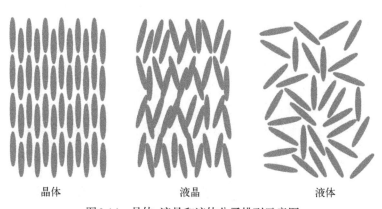

晶体　　　　　　液晶　　　　　　液体

图3.14　晶体、液晶和液体分子排列示意图

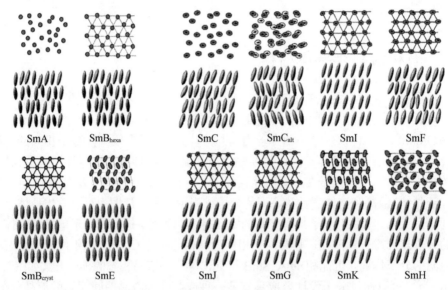

图3.15 不同液晶相态及分子排列示意图[211]

成本,也给将来的大范围柔性器件的制备提供了基础。由于材料的可溶解性,科研工作者就可以采用不同的方式进行器件制备,从而优化了器件制备工艺,提高器件的半导体性能。

对于小分子液晶半导体材料,可以采用真空沉积和溶液旋涂等方式进行半导体薄膜器件的制备。其中,最重要的方式,就是在液晶相态温度下制备半导体薄膜,可明显提高半导体器件的性能,是今后有机薄膜晶体管制备的重要方法之一。例如,液晶材料10-BTBT-10(**61**)在液晶相态下制备薄膜,冷却至室温,分子发生了令人惊讶的自组装,从液晶相态下定向的排列形成了类似于单晶的有序排列。这种有序的薄膜分子排列有利于载流子的传输,制备的器件将具有良好的性能[212]。

对于液晶材料制备有机薄膜晶体管器件,使用特殊的热处理方式,对器件性能有着重要的影响。日本Hanna等在液晶小分子半导体材料器件中做了大量的研究工作[213]。2011年,该课题组以8-TTP-8(**188**)和10-BTBT-10(**61**)为例,以DSC上显示的不同液晶相态为参考依据,考查了热旋涂温度对器件性能的影响。研究发现材料8-TTP-8在SmC液晶相态下溶液旋涂制备的薄膜非常的均匀,迁移率为0.1 $cm^2/(V·s)$。为了验证液晶相态下热旋涂方法的可行性和通用性,以10-BTBT-10为半导体层进行旋涂也获得了理想的效果,该材料室温下溶液法旋涂80℃退火迁移率为0.51 $cm^2/(V·s)$,而在液晶相下旋涂,迁移率可高达3.0 $cm^2/(V·s)$,这一数值是其前者的6倍,说明液晶相态下制备器件可大大提高有机薄膜晶体管器件的性能[213-215]。2012年,该课题组合成了单噻吩烷基链取代的BTBT类衍生物8-TP-BTBT(**68**),该化合物具有SmA和SmE两种液晶相态,在SmE相态温度下溶液旋涂,获得了1.4 $cm^2/(V·s)$的迁移率[68]。2015年,该课题组报道了8-TP-BTBT的类似物Ph-BTBT-C10(**69**),同样在SmE相态下旋涂,在高温下退火,其迁移率最高达到14.7 cm^2/(V·s)[62]。2016年,孟鸿课题组报道了基于液晶材料C12-Ph-BTBT(**67d**)的有机薄膜晶体管性能,其迁移率超过8.0 cm^2/(V·s),蒸镀法制备薄膜在液晶SmX相态下退火形成的薄膜分子排列方式类似于其单晶情况下的排列方式[67]。

小分子液晶材料的化学结构如图3.16所示。在小分子液晶材料中,联噻吩类化合物占有很大的比例。8-TTP-8就是烷基链取代的三联噻吩。联噻吩与苯基相连的衍生物3-TTPPh-5(**189**),具有高度有序的近晶相,通过飞行时间方法,发现这个分子具有双极性的性能,空穴和电子迁移率分别为0.07 cm^2/(V·s)和0.2 cm^2/(V·s)。溶液法制备的OTFT器件迁移率为0.04 cm^2/(V·s),且在空气中非常稳定[216]。以化合物8-TNAT-8(**3**)为有源层,可得到高度有序的半导体薄膜,获得与并五苯相当的迁移率0.14 cm^2/(V·s),用同样的方法制备器件,并五苯的迁移率为0.17 cm^2/(V·s)[3]。结构中噻吩环的引入,可以提高分子的空气稳定性,材料Dec-(TPhT)2-Dec(**191**),Dec-2T-Ph-2T-Dec(**192**)和Dec-3T-Ph-3T-Dec(**193**)的迁移率也不逊色。其中,化合物Dec-(TPhT)2-Dec达到了0.4 cm^2/(V·s)的迁移率[217]。材料6-TTP-yne(**194**)和3-QTP-yne-4(**195**)在室温下为近晶相态,室温旋涂制备的器件迁移率分别为0.03 cm^2/(V·s)和0.1 cm^2/(V·s)[218]。

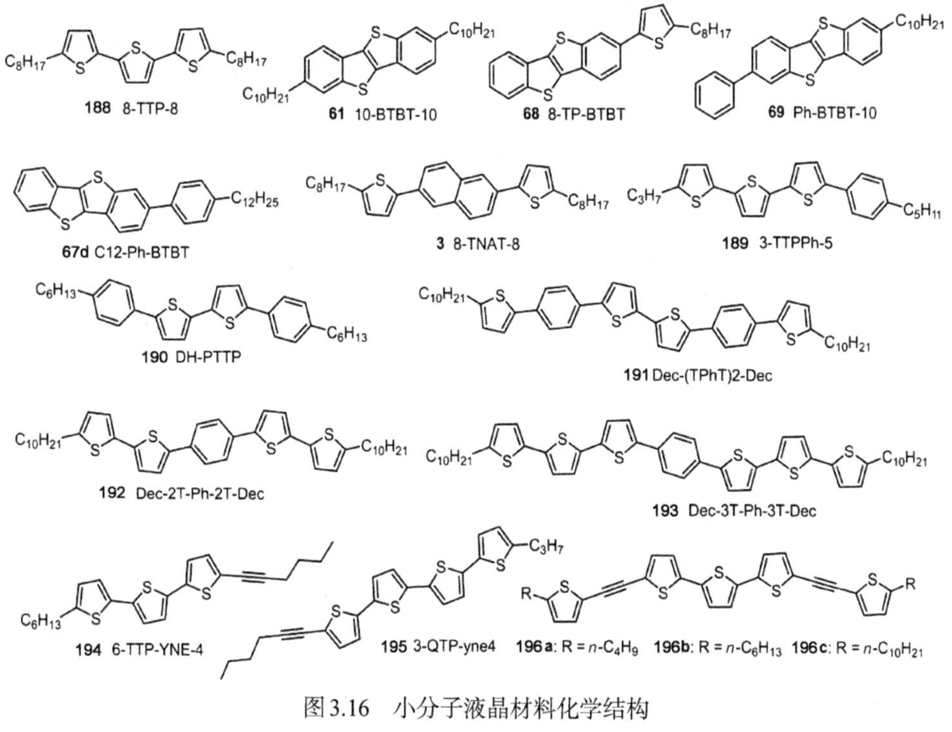

图3.16 小分子液晶材料化学结构

寻找合适的器件制备工艺，可以大大提高小分子液晶材料的迁移率。例如，加热熔融化合物DH-PTTP(**190**)，用压膜的方式制备OTFT器件，其迁移率为$2×10^{-2}$ cm^2/(V·s)，比蒸镀的方法获得的迁移率提高了一个数量级[219]。运用模板辅助自组装的方法，有机半导体10-BTBT-10得到了高度有序的微晶薄膜，而且微晶大小可以通过模块辅助自组装的方法进行控制。通过此方法制备的器件，迁移率达到了1.7 cm^2/(V·s)。通过溶液旋涂或真空沉积的方式制备的器件，迁移率约为0.35 cm^2/(V·s)[220]。早在2006年，Breemen等就报道了利用液晶分子**196**进行场效应晶体管的制备，得到大面积大颗粒的OTFT器件，其单颗粒制备的器件迁移率要比多颗粒的迁移率大一个数量级[221]。

液晶材料已在有机半导体材料中占有一席之地，液晶相态下的液晶材料具有成膜性好的优势，而且在液晶相态下退火，可形成类似于单晶的分子排列方式，有利于载流子的传输。液晶材料可采用不用的器件制备方式，为器件工艺的优化，成本的降低及柔性器件的制备提供了更多的可能。通过新型液晶材料的研发及器件制备工艺的优化，为平面显示领域的快速发展提供了更多的选择。

3.4 展望

随着有机半导体材料和器件制备技术的发展，有机薄膜晶体管的应用前景非常广阔。但是，还存在一些必须要克服的困难。其中材料的性能和使用寿命离有机半导体材料投入实际应用还有一定的距离。提高有机半导体材料的性能和稳定性，不断探索新的器件结构和薄膜制备技术将是有机薄膜晶体管面临的长期课题。如何设计、合成高性能，高稳定性，可大面积、低成本制备的有机半导体材料是所有问题的关键。而在器件制备方面，获得电子和空穴平衡的半导体器件一直是制约这一领域发展的瓶颈。尽管目前有机电子领域仍存在一些问题，但可溶性有机半导体材料可通过一些非传统的沉积方法(如喷墨式打印法、甩膜法等)实现对其进行大面积的或者图案化沉积，而且制备成本相对较低。以及可以通过分子结构的精确设计来实现材料性能的提高或者是材料功能的特殊化(如发光、热电、压电等)。近年来有机电子材料的性能和稳定性大幅提升，我们有理由相信，个性时尚的有机电子时代必将到来。

参 考 文 献

[1] Warta W, Karl N. Hot holes in naphthalene: High electric-field-dependent mobilities. Phys. Rev. B, 1985, 32: 1172-1182.

[2] Yan L, Popescu F, Meng R, et al. A wide band gap naphthalene semiconductor for thin-film

transistors. Adv. Electron. Mater., 2017, 3: 1600556.

[3] Oikawa K, Monobe H, Nakayama K, et al. High carrier mobility of organic field-effect transistors with a thiophene-naphthalene mesomorphic semiconductor. Adv. Mater., 2007, 19: 1864-1868.

[4] Kim H S, Kim T H, Noh Y Y, et al. Synthesis and studies on 2-hexylthieno [3,2-b] thiophene end-capped oligomers for OTFTs. Chem. Mater., 2007, 19: 3561-3567.

[5] Ito K, Suzuki T, Sakamoto Y, et al. Oligo(2,6-anthrylene)s: Acene-oligomer approach for organic field-effect transistors. Angew. Chem. Int. Ed., 2003, 42: 1159-1162.

[6] Meng H, Sun F, Goldfinger M B, et al. High-performance, stable organic thin-film field-effect transistors based on bis-5′-alkylthiophen-2′-yl-2,6-anthracene semiconductors. J. Am. Chem. Soc., 2005, 127: 2406-2407.

[7] Klauk H, Zschieschang U, Weitz R T, et al. Organic transistors based on di(phenylvinyl) anthracene: performance and stability. Adv. Mater., 2007, 19: 3882-3887.

[8] Jiang L, Hu W, Wei Z, et al. High-performance organic single-crystal transistors and digital inverters of an anthracene derivative. Adv. Mater., 2009, 21: 3649-3653.

[9] Meng H, Goldfinger M B, Gao F, et al. 2,6-Bis [2-(4-pentylphenyl)vinyl] anthracene: A stable and high charge mobility organic semiconductor with densely packed crystal structure. J. Am. Chem. Soc., 2006, 128: 9304-9305.

[10] Liu J, Dong H, Wang Z, et al. Thin film field-effect transistors of 2,6-diphenyl anthracene (DPA). Chem. Commun., 2015, 51: 11777-11779.

[11] Liu J, Zhang H, Dong H, et al. High mobility emissive organic semiconductor. Nat. Commun., 2015, 6: 10032.

[12] Yan L, Zhao Y, Yu H, et al. Influence of heteroatoms on the charge mobility of anthracene derivatives. J. Mater. Chem. C, 2016, 4: 3517-3522.

[13] Zhao Y, Yan L, Murtaza I, et al. A thermally stable anthracene derivative for application in organic thin film transistors. Org. Electron., 2017, 43: 105-111.

[14] Kumaki D, Umeda T, Suzuki T, et al. High-mobility bottom-contact thin-film transistor based on anthracene oligomer. Org. Electron., 2008, 9: 921-924.

[15] Chen M, Zhao Y, Yan L, et al. A unique blend of 2-fluorenyl-2-anthracene and 2-anthryl-2-anthracence showing white emission and high charge mobility. Angew. Chem. Int. Ed., 2017, 129: 740-745.

[16] Chen Y, Li C, Xu X, et al. Thermal and optical modulation of the carrier mobility in otfts based on an azo-anthracene liquid crystal organic semiconductor. ACS Appl. Mater. Interfaces, 2017, 9: 7305-7314.

[17] Tripathi A K, Heinrich M, Siegrist T, et al. Growth and electronic transport in 9,10-diphenylanthracene single crystals: an organic semiconductor of high electron and hole mobility. Adv. Mater., 2007, 19: 2097-2101.

[18] Chung D S, Yun W M, Nam S, et al. All-organic solution-processed two-terminal transistors fabricated using the photoinduced p-channels. Appl. Phys. Lett., 2009, 94: 043303.

[19] Tian H, Shi J, Dong S, et al. Novel highly stable semiconductors based on phenanthrene for organic field-effect transistors. Chem. Commun., 2006, 33: 3498.

[20] He B, Tian H, Yan D, et al. Novel liquid crystalline conjugated oligomers based on phenanthrene for organic thin film transistors. J. Mater. Chem. C, 2011, 21: 14793-14799.

[21] Tian H, Wang J, Shi J, et al. Novel thiophene-aryl co-oligomers for organic thin film transistors. J. Mater. Chem. C, 2005, 15: 3026-3033.

[22] Cho N S, Cho S, Elbing M, et al. Organic thin-film transistors based on α,ω-dihexyldithienyl-dihydrophenanthrene. Chem. Mater., 2008, 20: 6289-6291.

[23] Gundlach D J, Nichols J A, Zhou L, et al. Thin-film transistors based on well-ordered thermally evaporated naphthacene films. Appl. Phys. Lett., 2002, 80: 2925-2927.

[24] Reese C, Chung W J, Ling M, et al. High-performance microscale single-crystal transistors by lithography on an elastomer dielectric. Appl. Phys. Lett., 2006, 89: 202108.

[25] Takahashi T, Takenobu T, Takeya J, et al. Ambipolar light-emitting transistors of a tetracene single crystal. Adv. Funct. Mater., 2007, 17: 1623-1628.

[26] Moon H, Zeis R, Borkent E J, et al. Synthesis, crystal structure, and transistor performance of tetracene derivatives. J. Am. Chem. Soc., 2004, 126: 15322-15323.

[27] Chi X L, Zhang D, Chen H, et al. 5,6,11,12-Tetrachlorotetracene, a tetracene derivative with π-stacking structure: The synthesis, crystal structure and transistor properties. Org. Electron., 2008, 9: 234-240.

[28] Cicoira F, Santato C, Dadvand A, et al. Environmentally stable light emitting field effect transistors based on 2-(4-pentylstyryl)tetracene. J. Mater. Chem., 2008, 18: 158-161.

[29] Xu W, He Y, Murtaza I, et al. Phenyl substitution in tetracene: a promising strategy to boost charge mobility in thin film transistors. J. Mater. Chem. C, 2017, 5: 2852-2858.

[30] Stingelin-Stutzmann N, Smits E, Wondergem H, et al. Organic thin-film electronics from vitreous solution-processed rubrene hypereutectics. Nat. Mater., 2005, 4: 601-606.

[31] Takeya J, Yamagishi M, Tominari Y, et al. Very high-mobility organic single-crystal transistors with in-crystal conduction channels. Appl. Phys. Lett., 2007, 90: 102120.

[32] Takahashi T, Takenobu T, Takeya J, et al. Ambipolar organic field-effect transistors based on rubrene single crystals. Appl. Phys. Lett., 2006, 88: 033505.

[33] Haas S, Schuck G, Pernstich K P, et al. High charge-carrier mobility and low trap density in a rubrene derivative. Phys. Rev. B, 2007, 76: 115203.

[34] Yoshihito K, Tatsuya A, Norihito K, et al. Single crystal organic field-effect transistors based on 2,8-diphenyl and dinaphthyl chrysenes. J. Photopolym. Sci. Technol., 2011, 24: 345-348.

[35] Kunugi Y, Mada A, Otsuki H, et al. Organic field-effect transistors based on solution-processed single crystal films of alkylphenyl chrysene derivatives. Bull. Chem. Soc. Jpn., 2015, 88: 1347-1349.

[36] Ohki H, Maruyama Y. Charge mobility in pyrene crystals. Bull. Chem. Soc. Jpn., 1963, 36: 1512-1515.

[37] Suzuki H, Maruyama Y. Charge-carrier drift mobility in pyrene single crystals. Bull. Chem. Soc. Jpn., 1976, 49: 3347-3348.

[38] Horowitz G, Fichou D, Xin P, et al. Thin-film transistors based on alpha-conjugated oligomers. Synth. Met., 1991, 41: 1127-1130.

[39] Lin D J, Nelson S F, Jackson T N, et al. Stacked pentacene layer organic thin-film transistors with improved characteristics. IEEE Electron Device Lett., 1997, 18: 606-608.

[40] Tan H S, Mathews N, Cahyadi T, et al. The effect of dielectric constant on device mobilities of high-performance, flexible organic field effect transistors. Appl. Phys. Lett., 2009, 94: 263303.

[41] Jurchescu O D, Popinciuc M, van Wees B J, et al. Interface-controlled, high-mobility organic transistors. Adv. Mater., 2007, 19: 688−692.

[42] Meng H, Bendikov M, Mitchell G, et al. Tetramethylpentacene: Remarkable absence of steric effect on field effect mobility. Adv. Mater., 2003, 15: 1090−1093.

[43] Miao X, Xiao S, Zeis R, et al. Organization of acenes with a cruciform assembly motif. J. Am. Chem. Soc., 2006, 128: 1340−1345.

[44] Park S K, Jackson T N, Anthony J E, et al. High mobility solution processed 6,13-bis(triisopropyl-silylethynyl) pentacene organic thin film transistors. Appl. Phys. Lett., 2007, 91: 063514.

[45] Llorente G R, Dufourg M B, Crouch D J, et al. High performance, acene-based organic thin film transistors. Chem. Commun., 2009: 3059−3061.

[46] Li Y, Liu P, Prostran Z, et al. Stable solution-processed high-mobility substituted pentacene semiconductors. Chem. Mater., 2007, 19: 418−423.

[47] Zhang X, Jiang X, Luo J, et al. A cruciform 6,6′-dipentacenyl: synthesis, solid-state packing and applications in thin-film transistors. Chem. Eur. J., 2010, 16: 464−468.

[48] Kawasaki N, Kubozono Y, Okamoto H, et al. Trap states and transport characteristics in picene thin film field-effect transistor. Appl. Phys. Lett., 2009, 94: 043310.

[49] Kotani M, Kakinuma K, Yoshimura M, et al. Charge carrier transport in high purity perylene single crystal studied by time-of-flight measurements and through field effect transistor characteristics. Chem. Phys., 2006, 325: 160−169.

[50] Noh Y, Azumi R, Goto M, et al. Organic field effect transistors based on biphenyl, fluorene end-capped fused bithiophene oligomers. Chem. Mater., 2005, 17: 3861−3870.

[51] Zhang Y, Ichikawa M, Hattori J, et al. Fused thiophene-split oligothiophenes with high ionization potentials for OTFTs. Synth. Met., 2009, 159: 1890−1895.

[52] Sun Y, Liu Y, Lin Y, et al. High-performance and stable organic thin-film transistors based on fused thiophenes. Adv. Funct. Mater., 2006, 16: 426−432.

[53] Yang Y S, Yasuda T, Kakizoe H, et al. High performance organic field-effect transistors based on single-crystal microribbons and microsheets of solution-processed dithieno [3,2-b:2′,3′-d] thiophene derivatives. Chem. Commun., 2013, 49: 6483−6485.

[54] Liu Y, Di C, Du C, et al. Synthesis, structures, and properties of fused thiophenes for organic field-effect transistors. Chem. Eur. J., 2010, 16: 2231−2239.

[55] Takimiya Y, Konda Y, Niihara N, et al. 2,6-Diphenylbenzo [1,2-b:4,5-b′] dichalcogenophenes: A new class of high-performance semiconductors for organic field-effect transistors. J. Am. Chem. Soc., 2014, 126: 5084−5085.

[56] Wang C, Wei Z, Meng Q, et al. Dibenzo [b,d] thiophene based oligomers with carbon-carbon unsaturated bonds for high performance field-effect transistors. Org. Electron., 2010, 11: 544−551.

[57] Cheng S S, Huang P Y, Ramesh M, et al. Solution-processed small-molecule bulk heterojunction ambipolar transistors. Adv. Funct. Mater., 2014, 24: 2057−2063.

[58] Takimiya H, Sakamoto K, Izawa T, et al. 2,7-Diphenyl [1] benzothieno [3,2-b] benzothiophene,

a new organic semiconductor for air-stable organic field-effect transistors with mobilities up to 2.0 cm^2/Vs. J. Am. Chem. Soc., 2006, 128: 12604−12605.

[59] Yao C, Chen X, He Y, et al. Design and characterization of methoxy modified organic semiconductors based on phenyl [1] benzothieno [3,2-*b*] [1] benzothiophene. RSC Adv., 2017, 7: 5514−5518.

[60] Um M C, Kwak J, Hong J P, et al. High-performance organic semiconductors for thin-film transistors based on 2,7−divinyl [1] benzothieno [3,2-*b*] benzothiophene. J. Mater. Chem. C, 2008, 18: 4698−4703.

[61] Ebata T, Miyazaki E, Takimiya K, et al. Highly soluble [1] benzothieno [3,2-*b*] benzothiophene (BTBT) derivatives for high-performance, solution-processed organic field-effect transistors. J. Am. Chem. Soc., 2007, 129: 15732−15733.

[62] Yuan Y, Giri G, Ayzner A L, et al. Ultra-high mobility transparent organic thin film transistors grown by an off-centre spin-coating method. Nat. Commun., 2014, 5: 3005.

[63] Tsutsui Y, Schweicher G, Chattopadhyay B, et al. Unraveling unprecedented charge carrier mobility through structure property relationship of four isomers of didodecyl [1] benzothieno [3,2-*b*] [1] benzothiophene. Adv. Mater., 2016, 28: 7106−7114.

[64] Ruzié C, Karpinska J, Laurent A, et al. Design, synthesis, chemical stability, packing, cyclic voltammetry, ionisation potential and charge transport of [1] benzothieno [3,2-*b*] [1] benzothiophene derivatives. J. Mater. Chem. C, 2016, 4: 4863−4879.

[65] Amin A Y, Khassanov A, Reuter K, et al. Low-voltage organic field effect transistors with a 2− tridecyl [1] benzothieno [3,2-*b*] [1] benzothiophene semiconductor layer. J. Am. Chem. Soc., 2012, 134: 16548−16550.

[66] He Y, Xu W, Murtaza I, et al. Molecular phase engineering of organic semiconductors based on a [1] benzothieno [3,2-*b*] [1] benzothiophene core. RSC Adv., 2016, 6: 95149−95155.

[67] He Y, Sezen M, Zhang D, et al. High-performance OTFTs fabricated using a calamitic liquid crystalline material of 2−(4−dodecyl phenyl) [1] benzothieno [3,2-*b*] [1] benzothiophene. Adv. Electron. Mater., 2016, 2: 1600179.

[68] Iino H, Kobori T, Hanna J, et al. Improved thermal stability in organic FET fabricated with a soluble BTBT derivative. J. Non-Cryst. Solids, 2012, 358: 2516−2519.

[69] Iino H, Usui T, Hanna J, et al. Liquid crystals for organic thin-film transistors. Nat. Commun., 2015, 6: 6828.

[70] Niebel C, Kim Y, Ruzié C, et al. Thienoacene dimers based on the thieno [3,2-*b*] thiophene moiety: Synthesis, characterization and electronic properties. J. Mater. Chem. C, 2015, 3: 674−685.

[71] Yu W, Tian H, Wang H, et al. Benzothienobenzothiophene- based conjugated oligomers as semiconductors for stable organic thin-film transistors. ACS Appl. Mater. Interfaces, 2014, 6: 5255−5262.

[72] Shinamura S, Osaka I, Miyazaki E, et al. Linear- and angular-shaped naphthodithiophenes: Selective synthesis, properties, and application to organic field-effect transistors. J. Am. Chem. Soc., 2011, 133: 5024−5035.

[73] Xiao Y Q, Qi T, Zhang W, et al. A highly π−stacked organic semiconductor for field-effect transistors based on linearly condensed pentathienoacene. J. Am. Chem. Soc., 2005, 127:

13281-13286.

[74] Laquindanum H E, Lovinger A J. Synthesis, morphology, and field-effect mobility in anthradithiophenes. J. Am. Chem. Soc., 1998, 120: 664-672.

[75] Gao J H, Li R J, Li L Q, et al. High-performance field-effect transistor based on dibenzo [d,d'] thieno [3,2-b;4,5-b'] dithiophene, an easily synthesized semiconductor with high ionization potential. Adv. Mater., 2007, 19: 3008-3011.

[76] Li R, Jiang L, Meng Q, et al. Micrometer-sized organic single crystals, anisotropic transport, and field-effect transistors of a fused-ring thienoacene. Adv. Mater., 2009, 21: 4492-4495.

[77] He P, Tu Z, Zhao G, et al. Tuning the crystal polymorphs of alkyl thienoacene via solution self-assembly toward air-stable and high-performance organic field-effect transistors. Adv. Mater., 2015, 27: 825-830.

[78] Du Y L, Liu Y Q, Qiu W F, et al. Anthra [2,3-b] benzo [d] thiophene: An air-stable asymmetric organic semiconductor with high mobility at room temperature. Chem. Mater., 2008, 20: 4188-4190.

[79] Kubozono Y, Hyodo K, Mori H, et al. Transistor application of new picene-type molecules, 2,9-dialkylated phenanthro [1,2-b:8,7-b'] dithiophenes. J. Mater. Chem. C, 2015, 3: 2413-2421.

[80] Yamamoto T, Takimiya K. Facile synthesis of highly π-extended heteroarenes, dinaphtho [2,3-b:2',3'-f] chalcogenopheno [3,2-b] chalcogenophenes, and their application to field-effect transistors. J. Am. Chem. Soc., 2007, 129: 2224-2225.

[81] Haas S, Takahashi Y, Takimiya K, et al. High-performance dinaphtho-thieno-thiophene single crystal field-effect transistors. Appl. Phys. Lett., 2009, 95: 022111.

[82] Kang M J, Doi I, Mori H, et al. Alkylated dinaphtho [2,3-b:2',3'-f] thieno [3,2-b] thiophenes (C(n)-DNTTs): Organic semiconductors for high-performance thin-film transistors. Adv. Mater., 2011, 23: 1222-1225.

[83] Park J I, Chung J W, Kim J Y, et al. Dibenzothiopheno [6,5-b:6',5'-f] thieno [3,2-b] thiophene (DBTTT): High-performance small-molecule organic semiconductor for field-effect transistors. J. Am. Chem. Soc., 2015, 137: 12175-12178.

[84] Tang B, Sun Y S, Becerril H A, et al. Pentaceno [2,3-b] thiophene, a hexacene analogue for organic thin film transistors. J. Am. Chem. Soc., 2009, 131: 882-883.

[85] Yamada K, Okamoto T, Kudoh K, et al. Single-crystal field-effect transistors of benzoannulated fused oligothiophenes and oligoselenophenes. Appl. Phys. Lett., 2007, 90: 072102.

[86] Sirringhaus R H, Wang C, Leuninger J, et al. Dibenzothienobisbenzothiophene a novel fused-ring oligomer with high field-effect mobility. J. Mater. Chem., 9: 2095-2101.

[87] Hyodo K, Toyama R, Mori H, et al. Synthesis and physicochemical properties of piceno [4,3-b:9,10-b'] dithiophene derivatives and their application in organic field-effect transistors. ACS Omega, 2017, 2: 308-315.

[88] Abe M, Mori T, Osaka I, et al. Thermally, operationally, and environmentally stable organic thin-film transistors based on bis [1] benzothieno [2,3-d:2',3'-d'] naphtho [2,3-b:6,7-b'] dithiophene derivatives: effective synthesis, electronic structures, and structure-property relationship. Chem. Mater., 2015, 27: 5049-5057.

[89] Niimi K, Shinamura S, Osaka I, et al. Dianthra [2,3-b:2',3'-f] thieno [3,2-b] thiophene

(DATT): synthesis, characterization, and FET characteristics of new pi-extended heteroarene with eight fused aromatic rings. J. Am. Chem. Soc., 2011, 133: 8732-8739.

[90] Niimi K, Mori H, Miyazaki E, et al. [2,2'] Bi [naphtho [2,3-b] furanyl]: A versatile organic semiconductor with a furan-furan junction. Chem. Commun., 2012, 48: 5892-5894.

[91] Nakano M, Mori H, Shinamura S, et al. Naphtho [2,3-b:6,7-b'] dichalcogenophenes: Syntheses, characterizations, and chalcogene atom effects on organic field-effect transistor and organic photovoltaic devices. Chem. Mater., 2012, 24: 190-198.

[92] Mitsui C, Soeda J, Miwa K, et al. Naphtho [2,1-b:6,5-b'] difuran: A versatile motif available for solution-processed single-crystal organic field-effect transistors with high hole mobility. J. Am. Chem. Soc., 2012, 134: 5448-5451.

[93] Mitsui C, Soeda J, Miwa K, et al. Single-crystal organic field-effect transistors of naphthodifurans. Bull. Chem. Soc. Jpn., 2015, 88: 776-783.

[94] Nakano M, Niimi K, Miyazaki E, et al. Isomerically pure anthra [2,3-b:6,7-b'] -difuran (anti-ADF), -dithiophene (anti-ADT), and -diselenophene (anti-ADS): Selective synthesis, electronic structures, and application to organic field-effect transistors. J. Org. Chem., 2012, 77: 8099-8111.

[95] Nakahara K, Mitsui C, Okamoto T, et al. Furan fused V-shaped organic semiconducting materials with high emission and high mobility. Chem. Commun., 2014, 50: 5342-5344.

[96] Nakahara K, Mitsui C, Okamoto T, et al. Single-crystal field-effect transistors with a furan-containing organic semiconductor having a twisted π-electronic system. Chem. Lett., 2013, 42: 654-656.

[97] Shukla T R, Robello D R, Giesen D J, et al. Dioxapyrene-based organic semiconductors for organic field effect transistors. J. Phys. Chem. C, 2009, 113: 14482-14486.

[98] Kobayashi M, Nomoto K. Stable peri-xanthenoxanthene thin-film transistors with efficient carrier injection. Chem. Mater., 2009, 21: 552-556.

[99] Takimiya K, Niihara N, Otsubo T, et al. 2,6-Diphenylbenzo [1,2-b:4,5-b'] dichalcogenophenes: A new class of high-performance semiconductors for organic field-Effect transistors. J. Am. Chem. Soc., 2004, 126: 5084-5085.

[100] Takimiya Y, Konda Y, Ebata H, et al. 2,7-diphenyl [1] benzoselenopheno [3,2-b] [1] benzoselenophene as a stable organic semiconductor for a high-performance field-effect transistor. J. Am. Chem. Soc., 2006, 128: 3044-3050.

[101] Izawa E, Takimiya K. Solution-processible organic semiconductors based on selenophene-containing heteroarenes, 2,7-dialkyl [1] benzoselenopheno [3,2-b] [1] benzoselenophenes (Cn-BSBSs): Syntheses, properties, molecular arrangements, and field-effect transistor characteristics. Chem. Mater., 2009, 21: 903-912.

[102] Shinamura S, Miyazaki E, Takimiya K, et al. Synthesis, properties, crystal structures, and semiconductor characteristics of naphtho [1,2-b:5,6-b'] dithiophene and -diselenophene derivatives. J. Org. Chem., 2010, 75: 1228-1234.

[103] Tan L, Jiang W, Jiang L, et al. Single crystalline microribbons of perylo [1,12-b,c,d] selenophene for high performance transistors. Appl. Phys. Lett., 2009, 94: 153306.

[104] Wudl F, Gold M S, Hufnagel E J. Bis-1,3-dithiolium chloride: An unusually stable organic

radical cation. J. Chem. Soc. D, 1970, 21: 1453-1454.

[105] Bechgaard K, Jacobsen C S, Mortensen K, et al. The properties of five highly conducting salts: (TMTSF)$_2$X, X=PF$_6^-$, AsF$_6^-$, SbF$_6^-$, BF$_4^-$ and NO$_3^-$, derived from tetramethyltetraselenafulvalene (TMTSF). Solid State Commun., 1980, 33: 1119-1125.

[106] Bourgoin M, Barraud A, Tremblay G, et al. Field-effect transistor based on conducting langmuir-blodgett films of EDTTTF derivatives. Mol. Eng., 1993, 2: 309-314.

[107] Marszalek T, Nosal A, Pfattner R, et al. Role of geometry, substrate and atmosphere on performance of OFETs based on TTF derivatives. Org. Electron., 2012, 13: 121-128.

[108] Naraso H, Nishida S, Yamaguchi J, et al. High-performance organic field-effect transistors based on π-extended tetrathiafulvalene derivatives. J. Am. Chem. Soc., 2005, 127: 10142-10143.

[109] Mas M, Hadley P, Bromley S T, et al. Single-crystal organic field-effect transistors based on dibenzo-tetrathiafulvalene. Appl. Phys. Lett., 2005, 86: 012110.

[110] Leufgen M, Rost O, Gould C, et al. High-mobility tetrathiafulvalene organic field-effect transistors from solution processing. Org. Electron., 2008, 9: 1101-1106.

[111] Takahashi T, Horiuchi S, Kumai R, et al. High mobility organic field-effect transistor based on hexamethylenetetrathiafulvalene with organic metal electrodes. Chem. Mater., 2007, 19: 6382-6384.

[112] Kanno M, Bando Y, Shirahata T, et al. Stabilization of organic field-effect transistors in hexamethylenetetrathiafulvalene derivatives substituted by bulky alkyl groups. J. Mater. Chem., 2009, 19: 6548-6555.

[113] Bando T, Shibata K, Wada H, et al. Organic field-effect transistors based on alkyl-terminated tetrathiapentalene (TTP) derivatives. Chem. Mater., 2008, 20: 5119-5121.

[114] Takada M, Graaf H, Yamashita Y, et al. BTQBT (bis-(1, 2, 5-thiadiazolo)-p-quinobis(1, 3-dithiole)) thin films: A promising candidate for high mobility organic transistors. Jpn. J. Appl. Phys., 2002, 41: 4-6.

[115] Imaeda K, Yamashita Y, Li Y, et al. Hall-effect observation in the new organic semiconductor bis(1,2,5-thiadiazolo)-p-quinobis(1,3-dithiole) (BTQBT). J. Mater. Chem., 1992, 2: 115-118.

[116] Kanazawa S, Ichikawa M, Fujita Y, et al. The effect of thiophene sequence separation on air-stable organic thin-film transistor materials. Org. Electron., 2008, 9: 425-431.

[117] Ostoja P, Maccagnani P, Gazzano M, et al. FET device performance, morphology and X-ray thin film structure of unsubstituted and modified quinquethiophenes. Synth. Met., 2004, 146: 243-250.

[118] Schön A, Kloc C, Batlogg B, et al. A light-emitting field-effect transistor. Science, 2000, 290: 963-965.

[119] Melucci M, Favaretto L, Zambianchi M, et al. Molecular tailoring of new thieno(bis)imide-based semiconductors for single layer ambipolar light emitting transistors. Chem. Mater., 2013, 25: 668-676.

[120] Halik H K, Zschieschang U, Schmid G, et al. Relationship between molecular structure and electrical performance of oligothiophene organic thin film transistors. Adv. Mater., 2003, 15: 917-922.

[121] Halik M, Klauk H, Zschieschang U, et al. High-mobility organic thin-film transistors based on α, α'-didecyloligothiophenes. J. Appl. Phys., 2003, 93: 2977–2981.

[122] Locklin D W, Mannsfeld B, Borkent E J, et al. Organic thin film transistors based on cyclohexyl-substituted organic semiconductors. Chem. Mater., 2005, 17: 3366–3374.

[123] Tian H K, Shi J W, Yan D H, et al. Naphthyl end-capped quarterthiophene: A simple organic semiconductor with high mobility and air stability. Adv. Mater., 2006, 18: 2149–2152.

[124] Yamao T, Juri K, Kamoi A, et al. Field-effect transistors based on organic single crystals grown by an improved vapor phase method. Org. Electron., 2009, 10: 1241–1247.

[125] Miao T Q, Someya T, Blanchet G B, et al. Synthesis, assembly, and thin film transistors of dihydrodiazapentacene: An isostructural motif for pentacene. J. Am. Chem. Soc., 2003, 125: 10284–10287.

[126] Weng S Z, Shukla P, Kuo M Y, et al. Diazapentacene derivatives as thin-film transistor materials: Morphology control in realizing high-field-effect mobility. ACS Appl. Mater. Interfaces, 2009, 1: 2071–2079.

[127] Glowacki E D, Irimia V M, Kaltenbrunner M, et al. Hydrogen-bonded semiconducting pigments for air-stable field-effect transistors. Adv. Mater., 2013, 25: 1563–1569.

[128] Gu P Y, Wang Z, Liu G, et al. Synthesis, full characterization, and field effect transistor behavior of a stable pyrene-fused n-heteroacene with twelve linearly annulated six-membered rings. Chem. Mater., 2017, 29: 4172–4175.

[129] Zhao H, Jiang L, Dong H, et al. Influence of intermolecular N–H pi interactions on molecular packing and field-effect performance of organic semiconductors. Chem. Phys. Phys. Chem., 2009, 10: 2345–2348.

[130] Wei Z, Hong W, Geng H, et al. Organic single crystal field-effect transistors based on 6H–pyrrolo [3,2–b:4,5–b] bis [1,4] benzothiazine and its derivatives. Adv. Mater., 2010, 22: 2458–2462.

[131] Ahmed A L, Xia Y, Jenekhe S A, et al. High mobility single-crystal field-effect transistors from bisindoloquinoline semiconductors. J. Am. Chem. Soc., 2008, 130: 1118–1119.

[132] Royer J E, Lee S H, Chen C, et al. Analyte selective response in solution-deposited tetrabenzoporphyrin thin-film field-effect transistor sensors. Sens. Actuators B, 2011, 158: 333–339.

[133] Hirao A, Akiyama T, Okujima T, et al. Soluble precursors of 2,3–naphthalocyanine and phthalocyanine for use in thin film transistors. Chem. Commun., 2008, 39: 4714–4716.

[134] Bao Z, Lovinger A J, Dodabalapur A, et al. Organic field-effect transistors with high mobility based on copper phthalocyanine. Appl. Phys. Lett., 1996, 69: 3066–3068.

[135] Zeis R, Siegrist T, Kloc C, et al. Single-crystal field-effect transistors based on copper phthalocyanine. Appl. Phys. Lett., 2005, 86: 022103.

[136] Zhang J, Wang J, Wang H, et al. Organic thin-film transistors in sandwich configuration. Appl. Phys. Lett., 2004, 84: 142–144.

[137] Shea P B, Kanicki J, Pattison L R, et al. Solution-processed nickel tetrabenzoporphyrin thin-film transistors. J. Appl. Phys., 2006, 100: 034502.

[138] Shea P B, Pattison L R, Kawano M, et al. Solution-processed polycrystalline copper

tetrabenzoporphyrin thin-film transistors. Synth. Met., 2007, 157: 190−197.

[139] Li L, Tang Q, Li H, et al. An ultra closely π-stacked organic semiconductor for high performance field-effect transistors. Adv. Mater., 2007, 19: 2613−2617.

[140] Wang H, Song D, Yang J, et al. High mobility vanadyl-phthalocyanine polycrystalline films for organic field-effect transistors. Appl. Phys. Lett., 2007, 90: 253510.

[141] Xu G, Xu W, Xu Y, et al. High-performance field-effect transistors based on langmuir-blodgett films of cyclo [8] pyrrole. Langmuir 2005, 21: 5391−5395.

[142] Zhao T, Wei Z, Song Y, et al. Tetrathia [22] annulene [2,1,2,1]: Physical properties, crystal structure and application in organic field-effect transistors. J. Mater. Chem. C, 2007, 17: 4377−4381.

[143] Chernichenko K Y, Sumerin V V, Shpanchenko R V, et al. "Sulflower": A new form of carbon sulfide. Angew. Chem. Int. Ed., 2006, 45: 7367−7370.

[144] Dadvand A, Cicoira F, Chernichenko K Y, et al. Heterocirculenes as a new class of organic semiconductors. Chem. Commun., 2008, 40: 5354−5356.

[145] Laquindanum H E, Dodabalapur A, Lovinger A J, et al. n-Channel organic transistor materials based on naphthalene frameworks. J. Am. Chem. Soc., 1996, 118: 11331−11332.

[146] Shukla S F, Freeman D C, Rajeswaran M, et al. Thin-film morphology control in naphthalene-diimide-based semiconductors: High mobility n-type semiconductor for organic thin-film transistors. Chem. Mater., 2008, 20: 7486−7491.

[147] Zhang D, Zhao L, Zhu Y, et al. Effects of p-(trifluoromethoxy)benzyl and p-(trifluoromethoxy) phenyl molecular architecture on the performance of naphthalene tetracarboxylic diimide-based air-stable n-type semiconductors. ACS Appl. Mater. Interfaces, 2016, 8: 18277−18283.

[148] Stolte M, Gsanger M, Hofmockel R, et al. Improved ambient operation of n-channel organic transistors of solution-sheared naphthalene diimide under bias stress. Phys. Chem. Chem. Phys., 2012, 14: 14181−14185.

[149] He T, Stolte M, Wurthner F, et al. Air-stable n-channel organic single crystal field-effect transistors based on microribbons of core-chlorinated naphthalene diimide. Adv. Mater., 2013, 25: 6951−6955.

[150] Oh J H, Suraru S L, Lee W Y, et al. High-performance air-stable n-type organic transistors based on core-chlorinated naphthalene tetracarboxylic diimides. Adv. Funct. Mater., 2010, 20: 2148−2156.

[151] Zhao Y, Di C A, Gao X, et al. All-solution-processed, high-performance n-channel organic transistors and circuits: Toward low-cost ambient electronics. Adv. Mater., 2011, 23: 2448−2453.

[152] Zhang F, Hu Y, Schuettfort T, et al. Critical role of alkyl chain branching of organic semiconductors in enabling solution-processed N-channel organic thin-film transistors with mobility of up to 3.50 cm^2/Vs. J. Am. Chem. Soc, 2013, 135: 2338−2349.

[153] Fan W, Liu C, Li Y, et al. Fluoroalkyl-modified naphthodithiophene diimides. Chem. Commun., 2016, 53: 188−191.

[154] Polander L E, Pandey L, Seifried B M, et al. Solution-processed molecular bis(naphthalene diimide) derivatives with high electron mobility. Chem. Mater., 2011, 23: 3408−3410

[155] Hu Y, Wang Z, Zhang X, et al. A class of electron-transporting vinylogous tetrathiafulvalenes constructed by the dimerization of core-expanded naphthalenediimides. Org. Lett., 2017, 19: 468−471.

[156] Ostrick J R, Dodabalapur A, Torsi L, et al. Conductivity-type anisotropy in molecular solids. J. Appl. Phys., 1997, 81: 6804−6808.

[157] Yamada K, Takeya J, Takenobu T, et al. Effects of gate dielectrics and metal electrodes on air-stable n-channel perylene tetracarboxylic dianhydride single-crystal field-effect transistors. Appl. Phys. Lett., 2008, 92: 253311.

[158] Chesterfield J C, Newman C R, Ewbank P C, et al. Organic thin film transistors based on n-alkyl perylene diimides: charge transport kinetics as a function of gate voltage and temperature. J. Phys. Chem. B, 2004, 108: 19281−19292.

[159] Gundlach D J, Pernstich K P, Wilckens G, et al. High mobility n-channel organic thin-film transistors and complementary inverters. J. Appl. Phys., 2005, 98: 064502.

[160] Tatemichi S, Ichikawa M, Koyama T, et al. High mobility n-type thin-film transistors based on N,N′-ditridecyl perylene diimide with thermal treatments. Appl. Phys. Lett., 2006, 89: 112108.

[161] Schmidt J H, Sun Y S, Deppisch M, et al. High-performance air-stable n-channel organic thin film transistors based on halogenated perylene bisimide semiconductors. J. Am. Chem. Soc., 2009, 131: 6215−6228.

[162] Jones B A, Wasielewski M R, Marks T J. Tuning orbital energetics in arylene diimide semiconductors. materials design for ambient stability of n-type charge transport. J. Am. Chem. Soc., 129: 15259−15278.

[163] Jones B A, Ahrens M J, Yoon M H, et al. High-mobility air-stable n-type semiconductors with processing versatility: Dicyanoperylene−3,4:9,10−bis(dicarboximides). Angew. Chem. Int. Ed., 2004, 43: 6363−6366.

[164] Molinari H, Chen Z, Facchetti A, et al. High electron mobility in vacuum and ambient for PDIF−CN2 single-crystal transistors. J. Am. Chem. Soc., 2009, 131: 2462−2463.

[165] Ling M M, Erk P, Gomez M, et al. Air-stable n-channel organic semiconductors based on perylene diimide derivatives without strong electron withdrawing groups. Adv. Mater., 2007, 19: 1123−1127.

[166] Gsanger M, Oh J H, Konemann M, et al. A crystal-engineered hydrogen-bonded octachloroperylene diimide with a twisted core: an n-channel organic semiconductor. Angew. Chem. Int. Ed., 2010, 49: 740−743.

[167] Schmidt R, Sun Y S, Deppisch M, et al. High-performance air-stable n-channel organic thin film transistors based on halogenated perylene bisimide semiconductors. J. Am. Chem. Soc., 2009, 131: 6215−6228.

[168] Dou J H, Zheng Y Q, Yao Z F, et al. Fine- tuning of crystal packing and charge transport properties of BDOPV derivatives through fluorine substitution. J. Am. Chem. Soc., 2015, 137: 15947−15956.

[169] Dou J H, Zheng Y Q, Yao Z F, et al. A cofacially stacked electron-deficient small molecule with a high electron mobility of over 10 cm^2/Vs in air. Adv. Mater., 2015, 27: 8051−8055.

[170] Yui K, Aso Y, Otsubo T, et al. New electron acceptors for organic metals: Extensively

conjugated homologues of thiophene-7,7,8,8-tetracyanoquinodimethane (TCNQ). J. Chem. Soc. Chem. Commun., 1987, 19: 1816-1817.

[171] Brown A R, de Leeuw D M, Lous E J, et al. Organic n-type field-effect transistor. Synth. Met., 1994, 66: 257-261.

[172] Yamagishi M, Tominari Y, Uemura T, et al. Air-stable n-channel single-crystal transistors with negligible threshold gate voltage. Appl. Phys. Lett., 2009, 94: 053305.

[173] Menard E, Podzorov V, Hur S, et al. High-performance n- and p-type single-crystal organic transistors with free-space gate dielectrics. Adv. Mater., 2004, 16: 2097-2101.

[174] Mukherjee B, Mukherjee M. High performance organic thin film transistors with solution processed TTF-TCNQ charge transfer salt as electrodes. Langmuir, 2011, 27: 11246-11250.

[175] Gronowitz S, Um B. On the reaction of 2, 5-dihalothiophenes with tetracyanoethylene oxide. Acta Chem. Scand. B, 1974, 28: 981-985.

[176] Pappenfus T M, Chesterfield R J, Frisbie C D, et al. A pi-stacking terthiophene-based quinodimethane is an n-channel conductor in a thin film transistor. J. Am. Chem. Soc., 2002, 124: 4184-4185.

[177] Handa S, Takimiya K, Kunugi Y, et al. Solution-processible n-channel organic field-effect transistors based on dicyanomethylene-substituted terthienoquinoid derivative. J. Am. Chem. Soc., 2007, 129: 11684-11685.

[178] Xiong Y, Wang M, Qiao X, et al. Syntheses and properties of π-conjugated oligomers containing furan-fused and thiophene-fused aromatic units. Tetrahedron, 2015, 71: 852-856.

[179] Xiong Y, Tao J, Wang R, et al. A furan-thiophene-based quinoidal compound: A new class of solution-processable high-performance n-type organic semiconductor. Adv. Mater., 2016, 28: 5949-5953.

[180] Wu Q, Ren S, Wang M, et al. Alkyl chain orientations in dicyanomethylene-substituted 2,5-di(thiophen-2-yl)thieno- [3,2-*b*] thienoquinoid: Impact on solid-state and thin-film transistor performance. Adv. Funct. Mater., 2013, 23: 2277-2284.

[181] Zhang C, Zang Y, Gann E, et al. Two-dimensional pi-expanded quinoidal terthiophenes terminated with dicyanomethylenes as n-type semiconductors for high-performance organic thin-film transistors. J. Am. Chem. Soc., 2014, 136: 16176-16184.

[182] Zhang C, Zang Y, Zhang F, et al. Pursuing high-mobility n-type organic semiconductors by combination of "molecule-framework" and "side-chain" engineering. Adv. Mater., 2016, 28: 8456-8462.

[183] Vegiraju S, He G Y, Kim C, et al. Solution-processable dithienothiophenoquinoid (DTTQ) structures for ambient-stable n-channel organic field effect transistors. Adv. Funct. Mater., 2017, 27: 1606761.

[184] Wu Q, Li R, Hong W, et al. Dicyanomethylene-substituted fused tetrathienoquinoid for high-performance, ambient-stable, solution-processable n-channel organic thin-film transistors. Chem. Mater., 2011, 23: 3138-3140.

[185] Qiao Y, Guo Y, Yu C, et al. Diketopyrrolopyrrole-containing quinoidal small molecules for high-performance, air-stable, and solution-processable n-channel organic field-effect transistors. J. Am. Chem. Soc., 2012, 134: 4084-4087.

[186] Ortiz R P, Facchetti A, Marks T J, et al. Ambipolar organic field-effect transistors from cross-conjugated aromatic quaterthiophenes; comparisons with quinoidal parent materials. Adv. Funct. Mater., 2009, 19: 386–394.

[187] Wetzel C, Mishra A, Mena E, et al. Synthesis and structural analysis of thiophene-pyrrole-based S,N-heteroacenes. Org. Lett., 2014, 16: 362–365.

[188] Deng J, Xu Y, Liu L, et al. An ambipolar organic field-effect transistor based on an AIE-active single crystal with a high mobility level of 2.0 cm^2/Vs. Chem. Commun., 2016, 52: 2370–2373.

[189] Nagamatsu S, Oku S, Kuramoto K, et al. Long-term air-stable n-channel organic thin-film transistors using 2,5-difluoro-1,4-phenylene-bis{2-[4-(trifluoromethyl)phenyl]acrylonitrile}. ACS Appl. Mater. Interfaces, 2014, 6: 3847–3852.

[190] Yun S W, Kim J H, Shin S, et al. High-performance n-type organic semiconductors: incorporating specific electron-withdrawing motifs to achieve tight molecular stacking and optimized energy levels. Adv. Mater., 2012, 24: 911–915.

[191] Park S K, Kim J H, Yoon S J, et al. High-performance n-type organic transistor with a solution-processed and exfoliation-transferred two-dimensional crystalline layered film. Chem. Mater., 2012, 24: 3263–3268.

[192] Bao Z, Lovinger A J, Brown J. New air-stable n-channel organic thin film transistors. J. Am. Chem. Soc., 1998, 120: 207–208.

[193] Sakamoto Y, Kobayashi M, Gao Y, et al. Perfluoropentacene: High-performance p-n junctions and complementary circuits with pentacene. J. Am. Chem. Soc., 2004, 126: 8138–8140.

[194] Facchetti A M, Yoon M H, Hutchison G R, et al. Building blocks for n-type molecular and polymeric electronics. Perfluoroalkyl-versus alkyl-functionalized oligothiophenes (nTs; n=2 ~ 6). Systematics of thin film microstructure, semiconductor performance, and modeling of majority charge injection in field-effect transistors. J. Am. Chem. Soc., 2004, 126: 13859–13874.

[195] Yoon C, Facchetti A, Marks T J, et al. Gate dielectric chemical structure-organic field-effect transistor performance correlations for electron, hole, and ambipolar organic semiconductors. J. Am. Chem. Soc., 2006, 128: 12851–12869.

[196] Schols S, Van Willigenburg L, Müller R, et al. Influence of the contact metal on the performance of n-type carbonyl-functionalized quaterthiophene organic thin-film transistors. Appl. Phys. Lett., 2008, 93: 263303.

[197] Letizia J A, Cronin S, Ortiz R P, et al. Phenacyl-thiophene and quinone semiconductors designed for solution processability and air-stability in high mobility n-channel field-effect transistors. Chem. Eur. J., 2010, 16: 1911–1928.

[198] Ando R, Nishida J, Tada H, et al. n-Type organic field-effect transistors with very high electron mobility based on thiazole oligomers with trifluoromethylphenyl groups. J. Am. Chem. Soc., 2005, 127: 14996–14997.

[199] Ando J, Tada H, Inoue Y, et al. High performance n-type organic field-effect transistors based on π-electronic systems with trifluoromethylphenyl groups. J. Am. Chem. Soc., 2005, 127: 5336–5337.

[200] Kumaki D, Ando S, Shimono S, et al. Significant improvement of electron mobility in organic

thin-film transistors based on thiazolothiazole derivative by employing self-assembled monolayer. Appl. Phys. Lett., 2007, 90: 053506.

[201] Kono D, Nishida J, Sakanoue T, et al. High-performance and light-emitting n-type organic field-effect transistors based on dithienylbenzothiadiazole and related heterocycles. Chem. Mater., 2007, 19: 1218-1220.

[202] Kono T, Kumaki D, Nishida J, et al. Dithienylbenzobis(thiadiazole) based organic semiconductors with low LUMO levels and narrow energy gaps. Chem. Commun., 2010, 46: 3265-3267.

[203] Frankevich Y, Ogata H. Mobility of charge carriers in vapor-phase grown C60 single crystal. Chem. Phys. Lett., 1993, 214: 39-44.

[204] Haddon R C, Perel A S, Morris R C, et al. C60 thin film transistors. Appl. Phys. Lett., 1995, 67: 121-123.

[205] Kobayashi S, Takenobu T, Mori S, et al. Fabrication and characterization of C60 thin-film transistors with high field-effect mobility. Appl. Phys. Lett., 2003, 82: 4581-4583.

[206] Kitamura M, Aomori S, Na J H, et al. Bottom-contact fullerene C60 thin-film transistors with high field-effect mobilities. Appl. Phys. Lett., 2008, 93: 033313.

[207] Ito A A, Mannsfeld S, Oh J H, et al. Crystalline ultrasmooth self-assembled monolayers of alkylsilanes for organic field-effect transistors. J. Am. Chem. Soc., 2009, 131: 9396-9404.

[208] Haddon R C. C70 Thin Film Transistors. J. Am. Chem. Soc., 1996, 118: 3041-3042.

[209] Singh T B, Marjanović N, Stadler P, et al. Fabrication and characterization of solution-processed methanofullerene-based organic field-effect transistors. J. Appl. Phys., 2005, 97: 083714.

[210] Chikamatsu A, Yoshida Y, Azumi R, et al. High-performance n-type organic thin-film transistors based on solution-processable perfluoroalkyl-substituted C60 derivatives. Chem. Mater., 2008, 20: 7365-7367.

[211] Hanna A, Iino H. Charge carrier transport in liquid crystals. Thin Solid Films, 2014, 554: 58-63.

[212] Iino H, Kobori T, Hanna J I. High uniformity and high thermal stability of solution-processed polycrystalline thin films by utilizing highly ordered smectic liquid crystals. Jpn. J. Appl. Phys., 2012, 51: 1102.

[213] Iino H, Hanna J. Availability of liquid crystallinity in solution processing for polycrystalline thin films. Adv. Mater., 2011, 23: 1748-1751.

[214] Iino J I. Liquid crystalline thin films as a precursor for polycrystalline thin films aimed at field effect transistors. J. Appl. Phys., 2011, 109: 074505.

[215] Iino J I. Liquid crystalline materials for organic polycrystalline field effect transistors. Mol. Cryst. Liq. Cryst., 2011, 542: 237-243.

[216] Funahashi F, Tamaoki N. High ambipolar mobility in a highly ordered smectic phase of a dialkylphenylterthiophene derivative that can be applied to solution-processed organic field-effect transistors. Adv. Mater., 2007, 19: 353-358.

[217] Ponomarenko S A, Kirchmeyer S, Elschner A, et al. Decyl-end-capped thiophene-phenylene oligomers as organic semiconducting materials with improved oxidation stability. Chem. Mater., 2006, 18: 579-586.

[218] Funahashi M, Hanna J I. High carrier mobility up to 0.1 cm^2/Vs at ambient temperatures in thiophene-based smectic liquid crystals. Adv. Mater., 2005, 17: 594−598.

[219] Maunoury J C, Howse J R, Turner M L, et al. Melt-processing of conjugated liquid crystals: A simple route to fabricate OFETs. Adv. Mater., 2007, 19: 805−809.

[220] Kim A, Kim J, Won J C, et al. Solvent-free directed patterning of a highly ordered liquid crystalline organic semiconductor via template-assisted self-assembly for organic transistors. Adv. Mater., 2013, 25: 6219−6225.

[221] Van A J, Herwig P T, Chlon C H, et al. Large area liquid crystal monodomain field-effect transistors. J. Am. Chem. Soc., 2006, 128: 2336−2345.

第4章

OTFT 高分子半导体材料

自20世纪70年代Heeger等发现导电聚乙炔以来，高分子半导体材料凭其轻质、廉价、柔韧性好和可溶液加工等优势，逐渐在开发低成本、大面积、全柔性的光电器件方面显示出其独特且广阔的应用前景。其中，高分子半导体材料作为有源层被广泛应用于有机薄膜晶体管的研发中。历经科研工作者们的不懈努力和不断创新，在材料设计方面通过主链调控和侧链修饰，不断涌现出各种新颖优异的高分子半导体材料，且与之相应的器件制备工艺也逐步优化，促使该类材料的迁移率从最初的 10^{-5} cm²/(V·s) 跃升至近年的 36.3 cm²/(V·s)。

目前，以高分子半导体主链结构演变而言，其发展通常可分为三个主要阶段。其中包括早期聚乙炔等第一代高分子半导体，以聚噻吩等为代表的可溶液加工的第二代高分子半导体，以及作为"后起之秀"的给-受体(D-A)第三代高分子材料。其中D-A高分子材料可通过选择合适的给-受体单元组合进而实现理想的器件性能，目前已逐步成为有机薄膜晶体管半导体材料设计的主流思想，图4.1为目前D-A高分子半导体设计中经典的给受体单元。其中相比受体单元，给体单元因

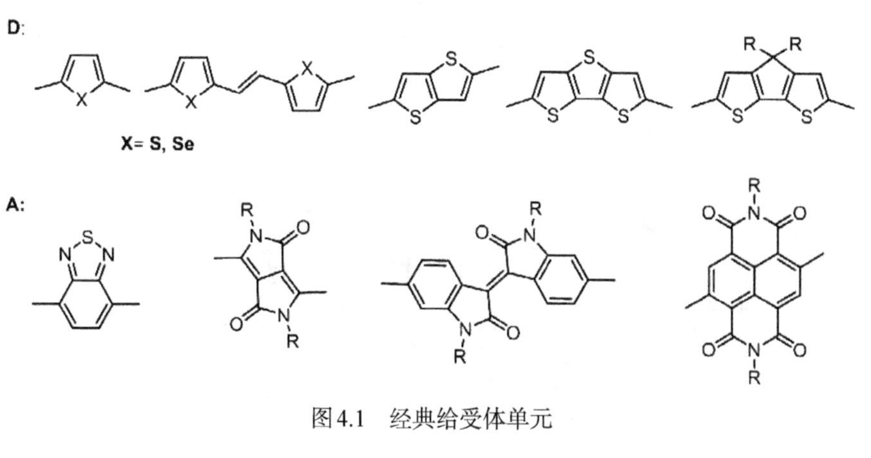

图4.1 经典给受体单元

其杂原子选择、侧基修饰、单元组合等方面可选性丰富,有着良好的研究基础,故某种程度上受体单元的选择与设计成为D-A高分子体系发展的"决速步骤"。由此,以下将主要由各类典型受体单元出发,分别对近年来p型、n型和双极性有机场效应晶体管发展过程中具有代表性的高性能高分子半导体材料进行概述。

4.1 p型高分子半导体材料

近年来p型高分子半导体材料发展迅猛,材料设计方面前期多以聚噻吩及其衍生物为主的第二代高分子半导体材料。而随着D-A高分子体系的不断发展,研究后期则多以此类第三代高分子材料为主,其中主要以噻唑、吡咯并吡咯二酮和异靛三大类受体单元展开研究。

4.1.1 噻吩类高分子半导体材料

聚噻吩是导电高分子发展历程中最为经典的材料之一,且在场效应晶体管研究中烷基修饰的聚噻吩及其衍生物是研究最为广泛的p型材料之一。其中,最具代表性的聚3-己基噻吩(P3HT)为最早应用于有机薄膜晶体管的高分子半导体材料之一。但P3HT电离能较低,使得此类材料在空气中易受水氧的掺杂,由此极大地影响了其器件稳定性,而空穴迁移率也仅徘徊于0.1 cm^2/(V·s)左右。故为了提高材料的稳定性和器件的性能,需要从聚噻吩体系的分子结构方面进行根本性的优化。

在不断的探索与研究过程中,主链设计方面主要以引入杂原子或稠环单元来降低电离能和加强分子间相互作用,而侧链则需考虑其取代的密度和等规度,其中较为突破性的要属聚噻吩乙烯类材料。代表性的噻吩类p型高分子半导体材料结构式如图4.2所示。Kim等于2011年报道了一类噻吩乙烯基和联噻吩的共聚物,

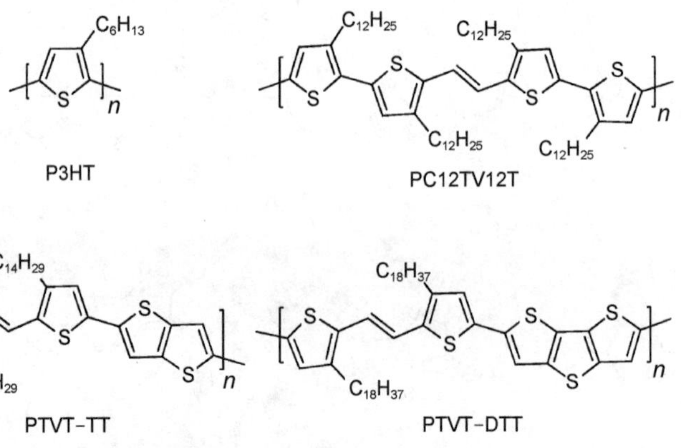

图4.2 噻吩类p型高分子半导体材料

主链具备较大共平面的同时经引入长烷基链增强分子自主装性,其中PC12TV12T空穴迁移率1.05 cm^2/(V·s)[1]。随后,Heeney等将并噻吩引入并与噻吩乙烯基共聚,并研究烷基侧链在主链上位置对其光电性能的影响[2]。其中PTVT-TT高分子主链平面型最佳,迁移率高达4.6 cm^2/(V·s)。随后,Kim等将具备更加刚性平面稠环结构的并三噻吩取代并噻吩,所得高分子PTVT-DTT最高迁移率为3.91 cm^2/(V·s)[3]。由此可见,在稳定性、开关比等方面仍存在上升空间,通过分子剪裁可以促使噻吩类高分子半导体材料的性能得以优化。

4.1.2 噻唑类高分子半导体材料

在高分子半导体研究过程中表明,缺电子官能团噻唑与芳香环相连可以促进材料堆积形态和电荷传输,故以苯并噻二唑(BT)为首的噻唑类受体单元被较早的应用于D-A高分子半导体中。代表性BT类p型高分子半导体材料结构式如图4.3所示。

Müllen等早在2007年首先以环戊二烯并二噻吩(CDT)为给体与BT进行共聚合成CDT-BT,然而当时的迁移率仅为0.17 cm^2/(V·s)[4]。即便如此,通过计算发现CDT-BT重组能较低,有望实现电荷的高效传输,为一类极具潜力的高分子材料。因此,Müllen等分别在其分子量控制和器件制备工艺方面对其进行了一系列深入的研究。首先在分子量调控方面,他们将CDT-BT的数均分子量从10.2 kDa提升至50 kDa,经浸涂成膜的成膜工艺得到了1.4 cm^2/(V·s)的迁移率[5]。然而通过系统的研究发现,分子量过高则会降低分子排列的有序性,且当分子量

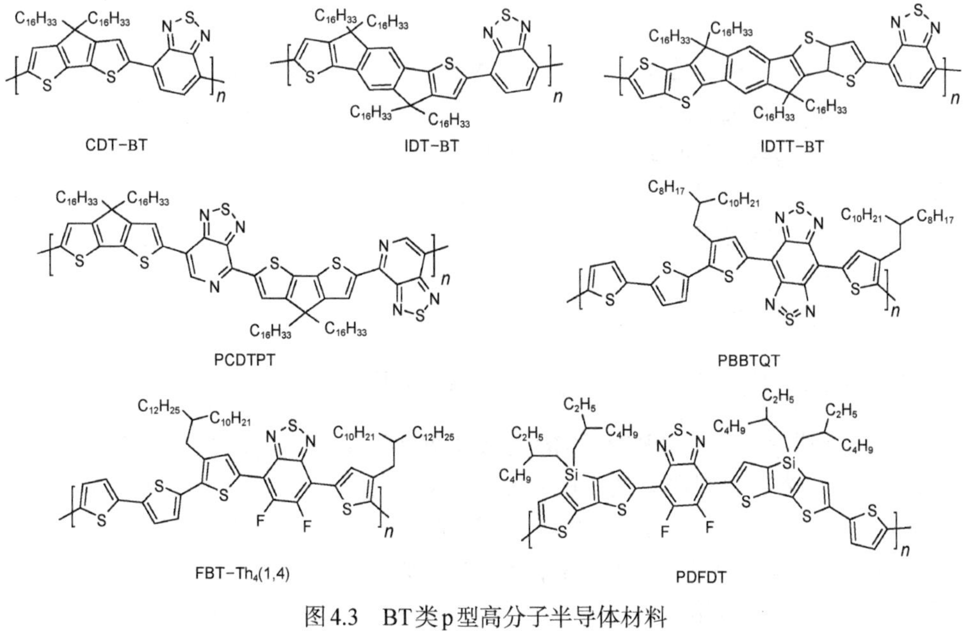

图4.3 BT类p型高分子半导体材料

在35 kDa时采用滴注成膜方式迁移率可达到3.3 cm²/(V·s)[6]。除此之外,他们通过制备出CDT-BT单晶微米线来进一步提高电荷传输,迁移率因此提升至5.5 cm²/(V·s)[7]。

McCulloch等将刚性稠环结构作为给体单元与BT共聚。将其引入苯并二茚二噻吩(IDT)合成高分子IDT-BT,实现了1.25 cm²/(V·s)的迁移率[8]。经合成方法的进一步优化,IDT-BT分子量提升至80 kDa且分布更窄(PDI=2),迁移率进一步提升至3.6 cm²/(V·s)[9]。在此研究过程中,McCulloch等一方面分析得出高分子量与窄分布是提高IDT-BT迁移率主要原因的结论,另一方面证实了高迁移率高分子半导体材料中电荷以沿共轭骨架为主分子间跳跃为辅的传输机理。基于以上工作,McCulloch与Heeney等进一步将给体IDT共轭骨架拓宽,将IDTT引入其D-A体系得到IDTT-BT[10]。在材料创新的同时,其不仅采用顶栅底接触方式得到6.6 cm²/(V·s)的空穴迁移率,更进一步通过CuSCN修饰金电极以降低注入势垒使器件在氮气保护下迁移率升至8.7 cm²/(V·s)。

在以不同给体单元的角度提升性能的同时,还可以通过对BT单元进行修饰来寻求突破。其中,Bazan等合成的PCDTPT成为备受关注的一类材料。他们于2011年将吡啶噻二唑(PT)取代BT与CDT共聚得到PCDTPT,最初的迁移率为0.6 cm²/(V·s)[11]。虽然PT的非对称结构会影响高分子结构的对称性,但该材料具备高电子亲和势、窄带隙等特点,故Bazan与Heeger等从成膜工艺出发不断进行尝试与突破。首先以纳米槽为基底,通过定向溶剂蒸发的方法得到取向化的PCDTPT纳米纤维,沿此纤维方向测得的迁移率可达到6.7 cm²/(V·s)[12]。其后他们继续对这类获得单一取向薄膜的方法进行探索与优化,即夹层隧道体系[13]。在之前的纳米槽基础之上,通过毛细效应与重力的协同作用可以促使PCDTPT高度取向化地沿纳米槽方向组装。与此同时,通过对沟道宽度的调节可以使迁移率由25.4 cm²/(V·s)提升至36.3 cm²/(V·s)。不仅如此,夹层隧道体系同样适用于CDT-BT,可将其迁移率突破至22.2 cm²/(V·s)。除此之外,Wudl等引入强受体苯并二噻二唑(BBT)与给体联噻吩共聚合成了一种超窄带隙(0.7 eV)的高分子PBBTQT,其氮气中迁移率达到2.5 cm²/(V·s)[14]。与之类似,陈军武等则将双氟取代BT(2FBT)作为受体合成FBT-Th$_4$(1,4),该材料空气中迁移率为1.28 cm²/(V·s)[15]。而2015年,Kim和Noh等进一步将二噻吩并硅杂环戊二烯为给体单元合成PDFDT,使其在氮气环境中最高迁移率达到9.05 cm²/(V·s)[16]。

4.1.3 吡咯并吡咯二酮类高分子半导体材料

吡咯并吡咯二酮(DPP)及其衍生物最初是工业上一类具备强着色能力的染料,而从有机光电材料研究的角度其为一类具有平面共轭结构并能够增强分子间相互作用力的受体单元。目前DPP已广泛应用于高分子半导体材料中,且于2008年由Winnewisser等首次应用于有机薄膜晶体管中,所得高分子BBTDPP1呈现双极性性能,空穴与电子迁移率分别为0.10 cm²/(V·s)和0.09 cm²/(V·s)[17]。其后，科研工作者通过给体调控、侧链工程、成膜工艺等方面对DPP系列高分子进行了多样且系统化的研究，期间涌现出大量杰出的研究工作。

基于不同给体的DPP类p型高分子半导体材料结构式如图4.4所示。首先，尝试不同给体单元进行探索是D-A体系下最为经典的研究思路之一，其中针对DPP类高分子材料的给体调控主要围绕在刚性稠环、噻吩乙烯噻吩及其衍生物几个方面。刚性稠环给体的研究始于2010年，Li等将并噻吩引入合成PDBT-co-TT[18]。随后刘云圻与Ong等通过聚合反应条件的优化得到数均分子量更高的PDBT-co-TT（110 kDa），促使迁移率从最初的0.94 cm^2/(V·s)跃升至10.5 cm^2/(V·s)[19]。与此同时，Bronstein等首次合成并噻吩取代的DPP衍生物并将其与噻吩共聚获得高分子PTTDPPT，其最高迁移率达到1.95 cm^2/(V·s)[20]。在此基础上，Pyo和Choi等引入了更为复杂的给体单元，合成了五种DPP类高分子半导体材料。在原有工艺上进行200℃的热退火处理，此系列材料性能均有所提升，其中PDPPBDT、PDPPDTT和PDPPTTTT最高迁移率可达1.31 cm^2/(V·s)、2.31 cm^2/(V·s)和3.20 cm^2/(V·s)[21]。

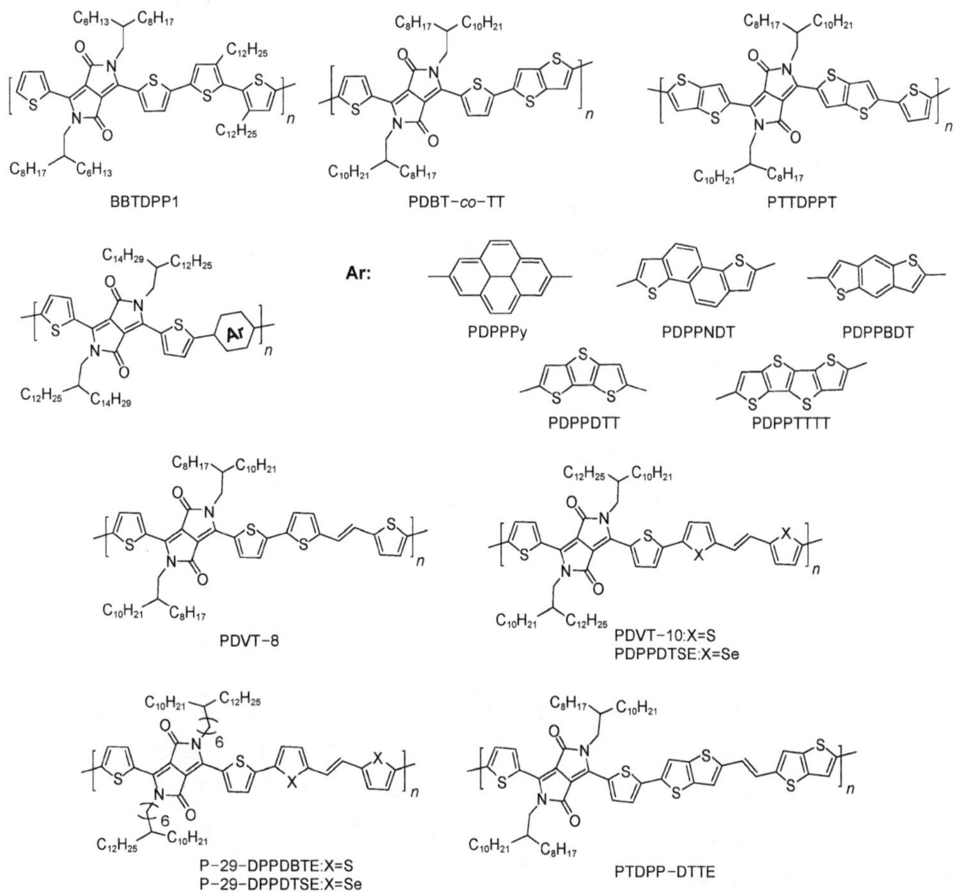

图4.4 基于不同给体的DPP类p型高分子半导体材料

而在给体调控的另一个方面,为了在延长高分子主链共轭骨架的同时减少分子间位阻,噻吩乙烯噻吩及其衍生物的引入成为一类行之有效的分子设计思路。2012年,刘云圻等首次引入噻吩乙烯噻吩(TVT),合成了一组侧链长度不同的DPP类高分子材料PDVT-8和PDVT-10[22]。研究表明,拥有更长侧链的PDVT-10具备更有序的结晶成膜性,故在器件性能方面相比于PDVT-8 4.5 cm^2/(V·s)的迁移率,PDVT-10的最高可达8.2 cm^2/(V·s)。在此基础上,Kwon等采用硒吩乙烯硒吩(SVS)代替TVT合成了PDPPDTSE[23]。通过对比发现,硒原子的引入有利于优化分子内电荷转移并增强分子间相互作用且迁移率达到4.97 cm^2/(V·s),其高于在相同测试条件下PDVT-10的2.77 cm^2/(V·s)的迁移率。随后,基于对支链位置进行适当调节能够改善分子堆积的发现,Kwon和Kim等就PDVT-10和PDPPDTSE进行侧链工程方面的研究[24]。其对这两类材料的支链位置进行调整,相应合成出P-29-DPPDBTE和P-29-DPPDTSE,且发现分子间π-π堆积更为紧密,迁移率也分别提升至10.54 cm^2/(V·s)和12.04 cm^2/(V·s)。另外,近年也有将稠环结构思路与TVT类给体思路相结合的工作,如Cho与Choi等合成了一种含有并噻吩乙烯并噻吩的DPP高分子(PTDPP-DTTE),并通过模板诱导溶液剪切技术得到有序的高分子结晶薄膜,最高迁移率达到7.43 cm^2/(V·s)[25]。

除此之外,还有一些其他的杰出工作值得参考,这些DPP类p型高分子半导体材料结构式如图4.5所示。例如上述提及,硒吩的引入对性能有一定的改善作用,故其亦受到了一定关注。2011年,Choi将噻吩取代DPP与联二硒吩共聚得到P(DPP-*alt*-DTBSe),其相比于全噻吩骨架的P(DPP-*alt*-QT)迁移率有所提高[26]。随后Choi等继续增加分子骨架内的杂环数目并根据其中硒吩所占比例合成了一系列高分子,其中硒环的引入能够使分子更趋向于edge-on的方式排列,而对其所占比例的改变则是对材料能级进行调控,所得高分子P(DPP-SSS)、P(DPP-TST)和P(DPP-TTT)迁移率分别为4.17 cm^2/(V·s)、2.38 cm^2/(V·s)和3.98 cm^2/(V·s)[27]。在P(DPP-TTT)的基础上刘云圻等将其中所含噻吩环增至6个和7个,虽然所得高分子PDPP6T和PDPP7T迁移率均达到3.94 cm^2/(V·s)和2.82 cm^2/(V·s),但主链共轭骨架的增长反而弱化了侧链对分子间产生的位阻作用,故材料溶解度降低[28]。为尽可能维持性能与溶解性的平衡,耿延候等引入一种新型含氮五元并环给体[29],通过氮原子上额外侧链提高材料的溶解性,其中经200℃退火后所得高分子P(DPP-C2)的迁移率为1.36 cm^2/(V·s)。而在高分子溶解时多采用卤代溶剂,为了在此过程促使低毒溶剂的使用得以实现,Kwon与Kim基于之前的工作基础将联二并噻吩(BTT)、SVS与DPP进行三元共聚,力图通过主链结构的无规性增加非卤溶剂的适用性[30]。研究发现,BTT∶SVS=1∶9时材料具备最佳的电荷传输能力,且该聚合物PDPP-BTT(1)-SVS(9)以四氢呋喃、甲苯、邻二甲苯和四氢萘四种非卤溶剂所得薄膜迁移率分别可达4.70 cm^2/(V·s)、5.72 cm^2/(V·s)、6.51 cm^2/(V·s)和6.05 cm^2/(V·s)。

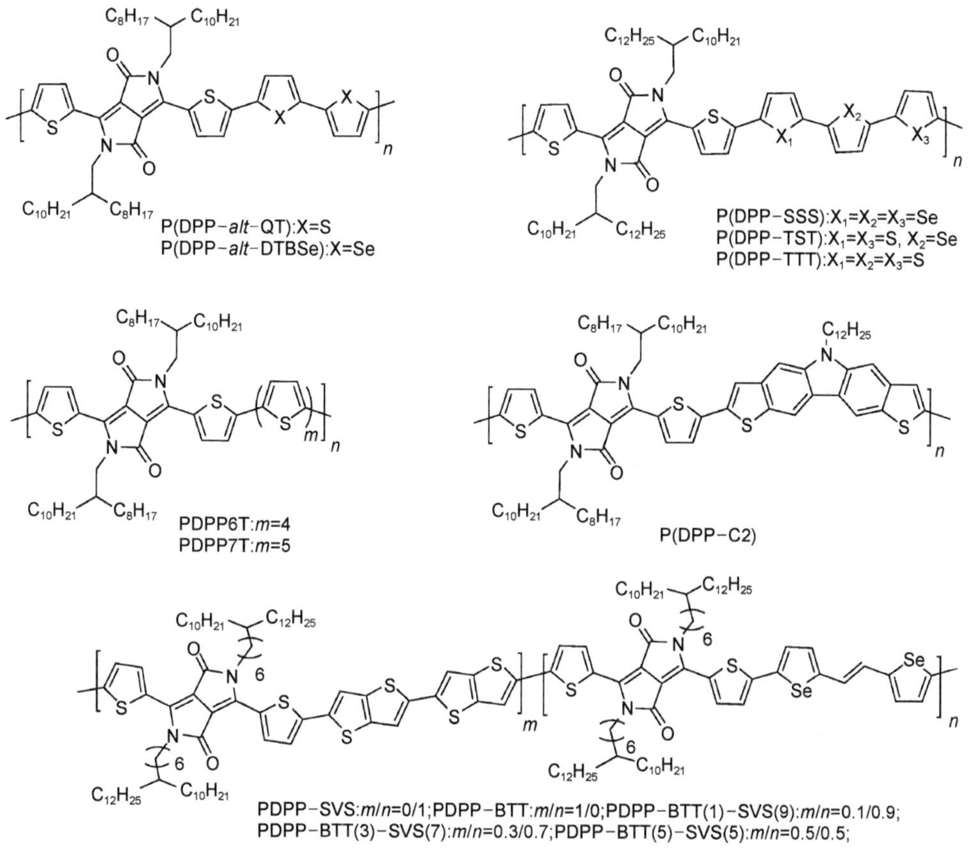

图4.5 其他DPP类p型高分子半导体材料

4.1.4 异靛类高分子半导体材料

异靛（IID）与DPP类似，其为一种靛青工业染料的同分异构体，结构本身平面性好且为强吸电子体，因此它作为受体单元被用于有机光电材料设计中。其中，裴坚和鲍哲南课题组分别率先将IID应用于有机薄膜晶体管的开发，且其工作均侧重于该类高分子材料侧链工程方面的研究。代表性IID类p型高分子半导体材料结构式如图4.6所示。

首先，裴坚等于2011年将IID与联噻吩共聚，所得聚合物IIDDT能够实现紧密的edge-on堆积且具备良好的空气稳定性[31]。随后其对支链位置进行调整合成了IIDDT-Cm开展进一步研究[32]，发现支链远离主链时分子π-π堆积会随之变小，其中IIDDT-C3迁移率可达3.62 cm^2/(V·s)。与此同时，Bao等首次将含硅氧烷的支链引入异靛D-A高分子的侧链上，在提高溶解度的同时有效减少了分子间距离，所得高分子PII2T-Si的迁移率为2.48 cm^2/(V·s)[33]。之后其在将呋喃取代噻吩的同时亦对硅氧烷支链位置的影响进行了探究，通过对PIIF-CmSi系列高分子材

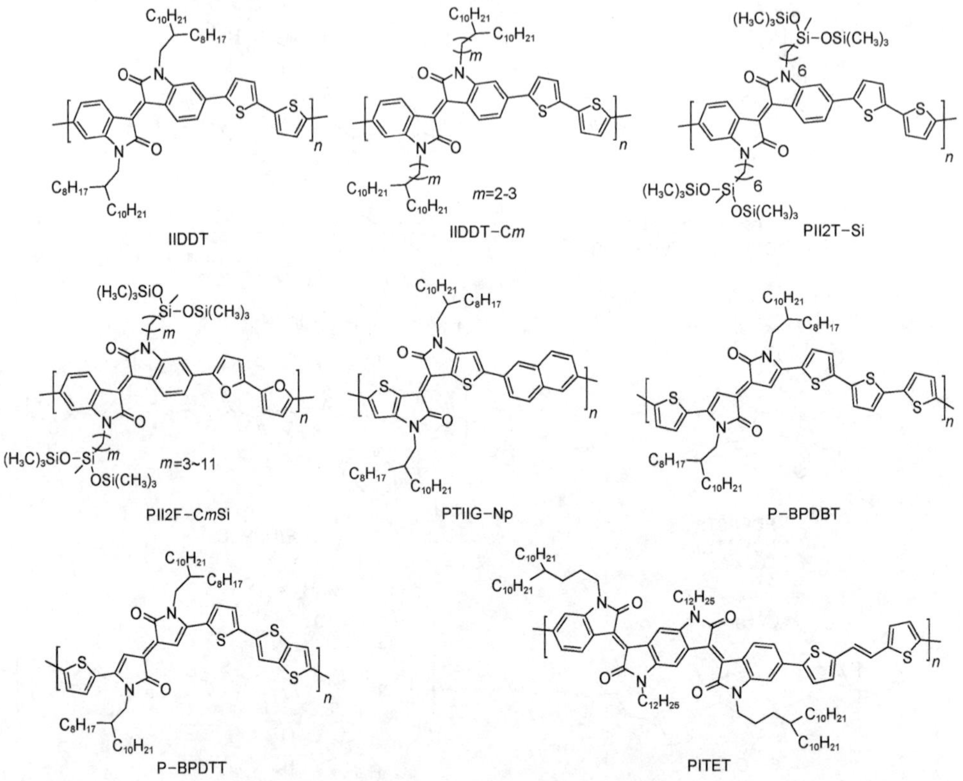

图4.6　IID类p型高分子半导体材料

料的系统研究,发现$m=9$时材料最高迁移率可达4.8 cm^2/(V·s)[34]。不仅如此,该工作就硅氧烷位置对材料机械性能、能级调整、分子堆积和成膜性质等方面的影响均有重要的参考价值。

除此之外,近年来针对IID结构本身的修饰与优化也成为一个值得关注的研究方向。早在2012年,Ashraf等首次将噻吩取代IID中的苯环合成了噻吩异靛(TIIG)并对其电荷传输性能进行研究[35]。以此为基础,Yang与Noh等将TIIG与萘共聚得到PTIIG-Np,并以PMMA为介电层测得最高迁移率为5.8 cm^2/(V·s)[36]。通过高介电材料P(VDF-TrFE)对器件进行优化,最高迁移率可跃升至14.4 cm^2/(V·s)。同期,张德清等以一种类异靛受体单元BPD分别与联噻吩和并噻吩进行共聚得到了P-BPDBT和P-BPDTT两种新型高分子材料[37]。研究发现,BPD的引入能够同时增强给-受体和π-π分子间作用力,120℃退火处理后P-BPDBT迁移率可达1.37 cm^2/(V·s),而P-BPDTT更体现出双极性特点且在200℃退火后最高空穴迁移率和电子迁移率分别为1.24 cm^2/(V·s)和0.82 cm^2/(V·s)。到了2015年,裴坚等将IID骨架进行进一步拓宽,设计且合成了一种长共轭异靛衍生物NBDOPV,并以此与TVT共聚得到高分子PITET[38]。通过2D-GIXD和AFM分析,该高分子材料经200℃退火处理后以紧密的edge-on形式进行堆积并呈现出有序的纤维相结构，其在氮气环境下迁移率达到1.92 cm^2/(V·s)。

4.2 n型高分子半导体材料

在实际应用中，n型半导体材料作为构建逻辑互补电路进而实现电子器件运作必不可少的一部分。然而相比于p型有机半导体材料，n型半导体材料的开发严重滞后，对于n型高分子半导体材料亦是如此。其中，最为主要的问题源自材料能级与电极的匹配以及自身环境稳定性两个方面，前者与迁移率息息相关而后者则决定了材料的实用性。通常而言，晶体管器件的电极多采用具有高功函数的金电极，其相比于镁、铝、钙等低功函数金属在水氧环境下更为稳定。因此，为了促使电子更为有效地从电极注入半导体层中，n型高分子材料的LUMO能级应低于-4.0 eV，但实际上少有材料符合这一要求，故而电子注入效率低下。另一方面，在器件工作的过程中空气中的水氧能够轻易捕获半导体层中的电子，导致迁移率下降甚至使半导体层失活。

早在2003年，Jenekhe等合成了第一个应用于n型场效应晶体管的高分子半导体材料BBL[39]，结构式如图4.7所示，其电子迁移率可达0.1 cm^2/(V·s)。但这种高分子材料需要在强酸溶剂中方可缓慢溶解，极大限制了其实际应用。故与其他可溶液加工高分子半导体材料设计思路类似，分子主链上需要引入侧链来改善溶解性。除此之外，还需要着重考虑骨架单元和侧链的选择与修饰，从而尽可能在实现高性能的同时保证器件的稳定性。

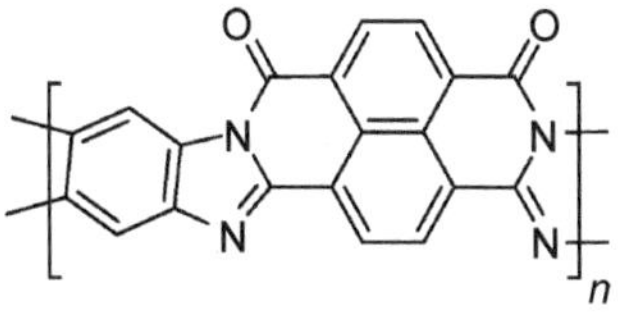

图4.7 材料BBL结构式

4.2.1 苝酰亚胺类高分子半导体材料

二酰亚胺类材料分子共平面性好、具有较低的电子势且结构易于修饰，被广泛应用于n型小分子和高分子半导体材料研究中。此类材料中，苝酰亚胺（PDI）和萘酰亚胺（NDI）是最具代表性的两类材料。其中，PDI及其衍生物具备较广的共轭结构和较好地分子堆叠性，且通过N原子上的取代基不仅能够调控分子堆积还能通过引入特殊基团来提高材料的稳定性。

一系列PDI类n型高分子半导体材料结构式如图4.8所示，在针对PDI类高分子半导体材料的研究过程，占肖卫等做出了重要的贡献，其最初于2007年将PDI与并三噻吩共聚合成PPDI-DTT，此时该材料的LUMO能级为-3.9 eV且并三噻吩拓宽了分子主链的共轭长度[40]。以铝为源漏电极，PPDI-DTT在氮气环境下迁移率为0.013 cm^2/(V·s)。经过介电层和器件结构的优化，该材料迁移率可达

0.06 cm^2/(V·s)。随后其将吩噻嗪替代并三噻吩并通过聚合条件对分子量进行控制，其中较高分子量的PPP24-H氮气中电子迁移率达到0.05 cm^2/(V·s)[41]。与此同时，为降低LUMO能级调节分子堆积，占肖卫等以受体单元芴酮代替之前所采用的给体单元，首次合成了一种双受体（A-A）PDI类高分子PPDIFO[42]。研究发现，相比于PPDI-DTT该材料LUMO能级略微降至-4.0 eV。且与之前测试环境不同，PPDIFO在空气环境下所测得迁移率为0.01 cm^2/(V·s)。在此基础上，其针对PPDI-DTT进行微调，在PDI与并三噻吩之间引入三键制备了PPDI-EDTT[43]。三键的引入明显降低了空间位阻，并且促进了π共轭长度，增强了分子的平面性。空气中该材料的迁移率为0.06 cm^2/(V·s)，且当器件结构调节成底栅底接触时半导体层因减少了与空气的接触迁移率升至0.075 cm^2/(V·s)。

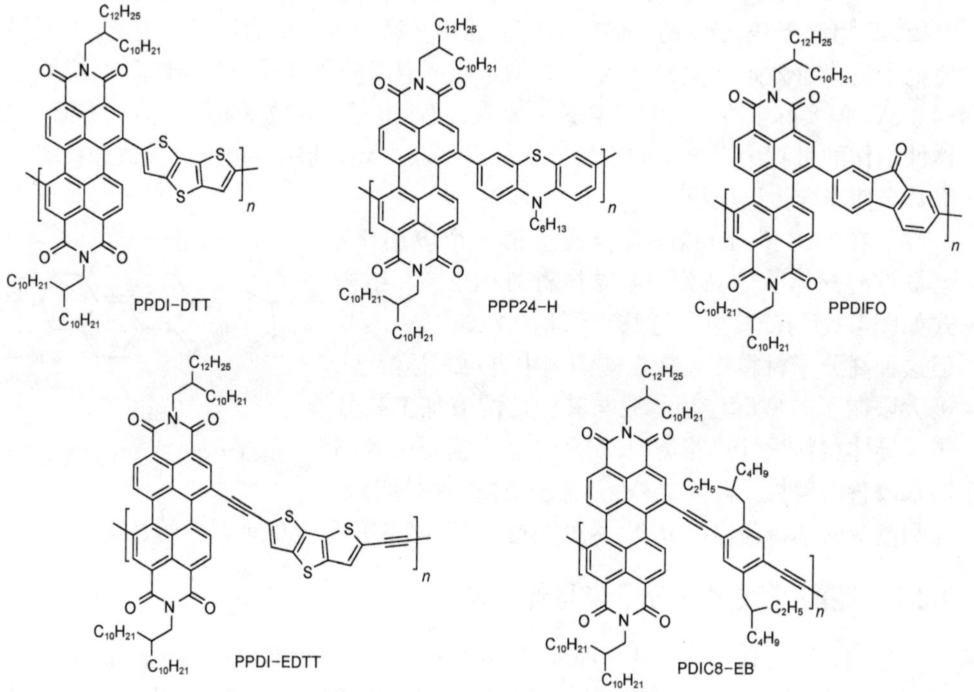

图4.8　PDI类n型高分子半导体材料

除此之外，还存在其他一些类似工作。如Marder和Ree等采用苯基乙炔撑与PDI共聚的方式合成了PDIC8-EB，该材料虽然具有很好的溶解度，但是却具有很强的聚集倾向[44]。在氯仿溶液里，其在室温条件下就可以自组装形成纳米线，且由此纳米线悬浮液所制备的薄膜展现了有序的微观结构，相应于薄膜平面来讲具有高度的边缘取向，使其底栅顶接触器件经200℃退火之后迁移率达到（0.1±0.05）cm^2/(V·s)。

4.2.2 萘酰亚胺类高分子半导体材料

相比于PDI，NDI小分子单体容易分离纯化，且其结构尺寸小于PDI，故所得聚合物的平面性、分子量、溶解度和结晶度等方面均有所改善。早在2008年，Facchetti等将NDI与联噻吩共聚得到P(NDI2OD-T2)并与其PDI类似物进行对比[45]。研究发现，P(NDI2OD-T2)具有高度的共平面性和分子的局部有序性，真空条件下，底栅顶接触器件迁移率为0.06 cm^2/(V·s)。该高分子材料亦具备一定的稳定性，在空气中放置14周后电子迁移率为0.01 cm^2/(V·s)。随后，经器件结构的优化，在空气中测量的顶栅底接触结构迁移率最大可达0.85 cm^2/(V·s)。在针对上述PPP24-H研究的同时，占肖卫等亦制备了含NDI的类似物PNP24-H进行对比。其在氮气环境中迁移率为0.05 cm^2/(V·s)，但在外界空气氛围中该器件无法工作。

硒吩与TVT的引入一直以来是D-A高分子材料结构设计的经典思路，NDI类n型高分子半导体材料的研究过程中也不例外。代表性NDI类n型高分子半导体材料结构式如图4.9所示。首先，Jenekhe等于2012年将联硒吩作为给体单元引入合成了PNDIBS[46]。硒原子的引入一方面增强分子间作用力，提高结晶性进而促进电子转移，另一方面增大电子轨道重叠，提高迁移率。而在随后的工作中发现，当用苯环对该高分子进行封端其迁移率可从最初的0.07 cm^2/(V·s)提升至0.24 cm^2/(V·s)，其原因可能在于高分子链端的电子捕获点被消除。另一方面，刘云圻等将NDI与TVT结合并对其进行研究[47]。与P(NDI2OD-T2)相比，双键的引入对材料能级进行了调整使其更有利于空穴与电子的注入，且其增强了分子间

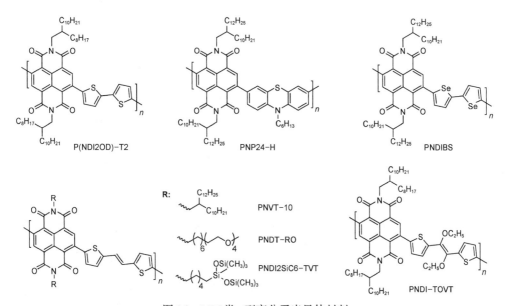

图4.9 NDI类n型高分子半导体材料

堆积。其中具有较长侧链的PNVT-10同时具备双极性和稳定性,在空气环境中经历30天后空穴迁移率和电子迁移率分别从0.32 cm²/(V·s)和1.57 cm²/(V·s)缓慢衰减至0.1 cm²/(V·s)和1.0 cm²/(V·s)。针对PNVT-10还有一些其他后续工作,主要围绕于器件优化和侧链工程。如将碳酸铯修饰金电极,促使PNVT-10空气中电子迁移率升至1.8 cm²/(V·s)。或又如将其进行侧链修饰,所得高分子PNDI-RO和PNDI2SiC6-TVT的电子迁移率分别为1.64 cm²/(V·s)和1.04 cm²/(V·s)。除此之外,Facchetti和Marks等进一步在TVT双键中引入烷氧链,通过分子内S-O相互作用促进分子骨架平面性,所得高分子PNDT-TOVT电子迁移率可达0.5 cm²/(V·s)。

4.2.3 吡咯并吡咯二酮类高分子半导体材料

如上文p型材料部分所提及,DPP是一类具备平面共轭结构并能够增强分子间相互作用力的受体单元,故通过合理分子骨架设计其能够较好的应用于n型高分子半导体材料开发中。一系列DPP类n型高分子半导体材料结构式如图4.10所示。2012年,Anthopoulos和Patil等将两种带有不同侧链的DPP单元共聚得到一种A-A型DPP高分子N-CS2DPP-OD-TEG,其在室温下易溶于氯仿、甲苯等常用溶剂,顶栅底接触器件电子迁移率达到3 cm²/(V·s)[48]。这表明针对DPP类材料,亦可通过将受体与受体偶合得到高性能的n型高分子半导体材料。随后,Jo将DPP单元与含不同个数氟原子的苯环结合,合成了一系列聚合物DPPPhF$_m$[49]。研究发现,在苯环上增加氟原子可以降低聚合物的HOMO和LUMO能级。DPPPhF$_0$和DPPPhF$_1$的底栅顶接触器件表现出均衡的电子和空穴迁移率,而DPPPhF$_2$和DPPPhF$_4$则为n型半导体材料。其中,DPPPhF$_4$的电子迁移率最高可达2.36 cm²/(V·s)。同时,DPPPhF$_4$在空气中储存7个星期后,其电子迁移率仅有小幅下降,为

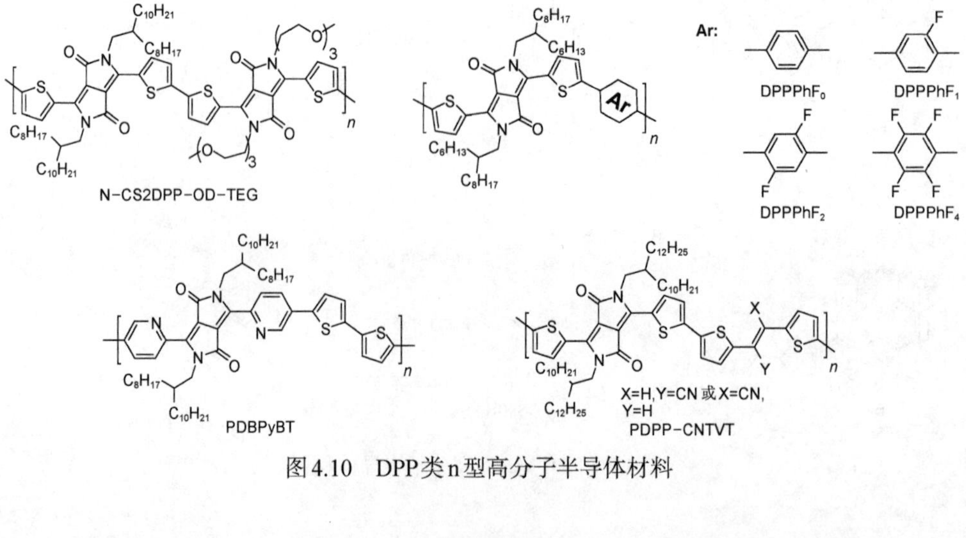

图4.10 DPP类n型高分子半导体材料

1.88 cm²/(V·s)。这些结果表明氟原子在提升电子迁移率方面有着良好的效果。尽管苯环的吸电子性强于噻吩和呋喃，但是由于宽的带隙，使得基于苯环的DPP高分子（PDBPBT）的LUMO能级仍高于-4.0 eV。

Li等合成了DPP母核与吡啶的2位基团相连接的DBPy，由于吡啶的吸电子能力强于噻吩、呋喃和苯环，所以DBPy是强受体[50]。因此基于DBPy的高分子拥有更低的LUMO能级，更明确的电子传输能力。实验测得PDBPyBT在100℃退火后电子迁移率达到6.3 cm²/(V·s)。这些结果表明DBPy在有机半导体材料领域是极有希望的一种高分子组分。同期，Kwon等报道了通过简单有效的合成方法得到了高迁移率的n型半导体材料PDPP-CNTVT，这种n型材料是通过在p型主导材料中引入氰基得到的[51]。研究发现在没有牺牲延伸共平面结构的情况下，仅引入一个氰基官能团在高分子骨架中就可以有效的吸收乙烯基链的电子。因此，PDPP-CNTVT的迁移率达到了创纪录的高度，最高可达7.0 cm²/(V·s)。

4.2.4 其他n型高分子半导体材料

除了二酰亚胺和DPP系列外，还有一些基于新型受体单元开发的n型高分子材料，部分n型高分子半导体材料的结构式如图4.11所示。其中最为瞩目的要数裴坚等开发的聚对苯撑乙烯（PPV）衍生物体系。PPV曾是一类研究最为广泛的经典p型材料，通过采用较低功函数的电极其亦可呈现出低电子迁移性质，在氮气环境下电子迁移率约在10^{-4} cm²/(V·s)级别。通常认为，PPV自身结构构象的复杂性限制了其性质。一方面其所含单键室温下易于旋转使其形成各种构象异构体，另一方面其双键构象亦会在紫外线作用下进行转变。2013年，裴坚等将苯并二呋喃二酮引入PPV中[52]，合成了一种呈现缺电子性的PPV衍生物BDPPV。基于该材料的顶栅器件空气中电子迁移率达到1.1 cm²/(V·s)，为首个空气中迁移率大于1 cm²/(V·s)的材料。不仅如此，BDPPV还具备良好的稳定性，空气环境下30天后仍可保持0.31 cm²/(V·s)的迁移率。经分析，上述优良性质与该高分子材料特殊的结构密切相关，一方面归结于羰基上氧原子与邻近苯环上氢的分子内氢键促进分子共平面性，同时增强了分子间π-π作用，另一方面较低的LUMO能级能够提高材料空气中的稳定性。此外，通过对支链位置的调整，BDPPV迁移率可提升至1.4 cm²/(V·s)。之后，其又对分子结构中给体部分改进为联噻吩[53]，所制备的高分子BDOPV-2T空气中迁移率高达1.74 cm²/(V·s)。值得关注的是，经氧气掺杂后该材料体现出双极性，空穴与电子迁移率分别为1.45 cm²/(V·s)和0.47 cm²/(V·s)。随后，裴坚等又将氟原子对BDPPV进行修饰，根据氟原子位置的不同合成了FBDPPV-1和FBDPPV-2[54]。通过氟的引入可以有效降低材料的LUMO能级，并由分子内氢键进一步对分子构象进行"锁定"。且经研究发现，不同的取代位置所产生的锁定效应存在差异，进而使得材料的器件性能有所不同。FBDPPV-1和FBDPPV-2均可在空气中稳定工作，最高迁移率分别达到1.70 cm²/(V·s)和0.81 cm²/(V·s)。

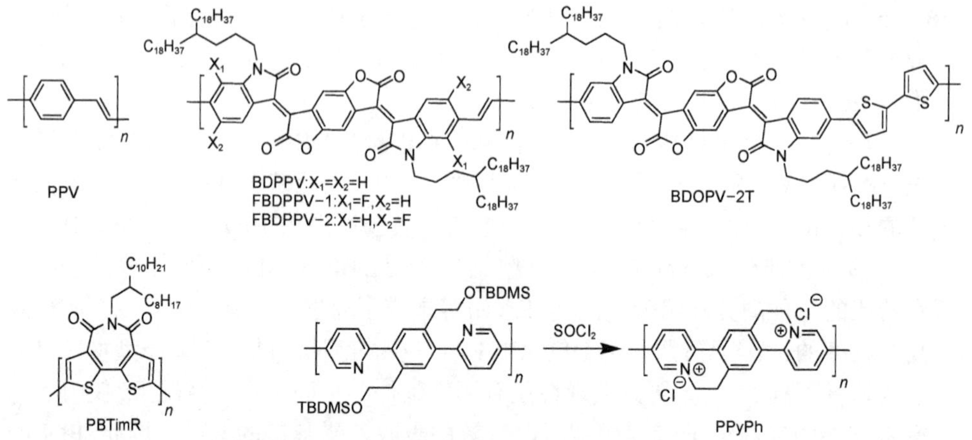

图4.11 其他n型高分子半导体材料

除此之外,还有一些经典的研究工作。如Marks等早在2008年报道的一类二噻吩酰亚胺(BTI)均聚物PBTim,经聚合条件的优化可以提升该材料的分子量,促使氮气环境下迁移率从最初的0.011 $cm^2/(V·s)$升至0.19 $cm^2/(V·s)$[55]。又如2009年,Swager等将聚对苯撑吡啶衍生物进行分子内环化得到一种离子聚合物PPyPh[56]。有趣的是,该高分子材料具备一定的水溶性,且在空气中当栅极电压在5～15 V时电子迁移率高达3.4 $cm^2/(V·s)$。

4.3 双极性高分子半导体材料

在电路设计中,将p型与n型材料结合形成p-n结或互补电路能够降低电路能耗且提高稳定性。早期传统的构筑过程多采用层状复合或材料共混的方式,而随着双极性高分子半导体材料的发展,采用此类单一组分材料不仅简化了电子器件的制备工艺还降低了器件制作过程中的成本。

双极性高分子半导体材料的开发是一项极具挑战性的工作,其需要在继承p型与n型材料两方面研究经验的同时进行更为全面的思考并加以平衡。考虑到双极性材料兼具注入空穴和电子的能力,因此其首先在能级方面就存在相对更为苛刻的要求。为实现良好的性能,材料的注入势垒最好小于1 eV。而以最为常用的金电极为标准,目前通常认为较为理想HOMO能级应在-5.0 eV至-5.5 eV之间,而LUMO能级则需在-3.8 eV至-4.3 eV之间。由此可见,该类高分子是一类能级与处于合适位置的窄带隙材料。随着第三代高分子半导体材料的迅猛发展,构筑D-A体系成为目前最有望实现可溶液加工的高性能双极性材料的分子设计思路。一方面可以通过不同给-受体的搭配和修饰实现能级的匹配,另一方面除侧链调控外给-受体分子间相互作用也会进一步优化分子堆积模式。在目前的双极性高分子材料研究工作中，DPP系列是较为成功的一类，而在以新型受体单元实现双极性方面也不乏杰出的工作，以下将对相关高性能双极性高分子材料进行逐一介绍。

4.3.1 吡咯并吡咯二酮类高分子半导体材料

DPP均成功应用于p型和n型高分子半导体材料中，这说明通过进一步的分子设计DPP类高分子亦有望实现双极性。部分DPP类双极性高分子半导体材料结构式如图4.12所示。2012年，Kim和Cho等将DPP单元分别与联二噻吩和并二噻吩共聚得到了PDPPT3和PDPPT2TT，经150℃退火处理后两者的空穴和电子迁移率分别为1.57 cm^2/(V·s)和0.81 cm^2/(V·s)以及1.93 cm^2/(V·s)和0.06 cm^2/(V·s)[57]。与此类似，同期还有将硒吩作为给体单元的高分子材料PSeDPP，其空穴迁移率和电子迁移率分别达到1.62 cm^2/(V·s)和0.14 cm^2/(V·s)。由此可见，给体单元的选择与双极性材料的变化存在一定联系。

从侧链角度出发，Yang与Oh等在PSeDPP的基础上采用和Bao等类似的方法将硅氧烷引入侧链中[58]。硅氧烷能够减小高分子溶液与基底之间的接触角，从而较好地浸润进而通过溶液剪切法均匀成膜。在氮气环境下，所得聚合物PTDPPSe-SiC6空穴迁移率与电子迁移率分别为3.97 cm^2/(V·s)和2.20 cm^2/(V·s)。随后，其对侧链长度进行了一定的调整以探究硅氧烷支链位置的影响。实验发现，同实验条件下当硅氧烷链端与5个碳原子相连时高分子PTDPPSe-SiC5性能最佳，氮

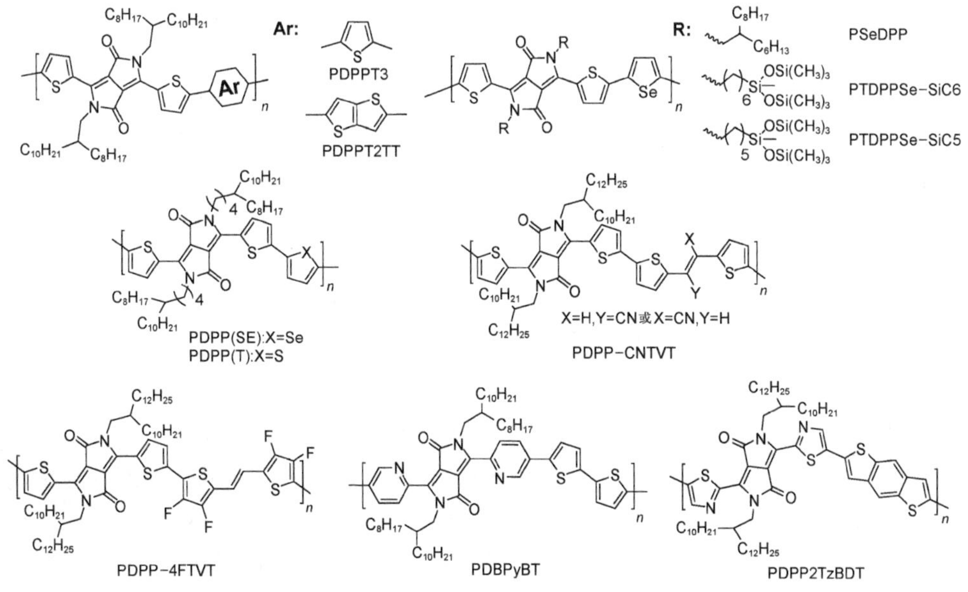

图4.12 DPP类双极性高分子半导体材料

气中测得空穴与电子迁移率分别为8.84 cm^2/(V·s)和4.34 cm^2/(V·s)。2015年Yang与Oh等又将ε-C$_8$C$_{15}$引入侧链,通过合成一系列DPP类聚合物进行研究。新侧链的引入对高分子的排列取向进行了调节,其中PDPP(SE)经旋涂成膜和滴注成膜所测空穴迁移率与电子迁移率分别可高达6.22 cm^2/(V·s)和1.59 cm^2/(V·s)、12.25 cm^2/(V·s)和2.25 cm^2/(V·s)[59]。相比之下以噻吩为给体的PDPP(T)虽不及硒吩,但也展现了良好的双极性性能,滴注成膜所测空穴与电子迁移率分别可高达8.32 cm^2/(V·s)和1.26 cm^2/(V·s)。以上两种材料所成薄膜均经过220 ℃退火处理,且测试均在氮气氛围下。然而通过此研究工作也不难发现材料的p型与n型性能存在不容忽视的差异,除了迁移率的差异外n型部分相较于p型开关比低2到3个数量级且阈值电压则高了1个数量级。

噻吩乙烯噻吩(TVT)类给体与DPP组合通常为良好的p型半导体,故需要吸电子基修饰对其性质进行调整。如在n型DPP材料中所提及的PDPP-CNTVT,氰基官能团的引入可以有效吸收高分子骨架中乙烯基链的电子[51]。不同于其他材料,PDPP-CNTVT更倾向于呈现n型半导体性质,空穴迁移率与电子迁移率分别为0.75 cm^2/(V·s)和7.0 cm^2/(V·s)。除此之外,耿延候等2015年则通过氟原子取代TVT中的噻吩环经C—H直接芳基化缩聚得到PDPP-4FTVT[60]。氟的引入一方面促使材料能级降低,另一方面增强了分子间堆积,氮气中空穴迁移率与电子迁移率分别高达3.40 cm^2/(V·s)和5.86 cm^2/(V·s)。

除此之外,亦可将DPP中的取代芳环进行调整来实现材料的双极性。如n型材料中所提到的PDBPyBT,吡啶的引入使高分子拥有更低的LUMO能级,并具备良好的分子骨架平面性,其空穴迁移率和电子迁移率分别达到2.78 cm^2/(V·s)和6.3 cm^2/(V·s)[50]。2015年,李伟伟等在此基础上以噻唑取代的DPP单元合成了PDPP2TzBDT,其薄膜器件退火处理后空穴和电子迁移率为0.14 cm^2/(V·s)和0.11 cm^2/(V·s)[61]。但当该材料以纳米线形式进行测试时,其空穴迁移率和电子迁移率跃升至5.47 cm^2/(V·s)和5.33 cm^2/(V·s)。更有趣的是,不论是薄膜还是纳米线,器件的p型与n型性能均实现了包括迁移率、开关比和阈值电压方面的平衡,有着重要的参考价值。

4.3.2 其他新型受体类高分子半导体材料

为了对材料能级、分子堆积等方面进行调控,进而实现双极性高分子材料性能的优化,新型受体单元的开发成为目前研究过程中必不可少的一环。其中主要以苯并二噻二唑(BBT)和异靛衍生物类为主,以下分别对其经典的高性能双极性高分子材料进行介绍,这些双极性高分子半导体材料结构式如图4.13所示。

首先,Wudl和Heeger等于2012年将强受体单元BBT与DPP共聚得到了PBBT12DPP[62]。杂原子相互作用与D-A分子内电荷转移促进分子间作用力的同时优化了电荷传输,有效地弥补了该材料分子量较低的不足(M_n=8.8 kDa)。退

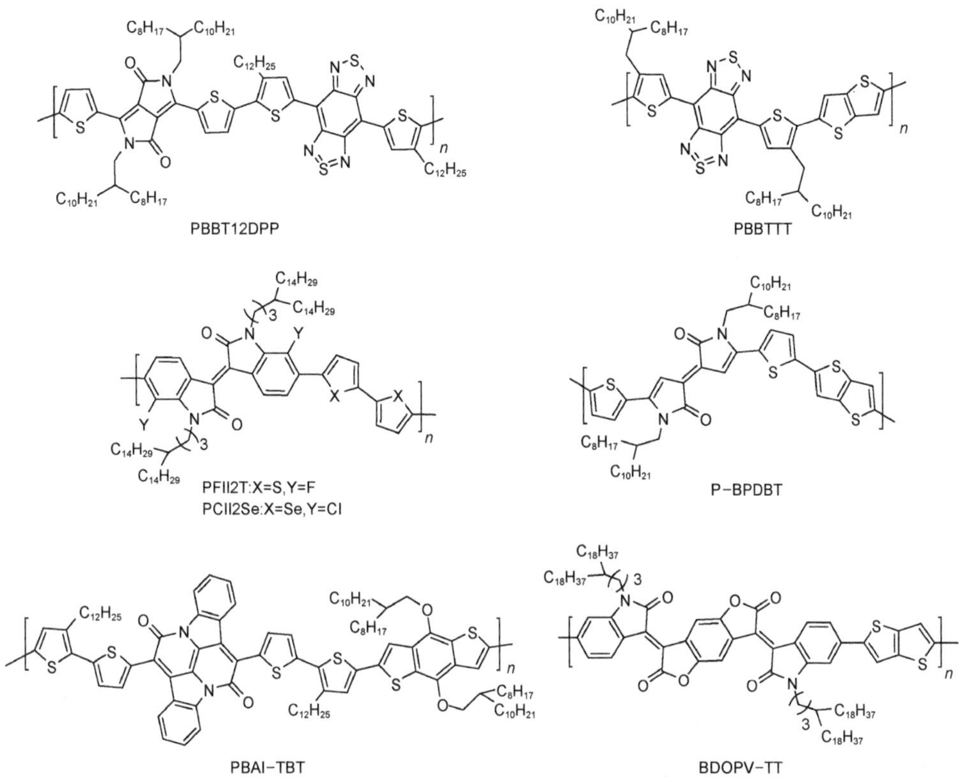

图4.13 其他双极性高分子半导体材料

火处理后,氮气测试条件下PBTDDPP的空穴与电子迁移率为1.17 cm^2/(V·s)和1.32 cm^2/(V·s)。随后,Wudl等又以并噻吩为给体与BBT结合制备了PBBTTT[63]。实验表明,该材料是一种能级较为匹配的超窄带隙高分子(光学带隙为0.56 eV),氮气中其退火处理器件最高空穴迁移率与电子迁移率分别为1.0 cm^2/(V·s)和0.7 cm^2/(V·s)。

与此同时,裴坚等基于自身的研究基础对新型异靛衍生物受体进行开发与研究。其在2012年将氟代异靛与联噻吩共聚合成PFII2T,且氟的引入有效LUMO能级降低至-3.96 eV,氮气中其退火处理器件最高空穴迁移率与电子迁移率分别为1.85 cm^2/(V·s)和0.51 cm^2/(V·s)[64]。随后,其在此基础上分别将硒吩取代噻吩且氯原子取代氟原子,所得双极性高分子材料最高空穴迁移率与电子迁移率分别为1.05 cm^2/(V·s)和0.72 cm^2/(V·s)。同期,张德清等在研究异靛类p型高分子材料过程中得到的P-BPDTT也体现出双极性特点[37],且在200℃退火后最高空穴迁移率和电子迁移率分别为1.24 cm^2/(V·s)和0.82 cm^2/(V·s)。

除此之外,一些具备大共轭体系的受体单元也被用于双极性材料的设计。比如Liu等基于一种稠合靛蓝衍生物BAI的D-A高分子PBAI-TBT[65],氮气中其退火处理器件最高空穴迁移率与电子迁移率分别为1.5 cm^2/(V·s)和0.41 cm^2/(V·s)。又如裴坚等开发的BDOPV受体[66],其与并噻吩共聚所得的BDOP-T具有较好的双极性性能平衡性，空穴迁移率与电子迁移率可分别高达 1.70 cm^2/(V·s) 和 1.37 cm^2/(V·s)。

参 考 文 献

[1] Kim J, Lim B, Baeg K J, et al. Highly soluble poly(thienylenevinylene) derivatives with charge-carrier mobility exceeding 1 cm^{2}V^{-1}s^{-1}. Chem. Mater., 2011, 23: 4663-4665.

[2] Fei Z, Pattanasattayavong P, Han Y, et al. Influence of side-chain regiochemistry on the transistor performance of high-mobility, all-donor polymers. J. Am. Chem. Soc., 2014, 136: 15154-15157.

[3] Jang S Y, Kim I B, Kim J, et al. New donor-donor type copolymers with rigid and coplanar structures for high-mobility organic field-effect transistors. Chem. Mater., 2014, 26: 6907-6910.

[4] Ming Z, Tsao H N, Wojciech Pisula, et al. Field-effect transistors based on a benzothiadiazole-cyclopentadithiophene copolymer. J. Am. Chem. Soc., 2007, 129: 3472.

[5] Tsao H N, Cho D, Andreasen J W, et al. Plastic electronics: The influence of morphology on high-performance polymer field-effect transistors. Adv. Mater., 2009, 21: 209-212.

[6] Tsao H N, Cho D M, Park I, et al. Ultrahigh mobility in polymer field-effect transistors by design. J. Am. Chem. Soc., 2011, 133: 2605-2612.

[7] Wang S, Kappl M, Liebewirth I, et al. Organic field-effect transistors based on highly ordered single polymer fibers. Adv. Mater., 2012, 24: 417-420.

[8] Zhang W, Smith J, Watkins S E, et al. Indacenodithiophene semiconducting polymers for high-performance, air-stable transistors. J. Am. Chem. Soc., 2010, 132: 11437-11439.

[9] Zhang X, Bronstein H, Kronemeijer A J, et al. Molecular origin of high field-effect mobility in an indacenodithiophene-benzothiadiazole copolymer. Nat. Commun., 2013, 4: 2238.

[10] Zhang W, Han Y, Zhu X, et al. A novel alkylated indacenodithieno [3,2-*b*] thiophene-based polymer for high-performance field-effect transistors. Adv. Mater., 2016, 28: 3922-3927.

[11] Ying L, Hsu B B, Zhan H, et al. Regioregular pyridal [2,1,3] thiadiazole pi-conjugated copolymers. J. Am. Chem. Soc., 2011, 133: 18538-18541.

[12] Tseng H R, Ying L, Hsu B B, et al. High mobility field effect transistors based on macroscopically oriented regioregular copolymers. Nano Lett., 2012, 12: 6353-6357.

[13] Luo C, Kyaw A K, Perez L A, et al. General strategy for self-assembly of highly oriented nanocrystalline semiconducting polymers with high mobility. Nano Lett., 2014, 14: 2764-2771.

[14] Fan J, Yuen J D, Cui W, et al. High-hole-mobility field-effect transistors based on co-benzobisthiadiazole-quaterthiophene. Adv Mater, 2012, 24: 6164-6168.

[15] Chen Z, Cai P, Chen J, et al. Low band-gap conjugated polymers with strong interchain aggregation and very high hole mobility towards highly efficient thick-film polymer solar cells. Adv. Mater., 2014, 26: 2586-2591.

[16] Nketia-Yawson B, Lee H S, Seo D, et al. A highly planar fluorinated benzothiadiazole-based conjugated polymer for high-performance organic thin-film transistors. Adv. Mater., 2015, 27: 3045-3052.

[17] Bürgi L, Turbiez M, Pfeiffer R, et al. High-mobility ambipolar near-infrared light-emitting polymer field-effect transistors. Adv. Mater., 2008, 20: 2217-2224.

[18] Li Y, Singh S P, Sonar P. A high mobility p-type DPP-thieno [3,2-b] thiophene copolymer for organic thin-film transistors. Adv. Mater., 2010, 22: 4862-4866.

[19] Li J, Zhao Y, Tan H S, et al. A stable solution-processed polymer semiconductor with record high-mobility for printed transistors. Sci. Rep., 2012, 2: 754.

[20] Bronstein H, Chen Z, Ashraf R S, et al. Thieno [3,2-b] thiophene-diketopyrrolopyrrole-containing polymers for high-performance organic field-effect transistors and organic photovoltaic devices. J. Am. Chem. Soc., 2011, 133: 3272-3275.

[21] Park G E, Shin J, Lee D H, et al. Acene-containing donor-acceptor conjugated polymers: Correlation between the structure of donor moiety, charge carrier mobility, and charge transport dynamics in electronic devices. Macromolecules, 2014, 47: 3747-3754.

[22] Chen H, Guo Y, Yu G, et al. Highly pi-extended copolymers with diketopyrrolopyrrole moieties for high-performance field-effect transistors. Adv. Mater., 2012, 24: 4618-4622.

[23] Kang I, An T K, Hong J A, et al. Effect of selenophene in a DPP copolymer incorporating a vinyl group for high-performance organic field-effect transistors. Adv. Mater., 2013, 25: 524-528.

[24] Kang I, Yun H J, Chung D S, et al. Record high hole mobility in polymer semiconductors via side-chain engineering. J. Am. Chem. Soc., 2017, 135: 14896-14899.

[25] Shin J, Hong T R, Lee T W, et al. Template-guided solution-shearing method for enhanced charge carrier mobility in diketopyrrolopyrrole-based polymer field-effect transistors. Adv. Mater., 2014, 26: 6031-6035.

[26] Ha J S, Kim K H, Choi D H. 2,5-Bis(2-octyldodecyl)pyrrolo [3,4-c] pyrrole-1,4-(2H,5H)-dione-based donor-acceptor alternating copolymer bearing 5,5'-di(thiophen-2-yl)-2,2'-biselenophene exhibiting 1.5 $cm^2V^{-1}s^{-1}$ hole mobility in thin-film transistors. J. Am. Chem. Soc., 2011, 133: 10364.

[27] Cho M J, Shin J, Hong T R, et al. Diketopyrrolopyrrole-based copolymers bearing highly π-extended donating units and their thin-film transistors and photovoltaic cells. Polym. Chem., 2015, 6: 150-159.

[28] Yi Z, Ma L, Chen B, et al. Effect of the longer β-unsubstituted oliogothiophene unit (6T and 7T) on the organic thin-film transistor performances of diketopyrrolopyrrole-oliogothiophene copolymers. Chem. Mater., 2013, 25: 4290-4296.

[29] Deng Y, Chen Y, Zhang X, et al. Donor-acceptor conjugated polymers with dithienocarbazoles as donor units: Effect of structure on semiconducting properties. Macromolecules, 2012, 45: 8621-8627.

[30] Yun H J, Lee G B, Chung D S, et al. Novel diketopyrroloppyrrole random copolymers: High charge-carrier mobility from environmentally benign processing. Adv. Mater., 2014, 26: 6612-6616.

[31] Lei T, Cao Y, Fan Y, et al. High-performance air-stable organic field-effect transistors: Isoindigo-based conjugated polymers. J. Am. Chem. Soc., 2011, 133: 6099-60101.

[32] Lei T, Dou J H, Pei J. Influence of alkyl chain branching positions on the hole mobilities of polymer thin-film transistors. Adv. Mater., 2012, 24: 6457.

[33] Mei J, Kim D H, Ayzner A L, et al. Siloxane-terminated solubilizing side chains: Bringing conjugated polymer backbones closer and boosting hole mobilities in thin-film transistors. J. Am. Chem. Soc., 2011, 133: 20130–20133.

[34] Mei J G, Wu H C, Diao Y, et al. Effect of spacer length of siloxane-terminated side chains on charge transport in isoindigo-based polymer semiconductor thin films. Adv. Func. Mater., 2015, 25: 3455–3462.

[35] Ashraf R S, Kronemeijer A J, James D I, et al. A new thiophene substituted isoindigo based copolymer for high performance ambipolar transistors. Chem. Commun., 2012, 48: 3939–3941.

[36] Kim G, Kang S J, Dutta G K, et al. A thienoisoindigo-naphthalene polymer with ultrahigh mobility of 14.4 $cm^2/V \cdot s$ that substantially exceeds benchmark values for amorphous silicon semiconductors. J. Am. Chem. Soc., 2014, 136: 9477–9483.

[37] Cai Z, Luo H, Qi P, et al. Alternating conjugated electron donor-acceptor polymers entailing pechmann dye framework as the electron acceptor moieties for high performance organic semiconductors with tunable characteristics. Macromolecules, 2014, 47: 2899–2906.

[38] Cao Y, Yuan J S, Zhou X, et al. N-fused BDOPV: A tetralactam derivative as a building block for polymer field-effect transistors. Chem. Commun., 2015, 51: 10514–10516.

[39] Babel A, Jenekhe S A. High electron mobility in ladder polymer field-effect transistors. J. Am. Chem. Soc., 2003, 125: 13656–13657.

[40] Zhan X W, Tan Z A, Domercq B, et al. A high-mobility electron-transport polymer with broad absorption and its use in field-effect transistors and all-polymer solar cells. J. Am. Chem. Soc., 2007, 129: 7246.

[41] Zhou W Y, Wen Y G, Ma L C, et al. Conjugated polymers of rylene diimide and phenothiazine for n-channel organic field-effect transistors. Macromolecules, 2012, 45: 4115–4121.

[42] Zhao X G, Wen Y G, Ren L B, et al. An acceptor-acceptor conjugated copolymer based on perylene diimide for high mobility n-channel transistor in air. J. Polym. Sci. Pol. Chem., 2012, 50: 4266–4271.

[43] Zhao X G, Ma L C, Zhang L, et al. An acetylene-containing perylene diimide copolymer for high mobility n-channel transistor in air. Macromolecules, 2013, 46: 2152–2158.

[44] Hahm S G, Rho Y, Jung J, et al. High-performance n-channel thin-film field-effect transistors based on a nanowire-forming polymer. Adv. Func. Mater., 2013, 23: 2060–2071.

[45] Chen Z, Zheng Y, Yan H, et al. Naphthalenedicarboximide- vs perylenedicarboximide-based copolymers: Synthesis and semiconducting properties in bottom-gate N-channel organic transistors. J. Am. Chem. Soc., 2009, 131: 8–9.

[46] Hwang Y J, Ren G Q, Murari N M, et al. n-Type naphthalene diimide-biselenophene copolymer for all-polymer bulk heterojunction solar cells. Macromolecules, 2012, 45: 9056–9062.

[47] Chen H, Guo Y, Mao Z, et al. Naphthalenediimide-based copolymers incorporating vinyl-Linkages for high-performance ambipolar field-effect transistors and complementary-like inverters under air. Chem. Mater., 2013, 25: 3589–3596.

[48] Kanimozhi C, Yaacobi N, Chou K W, et al. Diketopyrrolopyrrole-diketopyrrolopyrrole-based conjugated copolymer for high-mobility organic field-effect transistors. J. Am. Chem. Soc., 2012, 134: 16532–16535.

[49] Park J H, Jung E H, Jung J W, et al. A fluorinated phenylene unit as a building block for high-performance n-type semiconducting polymer. Adv. Mater., 2013, 25: 2583−2588.

[50] Sun B, Hong W, Yan Z, et al. Record high electron mobility of 6.3 $cm^2V^{-1}s^{-1}$ achieved for polymer semiconductors using a new building block. Adv. Mater., 2014, 26: 2636−2642.

[51] Yun H J, Kang S J, Xu Y, et al. Dramatic inversion of charge polarity in diketopyrrolopyrrole-based organic field-effect transistors via a simple nitrile group substitution. Adv. Mater., 2014, 26: 7300−7307.

[52] Lei T, Dou J H, Cao X Y, et al. Electron-deficient poly(p-phenylene vinylene) provides electron mobility over 1 $cm^2V^{-1}s^{-1}$ under ambient conditions. J. Am. Chem. Soc., 2013, 135: 12168.

[53] Lei T, Dou J H, Cao X Y, et al. A BDOPV-based donor-acceptor polymer for high-performance n-type and oxygen-doped ambipolar field-effect transistors. Adv. Mater., 2013, 25: 6589−6593.

[54] Lei T, Xia X, Wang J Y, et al. "Conformation locked" strong electron-deficient poly(p-phenylene vinylene) derivatives for ambient-stable n-type field-effect transistors: Synthesis, properties, and effects of fluorine substitution position. J. Am. Chem. Soc., 2014, 136: 2135.

[55] Letizia J A, Salata M R, Tribout C M, et al. n-Channel polymers by design: Optimizing the interplay of solubilizing substituents, crystal packing, and field-effect transistor characteristics in polymeric bithiophene-imide semiconductors. J. Am. Chem. Soc., 2008, 130: 9679−9694.

[56] Izuhara D, Swager T M. Poly(pyridinium phenylene)s: Water-soluble N-type polymers. J. Am. Chem. Soc., 2009, 131: 17724−17725.

[57] Lee J S, Son S K, Song S, et al. Importance of solubilizing group and backbone planarity in low band gap polymers for high performance ambipolar field-effect transistors. Chem. Mater., 2012, 24: 1316−1323.

[58] Lee J, Han A R, Yu H, et al. Boosting the ambipolar performance of solution-processable polymer semiconductors via hybrid side-chain engineering. J. Am. Chem. Soc., 2013, 135: 9540−9547.

[59] Han A R, Dutta G K, Lee J, et al. ε-Branched flexible side chain substituted diketopyrrolopyrrole-containing polymers designed for high hole and electron mobilities. Adv. Funct. Mater., 2015, 25: 247−254.

[60] Gao Y, Zhang X, Tian H, et al. High mobility ambipolar diketopyrrolopyrrole-based conjugated polymer synthesized via direct arylation polycondensation. Adv. Mater., 2015, 27: 6753−6759.

[61] Xiao C, Zhao G, Zhang A, et al. High performance polymer nanowire field-effect transistors with distinct molecular orientations. Adv. Mater., 2015, 27: 4963−4968.

[62] Yuen J D, Fan J, Seifter J, et al. High performance weak donor-acceptor polymers in thin film transistors: Effect of the acceptor on electronic properties, ambipolar conductivity, mobility, and thermal stability. J. Am. Chem. Soc., 2011, 133: 20799−20807.

[63] Fan J, Yuen J D, Wang M, et al. High-performance ambipolar transistors and inverters from an ultralow bandgap polymer. Adv. Mater., 2012, 24: 2186−2190.

[64] Lei T, Dou J H, Ma Z J, et al. Ambipolar polymer field-effect transistors based on fluorinated isoindigo: High performance and improved ambient stability. J. Am. Chem. Soc., 2012, 134: 20025−20028.

[65] He B, Pun A B, Zherebetskyy D, et al. New form of an old natural dye: Bay-annulated indigo

(BAI) as an excellent electron accepting unit for high performance organic semiconductors. J. Am. Chem. Soc., 2014, 136: 15093−15101.

[66] Zhou X, Ai N, Guo Z H, et al. Balanced ambipolar organic thin-film transistors operated under ambient conditions: Role of the donor moiety in BDOPV-based conjugated copolymers. Chem. Mater., 2015, 27: 1815−1820.

第5章

介电层材料

5.1 介电层材料研究现状

介电层材料在大部分情况下为绝缘体,当存在外加电场时,材料所包含的电子、离子或分子会产生极化。以微观的角度来看,当外加电场作用时,绝缘体内的载流子仍固定在原位,无法移动,但却能有短距离的相对位移,正负电荷中心的分离,转变成偶极子,称之为极化,基本特征是介质内部感应出电偶极矩,介质表面出现宏观束缚电荷。如图5.1所示,产生极化的因素有四种[1]。

(1)电子极化(electron polarization):一切电介质中都存在,由外加电场造成电子云的形变,电子云中心不与原子核中心重叠,相对于原子核有一定的位移。极化形成的时间极短,约为$10^{-14} \sim 10^{-15}$ s,相当于光的频率,基本上不消耗能量,且温度升高,介电常数略减小,表现为负温度系数。

(2)离子极化(ionic polarization):发生在由离子构成的电介质中,在外加电场的作用下阴阳离子改变离子间距或化学键角度,因此造成偶极距。建立的时间很短,约为$10^{-12} \sim 10^{-13}$ s,基本上不消耗能量,温度升高介电常数增大,表现为正温度系数。

(3)偶极极化(dipole polarization):具有永久偶极矩的分子,会顺着平行电场的方向排列,一般需要较长时间,约为$10^{-2} \sim 10^{-10}$ s,频率很高时,转向极化来不及建立,偶极子转向极化的介电常数具有负温度系数。

(4)空间电荷极化(space charge polarization):在不均匀介质内部,由于物质彼此间导电性不同,载流子会受能量势垒的阻挡,在界面处会减速或积累而造成电容质增加之效应。晶界、相界、晶格畸变、杂质、夹层、气泡等缺陷区都可成为自由电荷(间隙离子、空位、引入的电子等)运动的障碍,产生自由电荷积聚,形成空间电荷极化。温度升高,离子运动加剧,离子扩散容易,因而空间电荷减小,所以呈现负温度系数。空间电荷的建立需要较长的时间,大约几秒到数十小时,因而空间电荷极化只对直流和低频下的介电性质有影响。

在上述的极化方式中,因为响应时间的不同,随着外加交流电场频率的增大,空间极化因电荷移动跟不上电场频率会最先消失,接着依序消失的是偶极极化、离子极化,到了很高频率的时候只剩下电子极化,所以一般来讲,当外加电场频率越来越高时,相对的介电常数也会下降。

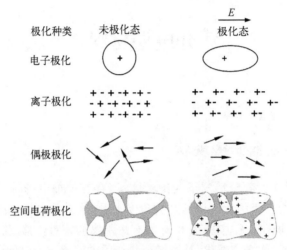

图 5.1 四种不同的极化方式简图

介电层材料在半导体器件方面具有广泛的应用,无论是几乎每个电子器件都含有的硅基晶体管,还是目前研究热门有机薄膜晶体管,介电层材料的重要性都不可忽略。在典型的电介质材料中,费米能级附近的电子态通常是局域状态,电子波函数在称为定位长度的距离上以指数方式衰减。金属通常具有高的、均匀的状态密度,而半导体具有良好分离的导带和价带(被带隙分开),该类材料带隙 E_g 一般大于几个 eV,因此导带具有的电子数极其少,所以这些材料主要作为绝缘层来控制器件的电学性质。

目前最为常见的绝缘层材料当属 SiO_2,其有着很多优异的电介质属性,例如,约为 9 eV 的大带隙和较少的陷阱密度和缺陷等。然而,SiO_2 的介电常数相对较低 ($k \approx 3.9$)。针对半导体与介电层界面的电荷传输,在介电层厚度远大于电子平均自由程时,以扩散隧穿(低温)以及跳跃机制(常温)产生的电流占主要地位,但是当介电层的厚度小于其材料的隧穿极限时,相干隧穿电流将会占据主导。所以,面对集成电路元器件尺寸进一步缩小的迫切需求,要求晶体管沟道长宽度以及栅绝缘层厚度和源漏区结深按比例的缩小[2]。芯片特征尺寸与等效氧化物厚度 2005~2017 年的发展如图 5.2 所示。

但是,对于 SiO_2 绝缘层来说厚度进一步缩减会带来两大隐患。第一,二氧化硅的隧穿厚度极限约为 3 nm。对于图 5.3 所示的金属-介电层-金属(metal-isolator-metal,MIM)系统,隧穿电流会随着绝缘层厚度下降呈指数型增长,成为漏电流的

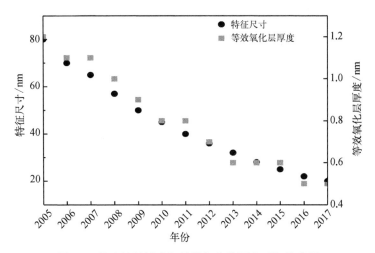

图 5.2　芯片特征尺寸与等效氧化物厚度近年的发展

主要来源[3]。实验数据显示,当电介质层厚度约为 1.2 nm 时,1 V 的漏电流增加到约为 100 A/cm²,而高的漏电流将损害器件性能,并耗散大量的能量。第二,当芯片特征尺寸为 70 nm 时,要求等效介电层厚度小于 0.7 nm,对于 SiO_2 来说仅为两层原子层的厚度,因此,显而易见,用现有方法沉积的 SiO_2 将很快达到极限[4]。当然,本书关注的是有机薄膜晶体管,从这一角度来说,探索新的介电层材料的最大动力为降低驱动电压。虽然,随着进一步的探索和改进,有机半导体迁移率已经接近甚至超越了非晶硅器件,但是这些高迁移率的代价是高的驱动电压,一般来说为 40~60 V,这样的高能耗远远达不到实际应用的要求,而根据 TFT 在饱和区的电流电压特性曲线,对于相同的驱动电压,提高介电材料的单位面积电容,也可以提高器件电流。此外,针对有机薄膜晶体管的研究初衷,要追求易加工,可弯曲,可拉伸等特性,寻找匹配柔性基底、可以溶液法加工且又具有稳定性的栅极介电层材料是必要的。

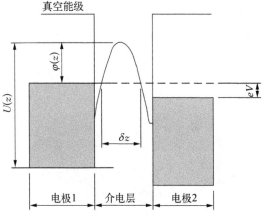

图 5.3　具有任意势垒形状的 MIM 系统

一个好的OTFT器件需要满足以下要求：高介电击穿强度、高纯度、具有较高的开关比、迟滞小、材料的可加工性高以及稳定性高。图5.4展示了1998～2017年来基于并五苯OTFT器件迁移率的变化，可以看出，不同的介电材料对其性能有着显著的影响。为了筛选合适的介电材料，首先我们需要认真思考介电材料到底是怎样影响OTFT载流子的累积密度及传输性能等各项特性的。

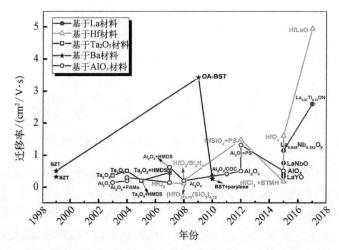

图5.4　基于几种典型无机电介质的并五苯OTFT迁移率的变化

OTFT器件结构如图5.5所示，它是由一个电场控制并且调节源漏极之间的电导特性的器件，而此电场虽然是由三极之间的电压产生，但也取决于介电层。一个正电（或者负电）的栅电压可以在介电层与半导体层之间产生负（正）载流子，载流子的数量和累积密度由栅电压V_G以及介电层的电容C决定。根据平行板电容器理论：

$$C=\varepsilon_0\varepsilon/d \tag{5.1}$$

其中：C为单位面积电容，ε_0为真空介电常数，在SI单位制中，ε_0值为8.85×10^{-12}F/m；d为介电层厚度，单位为m；ε为介电层的介电常数。根据公式（5.1）可推

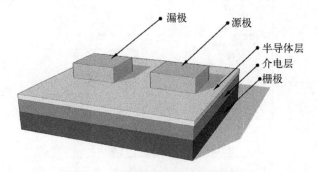

图5.5　底栅顶接触OTFT器件结构

知,电容 C 值的大小主要取决于介电常数的大小以及介电层的厚度。因此,提高介电常数以及降低介电层厚度,可大幅降低驱动电压。

研究表明,OTFT 中的载流子的积累和传输受到半导体/绝缘体界面的极大限制[5]。因此,除了介电常数,一个处于最优状态的半导体介电层界面也是器件良好性能的基础。具体来说,即介电层的表面粗糙度、表面能、表面极化、疏水性等也影响着有机半导体层的堆积形貌,从而改变电子传输性能。我们将具体从无机介电层材料、高分子介电层材料、有机无机杂化介电层材料以及常用表征方法和介电层制备方法等方面介绍介电层材料方面的研究。

5.2 无机介电层材料

目前最常见的在硅基上热生长的 SiO_2 介电层材料不能支持集成电路的进一步缩放。其一,突破隧穿极限厚度后电子通过薄 SiO_2 栅极电介质的量子隧穿引起随厚度衰减而指数增加的漏电流。其二,是当其变得比 0.7 nm 更薄时, SiO_2 的体电子特性将会消失。在无机介电层领域,解决方案是用比非晶态 SiO_2 具有更高介电常数(k)的电介质来代替 SiO_2。如果硅/高 k 介电层界面具有足够低的陷阱密度,则这样的高 k 介电层能提供相当于 k/k_{SiO_2} 倍厚的 SiO_2 层的等效 FET 电荷调制,从而解决电子隧穿和带隙折叠问题。

当然已知许多电介质的介电常数都比 3.9 大,因此,乍看之下该问题似乎微不足道,但是对材料还有一些最基本的要求:首先,与硅基底接触要保持热稳定性,不发生反应;其次就是能隙要与 Si 基底匹配,若是二者能量相差过大,基底中的电子很容易隧穿进入介电层,造成过量的漏电流。因此带隙-介电常数的关系图(图5.6)对于进一步的材料选择是必要的。

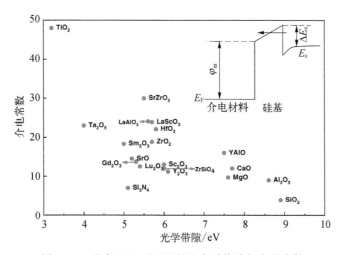

图 5.6 一些与 SiO_2 可匹配的电介质能隙与介电常数

从图 5.6 中可以看出，占据相对较优位置的有，二元氧化物氧化铪（HfO_2）、氧化钽（Ta_2O_5）、氧化铝（Al_2O_3）、氧化钇（Y_2O_3）、氧化锆（ZrO_2）、氧化钆（Gd_2O_3）、氧化钛（TiO_2）以及多元材料 YAlO、LaScO$_3$、LaYO、LaNbNO 等。表 5.1 展示了一些研究团队近年来在无机介电层材料领域的成果。

表 5.1　介电层材料及 OTFT 性能总结

年份	迁移率 /[cm^2/(V·s)]	介电层	介电常数	电容 /(nF/cm^2)	厚度 /nm	V_{th} /V	开关比	半导体
1999[6]	0.32	BZT	17.3	—	—	−4	10^5	并五苯
1999[6]	0.4～0.5	BST	16	—	—	−2	—	并五苯
1999[6]	0.6	Si_3N_4	6.2	—	—	—	—	并五苯
2000[7]	0.03	Ta_2O_5	23	—	50	—	—	DH-5T
2002[8]	0.02	Ta_2O_5	21	—	100	−0.07	—	P3HT
2003[9]	0.14	Al_2O_3	7	—	270	−10	10^6	并五苯
2003[10]	0.36	Ta_2O_5	23～27	109～248	86～188	—	10^4	并五苯
2003[11]	0.01	Ta_2O_5	—	66	—	−12	—	PcCu
2003[12]	0.22	Ta_2O_5	—	—	130	—	10^6	蒽衍生物
2004[13]	0.3	Al_2O_3+PAMs	—	260	—	—	—	并五苯
2004[14]	0.2	Al_2O_3	7	—	250	5	2×10^5	并五苯
2004[15]	0.51	Ta_2O_5	—	—	—	1.1	10^5	并五苯
2004[16]	0.12	ZrO_2	—	—	250	—	10^4	并五苯
2004[16]	0.66	ZrO_2+OTMS	—	—	—	—	10^5	并五苯
2004[17]	0.1	Gd_2O_3	7.4	—	280	−3.5	10^3	并五苯
2004[18]	0.013	TiO_2	41	51	750	−5	10^3	P3HT
2005[19]	0.2	Ta_2O_5+HMDS	23	—	150	—	10^5	并五苯
2005[20]	0.15	TiO_2	—	676	—	—	—	并五苯
2005[20]	0.25	TiO_2+OTS	—	465	—	—	—	并五苯
2007[21]	0.14	Al_2O_3+HMDS	—	41	150	−6.2	10^5	并五苯
2007[22]	0.62	Al_2O_3+HMDS	—	—	150	—	10^7	并五苯
2007[23]	0.45	Ta_2O_5	—	325	—	0.56	—	并五苯
2007[23]	0.51	Ta_2O_5+HMDS	—	245	—	—	—	并五苯
2007[24]	0.13	HfO_2	11	—	20	—	10^3	并五苯
2008[24]	0.2	Al_2O_3	9	—	60	—	—	并五苯
2008[25]	0.11	$(HfO_2)_{0.75}(SiO_2)_{0.25}$	—	—	6	−0.55	—	并五苯
2008[26]	0.21	HfO_2/Si_3N_4	10.4	—	110	—	—	并五苯
2008[27]	0.005	TiO_2	97	41	373	3	100	P3HT

续表

年份	迁移率 /[cm²/(V·s)]	介电层	介电常数	电容 /(nF/cm²)	厚度 /nm	V_{th} /V	开关比	半导体
2008[27]	0.006	Al_2O_3	—	8.4	79	—	10^0	P3HT
2009[28]	3.42	OA-BST	5.8	16.1	330	-1.14	10^3	并五苯
2009[28]	0.04	OA-BST	5.7	10.1	505	2.8	10^4	PQT-12
2010[29]	0.25	BST+派瑞林	11.3	—	253	—	10^4	并五苯
2010[29]	0.35	BT+派瑞林	25	720	270	—	—	并五苯
2011[30]	0.18	ZrO_x/ODPA	10.5	470	约10	-0.75	10^6	PBTTT
2011[31]	0.41	Al_2O_3/COC	—	72	50	3.8	10^6	并五苯
2012[32]	0.5	Al_2O_3	9	—	500	—	$4×10^6$	并五苯
2012[33]	1.48	$HfSiO_x$+PS	3.54	16	155.4	-5.49	$2×10^5$	并五苯
2012[33]	1.31	Al_2O_3+PS	2.9	13.1	155.4	-7.79	10^5	并五苯
2014[34]	2.58	HfAlO	16	348	22	—	$3.1×10^3$	CuPc
2014[35]	4.2	ZrO_2+SiO_2		230	90	-1	10^7	PDPPFC24-TVT
2015[36]	0.51	AlO_x	7.5	118	—	-2.1	10^4	并五苯
2015[37]	1.14	$La_{0.648}Nb_{0.352}O_y$	10.7	222	42.9	-1.35	$2.9×10^5$	并五苯
2015[38]	0.33	LaYO	8.46	222	33.7	-2.45	$2.44×10^3$	并五苯
2015[38]	0.4	LaZrO	10.7	314	30.1	-2.06	$2.74×10^4$	并五苯
2015[38]	0.754	LaNbO	11.9	266	39.6	-2.19	$2.96×10^4$	并五苯
2016[39]	0.17	HfO_x	11.6	355	20	-0.86	20.8^3	并五苯
2016[39]	1.6	$HfCl_4$+BTMH	6	137	34	-1.6	21.6^5	并五苯
2016[40]	0.16	Sc_2O_3	5.4	—	9.5	-0.75	$4.79×10^5$	并五苯
2016[40]	0.19	Y_2O_3	5.1	—	8.7	-0.45	$2.36×10^4$	并五苯
2016[40]	0.17	Pr_2O_3	5.6	—	15.8	-0.64	$1.46×10^4$	并五苯
2016[40]	0.2	Sm_2O_3	5.3	—	8.4	-0.51	$4.05×10^4$	并五苯
2016[40]	0.15	Eu_2O_3	5.8	—	9.19	-0.43	$2.23×10^4$	并五苯
2016[40]	0.22	Ho_2O_3	6.2	—	9.6	-0.57	$8.05×10^4$	并五苯
2016[40]	0.17	Lu_2O_3	5.3	—	8.7	-0.63	$3.98×10^4$	并五苯
2016[41]	0.88	Er_2O_3+ODPA	5.1	588	8.6	—	$1.6×10^6$	并五苯
2016[41]	4.51	Al_2O_3/ZrO_2/Al_2O_3		89.9	61	0.1	$5.2×10^5$	IZO
2017[42]	4.95	HfLaO	—	184	69.4	-1.31	$9.78×10^3$	并五苯
2017[37]	2.6	$La_{0.87}Ti_{0.13}ON$	11	240	40	-1.5	$1.6×10^5$	并五苯

注：BZT：锆钛酸钡；BST：钛酸锶钡；P3HT：聚噻吩；DH-5T：二戊基六联噻吩；CuPc：酞菁铜；PQT-12：聚(3,3-双十二烷基四噻吩)

5.2.1　Ba系介电层材料

钛酸钡（$BaTiO_3$）是一种价格便宜，供应量稳定，而被广为使用的高介电陶瓷材料，但是其脆性高，具有铁电性，传统制造需要高温烧结，所以与有机基底不太相容，因此研究主要集中在BZT或者BST以及溶液法或低温制造无铁电性的致密薄膜。

Dimitrakopoulos课题组通过溅射首次将非晶锆钛酸钡（BZT）（k约为17.3）、钛酸锶钡（BST）（k约为16），氮化硅Si_3N_4（k约为6.2）以及不同厚度的二氧化硅SiO_2（k约为3.9）作为介电层制备了以并五苯作为半导体层的OTFT器件，证明这些新的高介电常数的材料相比SiO_2可在较低的电压下获得更多的累积载流子，从而实现对OTFT迁移率的优化。他们进一步尝试了在低温下制备锆钛酸钡绝缘层，并将其制备到高透明的聚碳酸酯塑料基板上，在小于5 V的驱动电压下实现了并五苯OTFT器件的高迁移率，达到0.2～0.38 $cm^2/(V·s)$[6]。

Gan等用溶液法制备了油酸封端的钛酸锶钡（OA-BST）纳米颗粒电介质。使用该电介质制造的底栅并五苯TFT在-2.5 V的低驱动电压下显示为1.4～3.4 $cm^2/(V·s)$的高迁移率，开关比为10^3；基于该纳米颗粒电介质的顶栅结构的聚(3,3-双十二烷基四噻吩)(PQT-12) TFT也实现了0.01～0.1 $cm^2/(V·s)$的迁移率和10^3～10^4的开关比。研究表明，OA-BST纳米颗粒电介质之所以能够显著提高器件性能，归因于半导体/绝缘体界面具有非常低的缺陷态陷阱密度（<3.9×10^{11} cm^{-2}），比基于OTS-SiO_2的器件低一个数量级[28]。随后Huang等在室温下通过蒸镀和自组装制备超顺电均匀钛酸钡和钛酸锶钡纳米晶体膜（8～12 nm），使用乙醇或者异丙醇作为溶剂，Ba-Ti金属有机物质（乙基己酸异丙醇钛钡和异丙醇钛锶钡）作为$BaTiO_3$前驱体，控制水的量改善晶体溶解度和尺寸可调性，而不影响结晶度[29]。该方法使得能够以高产率（>90%）生产均匀的无聚集体和高结晶的$BaTiO_3$或$Ba_xSr_{1-x}TiO_3$纳米晶体，实现了对其晶粒尺寸从5～100 nm以及介电常数从10～30的调控。该膜被验证是超顺电的，有助于解决钛酸钡长期存在的由于铁电性产生的临界尺寸问题，形成了均一、致密的纳米晶体薄膜，并且制备了基于钛酸钡-聚对二甲苯（BT-parylene）介电层的并五苯OTFT，相比纯的聚对二甲苯介电层其迁移率从0.03 $cm^2/(V·s)$提升到了0.35 $cm^2/(V·s)$。

5.2.2　Al系介电层材料

Al_2O_3的介电常数仅为8～9，但既能维持一个较低的工作电压又具有较高的稳定性，且能实现常温制备，综合性能优秀，引发了诸多研究。Im课题组报道了通过射频磁控溅射在不同的温度下（室温、200 ℃、300 ℃）制备Al_2O_3介电层，研究发现室温下沉积的Al_2O_3作为介电层具有更高的电容，而漏电流以及表面粗糙度都相对较小[43]。之后，该课题组在ITO上室温射频激发溅

射 Al_2O_3 介电层制备并五苯 TFT，实验表示其迁移率为 0.14 $cm^2/(V·s)$，亚阈值电压 0.88 V/dec，开关电流比大于 10^6，该研究开启了基于 Al_2O_3 的介电层研究[9]。Majewski 课题组后来展示了通过将阳极氧化的 Al_2O_3 电介质沉积在柔性的 Al/Mylar 衬底上来制造柔性 OFET 器件的可能性。在 100 V 阳极氧化电压下制备的薄膜电容约为 60 nF/cm^2，漏电流低于 10^{-9} A/cm^2，所得膜的厚度可以通过阳极氧化电压非常精确地控制且膜质均匀无针孔[44]。在之后的研究中，他们用十八烷基三氯硅烷（OTS）自组装单分子层或通过沉积薄的聚（α-甲基苯乙烯）层来修饰介电层界面，得到与二氧化硅不相上下的 TFT 性能，为了解释表面改性带来的性能增强，研究者进行了不同温度下迁移率的测试，表明器件迁移率提升是由于附加有机层的引入改变了半导体材料的生长模式以及表面形貌[13]。

基于 ALD 技术的研究进展，最近对于介电层的研究也借助于这一手段，在薄膜晶体管中制备出复合的、厚度几纳米的绝缘层。2014 年，Kuzuhara 课题组报道了应用 ALD 技术制备 ZrO_2/Al_2O_3 叠层薄膜作为栅极电介质制造的 AlGaN/GaN 金属-绝缘体-半导体高电子迁移率晶体管，转移特性曲线如图 5.7。该课题组对不同厚度的介电层 ZrO_2（2 nm）/Al_2O_3（2 nm）以及 Al_2O_3（4 nm）和 ZrO_2（4 nm）器件进行了研究比较，结果表明由于电流击穿引起的栅极漏电特性以及动态导通电阻，Al_2O_3 栅极绝缘体有效减少正向栅极泄漏和抑制电流塌陷，而使用 ZrO_2 电介质导致抑制反向栅极泄漏电流[45]。次年，意大利研究者 Nigro 在 *Physica Status Solidi A* 特刊上发表了通过等离子体增强型原子层沉积（PE-ALD）技术制备 Al_2O_3 介电层并研究不同的表面处理方法以及沉积温度带来的不同结果，AFM 表征结果表明，获得的 Al_2O_3 表面形貌在 Si（001）衬底上为散射三维成核，而在 AlGaN/GaN（0001）上为平滑的 Al_2O_3 层，因此影响了电荷传输[46]。通过 PE-ALD 技术在聚醚砜（PES）

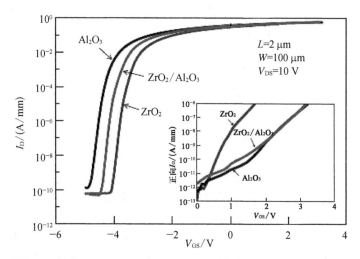

图 5.7　复合 ZrO_2/Al_2O_3、Al_2O_3 和 ZrO_2 的转移特性曲线，插图为栅源极之间正向 I-V 特性曲线[45]

衬底上生长不同厚度的Al_2O_3介电层（80 nm、120 nm、150 nm），可验证不同厚度氧化铝电介质对器件性能的影响。对于80 nm厚的器件，并没有观察到电响应，原因是其低厚度导致电介质中存在泄漏和弱点。150 nm厚的电介质表现出了最佳性能，迁移率高达0.62 $cm^2/(V·s)$，阈值电压为-1.2 V。

5.2.3 Hf系介电层材料

从图5.6可以看出，HfO_2在能隙-介电常数图中占据了很好的位置，有大的介电常数（k约为23～27），又有合适的带隙宽度，是一个替代SiO_2的理想材料。Tardy课题组分别使用溶胶-凝胶法和阳极氧化法在P^+硅基上制备了HfO_2介电层。研究表明，基于阳极氧化法制备的HfO_2介电层其并五苯TFT的迁移率为0.022 $cm^2/(V·s)$，阈值电压为-0.75 V，而基于溶胶-凝胶法制备的器件迁移率为0.13 $cm^2/(V·s)$，阈值电压-0.3 V，开关比为$5×10^{-3}$。显然，电镀得到的HfO_2介电层制备的器件迁移率低于一般的高k材料，而且有明显的迟滞效应，研究者认为这是HfO_2表面粗糙度引起并五苯的堆积无序导致的[24]。

Cho等分析了具有6 nm厚$(HfO_2)_x(SiO_2)_{1-x}$（x=0.25和0.75）栅极电介质的并五苯TFT，验证了介电层的组成影响器件的性能。x为0.75的栅极绝缘体的器件具有更高的I_d，相对地，另一种介电层有更低的阈值电压，但两种OFET的测量迁移率相同[0.11 $cm^2/(V·s)$]。通过原位UPS实验，研究者认为这种现象归因于后者具有较大功函[25]。Wu等利用HfO_2和Si_3N_4双层电介质制备了一种结构不同于常规结构的薄膜晶体管，在这种结构中，并五苯层直接接触Si，然后溅射HfO_2和Si_3N_4电介质层，实现了0.21 $cm^2/(V·s)$的载流子迁移率，阈值电压为-7 V，并且具有较长的器件寿命[26]。

当然，除了二元氧化物，基于铪元素的多元材料也受到了研究者的关注。Rhee等使用原子层沉积方法将$HfSiO_x$和Al_2O_3分别沉积在不锈钢衬底上，并使用十八烷基三氯硅烷（OTS）或聚苯乙烯（PS）进行表面改性，改善了在其上生长的并五苯的结晶度[33]。另外，Rhee等在沉积速率和温度的研究中发现，在低沉积速率和温度（0.2～0.3 Å/s和RT）下在聚苯乙烯涂覆的高k电介质上生长的并五苯具有最大的晶粒度（0.8～1.0 μm）和最高的结晶度，也因此显示出优异的器件性能。研究者通过调节聚苯乙烯溶液的浓度，保证结晶度不变的情况下实现对介电常数的调节，并最终使用低温聚苯乙烯涂覆的硅酸铪盐电介质实现了并五苯TFT高达2 $cm^2/(V·s)$的迁移率和10^4的开关比（图5.8）。

当然，HfO_2也存在很多缺点，比如高温下易晶化，从非晶转为多晶，从而增加漏电流，通常可以掺杂铪硅酸盐加以抑制。另外氧在HfO_2中扩散很快，在淀积和后续退火工艺中，容易在HfO_2和Si衬底之间形成界面过渡层SiO_2，影响总介电常数。通常为了减少界面过渡层，常在HfO_2中掺入氮形成HfSiON栅介质层，但是整体而言，对其性能影响利大于弊。

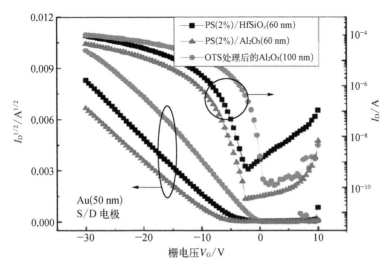

图5.8 具有OTS处理的、PS（2%）涂覆的Al_2O_3/SS和PS（2%）涂覆的$HfSiO_x$/SS的顶接触并五苯TFT的转移特性[33]

5.2.4 Ta系介电层材料

历史上的首个用于DRAM产品的高k介电材料就是氧化钽（Ta_2O_5），通过有机金属化学气相沉积（MOCVD），气态前体为乙醇钽（tantalum ethoxide），随后通过ALD沉积氧化铝—三甲基铝（TMA），该方法也逐渐成为制作Al_2O_3的标准方法。Katz等首次用Ta_2O_5（ε约为23～27）通过溶液法制备了OTFT器件，通过阳极氧化法，获得了均匀致密的氧化物介电层，将漏电流降低到$< 10^{-8}$ A/cm^2，基于全氟酞菁铜（$F_{16}CuPc$）和二己基喹诺酮（DHα5T）分别制备了n型和p型器件[7]。Bartic等通过电子束蒸发沉积Ta_2O_5制备了基于聚（3-己基噻吩）（P3HT）交错构型的晶体管，其操作电压为3 V，迁移率为0.02 $cm^2/(V·s)$，漏电流约为$10^{-7} \sim 10^{-8}$ A/cm^2 [8]。

2003年，Iino等在聚碳酸酯基板上以Ta作为晶体管栅电极并在室温下通过阳极氧化法制备Ta_2O_5电介质。为避免Ta膜破裂，介电层使用了Al和Ta的双层结构。对于厚度为86～188 nm的电介质，单位面积电容值范围为109～248 nF/cm^2。并五苯的OFET在5 V的操作电压下展现了0.36 $cm^2/(V·s)$的迁移率[10]。之后，Inoue等在SiO_2/Si基底上基于蒽低聚物（6-6'二己基[2-2']联蒽）制备出迁移率为0.13 $cm^2/(V·s)$的有机薄膜晶体管。研究者通过使用阳极氧化的130 nm厚的Ta_2O_5栅极介电层，提升了器件的响应特性，获得0.22 $cm^2/(V·s)$的迁移率和10^6的电流开关比[12]。基于阳极氧化法制备的介电层，氧化膜的特性受电解质溶液和阳极氧化条件的影响，因此，Fujisaki等分析了使用不同电解质溶液的并五苯薄膜晶体管的响应特性[15]。研究表明当使用硼酸铵代替磷酸时，FET器件特性显著提高，迁移率为0.51 $cm^2/(V·s)$，阈值电压为-1.1 V，开关比为10^5。

5.2.5 La系介电层材料

Lai课题组对La系材料进行了很多研究。2015年,他们制备了使用不同La含量($x=0$、0.347、0.648、1)的$La_xNb_{(1-x)}O_y$作为栅极电介质的并五苯OTFT[37]。通过对四种材料XPS光谱的结合能的移动对比,结果表明具有Nb_2O_5的OTFT的逆时迟滞由源自氧空位的供体样陷阱诱导,而具有La_2O_3的OTFT的顺时针滞后是由吸湿后电介质中的羟基离子引起,而La的掺入可以抑制Nb氧化物中的氧空位,从而减少了氧化物表面的成核位置,从而获得了较大的并五苯晶粒生长(图5.9)。另一方面,Nb掺入到La氧化物中可以降低La氧化物的吸湿性,导致更平坦的电介质表面,这也可以产生较大的并五苯颗粒。因此,通过适当地调整La含量,具有$La_{0.764}Ta_{0.236}O_y$作为栅极电介质的OTFT可以实现最大的并五苯晶粒以及更平滑的介电表面,基于此介电层的器件其载流子迁移率最高为$1.14\ cm^2/(V·s)$,分别为使用Nb氧化物和La氧化物的器件迁移率的1000倍和2倍。总之,掺入Nb氧化物的La可以钝化其氧空位,从而获得OTFT的高载流子迁移率,小的阈值电压和可忽略的迟滞现象。

图5.9 电介质膜的AFM图像[37]

(a)样品A($x=0$);(b)样品B($x=0.347$);(c)样品C($x=0.648$);(d)样品D($x=1$)。

同年，Lai等又将La掺入到三种过渡金属（TM=Y，Zr和Nb）氧化物中作为并五苯有机薄膜晶体管（OTFT）的栅极电介质[38]。结果表明掺入Zr氧化物和Nb氧化物的La通过钝化它们的氧空位，大大降低了它们的陷阱密度（通过低频噪声测量所证实），使得在它们表面生长的并五苯有较大的晶粒，因此降低了晶界散射而得到更高的载流子迁移率。然而，掺入Y_2O_3中的La通过使其表面变粗糙而增加其陷阱密度，导致较小的并五苯晶粒生长，从而降低载流子迁移率。

2017年，该课题组制造了基于HfLaO栅极电介质的底栅并五苯有机薄膜晶体管（OTFT），用不同栅电极（Ti或Al涂覆的胶带、n^+Si晶片和ITO玻璃），研究了栅极材料对器件性能的影响[41]。尽管在Ti和Al的涂覆真空带上电介质表面生长的并五苯颗粒分别比n-Si晶片上的更薄和更小，但是其具有更高的载流子迁移率，其中使用Ti栅极，成功地达到了4.95 $cm^2/(V·s)$的载流子迁移率和-1.31 V的阈值电压。Lai等认为可能的原因是金属栅极可以屏蔽HfLaO的远程声子散射，并避免硅栅的远程库仑散射，从而导致Al栅电极和Ti栅电极的OTFT具有更高的载流子迁移率。

可以看到，La系介电层材料的研究并不如其他材料开展的早，所受关注也不多，但是其性能却好于大多数的介电层材料，其进一步地发展及应用值得期待。

5.2.6 其他无机介电层材料

相比其他高介电材料，TiO_2具有物理与化学稳定性强、易得、成本低及无毒等优点，因此，TiO_2的应用和研究较为广泛。TiO_2是以Ti原子为中心，6个氧原子在Ti原子周围形成配位的八面体结构，Ti原子拥有22个电子，利用外围3d轨域的4个价电子与氧原子形成共价键。TiO_2虽然具有极高介电常数的优点，但它的漏电流过大，限制了其发展。Majewski等使用TiO_2（ε约为41）作为介电层，基于并五苯和聚（三芳基胺）（PTTA）制备了器件，使得阈值电压降到了1 V以下，迁移率为0.15 $cm^2/(V·s)$（并五苯）以及10^{-5} $cm^2/(V·s)$（PTTA），但漏电流较高，限制了其应用。在无机器件中使用高k溶胶-凝胶衍生的TiO_2电子束抗蚀抑制漏电流的策略已被用于制造低温器件[20]。Cai等制造了油酸封端的TiO_2（OA-TiO_2）核-壳纳米粒子，其通过旋涂沉积后表现出良好的介电性能。电介质膜在1 MV/cm电场下的介电常数约为5.3，低漏电流约为$3×10^8 A/m^2$。Cai等使用聚（3,3-二十二烷基四噻吩）和并五苯作为半导体材料制备了OFET，分别做到了0.05和0.2 $cm^2/(V·s)$的迁移率[47]。因此，溶液法制备的TiO_2介电层是未来可打印OFET的介电层的选择之一，其发展令人拭目以待。

最初，ZrO_2（ε约为25）因与典型有机材料的兼容性较差，以ZrO_2作为OTFT介电层的报道并不多，但随着研究的深入，这些问题得到了解决。Kim课题组在2004年报道了使用ZrO_2作为介电层，并五苯作为半导体层的OTFT器件，迁移率为0.12 cm²/(V·s)，阈值电压-30 V，开关电流比为10⁴。但该器件性能存在严重的衰减问题，他们通过单分子层修饰改善了界面性能，改善后的迁移率为0.12～0.66 cm²/(V·s)，开关电流比为10⁴～10⁵，且性能更加稳定[48]。值得一提的是，Boer课题组总结了利用单晶的并四苯、红荧烯、并五苯为半导体，Ta_2O_5、ZrO_2以及SiO_2为介电层的晶体管性能参数，实验结果表明不管使用哪种半导体材料以及介电材料，当漏电流大于10^{-9} A/cm²时将导致不可逆转的器件性能的衰减[49]。与HfO_2相比，ZrO_2具有更好的介电常数性能，但其带隙略窄，存在四周泄漏的问题。所以目前ZrO_2通常与具有优良防泄漏功能的Al_2O_3相结合。

5.3　有机聚合物介电层材料

前文提过OTFT一个关注点为降低操作电压，这需要栅电极和半导体之间的强电容耦合。而我们也可以看到在无机领域通常的探索路线是使用高介电常数的材料。然而，鉴于发现可以实现稳定的晶体管操作和低漏电流的无机电介质在相对电容率和带隙之间的反相关性(图5.6)，实际上，为阻止活性层界面处的电荷注入栅介电层，半导体材料与栅极电介质的导带/价带之间的最小能量偏移≤1 eV，也因此加大了无机介电层材料方向迁移率与漏电流同时优化的挑战。晶体管的一个主要应用是低成本大容量的微电子集成电路，例如目前十分火热的应用在无人超市的产品标签识别技术。在这方面，无机材料的优异性能不能被忽视，但是其成本高，制作工艺复杂且硬度高，而诸如电子条形码等应用通常是低成本、柔性技术的一次性产品。考虑到这些因素，不仅有机半导体材料需要新的创新，有机介电层材料也应有新的突破。聚合物易于加工(例如浸渍或旋涂技术)、低成本、低温加工等优良特性，在柔性电子领域的显示出独特魅力。

目前应用于OFET的有机绝缘材料主要集中在以下几类：氰乙基普鲁兰多糖(CYEPL，k约为18.5)、聚对二甲基苯(Parylene，k约为3.1)、聚酰亚胺(PI)、聚氯乙烯(PVC，k约为4.6)、聚甲基丙烯酸甲酯(PMMA)、聚乙烯苯酚(PVP)、聚苯乙烯(PS，k约为2.6)、聚乙烯醇(PVA，k约为7.8)、聚四氟乙烯(PTFE)、CYTOP(k约为2.1)等(图5.10)。表5.2展示了1990～2017年在聚合物介电层材料的进展。

1990年，Garnier课题组使用α-6T作为有机半导体层，CYEPL作为介电层，在聚(乙二烯酸)树脂(PPA)的基底上制备了OTFT器件，展示了很好的柔性，其迁移率为0.43 cm²/(V·s)[50]。随后该课题组研究者又报道了打印法制备全有机OTFT器件，其电极材料使用含石墨的墨水打印，PS作为介电层，二己基六联噻吩(DH-6T)作为半导体层，胶带作为基底，所得迁移率为0.06 cm²/(V·s)[51]。

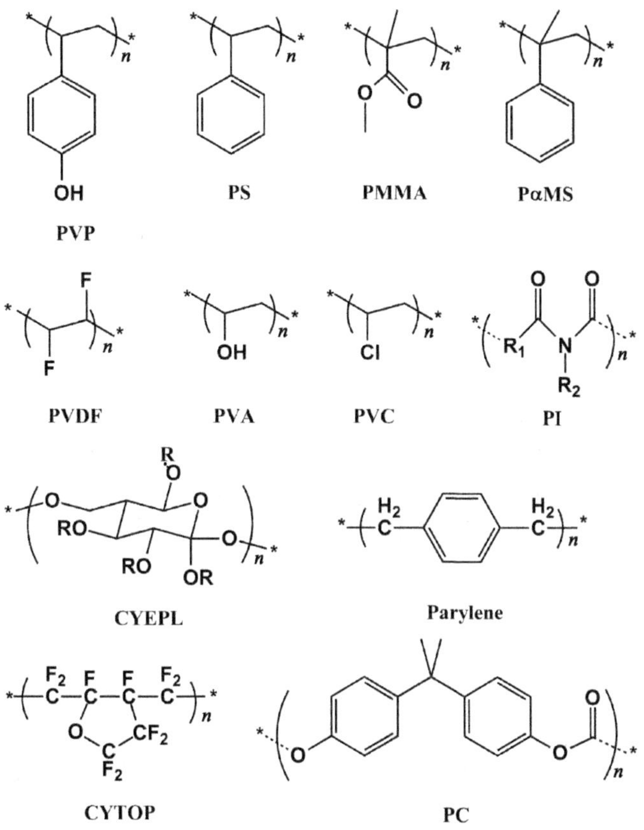

图 5.10 一些常见聚合物介电材料

表 5.2 聚合物介电层的介电性能和对应的 OFET 器件性能

年份	迁移率 /[cm²/(V·s)]	介电层	介电常数	电容 /(nF/cm²)	厚度 /nm	阈值电压 /V	开关比	半导体
1990[50]	0.46	CYEPL	18.5	1	—	−1.3	—	α-6T
1990[52]	—	PS	—	—	—	—	—	α-6T
1990[52]	—	PMMA	—	—	—	—	—	α-6T
1990[52]	—	PVC	—	—	—	—	—	α-6T
1990[52]	9.3×10^{-4}	PVA	7.8	10	—	−0.8	—	α-6T
1990[52]	0.034	CYEPL	18.5	6	—	−3.4	—	α-6T
1994[51]	0.06	PS	2.6	—	—	—	—	DH-6T
1997[53]	0.01～0.03	PI	—	20	—	—	—	PHT

续表

年份	迁移率 /[cm²/(V·s)]	介电层	介电常数	电容 /(nF/cm²)	厚度 /nm	阈值电压 /V	开关比	半导体
1997[53]	10^{-5}	PI	—	20	—	—	—	PDT
1998[54]	3×10^{-4}	PVP	—	—	250	—	—	PTV
2000[55]	0.01	PI	—	1	2 000	—	—	PHT
2000[56]	3×10^{-3}	光刻胶	—	—	300	—	10^3	P3HT
2000[56]	10^{-2}	光刻胶	—	—	300	—	10^3	并五苯
2000[56]	10^{-3}	光刻胶	—	—	300	—	10^3	PTV
2000[57]	0.02	PVP	4.5	0.02	500	−10	10^5	F8T2
2002[58]	0.1	PVP	4.2	—	440	1	10^3	并五苯
2002[58]	0.002	PVP	4.2	—	440	30	10^2	P3HT
2002[59]	3	交联PVP	3.6	11.4	260	−5	10^5	并五苯
2002[59]	2.9	PVP共聚物	4	10.8	380	−8	10^5	并五苯
2004[60]	12	PVP	5	4.3	1 000	0	200	RR-P3HT
2004[61]	0.04	CYEPL	12	8.85	1 200	7	—	P3BT
2004[61]	2×10^{-4}	PVP	5	5.59	900	67	—	P3BT
2004[61]	0.03	PVOH	10	17.8	500	4	—	P3BT
2004[62]	10^{-4}	BCB	2.65	—	50	−17.5	10^4	TFB
2004[63]	1	PI	—	6.3	540	—	10^6	并五苯
2004[64]	0.3	SI-ROMP	—	3	1 200	—	100	并五苯
2004[65]	0.1	PVPh+PVAC	—	5.15	1 020	−10	10^5	并五苯
2005[66]	0.1	CPVP-C6	6.10	300	18	−1.8	10^4	并五苯
2005[66]	0.1	CPVP-C6	6.1	300	18	0.9	10^3	DH-6T
2005[66]	4×10^{-3}	CPVP-C6	6.10	300	18	1.2	100	P3HT
2005[66]	0.08	CPS	2.5	218	10	−2	10^4	并五苯
2005[67]	2.59	PVP	—	—	600	—	—	并五苯
2005[68]	0.1	PI	—	7.5	365	—	5×10^5	并五苯
2006[69]	0.8	PVP	—	—	450	−9.2	10^8	并五苯
2006[70]	0.003	PVP-PMMA	—	—	380	−4	10^8	PQT-12
2006[70]	0.003	PVP-PMMA/OTS-8	—	—	~380	−4	10^4	PQT-12
2006[70]	0.15	PVP-PMMA/pMSSQ	4	9	380+50	−2	10^6	PQT-12
2007[71]	—	派瑞林-C	3.1	—	540	−3.5	10^4	并五苯
2007[72]	0.241	PMMA	—	—	300	−6.3	10^4	并五苯

续表

年份	迁移率 /[cm²/(V·s)]	介电层	介电常数	电容 /(nF/cm²)	厚度 /nm	阈值电压 /V	开关比	半导体
2007[73]	1.23	P-PVP	3.6	—	800	−6.5	10^7	并五苯
2007[74]	0.94	CyEP	18	18	900	−1.2	—	并五苯
2007[74]	0.1	PVP	5	15	300	−2.8	—	并五苯
2007[74]	0.09	PMMA	3.5	3.4	900	−11.2	—	并五苯
2007[74]	0.03	派瑞林	3	4.4	600	−10.8	—	并五苯
2007[74]	0.06	PI	3.5	7.3	400	−9.6	—	并五苯
2008[75]	0.153	PMMA	3.2	5.06	560	−7.03	6×10^4	并五苯
2008[75]	0.134	PMPA	3.4	4.56	660	−6.03	4.7×10^4	并五苯
2008[75]	0.093	PPA	2.9	4.41	582	−8.24	4×10^4	并五苯
2008[75]	0.195	PTFMA	6	5.35	592	−8.62	2.8×10^4	并五苯
2009[76]	0.1~0.25	CYTOP	2.1	—	450~600	15~20	10^4	P(NDI2OD-T2)
2009[76]	0.1~0.4	PTBS	2.4	—	600~800	15~20	10^6	P(NDI2OD-T2)
2009[76]	0.1~0.3	PS	2.5	—	500~700	10~15	10^7	P(NDI2OD-T2)
2009[76]	0.2~0.85	聚烯烃-聚丙烯酸酯	3.2	—	350~500	5~10	10^6	P(NDI2OD-T2)
2009[76]	0.2~0.45	PMMA	3.6	—	600~900	5~10	10^6	P(NDI2OD-T2)
2011[77]	23.2	蚕丝蛋白	6.1	12.8	420	−0.77	3×10^4	并五苯
2012[78]	1.7	P(VDF-HFP)-离子液体	—	1 000	10 000	—	10^5	P3HT
2012[79]	0.4	P(VDF-TrFE-CFE)	40	330	160	—	10^6	pBTTT-C16
2012[79]	0.11	P(VDF-TrFE-CFE)	40	330	160	—	10^4	P(NDI2OD-T2)
2012[80]	0.16	P123-PS	2.7	88.2	28	−1	5×10^5	并五苯
2015[81]	1.9	SIVO110	20.02	11	1 450	−1.4	1.2×10^3	并五苯
2015[82]	3.4	CYTOP	2.1	—	330	—	10^8	IZO
2015[82]	1.75	PαMS	2.5	—	100~200	—	10^8	IZO
2015[82]	1.93	PC	3.2	—	100~200	—	10^8	IZO
2015[82]	2.36	SAN	3.4	—	100~200	—	10^8	IZO
2015[82]	5.02	PMMA	3.5	—	100~200	—	10^8	IZO
2015[82]	2.73	FRFT	40	—	215	—	10^8	IZO

续表

年份	迁移率/[cm²/(V·s)]	介电层	介电常数	电容/(nF/cm²)	厚度/nm	阈值电压/V	开关比	半导体
2015[83]	0.33	pV3D3	—	161.5	12.1	-1.5	10^3	并五苯
2015[83]	0.59	HMDS-treated pV3D3	—	142.3	13.7	-0.9	10^4	并五苯
2015[83]	0.31	OTS-treated pV3D3	—	158.4	12.3	-0.2	10^5	并五苯
2015[83]	0.44	PFTS-treated pV3D3	—	150.4	13	1.1	10^4	并五苯
2016[84]	1.4	CEP-PEMA	6.3	0.94	60	—	2.4×10^6	C8-BTBT
2016[84]	0.53	CEP-PEMA	9	1.32	60	—	1.5×10^5	C8-BTBT
2016[85]	0.23	CPVP+PMF		5.7	500	-22	10^5	并五苯
2016[85]	0.03	CPVP+PMF		5.7	500		10^4	P3HT
2017[86]	1.26	ODPA/α-Al₂O₃-KPI	3.17	12.5	200	-8.3	7.7×10^5	Ph-PTPT-C10
2017[87]	1.82	p(CEA-co-DEGDVE)	6.2	160.6	20	-2.0	10^6	C8-BTBT
2017[87]	30.5	p(CEA-co-DEGDVE)	6.2	203.9	20	-1.6	10^6	IGZO
2017[88]	30.6	PAA		32.6	160	-0.5	3×10^5	并五苯
2017[89]	0.01	FA	111	3 200	—	0.01	150 ± 30	P3HT
2017[89]	0.01	H₂O	80.4	3 200	—	0.07	23 ± 0.6	P3HT
2017[89]	0.01	PC	69	600	—	0.26	5 ± 0.4	P3HT
2017[89]	0.012	CAN	37.5	200	—	0.22	5.6 ± 0.4	P3HT
2017[89]	0.000 98	MeOH	33	1 800	—	0.04	32 ± 14	P3HT
2017[89]	0.001 01	EtOH	24.3	1 000	—	0.02	32 ± 9.2	P3HT
2017[89]	0.009 7	IPA	18	700	—	-0.06	23 ± 16	P3HT
2017[89]	0.009 6	BuPH	17.8	600	—	0.03	30 ± 20	P3HT
2017[89]	0.01	POH	13.9	210	—	0.07	27 ± 19	P3HT

Bao等使用通过旋涂，浇铸或印刷加工的方式，制备区域性聚（3-己基噻吩）（PHT）为半导体层，选择ITO涂覆的聚对苯二甲酸乙二醇酯膜作为基底，ITO层用作栅电极，然后通过丝网印刷法将聚酰亚胺介电层印刷到ITO表面，膜的电容约为20 nF/cm²，实现了能够媲美传统Si基晶体管的高场效应迁移率，在$0.015 \sim 0.045 \ cm^2/(V \cdot s)$范围[53]。1998年，Drury等使用聚噻吩乙炔（PTV）作为半导体，聚乙烯基苯酚（PVP）作为栅极电介质制造了全聚合物集成电路。但是该器件迁移率比较低，在$5 \times 10^{-5} \sim 10^{-3} \ cm^2/(V \cdot s)$范围，Drury等认为是由于其与顶栅结构的

兼容性不好[54]。为了解决这一问题，Gelinck等改用了底栅结构，他们使用光致抗蚀剂作为栅极介电层，基于并五苯、P3HT和PTV这三种半导体材料，分别获得了10^{-2} cm²/(V·s)、3×10^{-3} cm²/(V·s)和10^{-3} cm²/(V·s)的场效应迁移率。

2000年，基于聚酰亚胺基底的图案化刻蚀，制造图案化疏水亲水区域，Sirringhaus课题组用导电聚合物油墨（PEDOT：PSS）通过喷墨打印的方法成功地制备了源极和漏极线（图5.11）[57]。器件以分别PVP、F8T2为介电层和半导体层，首次通过喷墨印刷技术得到了0.01～0.02 cm²/(V·s)的迁移率，开关电流比10^5。但是需要注意的是，该有机高分子材料作为介电层的OTFT器件相比无机介电层材料有较大的迟滞。Pyo课题组报道了可图案化的聚酰亚胺作为介电层的工作，展现了较好的介电性质，漏电流小于5×10^{-8} A/cm²（$V=0$～100 V），击穿电压为3 MV/cm，电容为7.5 nF/cm²。该课题组以并五苯为半导体材料对比了ITO以及PES基底，迁移率分别为0.2 cm²/(V·s)(ITO)和0.1 cm²/(V·s)(PES)，Pyo等认为这是半导体层与介电层之间的界面决定的[68]。

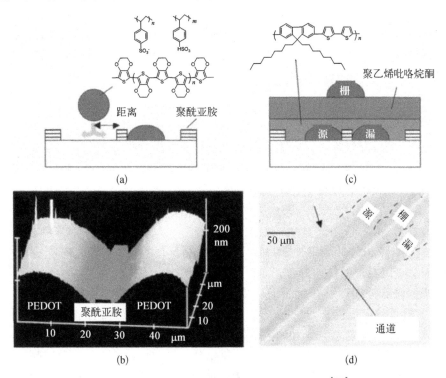

图5.11　源极和漏极的喷墨打印制备[57]

(a)高分辨率IJP在预制图案基板上的示意图；(b)AFM显示由具有$L=5$ μm的排斥聚酰亚胺(PI)线分开的喷墨印刷的PEDOT/PSS源极和漏极的精跑对准；(c)具有F8T2半导体层(S：源极；D：漏极；G：栅极)的顶栅IJP TFT配置的示意图；(d)IJP TFT($L=5$ μm)的光学显微照片。由于在摩擦聚酰亚胺顶部的F8T2聚合物的单轴单畴取向，TFT通道呈现亮蓝色，F8T2薄膜处于各向同性多畴配置，箭头表示未确定的PEDOT边界的粗糙度

同年，Rogers等通过简便的喷墨印刷等溶液法制造了多个智能器件。他们使用聚对苯二甲酸乙二醇酯（PET）为基底，通过浓盐酸对基底上涂覆的ITO进行图案化刻蚀制备栅极，又用浇铸聚酰亚胺制备介电层，其厚度约为2 μm，电容约为1 nF/cm^2。而源漏极通过电子束蒸发沉积20 nm厚的金膜，然后进行微接触印刷和刻蚀来图案化。所谓的微接触印刷是橡胶印记将墨水（该工作中为十六烷硫醇）涂覆到金膜表面的选定区域，形成免于刻蚀的SAMs保护膜，而这一区域便是源漏极，然后通过紫外线照射除去这一层SAMs保护膜，基于PHT半导体晶体管的迁移率为0.01 cm^2/(V·s)。该课题组基于此方法，使用有机倍半硅氧烷旋涂玻璃作为电介质材料，还制造了由256个晶体管组成的均匀性良好的有机有源矩阵背板电路[55]。

2003年，Veres等研究了具有不同极性的多个栅极绝缘体在基于多三芳基胺（PTAA）和聚(9,9-二辛基氟联合二噻吩)作为半导体材料器件中的性能。他们发现当绝缘体介电常数低于2.5时，器件性能将会显著增加[90]。前文中我们介绍过材料极化的理论基础，材料中质点形成的电偶极矩是和作用在这些质点的局部电场E_{loc}成正比的，即有：$\mu=aE_{loc}$，比例系数a叫极化率，它是反映单位局部电场所形成质点的电偶极矩大小的量度。根据局部电场为外源所施加电场E加上所有其他质点形成的偶极矩给予这个质点的总电场，可以得到克劳修斯-莫索蒂方程：$\dfrac{\varepsilon_r - 1}{\varepsilon_r + 2} = \dfrac{Na}{3\varepsilon_0}$，建立了宏观量$\varepsilon_r$，材料的相对介电常数与微观量极化率的关系，也就是说，介电常数在宏观上反映了电介质的极化程度，根据高聚物中各种基团的有效偶极矩，可以把高聚物按极性大小分为四类：非极性（PE、PP、PTFE）；弱极性（PS、NR）；极性（PVC、PA、PVAc、PMMA）；强极性（PVA、PET、PAN、酚醛树脂、氨基树脂）。表5.3展示了常见聚合物的介电系数（60 Hz）和介电损耗角正切。

基于介电极化的理论基础，Veres等认为由于高介电常数的材料具有更大的极性，加宽了定域态的高斯分布，产生了更多的尾态，也因此增加了捕获载流子的陷阱密度，而这种理论解释也应当只适用于电子带形成非常有限的有机材料，因为随机偶极子不太可能显著影响宽带的扩展状态，其理论结构后来被Richards等证实[91]。而与此相对应的，Hulea等对于介电常数与迁移率的关系进行了另一种解释，他们研究了介电常数从1到25的6种介电材料的红荧烯单晶场效应晶体管，并做出了迁移率随温度变化的曲线，结果表明：随着介电常数的增加，迁移率随温度的变化从"似金属态"变到了"似绝缘态"。因此他们认为这归功于半导体-介电层界面处电荷的局域化以及Frohlich极化子的形成[92]。

2004年，Someya课题组通过改进工艺，降低了聚酰亚胺膜的固化温度，实现了在180℃下固化聚酰亚胺，并将其作为栅极电介质层用于聚对苯二甲酸萘二

表5.3　常见聚合物的介电系数(60 Hz)和介电损耗角正切

聚合物	k	tg $\delta \times 10^4$	聚合物	k	tg $\delta \times 10^4$
聚四氟乙烯	2.0	<2	聚碳酸酯	2.97～3.71	9
四氯乙烯-六氟丙烯共聚物	2.1	<3	聚砜	3.14	6～8
聚丙烯	2.2	2～3	聚氯乙烯	3.2～3.6	70～200
聚三氟聚乙烯	2.24	12	聚甲基丙烯酸甲酯	3.3～3.9	400～600
低密度聚乙烯	2.25～2.35	2	聚甲醛	3.7	40
高密度聚乙烯	2.30～2.35	2	尼龙-6	3.8	100～400
ABS树脂	2.4～5.0	40～300	尼龙-66	4.0	140～600
聚苯乙烯	2.45～3.10	1～3	酚醛树脂	5.0～6.5	600～1 000
高抗冲聚苯乙烯	2.45～4.75	—	硝化纤维素	7.0～7.5	900～1 200
聚苯醚	2.58	20	聚偏氟乙烯	8.4	—

甲酸酯基薄膜基底上制造并五苯场效应晶体管。栅极电介质层的表面粗糙度平均值仅为0.2 nm,沉积在990 nm聚酰亚胺层上的晶体管达到10^6的开关比和0.3 cm^2/(V·s)的迁移率,并且通过降低介电层厚度至540 nm,迁移率可增至1 cm^2/(V·s)[63]。Sandberg课题组以吸湿性材料为介电材料,RR-P3HT为半导体,PVP为介电层,研究了全聚合物吸湿性介电层场效应晶体管(hygroscopic insulator field-effect transistor,HIFET)。结果表明在小的极性分子氛围下,HIFET表现出了极好的OTFT性能,迁移率大于10 cm^2/(V·s),而在大的非极性分子氛围下,饱和区和调制会消失[60]。他们认为电流的增强主要有两大相互关联的因素:第一,可移动离子(H^+、Na^+、Cl^-、OH^-)的漂移在漏极和漏极电流调制中因偏移界面电荷产生截断;第二,半导体材料本身的电化学掺杂以及离子杂质的漂移。

2005年,Zyung等首先以高导电的Si为基底,SiO$_2$为栅电极,使用诸如Pt、Au、W、Ag、Cr、Zn和Al的各种金属作为源极和漏极,用六甲基二硅氮烷(HMDS)作为自组装材料处理介电层表面,用于提高有机/电介质界面的质量,研究了金属电极的功函数对迁移率的影响,以找出实现最佳性能OTFT的电极材料,表明当功函数为4.3 eV时,迁移率急剧增加,之后变化缓慢。然后以聚醚砜(PES)膜用作柔性基底,将聚乙烯基苯酚(PVP)与重铬酸铵光引发剂以质量分数为16%混合固化,形成器件的栅极电介质,使用优化的电极材料,制备了迁移率为2.59 cm^2/(V·s)的并五苯晶体管器件[67]。Kang等还对比了PMMA(k约为3.5)与PVP(k约为3.9)两种介电层,结果在相同条件下,使用PVP的器件展示了更好的性能,迁移率为0.15 cm^2/(V·s),阈值电压为1.9 V。虽然二者的介电常数相差不大,但基于PVP的器件并五苯形成了较大的晶粒,而PMMA介电层与半导体层间的晶界势垒以及缺陷导致的性能下降[93]。

2006年，Han等用聚乙烯醇和感光丙烯酸层进行钝化，以PVP作为介电层，制备了场效应迁移率为0.8 cm^2/(V·s)、阈值电压为-9.2 V和开关比为10^{8}的高性能并五苯有机薄膜晶体管[69]。与之相比，未钝化保护的OTFT阈值电压的绝对值随露置在空气中的时间增加而增加，但是在钝化的OTFT中随时间的增加而减少。这表明两类OTFT性能下降的起因不同。Han等认为未钝化的H$_2$O和钝化的OTFT中的O$_2$应当是器件性能随时间降低的因素。Zhu等在改性聚酯塑料基材(PET)旋涂金纳米颗粒分散体成为金膜作为电极，将4-乙烯基苯酚/甲基丙烯酸甲酯共聚物(PVP-PMMA)在DMF中的溶液旋涂在该金膜的顶部并于254 nm的紫外光下交联，之后旋涂聚(甲基倍半硅氧烷)(pMSSQ)的甲基异丁基酮溶液，高温固化，将50 nm的pMSSQ层铺在交联的PVP-PMMA的顶部上，旋涂或者喷墨打印PQT-12纳米颗粒分散体作为半导体层，以高效低耗、全溶液法制备了有机薄膜晶体管[70]。UV固化PVP-PMMA电介质的器件与具有未改性或使用OTS-8改性的相比，迁移率提高了多达50倍至0.15 cm^2/(V·s)，开关比提升两个数量级到10^6。Zhu等认为这种差异主要来自界面疏水性及其稳定性，处理后的接触角由78°提升到98°，而OTS-8处理后的界面虽然也有所提升，但效果不稳定，几小时内接触角便降至80°左右。

2007年，Marks课题组为了研究玻璃质聚合物作为OTFT栅极介电层时其黏弹性对于生长机理以及OTFT电流特性的影响，利用不同分子量的PS、PMMA、PTBS以及PVP(10～800 nm)加上300 nm的SiO$_2$作为介电层，同时纯300 nm的SiO$_2$作为对照，以并五苯为半导体材料，制备了一系列的底栅顶接触OTFT器件，并探究不同沉积温度(T_D)下半导体层的生长模式，表面形貌以及器件电荷转移特性[94]。其中PS1[T_g(b)=103 ℃]，PS2[T_g(b)=94 ℃]，PS3[T_g(b)=83 ℃]，PTBS[T_g(b)=137 ℃]，PMMA[T_g(b)=86 ℃]，SiO$_2$[T_g(b)=1 175 ℃]。如图5.12所示，基于PS2和其他聚合物栅极绝缘体的器件的载流子迁移率取决于T_D，而基于c-SiO$_2$的器件并不受影响，归一化载流子迁移率随T_D变化的关系图更加明显的显示了OTFT响应特性对并五苯生长温度的依赖性，同时可以发现在一个窄的特定温度段，并五苯载流子迁移率会突降。经Marks等一系列的实验验证，表明T_g(s)[归一化迁移率为0.5 cm^2/(V·s)时的温度值]这一转变温度与表面黏弹性相关。Marks等最终证实该转变效果与聚合物膜厚度无关，介电层不需要纳米级限制，因此该效应可用来通过OTFT响应来探测掩埋界面中的表面黏弹性。

2008年，Huang课题组以并五苯为半导体层，对比了PMMA与SiO$_2$作为介电层的区别。研究发现在PMMA上并五苯晶粒尺寸为1 000～1 500 nm，而SiO$_2$上为100～300 nm，说明PMMA更利于晶体生长。使用PMMA所得迁移率为0.241 cm^2/(V·s)，是SiO$_2$的8倍[95]。Cheng课题组以并五苯作为半导体层对比分析了聚甲基丙烯酸甲酯(PMMA，k约为3.2)，聚(4-甲氧基苯基酯)(PMPA，k约为3.4)，聚(苯基酯)(PPA，k约为2.9)和聚(2,2,2-三氟乙基甲基丙烯酸酯)(PT-FMA，k约为

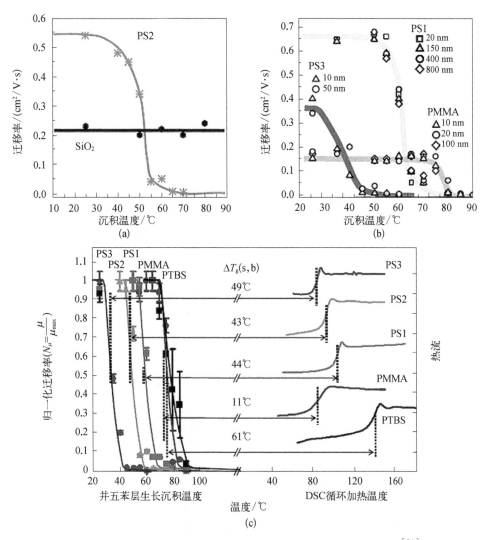

图5.12 玻璃质聚合物介电层的黏弹性对OTFT特性的影响研究[94]

(a) 在聚合物双层电介质PS2(24 nm)和c-SiO₂上不同沉积温度制备的并五苯OTFT的载流子场效应迁移率;(b) 对于不同厚度的PS1、PS3和PMMA电介质载流子场效应迁移率随沉积温度的变化;(c) 在不同双层电介质上归一化载流子迁移率随并五苯生长沉积温度的变化(左),聚合物DSC扫描曲线(右),聚合物的$T_g(s)$定义为$N_\mu=0.5$对应的温度,$\Delta T_g(s,b)=T_g(b)-T_g(s)$[$T_g(s)$分别为59℃(PS1),51℃(PS2),<34℃(PS3),75℃(PMMA),76℃(PTBS)]

6.0)等有机介电层材料。结果表明:PMMA、PMPA以及PPA介电层的并五苯呈层生长,而PTFMA为介电层的并五苯则为岛生长,晶粒更小,然而,PTFMA迁移率最大[0.195 cm²/(V·s)][75]。Cheng等分析认为这是由于PTFMA诱导并五苯形成了单晶结构。另外,基于聚酰亚胺材料可取向的特性,在SiO₂上旋涂一层聚酰亚胺,然后进行光取向或者摩擦取向,半导体会因其产生的界面各向异性进行排列取向,提高器件性能,在Kim等的研究中,摩擦过的器件比没有处理的器件迁移率提高了3倍[96]。

2009年,与Veres等的研究结果相反,Yan等发现[聚N,N-双(2-辛基十二烷基)-萘-1,4,5,8-双(二羧酰亚胺)2,(2,2-联噻吩)](NDI2OD-T2基)的OFET性能在不同的栅极电介质[CYTOP(k约为2)、PS(k约为2.5)、PTBS(k约为2.4)、D2200(k约为3.2)、PMMA(k约为3.6)]没有明显变化,迁移率基本集中在$0.2 \sim 0.5 \text{ cm}^2/(\text{V} \cdot \text{s})$,开关比为$10^6$,与介电层的分子量、介电常数、分散性都无明显关联[76]。Veres等提出当电荷传输发生的位置(半导体π共轭核心)和介电层表面之间的距离增加时,介电层介电常数对迁移率影响会显著降低。已知OTFT电荷传输被限制在尽可能接近于电介质界面的薄层(通常为1 nm)中。对于无定形聚合物,链相对于电介质表面随机分布而没有明确定义的取向,对于P(NDI2OD-T2),长支链(2-辛基十二烷基取代基)以距离0.1 nm的距离从表面离散NDI-T2共轭核心,对电介质中偶极子产生去耦效应,是迁移率对介电常数k不敏感的原因。

2011年,Hwang等使用蚕丝蛋白作为栅极介电材料,以溶液法在聚(对苯二甲酸乙二醇酯)(PET)塑料基底上制备的并五苯OTFT,迁移率高达$23.2 \text{ cm}^2/(\text{V} \cdot \text{s})$[77]。蚕丝蛋白是蚕吐出的丝蛋白之一,蚕丝结构为丝胶蛋白包裹着蚕丝蛋白。蚕丝蛋白是天然生物聚合物,由交替的Gly和Ala重复的氨基酸序列组成。Hwang等将蚕茧在0.5% Na_2CO_3的水溶液中煮沸20分钟,然后用去离子水冲洗以提取胶状的丝胶蛋白。将剩余的丝纤维在85%磷酸中60℃溶解1小时,将溶液在去离子水上透析除去磷酸,过滤,得到电子级丝素水溶液(质量体积比为2%)。经测试,蚕丝蛋白的介电常数大约为6.1,使用30 nF/cm^2电容值计算得器件饱和区迁移率为$23.2 \text{ cm}^2/(\text{V} \cdot \text{s})$。为了解释高迁移率,Hwang等将相同厚度(25 nm)的并五苯沉积在SiO_2和丝蛋白电介质上,并通过GIXRD对比结晶度,发现丝蛋白电介质上的并五苯正交相强度是SiO_2上的5倍,当并五苯薄膜厚度大于30 nm时,出现$2\theta=5.7°$处的突出X射线峰,表明并五苯分子是以倾斜成与介电层表面几乎垂直的角度排布的,这种排列方式下的相态称为薄膜相。丝蛋白中的并五苯薄膜相的强度约为SiO_2的四倍,这说明SiO_2层上沉积的并五苯大多数为无定形的。相对夸大的原理图(图5.13)很明显的阐释了并五苯在介电层上的两种生长模式,正因为并五苯的生长模式和晶粒大小的不同,引起了迁移率的变化。

2012年,Frisbie课题组基于聚(偏二氟乙烯-共-六氟丙烯)P(VDF-HFP)和离子液体1-乙基-3-甲基咪唑双(三氟甲基磺酰基)酰胺[EMI][TFSA]制备了独立无溶剂离子凝胶,并将其用作晶体管高电容栅极电介质。由于其高抗拉强度,可以用刀片切割成任何尺寸,这种"切割和粘贴"处理可以非常方便地制造基于各种半导体材料的晶体管[78]。将离子凝胶电介质层叠在有机半导体聚(3-己基噻吩)(P3HT)薄膜上制成顶栅晶体管,该器件显示开关电流比为10^5,空穴迁移率为$(1.7 \pm 0.3) \text{ cm}^2/(\text{V} \cdot \text{s})$,明显大于用传统电介质的P3HT晶体管的迁移率。Frisbie等通过测量介电层电容值,表明由于电极/离子凝胶界面处的双电层形成,10 μm厚的P(VDF-

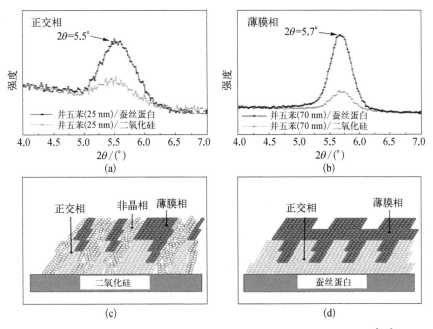

图 5.13　在 SiO_2 和丝蛋白电介质上沉积并五苯的相态对比[77]

(a) 并五苯正交相(25 nm)和(b) 并五苯薄膜相(70 nm)的(001)峰的 GIXRD 光谱;(c) 并五苯在 SiO_2 和(d) 并五苯在丝蛋白上的生长模式的示意图

HFP)离子凝胶电介质膜在 100 kHz 的频率下电容值依旧高达 1 000 nF/cm^2,将近为 300 nm 厚的 SiO_2 的 1 000 倍,由离子凝胶引起的特别高的空穴密度,填充了薄膜中的电荷陷阱,也因此提高了载流子迁移率。

为了提高 OTFT 的性能,研究者也对聚合物介电层进行了一系列的处理,例如利用溶胶-凝胶法掺杂无机纳米颗粒进行改性,引入疏水性的含氟基团增强器件稳定性。2014 年,Park 等研究了不同氟原子数目的介电层材料,表明随着氟原子数目从 0 到 6 再到 18,器件迁移率从 0.12 $cm^2/(V·s)$ 增加到 0.15 $cm^2/(V·s)$ 以及 0.23 $cm^2/(V·s)$,且电性能稳定性也提高很多,在不同的环境中,器件始终表示稳定的电性能[97]。

2015 年,Tewari 等用工业化的 Dynasylan SIVO 110 作为 OTFT 的介电层材料,研究了其器件性能[81]。SIVO 110 是包含有机官能硅烷和官能化 SiO_2 纳米颗粒以及环氧基团的水性溶胶-凝胶体系。在固化过程中,SiO_2 纳米颗粒排列成密集堆积的结构,并被并入交联的硅氧烷网络,该材料表现出优异的成膜性并且具有高的介电常数(k 约为 9)。基于此介电层的多个器件的平均迁移率为 1.9 $cm^2/(V·s)$,阈值电压低至 -1.4 V。

众所周知,氧等离子体处理或紫外/臭氧(UVO)照射可以在交联聚硅氧烷上产生 SiO_x 表皮层,同样的方法也适用于有机硅 pV3D3 膜。Im 课题组引入化学气相沉积(iCVD)作为新的沉积方法在温和的加工温度(10~40 ℃)和压力(大约 100

毫托*)的条件下沉积具有高密度的超薄(15 nm)交联聚(1,3,5-三乙烯基-1,3,5-三甲基环三硅氧烷)(pV3D3)薄膜作为介电层[83]。通过引入简单的氧等离子体处理来改变pV3D3的表面,在其顶部上形成分子薄的SiO_x覆盖层,覆盖层上的等离子体处理形成的表面硅烷醇(Si—OH)基团可以进一步使用包括HMDS、OTS和PFTS等各种硅基偶联剂来实现进一步的表面改性,而不损害15 nm厚的pV3D3层的优异的绝缘性能(图5.14)。即使在280℃高温空气环境下放置3.5小时后,依然保持了其优良的绝缘性能。经表面处理后的15 nm pV3D3的器件最高场效应迁移率为0.59 $cm^2/(V·s)$,与原始pV3D3的TFT相比提高了两倍,稳定性也得到了改善。

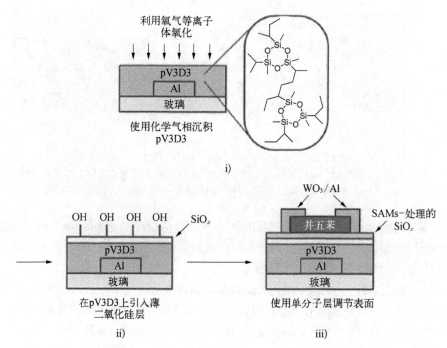

图5.14 表面改性pV3D3电介质层的制备步骤示意图[83]
i)和ii)表示通过O_2等离子体处理形成具有表面硅烷醇(Si—OH)官能团的纳米厚氧化物覆盖层;iii)使用具有各种SAMs材料(包括HMDS、OTS和PFTS)的改性pV3D3电介质层来制造并五苯TFT。

Sirringhaus等使用溶液型非晶态金属氧化物氧化铟锌(IZO)作为半导体,研究了多种有机聚合物电介质[CYTOP,PTFE族的无定形氟聚合物、聚(α-甲基苯乙烯)(PαMS)、聚(苯乙烯-共-丙烯腈)、聚(双酚A碳酸酯)(PC)、聚(甲基丙烯酸甲酯)(PMMA)、P(VDF-TrFE-CFE)(FRFT)]与半导体的能量级对齐,并对晶体管的场效应迁移率、亚阈值斜率、界面陷阱密度和栅极泄漏进行了详细分析[82]。通

---

* 1托(Torr) = 1.333×10^2 Pa

过UV-Vis透射光谱测量了各介电材料的能隙，为了实现电荷配置，栅极电介质应具有至少5 eV的带隙，结果表明：无论是否含氟，所示的聚合物介电材料都基本满足带隙要求。而器件性能结果表示，无论是开关比（10^8）还是迁移率[2～6 $cm^2/(V·s)$]，都可与传统的硅基器件相媲美。之前我们提到过，对于半导体聚合物和有机结晶分子膜，迁移率随栅极电介质的相对介电常数而产生数量级的变化。而根据极化子理论，由于电荷载流子与电介质的极性环境产生耦合，该效应与半导体材料载流子的等效质量和电介质的极性（宏观表现为介电常数）有关。而该研究中迁移率对介电常数的弱依赖性是因为IZO中的电子有效质量非常低，极大地降低了载流子迁移率与介电材料的耦合，削弱了相关性。

2017年，Kim等在OTFT器件制备过程中通过快速溶胶-凝胶反应，引入金属氧化物中间层-无定形氧化铝（α-Al_2O_3）[称为金属氧化物辅助SAMs处理（MAST）]，以便在聚酰亚胺介电层上引入自组装单分子层[十八烷基膦酸（ODPA）]。经ODPA/α-Al_2O_3表面处理后，KPI薄膜的表面能明显降低，膜与有机半导体层（2-癸基-7-苯基-[1]苯并噻吩并[3,2-b][1]苯并噻吩（Ph-BTBT-C10））的相容性也明显提升[86]。Kim等通过原子力显微镜（AFM）和X射线衍射（XRD）表征分析发现，在经处理的绝缘体表面上Ph-BTBT-C10分子以高结晶度均匀地沉积。表面处理后，Ph-BTBT-C10薄膜晶体管（TFT）的迁移率从0.56 $cm^2/(V·s)$提高到1.26 $cm^2/(V·s)$。阈值电压从-21.2 V降低到-8.3 V，这种方式可以推广到有机介电层的处理中，以便提高器件性能。Im课题组展示了通过iCVD合成的一系列高k、超薄的共聚物电介质[87]。共聚物膜由两种单体：丙烯酸2-氰乙酯（CEA）和二（乙二醇）二乙烯基醚（DEGDVE）合成。共聚物膜中的CEA单体含有高极性的氰基（—CN），其负责增加共聚物膜的介电常数。为了提高材料的拉伸强度，采用交联剂部分DEGDVE在共聚物膜中形成交联网络，可以缓解pCEA均聚物的不太优良的机械性能。通过改变iCVD工艺中CEA和DEGDVE单体的输入流量比可以简单地控制p（CEA-co-DEGDVE）共聚物膜的化学成分，实现高介电常数（k约为6.2）以及优异的机械强度。使用这种高k电介质层，制造了C8-BTBT有机薄膜晶体管（OTFT），其阈值电压为-2 V，迁移率为1.82 $cm^2/(V·s)$，且无明显的滞后。此外，即使在2%的应力拉伸应变下，器件也依旧能够保持其低栅极泄漏电流和理想的TFT特性。

有机半导体中有效的电荷传输对于构建高性能光电器件至关重要。胡文平课题组将易于沉积和无退火的聚（酰胺酸）[PAA-均苯四酸二酐（PMDA）和4,4-氧联二苯胺（ODA）合成]膜作为介电层，表明其可以调整其表面半导体材料的生长，实现大面积和高结晶度的有机半导体薄膜制备，从而促进电荷有效传输，提高迁移率[88]。该研究中以并五苯为半导体的器件载流子迁移率高达30.6 $cm^2/(V·s)$，几乎与高质量的单晶器件相当。为解释这一现象，胡文平等通过原子模拟研究了PAA的二级结构，PAA的结构具有—OH基指出表面的波纹，并且酰胺键的存在进一步允许相邻的聚合物链通过氢键相互作用，导致垂直于波纹的自波纹表面。另一方面,在并五苯骨架的π电子云与PAA的强极性基团(—COOH/—CONH)中未共享的氧原子的电子对之间存在排斥力。—COOH基团中两个氧原子的强电负性对斥力相互作用有显著影响,其驱使并五苯分子以小的PAA/并五苯接触面积垂直取向。此外,并五苯与PAA之间存在两种氢键相互作用,一个是并五苯π系统和PAA的—COOH/—CONH基团的H原子之间,另一个是并五苯的H原子和来自PAA的—COOH/—CONH基团的O/N原子之间,可以在PAA和并五苯之间提供排斥力,在纳米槽的"准确定位效应"的基础上,具有短分子间接触的并五苯分子层可以垂直(边缘上)对准PAA表面。实际上,与高温亚胺化后的PI相比,PAA电介质显著提高了薄膜结晶度,增加了晶体尺寸,降低了界面陷阱密度,从而实现了出色的器件性能。除却并五苯材料,PAA介电材料也可用于提高更多的有机半导体材料器件性能,例如2,6-二苯基蒽(DPA)、并四苯、铜酞菁(CuPc)和全氟酞菁铜($F16CuPc$),也说明其具有广泛的应用价值。

此外,CYTOP是日本旭硝子公司生产的一种含氟的硅氧烷介电材料,其介电常数较低(约为2.6),但展示了非常好的OTFT器件性能,是近些年最受大家认可的介电层材料[98]。CYTOP是一类高含氟的疏水性聚合物,以该材料作为介电层的有机薄膜晶体管展现出异常突出的环境稳定性和几乎可忽略的迟滞现象,因此被认为是有机薄膜晶体管实际应用过程较为理想的介电材料。但CYTOP介电常数较低的缺点是不容忽视的,前面已经提过,在栅极偏压电场下,介电常数越小,沟道中产生的载流子浓度越小,器件所需的操作电压就越大。因此,基于CYTOP为介电材料的薄膜晶体管需要较大的操作电压,而电子器件功耗的增加,极大程度上限制了CYTOP作为薄膜晶体管中绝缘层的工业化应用。为了能够利用CYTOP的稳定性方面的性质并解决操作电压的问题,很多研究者对器件作了优化。Kippelen课题组采用了双介电层的策略,将高介电常数的Al_2O_3和CYTOP结合,将操作电压由单层CYTOP为介电层的50 V降至8 V;同时,器件迁移率由0.39 $cm^2/(V·s)$提高至0.6 $cm^2/(V·s)$,V_{th}由-24.3 V降为-2.4 V,亚阈值陡度从2.2 V/decade降至0.2 V/decade[99]。另外,这种双层介电层结构晶体管在等离子处理后,露置空气中200天后,器件的迁移率和阈值电压都几乎没有改变。Lee等则用CYTOP作为钝化层,来封装MoS_2晶体管。该方法在保证器件原有迁移率的情况下,表现出只有0.15 V的迟滞,并且能够长期(高达50天)保持空气稳定性,还具有一定的偏压稳定性[100]。该工作为后续的低维活性材料晶体管的研究具有重大的指导意义。

5.4 复合介电层材料

前文已经分别对无机介电材料和有机介电材料作了归纳,总的来说,无机介电材料虽然有介电常数高、强度大、稳定性好等优点,但是其加工难度大、柔韧性方面的缺点导致其不能适应未来市场的需求；而具有良好溶液法加工特性的有机介电材料则由于介电常数低、稳定性差、易击穿等劣势导致器件性能寿命低等问题。由于单一材料性能方面上的缺陷，难以满足薄膜晶体管对绝缘层多方面的高性能要求，研究人员开始将研究目标转向集多种材料性能于一体的复合介电层材料。对于夹层型结构的有机薄膜晶体管来说，复合介电层既包括了结构上多层材料的复合，也包括了材料内部的复合。结构上的复合，主要是通过多层具有不同优劣势的介电层进行性能方面互补，进而优化器件性能。而微观材料上的复合介电层则更加丰富多彩，目前报道的主要有有机-无机简单掺杂法、官能团接枝法、有机聚合物-离子液复合法。由于复合基体的可替换性，复合介电材料的种类非常丰富。在薄膜晶体管的研究中报道较多的为多层结构的复合介电层和接枝类的介电材料，另外，聚合物与离子液、电解质的复合介电材料也相继引起研究者关注。

5.4.1 多层结构介电层

在薄膜晶体管中，介电层影响器件性能的主要几个参数为电容率（介电常数、厚度）、漏电流以及界面性质。虽然某些介电层材料在某一特定方面展现出很好的性能，但是在其他方面的缺陷限制了其在薄膜晶体管中的应用。所以为了能够有效开发并结合各类材料的优点，弥补各材料的不足，实现器件整体性能的提升，制备不同材料薄膜的多层介电层逐渐成为了较为热门的研究方向。另外，由于半导体材料的多样性，不同半导体材料对不同基底的兼容性不同，在介电层上包覆上亲（疏）半导体分子的介电层，能够大幅的优化半导体分子的有序排列和改变分子取向，降低电荷传输势垒，增强载流子传输效率，从而提升器件性能。表5.4展示了一些典型的多层介电层晶体管性能。

表5.4 典型的多层介电层及其晶体管参数

年份	迁移率 /[cm^2/(V·s)]	介电层	介电常数 k	电容 /(nF/cm^2)	V_{th} /V	SS /(V/decade)	I_{on}/I_{off}	半导体
2006[101]	0.830	PVP/YO$_x$	—	47.1	—	—	10^4	并五苯
2009[102]	1.000	PS/HfO$_x$	2.6	110	−1.5	0.10	10^6	并五苯
2012[33]	1.480	PS/HfSiO$_x$	3.54	16	5.49	1.31	10^5	并五苯
2012[33]	1.310	PS/Al$_2$O$_3$	2.9	13.1	7.79	1.36	10^5	并五苯
2012[103]	—	cl-PVA/SiO$_2$	—	—	0.1	—	—	并五苯
2012[103]	—	SiO$_2$/PMMA	—	—	−4.2	—	—	并五苯
2012[103]	—	SiO$_2$/PVA/PMMA	—	—	−8.6	—	—	并五苯

续表

年份	迁移率 /[cm²/(V·s)]	介电层	介电常数 k	电容 /(nF/cm²)	V_{th} /V	SS /(V/decade)	I_{on}/I_{off}	半导体
2012[104]	0.000	PMMA-穴状配体/PSSK	—	300	−0.47	—	—	P3HT
2014[105]	0.280	CYTOP/ZrO₂	—	180	−0.1	0.28	—	并五苯
2014[106]	0.660	Al₂O₃/PS	—	78.1	−0.15	—	—	P(NDI2ODT2)
2014[106]	0.320	Al₂O₃/PS	—	77.4	−0.8	—	—	P(NDI2ODT2)
2015[107]	0.400	cr-PVA/维C	—	19.19	−1.96	0.76	10²	P3HT
2015[108]	0.370	PMMA/HfO$_x$	—	100~300	—	—	—	DPPT-TT
2015[108]	44.200	HfO$_x$	—	—	—	—	—	SWCNT
2016[109]	0.850	PVDF-TrFE-CTFE/PVA/CYTOP	—	—	—	—	—	并五苯
2017[110]	1.020	ZrO$_x$-DBPA	—	970	−0.8	0.14	10⁶	并五苯
2017[110]	7.870	ZrO$_x$-DBPA	—	—	0.6	0.10	10⁵	氧化铟
2017[111]	0.600	pV3D/Al₂O₃	3.11~5.56	100~450	0.732	0.155	10⁴	DNTT
2017[112]	0.003	PS/PVA	—	—	—	—	—	CuPc
2017[113]	6.500	PS/SiO₂	—	17.3	—	0.092	10⁷	Ph-BTBT-10
2017[114]	2.470	AZO/Al₂O₃	—	—	−0.6	2.34	10⁶	ZnO

Park等对比研究了SiO₂-CLPVA、SiO₂-PMMA、SiO₂-CL-PVA-PMMA三种多层结构的复合介电层(图5.15)[103]。在这几种介电材料中,低k的SiO₂和高k的PVA以及界面修饰层PMMA的组合,既保证了介电层的电容率和强度,又降低了绝缘层的表面能,促进了半导体分子的有序排列。另外,基于SiO₂-CLPVA、SiO₂-PMMA、SiO₂-CL-PVA-PMMA这三种介电层的器件,其阈值电压分别为:0.1 V、−4.2 V、−8.6 V。该结果表明:PMMA对界面的修饰能有效地减少界面缺陷态密度,优化界面性质,从而提高器件性能。Rhee等使用聚苯乙烯(PS)修饰HfSiO$_x$介电层,改善了其界面性质,基于该双层介电层的并五苯晶体管器件迁移率达1.49 cm²/(V·s)。

2014年Ha等使用高介电常数的ZrO₂和CYTOP作为双层介电层,结合了二者的优异性能[105]。一方面,高介电常数的ZrO₂能有效地降低薄膜晶体管的操作电压;另一方面,无定形的含氟聚合物CYTOP具有很好的疏水性,基于该材料的表

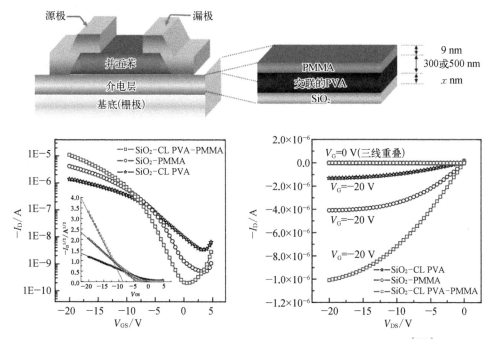

图 5.15　三层结构的OTFT结构示意图及其转移和输出特性曲线[103]

面能够排斥空气中的水分子以及半导体材料中的含水物质。另外，在 ZrO_2 上面沉积一层 CYTOP 的复合介电层能够有效地减少介电层表面的缺陷。基于该双层介电层的并五苯器件，其操作电压低至 3 V，阈值电压只有 -0.1 V，并且具有非常好的抗电场和光诱导衰退稳定性。

Goswami 课题组报道了一种三层结构的复合介电层，其中上下两层分别为高疏水的介电层 PMMA 和 Al_2O_3，中间层为富含—OH 的 PVA 介电层或 PVP 介电层，这样的三层结构不仅能够利用环境中的水分子来提升载流子浓度从而提升器件的迁移率，而且能够消除迟滞现象并在环境中长期保持稳定性。基于这种三层介电层的钛氰铜器件其迁移率达 0.015 $cm^2/(V·s)$ [115]。

Ha 课题组分别使用单官能团和双官能团的长烷基链磷酸将两层 ZrO_x 反复连接，形成电容高达 970 nF/cm^2 的多层结构介电层，基于该介电层的薄膜晶体管器件其操作电压低至 2 V，并表现出优异的热稳定性（达 300℃）[110]。如图 5.16 所示，研究人员还对比了不同层数的介电层性能，发现当使用单官能团的长链烷基磷酸连接 ZrO_x 层数为两层时，其器件性能最好，并五苯器件的迁移率达到 1.02 $cm^2/(V·s)$，阈值电压为 -0.8 V，开关比达 10^6。另外，通过改变单、双官能团磷酸自组装层，能够很方便的调节介电层的表面能，从而使介电层能与有机或无机半导体层有更好的兼容性，满足不同半导体材料的差异化沉积工艺，提高器件性能。

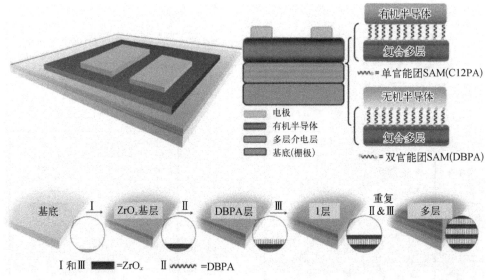

图5.16 多层结构ZrO$_x$结构介电层的晶体管及其制备过程[110]

5.4.2 自组装单分子

自组装单分子膜（self-assembled monolayers，SAMs）以及自组装多层膜（self-assembled multilayers，SAMTs）作为一种能有效改善介电层与半导体层界面的材料，近年来被广泛关注。

尽管单分子自组装层一般被当作界面修饰层来研究，电学性能常被忽略，但从薄膜晶体管器件的结构来看，SAMs层可以看成是与基底层形成的多层介电层。由于SAMs层只有几个纳米，其单层电容值非常大，根据串联电容计算公式(5.3)，当C_2比C_1大很多时，绝缘层的总电容值C与其基层电容C_1相近，故而在大多以OTS处理的二氧化硅硅片进行器件迁移率计算时，为便于计算，常取二氧化硅的电容值进行计算。

由于绝缘层与半导体层间的界面性质的缺陷极大地限制了器件的性能，所以用SAMs来修饰绝缘层使沉积在绝缘层上的半导体获得较好的分子排列、取向、形貌等，可以减少界面缺陷态对电荷的捕获和促进载流子在半导体分子间的传输。由于该方法能够很大幅度的提升器件性能，且自组装分子的多样性，能在非常大的程度上修饰绝缘层。近年来，各种各样的SAMs分子相继被报道，图5.17列举了较为常见的各类SAMs分子。由于磷酸基团、氯硅烷、硅氧烷能与—OH基团发生缩合反应，含有这三类基团的SAMs分子最多。

Vuillaume课题组是将SAMs作为介电层的先驱。1996年，他们在n$^+$掺杂的硅基上沉积了一层十八烷基三氯硅烷（tadecyltrichlorosilane，OTS），所测得漏电流仅为10^{-8} A/cm^2。该课题组还比较了不同长度烷基链的影响，以及仅在2 nm左右的SAMs层通过控制半导体层的生长方向以及堆积方式控制漏电流。尤其是针对不

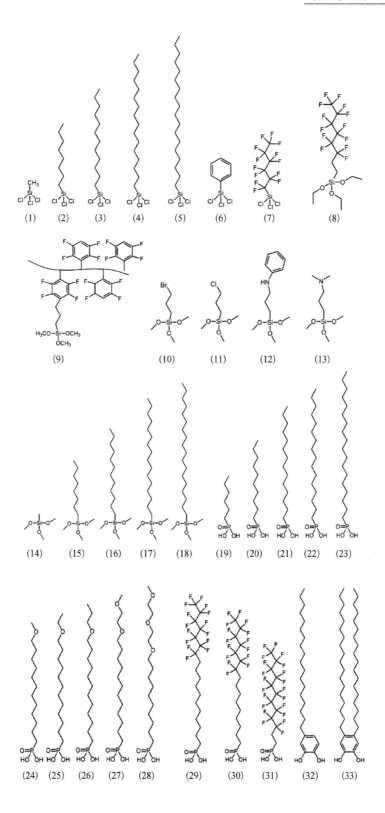

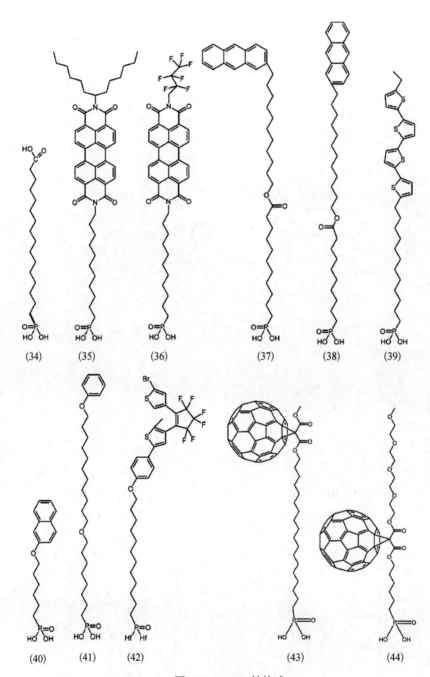

图 5.17 SAMs 结构式

同端基链（—CH_3，—$CH=CH_2$，—COOH）的漏电流值进行了研究，发现其漏电流均在 $10^{-5} \sim 10^{-8}$ A/cm^2。

Halik课题组以烷基取代的低聚噻吩（alkyl-substituted oligothiophenes）作为有机半导体层，OTS单分子层作为介电层，所得迁移率高达0.05 $cm^2/(V \cdot s)$[116]。随后，研究者使用苯氧基终止的烷基三氯硅烷形成单分子层，分子之间以π-π键相互作用，这种结构有利于表面半导体分子在SAMs层中的渗透。该方法制备的器件漏电流在1 V时为10^{-8} A/cm^2，以并五苯为半导层，其器件迁移率高达1 $cm^2/(V \cdot s)$，开关电流比为10^6，阈值电压为-1.3 V。另外，如前文所述，SAMs分子端官能团极性对器件阈值电压的影响较大，对于极性较强的基团，往往会带来阈值电压的正向偏移，弱极性分子会导致阈值电压负向漂移。

5.4.3 有机-无机掺杂介电层

为了将有机、无机介电层材料的性能进行结合，在聚合物介电层中掺杂无机纳米颗粒是较为传统的杂化方法。因为聚合物介电层和无机介电层的介电常数相差较大，这种方法能根据纳米颗粒掺杂浓度的调节进行杂化材料介电常数的调整。常见的无机纳米颗粒有 SiO_2、A_2O_3、Ta_2O_5、Si_3N_4、TiO_2、ZrO_2、$BaTiO_3$、$BaZrO_3$、HfO_2 等。通过掺杂的方法制备有机-无机复合介电材料是最简单的复合方式，这类方法的报道相对较早。典型的掺杂介电层材料及其晶体管性能参数列于表5.5。

2006年，陈方中课题组将二氧化钛纳米颗粒掺入聚乙烯基苯酚（PVP）中，随着掺杂质量的变化，复合材料的介电常数由4.3提高到10.8，其并五苯器件的迁移率最高达0.42 $cm^2/(V \cdot s)$，并且器件的驱动电压低至10 V[117]。

Chaure课题组将二氧化钛纳米颗粒掺入以重铬酸铵为交联剂的聚乙烯醇（PVA）中，通过UV照射使PVA发生交联反应从而制备出3 μm的介电层薄膜，该介电材料介电常数最大达6.9。基于该介电层的器件工作电压低至4 V[118]。

2014年，崔峥课题组将$Ca_2Nb_3O_{10}$纳米片掺入PMMA溶液中，用喷墨打印的方式制备出了高介电常数、低介电损耗、电学性能优良的介电层。他们认为，相对于传统方法中掺杂纳米颗粒的复合介电层的制备方法，填充的纳米片在某个维度上尺寸比纳米颗粒要大，所以在掺杂体系中，纳米片能延长电子迁移通道的长度，从而使得漏电流降低。基于该介电层的IGZO器件的电子迁移率达2.4 $cm^2/(V \cdot s)$[119]。

表5.5 掺杂介电层及其晶体管性能参数

年份	μ/[cm^2/(V·s)]	介电层	介电常数k	电容/(nF/cm^{-2})	V_{th}/V	I_{on}/I_{off}	半导体
2006[117]	0.41	TiO_2-PVP	4.3～11.6	—	-3	3×10^4	—
2009[120]	3.5	OA-$BaTiO_3$	6.8	25	-0.87	1×10^4	并五苯

续表

年份	μ/[cm^2/(V·s)]	介电层	介电常数 k	电容/(nF/cm^{-2})	V_{th}/V	I_{on}/I_{off}	半导体
2009[120]	3	OA-SrTiO$_3$	7.1	15.4	−6.12	—	—
2012[121]	0.18	BaZrO$_3$-PVP	4.7~6.7	—	—	1×10^4	并五苯
2012[122]	0.49	TiO$_2$-PVP	4.26~6.87	12.4	−6.6	3.5×10^4	并五苯
2013[123]	0.08	ZrO$_2$-CYELP	—	—	−1	1.2×10^3	P3HT
2013[124]	6.80×10^{-6}	SiO$_2$-MDMO-PPV	—	—	—	4.8×10^4	—
2013[124]	1.00×10^{-5}	PCBM-MDMO-PPV	—	—	—	6.3×10^4	—
2014[119]	2.4	Ca$_2$Nb$_3$O$_{10}$/PMMA	8.5	—	—	1×10^4	IGZO
2014[125]	2.17×10^{-5}	SiO$_2$-PVA	—	—	56	25	P3HT
2015[118]	—	TiO$_2$-PVA	5.6~6.9	—	—	—	—
2015[126]	5.07	AlO$_x$+LiCl	—	1 760	—	3×10^5	—

尽管掺杂的方法在优化介电层某些性能取得了一定的成效，但由于无机介电材料颗粒的尺寸限制，该方法制备的介电层薄膜粗糙度会随掺杂比例的增加而增大，导致界面缺陷增多。为了降低粗糙度，保证界面性质，使得掺杂的方法制备复合介电层的厚度往往较大（> 100 nm），这样一方面导致介电层电容率较低，另一方面限制了更小尺寸的有机薄膜晶体管发展。

5.4.4 接枝复合材料

有机-无机通过功能官能团接枝也是较为常见的一种复合方式，其中又属硅氧烷、氯硅烷等活性官能团与小分子及聚合物间的接枝较为常见。由于硅氧烷水解后形成的硅醇键能够与—OH或自身进行缩水反应，进而可以接枝在富含—OH基团的无机介电材料上，或者自身交联形成复合材料。硅烷偶联剂是最为典型的连接体，因为偶联剂中的末端可以带有各类活性基团，如：氨基、乙烯基、环氧基、巯基、卤原子等，而这些基团可以跟大量的含活性官能团的小分子或聚合物进行交联反应，从而制备出复合介电材料。所以基于此原理只要改变侧链基团、链段长度等就可以制备出各种类型的复合介电材料。表5.6展示了相关的工作。

2010年，Marks课题组报道了一种以氯化锆为前驱体，1,6双(三甲氧基)己烷(BTH)或1,8双(三甲氧基)辛烷(BTO)为连接体进行接枝的有机-无机复合介电材料(图5.18)，不同前驱体与连接体的比例下，复合材料都有较高的介电常数k($5 \sim 10$)和绝缘层电容($95 \sim 365$ nF/cm^2)[127]。基于该介电层的并五苯器件迁移率高达1.5 cm^2/(V·s)，阈值电压低至1.2 V，开关比达10^5，并且器件的操作电压低于4 V。通过不同长链的双三甲氧基硅烷(BTH、BTO)作为连接体的对比，Marks等发现由于烷基链较长的连接体分子移动性更好，使得该复合材料在成膜后其粗糙度更大，反而使器件性能降低。2016年，Choi课题组使用类似的方法，将前驱体四氯化铪与双(三甲氧基)己烷反应，制备了复合介电材料。该介电层的介电常数为$4.4 \sim 8.1$，电容率为$86 \sim 217$ nF/cm^2，基于该介电层的并五苯器件也表现出较好的性能，其迁移率达1.6 cm^2/(V·s)[39]。

Hwang课题组多次报道了以低聚倍半硅氧烷(polyhedral oligomeric silsesquioxane, POSS)为介电层的薄膜晶体管[128-130]。他们曾分别以肉桂酸丙酯、丙烯酸、甲基丙烯酸、六甲氧基三聚氰胺等作为连接剂制备了介电层，都表现出了较好的介电性能。

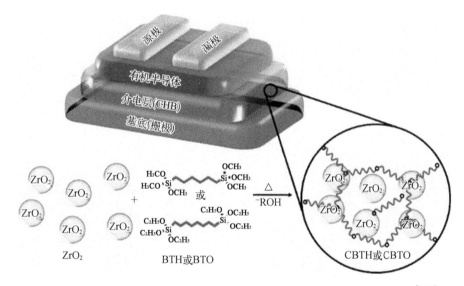

图5.18 OTFT器件结构及ZrO$_2$与双三甲氧基硅烷接枝过程示意图[127]

2014年，台湾大学报道了以聚酰亚胺接枝的钛酸钡的介电材料。他们研究了不同钛酸钡比例下的介电性能，发现随着体系中钛酸钡组分含量从0%到12%时，复合材料的介电常数从3.9提高到11.3，电容从9.7 nF/cm^{2}升到了27.9 nF/cm^2。当钛酸钡的质量分数为10%时，器件性能最好，并五苯器件的迁移率达0.32 cm^2/(V·s)阈值电压低至0.5 V[131]。

表5.6 接枝类介电层及其晶体管参数

年份	μ/[cm^2/(V·s)]	介电层	介电常数k	电容/(nF/cm^{-2})	V_{th}/V	SS/(V/decade)	I_{on}/I_{off}	半导体
2005[66]	0.002	CPVP-C6	—	—	-0.7	0.63	10^3	并五苯
2005[66]	0.08	CPS-C6	—	—	-2	0.35	10^4	并五苯
2006[132]	0.15	PVP-PMMA/pMSSQ	4.0	9.0	-2	2	10^6	PQT-12
2008[133]	0.68	Ba$_{0.6}$Sr$_{0.4}$TiO$_3$	—	—	-1.3	—	10^5	并五苯
2010[134]	2.96	纳米SiO$_2$	—	7.45	—	3.98	—	并五苯
2010[127]	1.5	ZrCl$_4$+BTO	11~17	395~700	-1.2	—	10^5	并五苯
2011[135]	—	TEOS+PTMS	—	—	—	—	—	a-S$_i$:H
2012[136]	0.56	Zr-PUA	3.6	6.5	-6	—	—	VOPc
2012[129]	0.13	POSS+MA			25.8	8.71	10^4	并五苯
2012[129]	0.17	POSS+MMA	—		-2.17	1.69	10^7	并五苯
2013[137]	0.184	TiO$_2$-PVP	4.28		-0.28	—	10^2	并五苯
2013[130]	0.1	POSS-CYNAMM	—	4.4	-29	—	10^5	并五苯
2014[131]	0.232	PI-BaTiO$_3$	9.8	24.1	-0.5	—	10^5	并五苯
2014[128]	0.36	POSS-MM	3.35	6.93	-32.1	0.8	10^7	并五苯
2014[138]	0.58	ZrTiO$_x$-PS	53	467	-2.54	—	10^4	并五苯
2014[139]	0.18	CTS-MM 1:0.5	3.47	7.5	-42.4	0.59	10^7	并五苯
2014[139]	0.36	CTS-MM 1:0.7	3.79	8.47	-45.7	0.86	10^7	并五苯
2014[139]	0.09	CTS-MM 1:0.9	3.17	7.2	-32.3	1.1	10^6	并五苯
2015[81]	1.9	SIVO 110	20.2	—	-1.4	0.414	—	并五苯
2016[140]	0.0584	PVP-SiO$_2$-TMSPM	11.43	20.2	15	—	10^4	并五苯
2016[141]	0.53	PPMSQ	3.6	—	-26.7	—	10^4	并五苯
2016[141]	0.17	PPMSQ	3.6	—	7.2	—	10^4	PTCDI-C8
2017[142]	0.13	MZS	2.46~4.67	27.0	-0.57	0.45	10^5	并五苯

5.4.5 聚合物、离子液及电解质介电层

随着研究人员对晶体管中介电现象及界面研究的不断深入,离子液和电解质等复合材料也被用做制备薄膜介电层。

除了传统的介电材料,离子液体(ionic liquid)和电解质等材料也常用做作介电材料。主要是利用其在介电层与半导体层的界面处形成双电层(electrical double layer,EDL)来在有机半导体层表面累积载流子。由于离子液体所产生的双

电层的厚度通常只有1 nm，使得其静电容值非常大，进而可在一个较低的栅电压下形成一个较高的载流子密度；而且用离子液体制备的OTFT器件的响应速度要比使用固态介电层的器件要快得多，典型的晶体管性能如表5.7所示。

表5.7 聚合物与离子液、电解质等复合介电层及其晶体管参数

年份	μ/[cm²/(V·s)]	介电层	电容/(nF/cm⁻²)	V_T/V	SS/(V/decade)	I_{on}/I_{off}	半导体
2007[143]	1	PEO Li⁺ TFSI⁻	—	—	—	—	PQT-12
	3.4	—				—	P3HT
2008[144]	1.8	PS-PEO-PS-[EMIM][TFSI]	20 000	-2.7	—	10⁵	PH3T
2008[144]	1.6	—		-2.7	—	10⁵	PQT-12
2008[144]	0.8	—		-3.4	—	10⁴	F8T2
2009[145]	1.77	PS-PMMA-PS-[EMIM][TFSI]	10 000	-0.2	0.11	5×10⁵	PQT-2
2009[145]	1.52	—		-0.3	0.38	10⁴	P3HT
2009[146]	—	[EMIM][TFSI]	50 000	—	—	—	
2010[147]	5	[P13][TFSI]		0.1	—	—	PDIF-CN2
2010[148]	2	PEGDA-[EMIM][TFSI]	30 000	—	—	10⁵	
2013[149]	1.61	PS-PEO-PS-[EMIM][TFSI]	3 800	0.97	0.081	—	ZnO
2015[150]	8.45	PVP-HAD-[EMIM][TFSI]	2 000	—	—	10⁵	ZnO
2017[151]	—	脱乙酰壳多糖	700 000	—	0.33	10⁵	
2017[152]	4.84	P(VDF-TrFE)-P(VDF-HFP)[EMIM][TFSI]	9 540	-1.09	-0.33	10⁴	P3HT

Uemura课题组报道了在TCNQ和C60器件上使用1-乙基-3-甲基咪唑双(三氟甲烷磺酰)亚胺盐，其电场强度高达1 MV/cm，阈值电压为0.4 V[146]。

Ono课题组报道了使用离子液体N-甲基-N-丙基吡咯(三氟甲烷磺酰)亚胺盐([P13][TFSI])作为介电层的n型单晶OTFT，所得阈值电压低至0.1 V，迁移率约为5 cm²/(V·s)，电学性能好且实现了超低工作电压。同时对于p型红荧烯单晶，Ono等研究了不同阴离子的离子液体，包括双括双氟磺酰亚胺盐(FSI)、双(三氟甲烷磺酰)亚胺盐(TFSI)、双(五氟乙烷磺酰)亚胺盐(BETI)、四氟硼酸盐(BF₄)和二氰亚胺盐(DCA)对器件性能的影响。其中，含有FSI的器件在极低的阈值电压下所得最高迁移率达到9.5 cm²/(V·s)[147]。

Frisbie 课题组研究了以[EMIM][TFSI]、[BMIM][PF$_6$]和共聚物PS-PMMA-PS、PS-EDO-PS为嵌段共聚物制得的离子液体作为电介质层(图5.19),其单位面积电容率高达30 μF/cm^2,远超一般的介电层电容率,在[EMIM][TFSI]和以PS-PMMA-PS为共聚物的制备的离子液体介电层,P3HT器件的迁移率为1.52 cm^2/(V·s),开关比为10^5,亚阈值陡度为0.38 V/decade[145]。

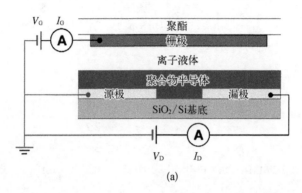

图5.19 OTFT器件截面图(a)和聚合物半导体及离子溶胶介质的分子结构(b)[145]

5.5 影响因素

前文已表明,介电层的性质与有机薄膜晶体管性能息息相关。但目前还没有非常系统的理论能说明界面性质对有机薄膜晶体管的影响,只能在小范围内,通过实验来阐释不同体系的实验现象。尽管如此,也不乏人们在某些特定体系中总结一些规律,研究者们现在能够明确的影响晶体管性能的因素有以下几个:介电常数、粗糙度、表面能、极性基团等。

5.5.1 介电常数

由迁移率计算公式可知，电容率越大，沟道通过的电流越大。一般认为，在介电层厚度保持不变的情况下，介电常数越大，在晶体管中的诱导载流子浓度越大，从而使得晶体管的饱和电流越大，器件性能越好。然而，Veres于2003年最先用能态密度理论解释了高k对迁移率的影响，他认为在物质内部，能态是符合高斯分布的，但在界面处，高介电常数的介电层，由于其静电偶极矩的混乱，使能态密度分布更宽，当界面极性增大时，能态密度加宽的现象更明显，致使更多的电子陷阱分布其中，从而面临更高的势垒，反而降低了器件性能（图5.20）[90]。Kirova等提出了Frohlich polarons理论模型，指出高介电常数的介电层，很可能在界面形成二维极化子，它能与载流子发生相互作用，降低电荷传输的速率；另外，极化过程中的电子云会干扰电荷的传输过程，致使器件迁移率减小[153]。后续也有诸多的实验证明了Frohlich polarons模型的有效性[154]。

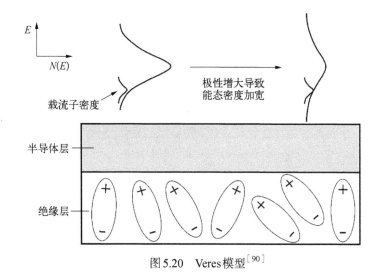

图5.20 Veres模型[90]

5.5.2 粗糙度

虽然粗糙度对晶体管的影响会随不同器件结构或者采用液体、气体等介电层而弱化，但是对底栅结构的晶体管来说，介电层表面的光滑与否对器件性能有着非常大的影响[5]。表面粗糙度对器件性能的影响主要表现在对半导体层形貌、分子排列、分子取向等方面，进而影响电荷载流子的传输效率。过于粗糙的表面，会干扰半导体层材料的形貌和微观结构，亦或者是直接在界面上形成物理的缺陷或传输障碍，进而阻碍载流子的传输，降低器件的性能。介电层表面粗糙度对半导体层形貌的影响主要表现在以下几个方面[155]。

（1）影响半导体材料的晶粒尺寸。粗糙度大的,半导体分子和粗糙表面接触面积更大,从而使成核点会更加密集,导致晶粒颗粒变小,降低其性能。

（2）增大晶粒的孔隙,降低分子间的相互作用。晶粒间的孔隙会严重阻碍载流子在其中的传递,同时弱化分子间的作用,进而降低了载流子的传输效率。

（3）改善分子间耦合效果,提高分子间的排列有序性。一定范围内粗糙度的表面有利于半导体分子在其上的沉积过程,能够使半导体分子与介电层表面形成更好的接触,使得半导体分子能形成更有序的排列,便于电荷载流子在半导体分子间的定向传输,提高器件的性能。

所以要是能够合理利用表面的粗糙性质,促进半导体材料在介电层的生长、排列或取向,从而提高器件的性能。

5.5.3 表面能

介电层表面能对器件性能的影响较为显著,研究者们对表面能影响器件性能的研究相对较多。表面能影响器件性能主要是影响半导体分子的排列,宏观上讲,即影响半导体分子在介电层上的晶粒形貌和晶粒大小,而这又是通过影响半导体分子在介电层上的生长模式达到的。迁移率与晶粒尺寸和介电层表面能的关系如图5.21所示。Park课题组研究了并五苯器件中介电层表面能对晶粒尺寸和迁移率对介电层表面的关系,结果发现,随着表面能的增大,并五苯晶粒尺寸逐渐增大,结晶度逐渐增大,但是晶体管的迁移率逐渐减小[156]。对于研究较多的并五苯半导体材料而言,不同表面能下,并五苯有两种生长模式,一种是层状生长（Stranski-Krastanov mode）,第二种是三维岛状生长（Volmer-Weber mode）。研究表明,当介电层表面能低时,并五苯一般以三维岛状模式生长,而表面能高于并五苯自身表面能时,则以层状模式生长。

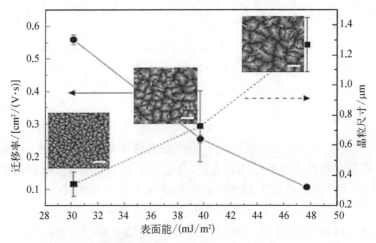

图5.21　迁移率与晶粒尺寸和介电层表面能的关系[156]

对于不同晶粒尺寸对器件性能的影响,说法不尽相同。一种说法是,晶粒越大,在晶粒内部载流子传输效率高,而且大尺寸的晶粒相对的晶界较少,对电荷传输的阻碍较小;另外一种说法则与之相反,有些研究表明,小尺寸的晶粒虽然单个晶粒尺寸较小,晶界较多,但是小颗粒的晶粒在堆积时能更紧密,晶粒间的距离相对较小,相邻晶粒间的相互作用相对较强,从而使得沟道中整体的载流子传输效率更高。

5.5.4 界面极性

界面极性对器件性能的影响主要是介电层表面官能团对半导体分子内部电荷传输的影响。研究表明,介电层表面的官能团能够调节阈值电压和开态电压的大小,不同极性的官能团,其吸电子(给电子)能力不一样,它对沟道中的载流子束缚作用也不尽相同,这样的话,往往需要一个额外的正向(负向)的电压来启动,致使阈值电压向正向或负向漂移。

Pernstich 课题组研究了 9 种不同极性官能团的有机硅烷对有机薄膜晶体管的影响,结果不仅证实了前面的说法,并且发现,靠近导电沟道的 SAMs 表面电势修饰层,其偶极子场能达到类似施加偏压的效果,这种介电层表面的内建电场与偏压电场效果相叠加或抵消,从而导致阈值的偏移和开态电压的变化[157]。但后来 Hulea 用红荧烯单晶器件证明,由于极性官能团能够引发额外的电子陷阱,这样也一定程度上导致了阈值电压的偏移[92]。

Halik 课题组使用含不同端基的磷酸酯在氧化铝上面做 SAMs 修饰,也得出了类似的结论。

胡文平课题组分别使用具有极性基团的聚酰胺酸和表面平整的无极性基团的聚酰亚胺为介电层,以并五苯为半导体,前者的器件载流子迁移率高达 30.6 cm^2/(V·s),而后者迁移率不足 1 cm^2/(V·s)[88]。胡文平等通过 AFM、XRD 等一系列表征表明前者的极性基团可以调整有机半导体薄膜的生长,从而促进有效的电荷传输,提高薄膜晶体管的迁移率。

5.6 介电层表征

前面提到介电层各方面性质对薄膜晶体管的影响,研究者们想要从工艺上对介电层性能进行优化,就需要对介电层各方面性能的表征有系统的认识。介电层的表征,一方面是物理、化学方面性质的表征,另一方面是其电学性能的表征。下面就介电层不同性质的表征方法及简单原理作一个简单的介绍。

5.6.1 粗糙度

粗糙度的常用的测试方法主要有以下几种:原子力显微镜(atom force

microscope,AFM)、激光共聚焦显微镜、白光共聚焦显微镜、台阶仪、表面轮廓仪、表面粗糙度仪。这几类测试方法又可以分为接触式和非接触式,接触式是指测试探头与样品表面有直接接触,如AFM中的接触式模式测试、台阶仪、表面粗糙度仪。而非接触式则往往通过光学等信号扫描样品表面来获得样品表面的形貌,然后得出粗糙度的信息,如共聚焦显微镜等。在精度方面一般的AFM可以测试微米级以下的粗糙度,而其他的仪器则根据配置不同,测量精度不尽相同。在介电层的表征过程中,最常用的测试仪器为原子力显微镜。

5.6.2 厚度

介电层的厚度是至关重要的一项参数,其测试的准确度直接影响电容率、迁移率等相关参数。厚度测试的常用方法有光学干涉法、台阶仪法(profiler)、表面粗糙度法、称重法、石英晶体振荡法、椭偏仪法、原子力显微镜法(AFM)、扫描电子显微镜(SEM)、透射电子显微镜(TEM)等方法。在有机薄膜晶体管相关的报道中,属台阶仪和AFM最为高效和常用,在测试超薄薄膜(<100 nm)的精确度也相对较高。这两种方法测量原理相类似,都是利用不同膜层间的高度差来计算薄膜厚度。另外,SEM、TEM也能获得较精准的厚度值,但该项测试中,需要测试样品的截面,有时甚至需要对截面抛光处理,操作较复杂,成本相对较高,因此一般不采用。

5.6.3 表面能

测试表面能最直接的方法就是测试其接触角,然后再根据表面能计算公式算出表面能。测试时,往往需要使用两个极性不同的液体(一种极性,一种非极性)作为测试液。最常用的测试液有:去离子水(极性)、乙二醇(极性)、二碘甲烷(非极性)、甲酰胺(非极性)等。

表面能可由以下公式计算得出[97]:

$$1 + \cos\theta = 2\sqrt{\frac{\gamma_s^d \gamma_{lv}^d}{\gamma_{lv}}} + 2\sqrt{\frac{\gamma_s^p \gamma_{lv}^p}{\gamma_{lv}}} \tag{5.2}$$

其中 γ_s 和 γ_{lv} 分别是样品和测试液体的表面能,上标d和p分别是代表色散成分和极性成分,θ 则是测量的接触角。

介电层的表面能由其极性分量和色散分量两部分组成,即表面能为极性分量和色散分量相加之和。

5.6.4 电学性能

评价介电层好坏的电学参数主要有介电常数、电容率、耐击穿性、漏电流密度、稳定性,其中稳定性包括在不同测试频率、不同温度下的稳定性。另外,有机薄膜晶体管中的研究中往往需要计算介电层的电容率或介电常数来计算器件的迁移率。那么对于研究介电层科研或工程人员来说，介电常数的测试方法也是必须熟知的。介电层电学性能的测试仪器主要有半导体测试仪、LCR测试仪，在有机薄膜晶体管的研究中，半导体分析仪由于功能集成化高而成为最优选择。

由于介电层最广泛、最简易的应用即为电容器，所以在介电层的表征过程中，常把介电层做成一个平板电容器，即MIM结构（metal-insulator-dopedSi）（图5.22）来进行各项性能的测试。由于薄膜晶体管的结构类似平板电容器结构。所以也常使用MIS结构（metal-insulator-semiconductor）来研究有机薄膜晶体管的相关性质。

图5.22 MIM型器件结构

电容率（C_i, capacitance）是在电磁学里，电介质响应外电场的施加而发生电极化能力的大小。在有机薄膜晶体管中，介电层电容率的大小直接影响晶体管中工作时载流子浓度的大小，从而影响输出电流的大小。所以，电容率是衡量晶体管器件性能比较关键的参数。电容率的测试非常简单，制备成MIM结构的器件后，直接将对其施加偏压即可获得电容参数，再根据$C_i=C/S$，即可算出单位面积下，该厚度值下介电层的电容率。

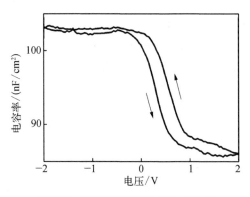

图5.23 MIM器件结构的C-V曲线

介电常数的测试方法有很多，如：矢量网络分析法、阻抗分析仪法、C-V曲线法、椭偏仪法等。在有机薄膜晶体管的研究中，常用C-V曲线法进行计算。该方法中，用前面讲述方法测得材料电容率情况下，介电常数k则可直接通过公式：$k=C_i d/\varepsilon_0$求得。

值得注意的是，在C-V测试中，电容值结果往往出现在正偏压和负偏压下不相等的情况（图5.23）。这种电容值不相等是由于在不同偏压下，半导体层感生的空间电荷层，在靠近介电层的地方形成感生电容，感生电容与介电层电容形成一个串联电容从而导致器件整体电容值减小。故而在计算介电常数时，应当取较大值区段的电容值进行计算。

串联电容计算公式：$C = \dfrac{1}{C_1} + \dfrac{1}{C_2}$ （5.3）

此处C_1为介电层电容，C_2为半导体层中感生电荷产生的电容。对于p型半导体材料而言,当施加正向电压时,$C_2=0$,$C=C_1$。

另外,由于材料中偶极子对外界电场响应速度不一样,不同频率下,介电常数也不一样。一般地介电常数随测试频率的升高而降低(图5.24),所以在使用 C-V 法测介电常数时,频率是一个至关重要的参数。C-V 曲线中常常出现变形等情况,其机理较为复杂,这里暂且不讨论。

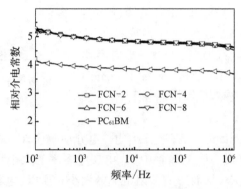

图5.24　不同频率下的介电常数[158]

介电层的耐击穿性能、漏电流密度都跟介电层的厚度相关。同一材料,厚度越大,耐击穿性能越好,漏电流越小。为了进行不同厚度介电层性能的对比,常使用电流密度-电场强度(J-E)的关系图进行阐述漏电流性能[159]。当然,在文献报道中,也常见 J-V、I-E 等曲线,但其目的一致。对于 J-E 曲线的表征,跟电容率测试方法类似,目前使用的测试仪器中,基本都有相关模块,测试人员只需将 MIM 器件连接好测试仪器,调试相关参数即可获得电流-电压的曲线,再经过后期单位厚度,单位面积的计算即可获得一系列关系曲线。

击穿电压是薄膜晶体管工作电压的上限值,在实际的应用中有着重要意义,其测试方法跟漏电流的表征一样,直接使用半导体测试仪,测试器件两极电流随电压的变化即可。如图5.25,随着电容器两端电压升高,穿过的电流发生突变或者达到某一定值,此时的电压值即认为是击穿电压[160]。

由于介电材料偶极子极化过程对电场频率和温度都非常敏感,所以不同频率、不同温度下测试的电容值都不一样,所以常用 C-F、C-T 曲线来衡量某一介电层对外界环境的稳定性。由于测试环境,温度变化相对较少,所以关于电容

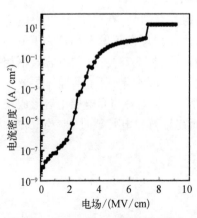

图5.25　介电层性能表征[159]

与温度变化的报道相对较少。文献中的 C–F 曲线描述较多。

参 考 文 献

[1] Roland Coelho R, Bernard Aladenize B. 电介质材料及其介电性能. 张冶文, 陈玲, 译. 北京: 科学出版社, 2000.

[2] Wilson L. International technology roadmap for semiconductors (ITRS). Semiconductor Industry Association, 2013.

[3] Simmons J G. Generalized formula for the electric tunnel effect between similar electrodes separated by a thin insulating film. J. Appl. Phys., 1963, 34: 1793−1803.

[4] Wong H, Gritsenko V. Defects in silicon oxynitride gate dielectric films. Microelectron. Reliab., 2002, 42: 597−605.

[5] Sun X, Di C, Liu Y. Engineering of the dielectric-semiconductor interface in organic field-effect transistors. J. Mater. Chem., 2010, 20: 2599−2611.

[6] Dimitrakopoulos C, Purushothaman S, Kymissis J, et al. Low-voltage organic transistors on plastic comprising high-dielectric constant gate insulators. Science, 1999, 283: 822−824.

[7] Tate J, Rogers J A, Jones C D, et al. Anodization and microcontact printing on electroless silver: Solution-based fabrication procedures for low-voltage electronic systems with organic active components. Langmuir, 2000, 16: 6054−6060.

[8] Bartic C, Jansen H, Campitelli A, et al. Ta_2O_5 as gate dielectric material for low-voltage organic thin-film transistors. Org. Electron., 2002, 3: 65−72.

[9] Lee J, Kim J, Im S. Pentacene thin-film transistors with Al_2O_{3+x} gate dielectric films deposited on indium-tin-oxide glass. Appl. Phys. Lett., 2003, 83: 2689−2691.

[10] Iino Y, Inoue Y, Fujisaki Y, et al. Organic thin-film transistors on a plastic substrate with anodically oxidized high-dielectric-constant insulators. JPN J. Appl. Phys., 2003, 42: 299−304.

[11] Yuan J, Zhang J, Wang J, et al. Bottom-contact organic field-effect transistors having low-dielectric layer under source and drain electrodes. Appl. Phys. Lett., 2003, 82: 3967−3969.

[12] Inoue Y, Tokito S, Ito K, et al. Organic thin-film transistors based on anthracene oligomers. J. Appl. Phys., 2004, 95: 5795−5799.

[13] Majewski L, Schroeder R, Grell M, et al. High capacitance organic field-effect transistors with modified gate insulator surface. J. Appl. Phys., 2004, 96: 5781−5787.

[14] Lee J, Kim J, Im S. Effects of substrate temperature on the device properties of pentacene-based thin film transistors using Al_2O_{3+x} gate dielectric. J. Appl. Phys., 2004, 95: 3733−3736.

[15] Fujisaki Y, Inoue Y, Kurita T, et al. Improvement of characteristics of organic thin-film transistor with anodized gate insulator by an electrolyte solution and low-voltage driving of liquid crystal by organic thin-film transistors. JPN J. Appl. Phys., 2004, 43: 372−377.

[16] Kim J M, Lee J W, Kim J K, et al. An organic thin-film transistor of high mobility by dielectric surface modification with organic molecule. Appl. Phys. Lett., 2004, 85: 6368−6370.

[17] Kang S, Chung K, Park D, et al. Fabrication and characterization of the pentacene thin film transistor with a Gd_2O_3 gate insulator. Synthetic Met., 2004, 146: 351−354.

[18] Wang G, Moses D, Heeger A J, et al. Poly (3-hexylthiophene) field-effect transistors with high dielectric constant gate insulator. J. Appl. Phys., 2004, 95: 316-322.

[19] Ohta S, Chuman T, Miyaguchi S, et al. Active matrix driving organic light-emitting diode panel using organic thin-film transistors. JPN J. Appl. Phys., 2005, 44: 3678-3681.

[20] Majewski L A, Schroeder R, Grell M. Low-voltage, high-performance organic field-effect transistors with an ultra-thin TiO_2 Layer as gate insulator. Adv. Funct. Mater., 2005, 15: 1017-1022.

[21] Koo J B, Ku C H, Lim S C, et al. Hysteresis and threshold voltage shift of pentacene thin-film transistors and inverters with Al_2O_3 gate dielectric. Appl. Phys. Lett., 2007, 90: 133503.

[22] Lim J W, Koo J B, Yun S J, et al. Characteristics of pentacene thin film transistor with Al_2O_3 gate dielectrics on plastic substrate. Electrochem. Solid ST., 2007, 10: 136-138.

[23] Jeong Y T, Dodabalapur A. Pentacene-based low voltage organic field-effect transistors with anodized Ta_2O_5 gate dielectric. Appl. Phys. Lett., 2007, 91: 193509.

[24] Tardy J, Erouel M, Deman A, et al. Organic thin film transistors with HfO_2 high-k gate dielectric grown by anodic oxidation or deposited by sol-gel. Microelectron. Reliab., 2007, 47: 372-377.

[25] Cho S, Jeong J, Park S, et al. The characteristics and interfacial electronic structures of organic thin film transistor devices with ultrathin $(HfO_2)_x(SiO_2)_{1-x}$ gate dielectrics. Appl. Phys. Lett., 2008, 92: 189.

[26] Wu Y L, Lin J J, Ma C M. Fabrication of an organic thin-film transistor by direct deposit of a pentacene layer onto a silicon substrate. J. Phys. Chem. Solids, 2008, 69: 730-733.

[27] Ramajothi J, Ochiai S, Kojima K, et al. Performance of organic field-effect transistor based on poly (3-hexylthiophene) as a semiconductor and titanium dioxide gate dielectrics by the solution process. JPN J. Appl. Phys, 2008, 47: 8279.

[28] Gan Y, Cai Q J, Li C M, et al. Solution-prepared hybrid-nanoparticle dielectrics for high-performance low-voltage organic thin-film transistors. ACS Appl. Mater. Iinterfaces, 2009, 1: 2230-2236.

[29] Huang L, Jia Z, Kymissis I, et al. High k capacitors and OFET gate dielectrics from self-assembled $BaTiO_3$ and (Ba, Sr) TiO_3 nanocrystals in the superparaelectric limit. Adv. Funct. Mater., 2010, 20: 554-560.

[30] Park Y M, Daniel J, Heeney M, et al. Room-temperature fabrication of ultrathin oxide gate dielectrics for low-voltage operation of organic field-effect transistors. Adv. Mater., 2011, 23: 971-974.

[31] Jang J, Nam S, Yun W M, et al. High Tg cyclic olefin copolymer/Al_2O_3 bilayer gate dielectrics for flexible organic complementary circuits with low-voltage and air-stable operation. J. Mater. Chem., 2011, 21: 12542-12546.

[32] Qin Y, Turkenburg D H, Barbu I, et al. Organic thin-film transistors with anodized gate dielectric patterned by self-aligned embossing on flexible substrates. Adv. Funct. Mater., 2012, 22: 1209-1214.

[33] Yun D J, Lee S, Yong K, et al. Low-voltage bendable pentacene thin-film transistor with stainless steel substrate and polystyrene-coated hafnium silicate dielectric. ACS Appl. Mater. Iinterfaces, 2012, 4: 2025-2032.

[34] Tang W M, Aboudi U, Provine J, et al. Improved performance of bottom-contact organic thin-film transistor using Al doped HfO_2 gate dielectric. IEEE Trans. Electron Devices, 2014, 61: 2398–2403.

[35] Ha T J, Sonar P, Dodabalapur A. Improved performance in diketopyrrolopyrrole-based transistors with bilayer gate dielectrics. ACS Appl. Mater. Iinterfaces, 2014, 6: 3170–3175.

[36] Zhang L, Zhang Q, Xia G, et al. Low-temperature solution-processed alumina dielectric films for low-voltage organic thin film transistors. J. Mater. Sci-Mater. El., 2015, 26: 6639–6646.

[37] Han C, Song J, Tang W, et al. High-performance organic thin-film transistor by using LaNbO as gate dielectric. Appl. Phys. Lett., 2015, 107: 033503.

[38] Han C Y, Tang W M, Leung C H, et al. A study on la incorporation in transition-metal (Y, Zr, and Nb) oxides as gate dielectric of pentacene organic thin-film transistor. IEEE Trans. on Electron Devices, 2015, 62: 2313–2319.

[39] Oh J D, Kim D K, Kim J W, et al. Low-voltage pentacene thin-film transistors using Hf-based blend gate dielectrics. J. Mater. Chem. C, 2016, 4: 807–814.

[40] Zhuang J, Sun Q J, Zhou Y, et al. Solution-processed rare-earth oxide thin films for alternative gate dielectric application. ACS Appl. Mater. Iinterfaces, 2016, 8: 31128–31135.

[41] Han S W, Park J H, Yoo Y B, et al. Solution-processed laminated ZrO_2/Al_2O_3 dielectric for low-voltage indium zinc oxide thin-film transistors. J. Sol-Gel Sci. Techn., 2017, 81: 570–575.

[42] Han C Y, Ma Y X, Tang W M, et al. A Study on pentacene organic thin-film transistor with different gate materials on various substrates. IEEE Electron Device Lett., 2017, 38: 744–747.

[43] Ha W, Choo M, Im S. Electrical properties of Al_2O_3 film deposited at low temperatures. J. Non-cryst. Solids, 2002, 303: 78–82.

[44] Majewski L A, Schroeder R, Grell M. Flexible high capacitance gate insulators for organic field effect transistors. J Phys. D: Appl. Phys., 2003, 37: 21.

[45] Hatano M, Taniguchi Y, Kodama S, et al. Reduced gate leakage and high thermal stability of AlGaN/GaN MIS-HEMTs using ZrO_2/Al_2O_3 gate dielectric stack. Appl. Phys. Express, 2014, 7: 044101.

[46] Schilirò E, Greco G, Fiorenza P, et al. Effects of surface nature of different semiconductor substrates on the plasma enhanced atomic layer deposition growth of Al_2O_3 gate dielectric thin films. Phys. Status Solidi C, 2015, 12: 980–984.

[47] Cai Q J, Gan Y, Chan M B, et al. Solution-processable organic-capped titanium oxide nanoparticle dielectrics for organic thin-film transistors. Appl. Phys. Lett., 2008, 93: 340.

[48] Chen R, Kim H, McIntyre P C, et al. Self-assembled monolayer resist for atomic layer deposition of HfO_2 and ZrO_2 high-k gate dielectrics. Appl. Phys. Lett., 2004, 84: 4017–4019.

[49] De Boer R, Iosad N, Stassen A, et al. Influence of the gate leakage current on the stability of organic single-crystal field-effect transistors. Appl. Phys. Lett., 2005, 86: 032103.

[50] Garnier F, Horowitz G, Peng X, et al. An all-organic "soft" thin film transistor with very high carrier mobility. Adv. Mater., 1990, 2: 592–594.

[51] Garnier F, Hajlaoui R, Yassar A, et al. All-polymer field-effect transistor realized by printing techniques. Science, 1994, 265: 1684–1687.

[52] Peng X, Horowitz G, Fichou D, et al. All-organic thin-film transistors made of alpha-sexithienyl

semiconducting and various polymeric insulating layers. Appl. Phys. Lett., 1990, 57: 2013–2015.

[53] Bao Z, Feng Y, Dodabalapur A, et al. High-performance plastic transistors fabricated by printing techniques. Chem. Mater., 1997, 9: 1299–1301.

[54] Drury C, Mutsaers C, Hart C, et al. Low-cost all-polymer integrated circuits. Appl. Phys. Lett., 1998, 73: 108–110.

[55] Rogers J A, Bao Z, Dodabalapur A, et al. Organic smart pixels and complementary inverter circuits formed on plastic substrates by casting and rubber stamping. IEEE Electron Device Lett.,2000, 21: 100–103.

[56] Gelinck G, Geuns T, De Leeuw D. High-performance all-polymer integrated circuits. Appl. Phys. Lett., 2000, 77: 1487–1489.

[57] Sirringhaus H, Kawase T, Friend R, et al. High-resolution inkjet printing of all-polymer transistor circuits. Science, 2000, 290: 2123–2126.

[58] Halik M, Klauk H, Zschieschang U, et al. Fully patterned all-organic thin film transistors. Appl. Phys. Lett., 2002, 81: 289–291.

[59] Klauk H, Halik M, Zschieschang U, et al. High-mobility polymer gate dielectric pentacene thin film transistors. J. Appl. Phys., 2002, 92: 5259–5263.

[60] Sandberg H G, Bäcklund T G, Österbacka R, et al. High-performance all-polymer transistor utilizing a hygroscopic insulator. Adv. Mater., 2004, 16: 1112–1115.

[61] Parashkov R, Becker E, Ginev G, et al. All-organic thin-film transistors made of poly (3-butylthiophene) semiconducting and various polymeric insulating layers. J. Appl. Phys., 2004, 95: 1594–1596.

[62] Chua L L, Ho P K, Sirringhaus H, et al. High-stability ultrathin spin-on benzocyclobutene gate dielectric for polymer field-effect transistors. Appl. Phys. Lett., 2004, 84: 3400–3402.

[63] Kato Y, Iba S, Teramoto R, et al. High mobility of pentacene field-effect transistors with polyimide gate dielectric layers. Appl. Phys. Lett., 2004, 84: 3789–3791.

[64] Rutenberg I M, Scherman O A, Grubbs R H, et al. Synthesis of polymer dielectric layers for organic thin film transistors via surface-initiated ring-opening metathesis polymerization. J. Am. Chem. Soc., 2004, 126: 4062–4063.

[65] Park S Y, Park M,Lee H H. Cooperative polymer gate dielectrics in organic thin-film transistors. Appl. Phys. Lett., 2004, 85: 2283–2285.

[66] Yoon M H, Yan H, Facchetti A, et al. Low-voltage organic field-effect transistors and inverters enabled by ultrathin cross-linked polymers as gate dielectrics. J. Am. Chem. Soc., 2005, 127: 10388–10395.

[67] Lim S C, Kim S H, Lee J H, et al. Organic thin-film transistors on plastic substrates. Mater. Sci. Eng. B, 2005, 121: 211–215.

[68] Pyo S, Son H, Choi K Y, et al. Low-temperature processable inherently photosensitive polyimide as a gate insulator for organic thin-film transistors. Appl. Phys. Lett., 2005, 86: 133508.

[69] Han S H, Kim J H, Jang J, et al. Lifetime of organic thin-film transistors with organic passivation layers. Appl. Phys. Lett., 2006, 88: 073519.

[70] Liu P, Wu Y, Li Y, et al. Enabling gate dielectric design for all solution-processed, high-

performance, flexible organic thin-film transistors. J. Am. Chem. Soc., 2006, 128: 4554−4555.

[71] Diallo K, Erouel M, Tardy J, et al. Stability of pentacene top gated thin film transistors. Appl. Phys. Lett., 2007, 91: 183508.

[72] Huang T S, Su Y K, Wang P C. Study of organic thin film transistor with polymethylmethacrylate as a dielectric layer. Appl. Phys. Lett., 2007, 91: 092116.

[73] Lee S H, Choo D J, Han S H, et al. High performance organic thin-film transistors with photopatterned gate dielectric. Appl. Phys. Lett., 2007, 90: 033502.

[74] Unni K N, Dabos-Seignon S, Pandey A K, et al. Influence of the polymer dielectric characteristics on the performance of pentacene organic field-effect transistors. Solid-State Electron., 2008, 52: 179−181.

[75] Cheng J A, Chuang C S, Chang M N, et al. Controllable carrier density of pentacene field-effect transistors using polyacrylates as gate dielectrics. Org. Electron., 2008, 9: 1069−1075.

[76] Yan H, Chen Z, Zheng Y, et al. A high-mobility electron-transporting polymer for printed transistors. Nature, 2009, 457: 679.

[77] Wang C H, Hsieh C Y, Hwang J C. Flexible organic thin-film transistors with silk fibroin as the gate dielectric. Adv. Mater., 2011, 23: 1630−1634.

[78] Lee K H, Kang M S, Zhang S, et al. "Cut and stick" rubbery ion gels as high capacitance gate dielectrics. Adv. Mater., 2012, 24: 4457−4462.

[79] Li J, Sun Z, Yan F. Solution processable low-voltage organic thin film transistors with high-k relaxor ferroelectric polymer as gate insulator. Adv. Mater., 2012, 24: 88−93.

[80] Meena J S, Chu M C, Chang Y C, et al. Novel chemical route to prepare a new polymer blend gate dielectric for flexible low-voltage organic thin-film transistor. ACS Appl. Mater. Interfaces, 2012, 4: 3261−3269.

[81] Tewari A, Gandla S, Pininti A R, et al. High-mobility and low-operating voltage organic thin film transistor with epoxy based siloxane binder as the gate dielectric. Appl. Phys. Lett., 2015, 107: 87.

[82] Pecunia V, Banger K, Sirringhaus H, et al. High-performance solution-processed amorphous-oxide-semiconductor TFTs with organic polymeric gate dielectrics. Adv. Electron. Mater., 2015, 1: 1400024.

[83] Seong H, Baek J, Pak K, et al. A surface tailoring method of ultrathin polymer gate dielectrics for organic transistors: improved device performance and the thermal stability thereof. Adv. Funct. Mater., 2015, 25: 4462−4469.

[84] Choe Y S, Yi M H, Kim J H, et al. Crosslinked polymer-mixture gate insulator for high-performance organic thin-film transistors. Org. Electron., 2016, 36: 171−176.

[85] Kim S J, Jang M, Yang H Y, et al. Instantaneous pulsed-light cross-linking of a polymer gate dielectric for flexible organic thin-film transistors. ACS Appl. Mater. Interfaces, 2017, 9: 11721−11731.

[86] Kim S, Ha T, Yoo S, et al. Metal-oxide assisted surface treatment of polyimide gate insulator for high-performance organic thin-film transistors. Phys. Chem. Chem. Phys., 2017, 19:15521−15529.

[87] Choi J, Joo M, Seong H, et al. Flexible, Low-power thin-film transistors (TFTs) made of vapor-

phase synthesized high-k, ultrathin polymer gate dielectrics. ACS Appl. Mater. Interfaces, 2017, 9: 20808.

[88] Ji D, Xu X, Jiang L, et al. Surface polarity and self-structured nanogrooves collaboratively oriented molecular packing for high crystallinity toward efficient charge transport. J. Am. Chem. Soc., 2017, 139: 2734-2740.

[89] Manoli K, Seshadri P, Singh M, et al. Solvent-gated thin-film-transistors. Phys. Chem. Chem. Phys., 2017, 19: 20573-20581.

[90] Veres J, Ogier S D, Leeming S W, et al. Low-k insulators as the choice of dielectrics in organic field-effect transistors. Adv. Funct. Mater., 2003, 13: 199-204.

[91] Richards T, Bird M, Sirringhaus H. A quantitative analytical model for static dipolar disorder broadening of the density of states at organic heterointerfaces. J. Chem Phys., 2008, 128: 234905.

[92] Hulea I, Fratini S, Xie H, et al. Tunable fröhlich polarons in organic single-crystal transistors. Nat. Mater., 2006, 5: 982-986.

[93] Kang G W, Park K M, Song J H, et al. The electrical characteristics of pentacene-based organic field-effect transistors with polymer gate insulators. Curr. Appl. Phys., 2005, 5: 297-301.

[94] Kim C, Facchetti A, Marks T J. Polymer gate dielectric surface viscoelasticity modulates pentacene transistor performance. Science, 2007, 318: 76-80.

[95] Huang T S, Su Y K, Wang P-C. Poly (methyl methacrylate) dielectric material applied in organic thin film transistors. JPN J. Appl. Phys., 2008, 47: 3185.

[96] Kang S J, Noh Y Y, Baeg K J, et al. Effect of rubbed polyimide layer on the field-effect mobility in pentacene thin-film transistors. Appl. Phys. Lett., 2008, 92: 052107.

[97] Baek Y, Lim S, Yoo E J, et al. Fluorinated polyimide gate dielectrics for the advancing the electrical stability of organic field-effect transistors. ACS Appl. Mater. Interfaces, 2014, 6: 15209-15216.

[98] Kalb W L, Mathis T, Haas S, et al. Organic small molecule field-effect transistors with CYTOP gate dielectric: Eliminating gate bias stress effects. Appl. Phys. Lett., 2007, 90: 092104.

[99] Roh J, Cho I T, Shin H, et al. Fluorinated CYTOP passivation effects on the electrical reliability of multilayer MoS_2 field-effect transistors. Nanotechnology, 2015, 26: 455201.

[100] Hwang D K, Fuentes C, Kim J, et al. Top-gate organic field-effect transistors with high environmental and operational stability. Adv. Mater., 2011, 23: 1293-1298.

[101] Hwang D K, Kim C S, Choi J M, et al. Polymer/YO_x hybrid-sandwich gate dielectrics for semitransparent pentacene thin-film transistors operating under 5 V. Adv. Mater., 2006, 18: 2299-2303.

[102] Wang Y, Acton O, Ting G, et al. Low-voltage high-performance organic thin film transistors with a thermally annealed polystyrene/hafnium oxide dielectric. Appl. Phys. Lett., 2009, 95: 243302.

[103] Park C B, Lee J D. Effect of stacked dielectric with high dielectric constant and surface modification on current enhancement in pentacene thin-film transistors. Curr. Appl. Phys., 2013, 13: 170-175.

[104] Wang X, Laiho A, Berggren M, et al. Remanent polarization in a cryptand-polyanion bilayer

implemented in an organic field effect transistor. Appl. Phys. Lett., 2012, 100: 023305.

[105] Ha T J. Low-voltage and hysteresis-free organic thin-film transistors employing solution-processed hybrid bilayer gate dielectrics. Appl. Phys. Lett., 2014, 105: 043305.

[106] Luzio A, Ferré F G, Fonzo F D, et al. Hybrid nanodielectrics for low-voltage organic electronics. Adv. Funct. Mater., 2014, 24: 1790-1798.

[107] Col C, Nawaz A, Cruz I, et al. Poly(vinyl alcohol) gate dielectric surface treatment with vitamin C for poly(3-hexylthiophene-2,5-diyl) based field effect transistors performance improvement. Org. Electron., 2015, 17: 22-27.

[108] Held M, Schie S P, Miehler D, et al. Polymer/metal oxide hybrid dielectrics for low voltage field-effect transistors with solution-processed, high-mobility semiconductors. Appl. Phys. Lett., 2015, 107: 083301.

[109] Kheradmand B, Schmidt G C, Höft D, et al. Small-signal characteristics of fully-printed high-current flexible all-polymer three-layer-dielectric transistors. Org. Electron., 2016, 34: 267-275.

[110] Byun H R, You E A, Ha Y G. Multifunctional hybrid multilayer gate dielectrics with tunable surface energy for ultralow-power organic and amorphous oxide thin-film transistors. ACS Appl. Mater. Interfaces, 2017, 9: 7347-7354.

[111] Seong H, Choi J, Kim B J, et al. Vapor-phase synthesis of sub-15 nm hybrid gate dielectrics for organic thin film transistors. J. Mater. Chem. C, 2017, 5: 4463-4470.

[112] Huang W, Zhuang X, Melkonyan F S, et al. UV-ozone interfacial modification in organic transistors for high-sensitivity NO_2 detection. Adv. Mater., 2017, 29: 1701706.

[113] Kunii M, Iino H, Hanna J. Bias-stress characterization of solution-processed organic field-effect transistor based on highly ordered liquid crystals. Appl. Phys. Lett., 2017, 110: 243301.

[114] Yao R, Zheng Z, Zeng Y, et al. All-aluminum thin film transistor fabrication at room temperature. Materials, 2017, 10: 222.

[115] Subbarao N V, Gedda M, Iyer P K, et al. Enhanced environmental stability induced by effective polarization of a polar dielectric layer in a trilayer dielectric system of organic field-effect transistors: A quantitative study. ACS Appl. Mater. Interfaces, 2015, 7: 1915-1924.

[116] Halik M, Klauk H, Zschieschang U, et al. Relationship between molecular structure and electrical performance of oligothiophene organic thin film transistors. Adv. Mater., 2003, 15: 917-922.

[117] Chen F C, Chuang C S, Lin Y S, et al. Low-voltage organic thin-film transistors with polymeric nanocomposite dielectrics. Org. Electron., 2006, 7: 435-439.

[118] Dastan D, Gosavi S W, Chaure N B. Studies on electrical properties of hybrid polymeric gate dielectrics for field effect transistors. Macromol. Symp., 2015, 347: 81-86.

[119] Wu X, Fei F, Chen Z, et al. A new nanocomposite dielectric ink and its application in printed thin-film transistors. Compos. Sci. Technol., 2014, 94: 117-122.

[120] Cai Q J, Gan Y, Chan M B, et al. Solution-processable barium titanate and strontium titanate nanoparticle dielectrics for low-voltage organic thin-film transistors. Chem. Mater., 2009, 21: 3153-3161.

[121] Zhou Y, Han S T, Xu Z X, et al. Polymer-nanoparticle hybrid dielectrics for flexible transistors

and inverters. J. Mater. Chem., 2012, 22: 4060.

[122] Liu C T, Lee W H. Fabrication of an organic thin-film transistor by inkjet printing. ECS J. Solid State Sc., 2012, 1: 97-102.

[123] Beaulieu M R, Baral J K, Hendricks N R, et al. Solution processable high dielectric constant nanocomposites based on ZrO_2 nanoparticles for flexible organic transistors. ACS Appl. Mater. Interfaces, 2013, 5: 13096-13103.

[124] Tunc A V, Giordano A N, Ecker B, et al. Silica nanoparticles for enhanced carrier transport in polymer-based short channel transistors. J. Phys. Chem. C, 2013, 117: 22613-22618.

[125] Liyana V, Aminakutty N, Shiju K, et al. Organic field effect transistor with silica nanoparticles on gate dielectric. Asian J. Appl. Sci., 2014, 7: 696-704.

[126] Dietrich H, Scheiner S, Portilla L, et al. Improving the performance of organic thin-film transistors by ion doping of ethylene-glycol-based self-assembled monolayer hybrid dielectrics. Adv. Mater., 2015, 27: 8023-8027.

[127] Ha Y, Jeong S, Wu J, et al. Flexible low-voltage organic thin-film transistors enabled by low-temperature, ambient solution-processable inorganic/organic hybrid gate dielectrics. J. Am. Chem. Soc., 2010, 132: 17426-17434.

[128] Ha J W, Kim Y, Roh J, et al. Thermally curable organic/inorganic hybrid polymers as gate dielectrics for organic thin-film transistors. J. Polym. Sci. Pol. Chem., 2014, 52: 3260-3268.

[129] Kim Y, Cho H, Kwak J, et al. Organic thin-film transistors using photocurable acryl-fuctionalized polyhedral oligomeric silsesquioxanes as gate dielectrics. Synthetic Met., 2012, 162: 1798-1803.

[130] Kim Y, Roh J, Kim J H, et al. Photocurable propyl-cinnamate-functionalized polyhedral oligomeric silsesquioxane as a gate dielectric for organic thin film transistors. Org. Electron., 2013, 14: 2315-2323.

[131] Yu Y Y, Liu C L, Chen Y C, et al. Tunable dielectric constant of polyimide-barium titanate nanocomposite materials as the gate dielectrics for organic thin film transistors applications. RSC Adv., 2014, 4: 62132-62139.

[132] Liu P, Wu Y L, Li Y N, et al. Enabling gate dielectric design for all solution-processed, high-performance, flexible organic thin-film transistors. J. Am. Chem. Soc., 2006, 128: 4554-4555.

[133] Wang W, Dong G, Wang L, et al. Pentacene thin-film transistors with sol-gel derived amorphous $Ba_{0.6}Sr_{0.4}TiO_3$ gate dielectric. Microelectron. Eng., 2008, 85: 414-418.

[134] Okur S, Yakuphanoglu F, Stathatos E. High-mobility pentacene phototransistor with nanostructured SiO_2 gate dielectric synthesized by sol-gel method. Microelectron. Eng., 2010, 87: 635-640.

[135] Jung Y, Yeo T H, Yang W, et al. Direct photopatternable organic-inorganic hybrid materials as a low dielectric constant passivation layer for thin film transistor liquid crystal displays. J. Phys. Chem. C, 2011, 115: 25056-25062.

[136] Zhang C, Wang H, Shi Z, et al. UV-directly patternable organic-inorganic hybrid composite dielectrics for organic thin-film transistors. Org. Electron., 2012, 13: 3302-3309.

[137] Kim Y J, Kim J, Kim Y S, et al. TiO_2-poly(4-vinylphenol) nanocomposite dielectrics for organic thin film transistors. Org. Electron., 2013, 14: 3406-3414.

[138] Zhao X, Wang S, Li A, et al. Universal solution-processed high-k amorphous oxide dielectrics for high-performance organic thin film transistors. RSC Adv., 2014, 4: 14890.

[139] Ha J-W, Kim Y, Roh J, et al. Thermally curable polymers consisting of alcohol-functionalized cyclotetrasiloxane and melamine derivatives for use as insulators in OTFTs. Org. Electron., 2014, 15: 3666−3673.

[140] Bahari A, Shahbazi M. Electrical properties of PVP−SiO_2−TMSPM hybrid thin films as OFET gate dielectric. J. Electron. Mater., 2015, 45: 1201−1209.

[141] Kang W, An G, Kim M J, et al. Ladder-type silsesquioxane copolymer gate dielectrics for high-performance organic transistors and inverters. J. Phys. Chem. C, 2016, 120: 3501−3508.

[142] Wang Y, Wang D, Qing X, et al. Synthesis and characterization of hysteresis-free zirconium oligosiloxane hybrid materials for organic thin film transistors. Synthetic Met., 2017, 223: 226−233.

[143] Panzer M J, Frisbie C D. Polymer electrolyte-gated organic field-effect transistors: Low-voltage, high-current switches for organic electronics and testbeds for probing electrical transport at high charge carrier density. J. Am. Chem. Soc., 2007, 129: 6599−6607.

[144] Cho J H, Lee J, Xia Y, et al. Printable ion-gel gate dielectrics for low-voltage polymer thin-film transistors on plastic. Nat. Mater., 2008, 7: 900−906.

[145] Lee J, Kaake L G, Cho J H, et al. Ion gel-gated polymer thin-film transistors: Operating mechanism and characterization of gate dielectric capacitance, switching speed, and stability. J. Phys. Chem. C, 2009, 113: 8972−8981.

[146] Uemura T, Yamagishi M, Ono S, et al. Low-voltage operation of n-type organic field-effect transistors with ionic liquid. Appl. Phys. Lett., 2009, 95: 103301.

[147] Ono S, Minder N, Chen Z, et al. High-performance n-type organic field-effect transistors with ionic liquid gates. Appl. Phys. Lett., 2010, 97: 143307.

[148] Lee S W, Lee H J, Choi J H, et al. Periodic array of polyelectrolyte-gated organic transistors from electrospun poly(3−hexylthiophene) nanofibers. Nano Lett., 2010, 10: 347−351.

[149] Xia Y, Zhang W, Ha M, et al. Printed gel-electrolyte-gated polymer transistors and circuits. Adv. Funct. Mater., 2010, 20: 587−594.

[150] Ko J, Lee S J, Kim K, et al. A robust ionic liquid-polymer gate insulator for high-performance flexible thin film transistors. J. Mater. Chem. C, 2015, 3: 4239−4243.

[151] Hu W, Zheng Z, Jiang J. Vertical organic-inorganic hybrid transparent oxide TFTs gated by biodegradable electric-double-layer biopolymer. Org. Electron., 2017, 44: 1−5.

[152] Nketia B, Kang S J, Tabi G D, et al. Ultrahigh mobility in solution-processed solid-state electrolyte-gated transistors. Adv. Mater., 2017, 29: 1605685.

[153] Kirova N, Bussac M N. Self-trapping of electrons at the field-effect junction of a molecular crystal. Phys. Rev. B, 2003, 68: 235312.

[154] Hulea I N, Fratini S, Xie H, et al. Tunable frohlich polarons in organic single-crystal transistors. Nat. Mater., 2006, 5: 982−986.

[155] Shao W, Dong H, Jiang L, et al. Morphology control for high performance organic thin film transistors. Chem. Sci., 2011, 2: 590−600.

[156] Yang S Y, Shin K, Park C E. The effect of gate-dielectric surface energy on pentacene morphology and organic field-effect transistor characteristics. Adv. Funct. Mater., 2005, 15:

1806-1814.

[157] Pernstich K, Haas S, Oberhoff D, et al. Threshold voltage shift in organic field effect transistors by dipole monolayers on the gate insulator. J. Appl. Phys., 2004, 96: 6431-6438.

[158] Zhang S, Zhang Z, Liu J, et al. Fullerene adducts bearing cyano moiety for both high dielectric constant and good active layer morphology of organic photovoltaics. Adv. Funct. Mater., 2016, 26: 6107-6113.

[159] Nketia-Yawson B, Kang S J, Tabi G D, et al. Ultrahigh mobility in solution processed solid state electrolyte gated transistors. Adv. Mater., 2017, 29: 1605685.

[160] Jang Y, Kim D H, Park Y D, et al. Low-voltage and high-field-effect mobility organic transistors with a polymer insulator. Appl. Phys. Lett., 2006, 88: 072101.

第 6 章

OTFT 材料计算模拟

6.1 量子化学计算发展史

量子化学(quantum chemistry)是理论化学中的一个重要的分支学科,是计算化学的一个重要的应用领域。它主要运用量子力学的基本原理和方法来研究分子和晶体的电子层结构、化学键理论、分子间作用力、化学反应理论以及各种光谱、电子能谱和各种材料结构性能的关系,为化学领域提供了一条可以观察其微观世界的新方法。

量子力学的建立开始于20世纪20年代,薛定谔波动力学理论、海森堡矩阵理论和狄拉克算子力学理论的相继问世。从1927年Heitler(海特勒)和London(伦敦)用量子力学处理原子结构的方法研究氢分子,定量地阐释了两个中性原子形成化学键的方式。这一成果标志着量子力学与化学的交叉学科——量子化学的诞生。

继海特勒和伦敦之后,化学家们开始认识到可以用量子力学原理来讨论分子结构,并且在氢分子的研究基础上提出了新的结构理论。鲍林在此基础上发展的价键理论获得了1954年的诺贝尔化学奖;1928年物理学家马利肯提出了最早的分子轨道理论;1931年休克发展了马利肯的分子轨道理论,并将其应用到对苯分子共轭体系的处理中;1931年贝特提出了配位场理论并应用于过渡金属元素在配位场中能级裂分状况的理论研究。价键理论、分子轨道理论以及配位场理论构成了量子化学的三大基础理论。随着计算机技术的发展,量子化学也得到了快速的发展。从头算法即仅依据基本物理参数,在最小限度的量子力学假设下,不借助经验参数求解全电子体系的非相对论薛定谔方程,以获取体系性质的方法。早期忽略电子相关的Hartree-Fock-Roothann理论结合自洽场迭代的方法快速发展,成为当时量子化学计算的主流。20世纪80年代,我国徐光宪先生首次用Gaussian程序开展量子化学从头算法研究。吴国是先生等编写了我国第一个从头算法通用程序MQAB-81。20世纪90年代以后,以密度泛函理论为基础的量子化学计算方法兴起,依照近似程度的不同，依次演化出局域密度近似（LDA）、广义梯度近似（GGA）、二阶广义梯度近似（meta-GGA）以及在 GGA 中引入 HF 交换势的杂化 GGA 泛函方法。进入21世纪的信息化时代，需要通过量子化学计算得到更多化学反应信息，即有了从静态向动态发展和从小体系向纳米、介观尺度发展的要求。近年来，量子化学计算得到了充分的发展，已建立组态相互作用、多级微扰、耦合簇等多种高精度方法，这些方法与流行的密度泛函（DFT）方法各施所长。为科研实验提供了重要的参考依据。

6.2 量子化学的基本原理和研究范围

6.2.1 量子化学的基本原理

由于经典的牛顿力学无法合理描述微观粒子的运动，量子力学得以提出和发展。根据量子力学假设，电子的行为都符合波粒二象性，数学上用波函数描述，它决定了体系的性质。如果要得到体系的波函数，就要求解 Schrödinger 方程，这也是量子力学的一个基本问题。

量子化学是在量子力学的基础上发展起来的，量子力学主要研究微观粒子的结构、运动与变化规律。把量子力学原理应用于分子结构性质的研究，就形成了量子化学这一分支学科。它利用量子力学的基础理论，借助数学的方法，建立起以自洽场方法为代表的求解电子体系薛定谔方程的理论。计算机技术的发展使得利用计算化学分析实验体系、给出理论指导成为可能。

6.2.2 量子化学的研究范围

量子化学的研究范围可以概括为基态和激发态分子的结构与电子性质；分子与分子之间的相互作用；体系随时间演化的动力学等问题。而在实践中，随着信息技术的迅速发展，各种计算方法的程序化使计算机在科研和生产方面得到广泛应用，并逐渐渗透到化学、物理、材料、生物等各个领域。

量子化学可分基础研究和应用研究两大类，基础研究主要目标是寻求量子化学的自身规律、建立量子化学的多体计算方法等。应用研究包括利用量子化学方法处理实际问题，用计算结果解释化学现象。量子化学的研究结果在其他化学分支学科的直接应用，产生了一些边缘学科，主要有量子有机化学、量子无机化学、量子生物和药物化学、表面吸附和催化中的量子理论、分子间相互作用的量子化学理论和分子反应动力学的量子理论等。

1. 材料科学

水泥是重要的建筑材料。1993年，计算量子化学开始广泛地应用于许多水泥熟料矿物和水化产物体系的研究中,解决了很多实际问题。

钙矾石相是许多水泥品种的主要水化产物相之一,它对水泥石的强度起着关键作用。程新等在假设材料的力学强度取决于化学键强度的前提下,研究了几种钙矾石相力学强度的大小差异[1]。在水泥材料的设计领域,通过引入量子化学理论与方法,有助于人们直接将分子的微观结构与宏观性能联系起来,同时也是一条设计材料的新途径。

在金属及合金材料方面也有应用,例如通过量子化学计算表明,过渡金属(Fe、Co、Ni)中氢杂质的超精细场和电子结构,含有杂质原子的磁矩降低,这与实验结果非常一致。闵新民等通过量子化学方法研究了镧系三氟化物。其结果表明,在LaF_3中La原子轨道参与成键的次序是:$d>f>p>s$,其结合能计算值与实验值定性趋势一致[2]。

量子化学方法因其精度高,而广泛应用于材料科学中,并取得了许多有意义的结果。在未来一段时间内,随着量子化学方法的不断完善,以及电子计算机的飞速发展和普及,量子化学在材料科学中的应用范围将继续拓展。

2. 能源研究

量子化学在煤裂解的反应机理和动力学性质方面的应用也很广泛,近年来随着量子化学理论的发展和量子化学计算方法以及计算技术的进步,量子化学方法对于深入探索煤的结构和反应性之间的关系成为可能。

量子化学计算在研究煤的模型分子裂解反应机理和预测反应方向方面有许多成功的例子,如低级芳香烃作为碳/碳复合材料的碳前驱体热解机理方面的研究已经取得了比较明确的研究结果。由理论计算方法所得到的主反应路径、热力学变量和表观活化能等结果与实验数据对比有较好的一致性,对煤热解的量子化学基础的研究有重要意义。

另外,在新型能源锂离子电池领域也能看到量子化学在发挥作用。由于锂离子二次电池电容量大、工作电压高、循环寿命长、安全可靠、无记忆效应、重量轻,被人们称之为"最有前途的化学电源",被广泛应用于便携式电器等小型设备,并已开始向电动汽车、军用潜水艇、飞机、航空等领域发展。

锂电池的工作过程实际上是锂离子在正负两电极之间来回嵌入和脱嵌的过程。因此,深入锂的嵌入-脱嵌机理对进一步改善锂离子电池的性能至关重要。近年来已出现不少基于量子化学原理建立模型结构研究锂原子在碳层间的插入反应的案例,随着人们对材料晶体结构的进一步认识和计算机水平的更高发展,相信量子化学原理在锂离子电池中的应用会更广泛、更深入、更具指导性。

3. 化学生物学计算

生物大分子体系的量子化学计算一直是一个具有挑战性的研究领域。由于量子化学可以在分子、电子水平上对体系进行精细的理论研究,是其他理论研究方法难以替代的。因此要深入理解有关酶的催化作用、基因的复制与突变、药物与受体之间的识别与结合过程及作用方式等,都很有必要运用量子化学的方法进行研究。毫无疑问,这种研究可以帮助人们有目的地调控酶的催化作用,甚至可以有目的地修饰酶的结构、设计并合成人工酶;可以揭示遗传与变异的奥秘,进而调控基因的复制与突变,使之造福于人类;可以根据药物与受体的结合过程和作用特点设计高效低毒的新药,等等,可见运用量子化学的手段来研究生命现象是十分有意义的。

6.3 量子化学计算方法分类

量子化学计算的方法很多,可以依据不同分类标准划分成各种类别。比如,按照是否引入经验参数,可以分为第一性原理方法(ab initio)和各种水平上的半经验方法;而在ab initio中,又可以根据是否计算电子相关能分为Post-HF和HF方法。随着时代的发展和对量子化学研究的深入,不断地涌现出新的量子化学计算方法和理论,丰富了量子化学的内容,也将其应用拓展开来。随之,根据不同的方法产生了对应的各种量子化学程序,极大地方便了量子化学的计算和发展,一定程度上实现了理论计算对实验结果的预测和分析,有效地指导和辅助化学学科的发展[3-4]。

目前研究者们常用的量子化学软件有以下几种。

Gaussian 98/03/09/16:由Pople及众多后继者编写,经过十几年的发展和完善,该软件已经成为国际上公认的、计算结构具有较高可靠性的量子化学软件,它包含从头算、半经验以及分子力学等多种方法。可适用于不同尺度的有限体系,除了部分稀土和放射性元素外,它可以处理周期表中其他元素形成的各种化合物。

Crystal 98/03:该软件由意大利都灵大学理论化学计算研究组开发,采用基于原子轨道线性组合的从头算法来研究固体及表面的电子结构。

VASP:该软件由奥地利维也纳大学开发,采用基于平面波基组,可以计算和模拟周期性体系与进行分子动力学研究。

另外,还有GAMESS、Molpro、ORCA、NWChem、Dalton、MOPAC、ADF、Spartan等一系列分子计算和模拟平台。

6.3.1 从头算法

在不考虑动力学行为的情况下,分子和凝聚态物质的主要物性本质都取决于电子结构(electronic structures)。第一性原理方法,有时也称从头算法,出发点是量子力学,从头算法是基于Hartree-Fock SCF计算的方法,基本思想是将多原子组成的多粒子系统从量子力学第一性原理出发,对材料进行"非经验性"的模拟。可解释为从量子力学出发,通过求解Schrödinger方程计算材料性质,以下主要介绍基于第一性原理产生的量子化学计算方法。

Hartree-Fock方法是借助于波函数求解Schrödinger方程。根据体系电子是否严格配对，分别对应RHF方法和UHF方法，有时开壳层体系也会使用RHF方法计算，成为ROHF方法，即对内层用限制性方法，对价层用非限制性方法。Hartree-Fock近似的方法中Fock项包含了自旋平行电子间的交换作用，忽略了电子间的库仑相关作用。

Hartree-Fock方法的基本原理：把多电子体系的状态波函数表示成反对称化的单粒子态函数乘积的线性组合。单粒子态函数选得越好，这种近似越好。一个合理的处理方案就是把一个电子的单粒子态函数选为该电子在体系的其他粒子的平均作用势场下运动的薛定谔方程的解，若我们已经知道这些单粒子态，就知道了电荷的分布情况，可以计算出对于体系中各个电子的平均势场，而根据这个势场，又可以得到各个电子的单粒子态函数。所以，单粒子态和平均势场是相互制约的。合理的要求是由单粒子态决定的平均势场与由平均势场确定的单粒子态要相互协调或自洽。这种想法最初是由Hartree提出来的。

Hartree-Fock方法的核心是哈特里-福克-罗特汉方程，简称HFR方程，它是以三个在分子轨道法发展过程中做出卓著贡献的人的姓命名的方程。1928年哈特里提出了一个将n个电子体系中的每一个电子都看成是在由其余的n-1个电子所提供的平均势场中运动的假设。这样对于体系中的每一个电子都得到了一个单电子方程（表示这个电子运动状态的量子力学方程），称为哈特里方程。使用自洽场迭代方法求解这个方程，就可得到体系的电子结构和性质。哈特里方程未考虑由于电子自旋而需要遵守的泡利原理。1930年，福克和斯莱特分别提出了考虑泡利原理的自洽场迭代方程，称为哈特里-福克方程。它将单电子轨道波函数取为自旋轨道波函数（即电子的空间函数与自旋函数的乘积）。泡利原理要求，体系的总电子波函数要满足反对称化要求，即对于体系的任何两个粒子的坐标的交换都使总电子波函数改变正负号，而斯莱特行列式正是满足反对称化要求的模型。将哈特里-福克方程用于计算多原子分子，会遇到计算上的困难。罗特汉提出将分子轨道向组成分子的原子轨道（简称AO）展开，这样的分子轨道称为原子轨道的线性组合（简称LCAO）。使用LCAO-MO，原来积分微分形式的哈特里-福克方程就变为易于求解的代数方程，称为哈特里-福克-罗特汉方程，简称HFR方程。

闭壳层体系是指体系中所有的电子均按自旋相反成对的方式充满某些壳层。这种体系的特点，是可用单斯莱特行列式表示多电子波函数，描述这种体系的HFR方程称为限制性的HFR方程，所谓限制性，是要求每一对自旋相反的电子具有相同的空间函数。限制性的HFR方程简称RHF方程。

开壳层体系是指体系中有未成对的电子（即有的壳层未充满）。描述开壳层体系的波函数一般应取斯莱特行列式的线性组合，这样，计算方案就将很复杂。然而对于开壳层体系对应的极大多重度（所谓多重度，指一个分子因总自旋角动量的不同而具有几个能量相同的不同状态，从而在外磁场下会产生相应的裂分）的状态

(即自旋角动量最大的状态)来说,可以保持波函数的单斯莱特行列式形式(近似方法)。描述这类体系的最常用的方法是假设自旋向上的电子(α自旋)和自旋向下的电子(β自旋)所处的分子轨道不同,即不限制自旋相反的同一对电子填入相同的分子轨道。这样得到的HFR方程称为非限制性的HFR方程,简称UHF方程。

所以,针对不同的体系有不同的方法可以选择,例如RHF、ROHF、UHF等,进而选择相应的基组进行任务计算。

6.3.2 密度泛函(DFT)方法

Hartree-Fock方法的主要缺陷就是完全忽略了电子库仑相关效应和计算量偏大,而20世纪60年代由Kohn和Sham等提出的密度泛函理论奠定了将多电子问题严格转化为单电子问题的理论基础,给出了单电子有效势计算的可行方法,DFT还可以与分子动力学模拟相结合,在计算物理、计算化学、计算材料学等领域取得了巨大成功[5]。

密度泛函理论(density functional theory,DFT)是一种量子力学的方法,闻名的Kohn-Sham方法奠定了DFT理论用于计算化学的重要基础,密度泛函理论适合研究多电子体系的电子结构。

密度泛函理论和Hartree-Fock(后Hartree-Fock)等经典的电子结构理论方法的不同之处在于其处理波函数的方法。前者用电子密度代替波函数,后者用的是复杂多电子波函数。密度泛函理论之所以比经典的电子结构理论更加方便简单是由于电子密度只有三个变量远远小于多电子波函数的$3N$个变量(N代表电子数,其中每个电子又包括了三个空间变量)。密度泛函理论主要解决的问题是基于第一原理计算求解多电子体系薛定谔方程。

DFT的唯一近似来自一个含义不太明确的交换关联项,根据处理交换和相关的不同,又产生了许多不同的泛函方法,大致分类可以有以下三种:局域密度近似(local-density approximation,LDA)、广义梯度近似(generalized-gradient approximation,GGA)、杂化泛函方法。在此只对目前被广泛接受和应用的杂化泛函方法进行举例,杂化泛函方法是在其泛函的交换势中混入了HF交换势,大大提高了计算精度。目前有机体系基态研究最常用的泛函有B3LYP、B3PW91和PBE0等。DFT不但能研究更大的体系而且还可以计算电子相关能,成为目前使用最广泛的量子化学计算方法。

起初的DFT方法一直被认为存在的最大缺陷就是仅能用于基态电子性质的计算,但是后来发展的TDDFT方法弥补了这个缺陷,能较好地处理激发态的电子性质和结构问题。对于DFT水平下的其他方法感兴趣的可以寻阅原始文献。

6.3.3 半经验方法

半经验方法计算消耗远低于第一性原理方法,但是半经验方法是在第一性原理方法基础上忽略某些分子积分而用经验参数代替的产物；故而精度和泛用性上有较大缺陷。半经验方法可以分为价轨道近似、零微分重叠(ZDO)近似、全略微分重叠(CNDO)近似和CNDO/2参量化、简略微分重叠(INDO)近似。半经验方法种类之间的差别也在于近似程度的不同，总体来说半经验方法计算精度较低但是计算速度较快，便于处理较大的体系。对于一些简单的有机分子常常会得到较好的结果，但是缺陷在于只能处理有良好参数的体系，误差不容易估计和校正。

半经验方法根据是否是SCF和是否考虑电子排斥可以分类，非SCF且不考虑电子排斥的有SHMO和EHMO，而SCF具体考虑电子排斥的有CNDO、INDO、AM1等。现代的半经验方法例如AM1和PM3，是当代半经验方法对MNDO的延续，正如半经验方法当初的提出是为了解决计算机资源匮乏的矛盾，但是精度不能满足化学家期望的化学精度，例如，生成热的均方差需要1 kcal/mol[*]。半经验方法的优点即是计算量相对较少，耗时少，而同时产生了精确度不高的弊端，所以半经验方法一直在进步和发展，将来仍有机遇和挑战。

6.3.4 其他方法

原则上讲，有了HFR方程(不论是RHF方程或是UHF方程)，就可以计算任何多原子体系的电子结构和性质。RHF方程的极限能量与非相对论薛定谔方程的严格解之差称为相关能。出于某些目的，还需要考虑体系的相关能。

而Post-HF方法与HF的区别在于能否计算电子相关能，其计算较复杂，方法众多，可以归结为电子相关的计算方法。HF理论计算能量时会高估两个反平行电子相互靠近的概率，使得计算的电子排斥能偏高，体系的总能量也偏高；而对于体系能量的差值产生的误差远大于键能，因而在能量差值的计算过程中电子相关能意义重大，因此涉及能量变化的准确计算就需要电子相关，这一类计算方法成为Post-HF方法，常用的有：基于微扰理论的MP方法，例如MP2、MP3、MP4、MP5；基于变分原理的组态相互作用方法(CI)，以及高精度的耦合簇方法和二次组态相互作用方法等。

这些方法的理论计算精度相对较高，但花费较大，属于比较"昂贵"的计算方法，在处理一些复杂体系和相互作用时也能表现出与实验结果较好的一致性。例如，组态相互作用(configuration interaction, CI)是最早提出来的计算电子相关能的方法之一。其基本思想是在N电子函数Slater行列式基组下对角化N电子Hamilton量。换言之，把精确波函数表示成N电子的线性组合，再使用线性变分法。若这种行列式基组是完全的，就会得到基态和所有激发态的精确能量。原则上，CI能给出多电子体系的精确解，实践中我们只能处理N电子体系函数的有限基

---

[*] 1 cal=4.18 J

组,所以CI只能给出精确能量的上限。

另外,针对不同的体系,如溶液中的反应与计算,还可以考虑溶剂化效应。

量子化学计算可以帮助化学家们从微观角度在分子、原子水平上解释说明一些化学问题的本质,在设计制造一些特殊性能的新材料、新物质方面发挥重要的作用。尤其对于我们所研究的有机半导体材料的电荷传输性质及预测其载流子迁移率,理论计算已经成为一个必要的工具。

6.4 量子化学计算的任务类型举例

利用量子化学计算进行一项研究的时候需要完成许多不同类型的任务,这些任务都有各自的关键词来代表和执行,例如单点能计算、几何构型优化、频率分析、光谱性质预测、过渡态寻找和势能面扫描等。在此,主要介绍三种基本的任务类型:单点能计算(SP)、分子几何构型优化(opt)、频率分析(freq),几乎所有的量子化学程序都能完成这些基本任务,但是具体操作有所不同。下文主要以Gaussian程序为例来介绍基本任务的计算[3,6]。

6.4.1 单点能计算

所谓的单点能计算就是针对分子某一特定构象对应的能量进行能量计算,在计算过程中分子结构保持不变,所以,只有得到正确的分子结构,能量计算才有意义。单点能计算不仅仅计算能量,还会在输出文件中给出分子的其他的一些性质。

Gaussian的辅助视图工具是Gaussian View,是程序的可视化工具。通过Gaussian界面提交任务,单点能计算的关键词是SP,Gaussian09中一般默认不显示。输入文件中有特定的格式和规定,具体写法在Gaussian手册中有明确规定。不同的计算程序有不同的规定,因而在使用其他程序进行量子化学计算时首先要明确该程序的使用手册,不能照搬经验。

计算完成后通过打开SP的输出文件可以得到单点能量,也可以通过Gaussian View以图形方式直观地显示输出文件的结构信息。只有当输出文件结尾明确指示正常结束时才说明计算有效,但并不表明正常结束的结果一定正确。通过不同结构下能量的差异比较可以得出预测相应结构之间稳定性的差异,从而对材料的性能做出一定程度上的预测与结构上的设计。

6.4.2 分子几何构型优化

分子几何构型优化(opt)是为了得到稳定的分子或者过渡态的几何构型。因为用Z矩阵或者Gaussian View输入的结构通常不是精确结构,必须优化。稳定态几何优化是为了寻找能量最低结构,过渡态几何优化则是为了寻找一阶鞍点。

在建立好输入文件之后,采用opt为关键词,向Gaussian提交任务。得到的输出文件中提取能量信息和优化过程信息。优化是否收敛要根据输出文件中的四个判据是否都得到收敛来决定。而过渡态的优化除了以opt为关键词以外,要注明opt=TS,与分子的稳定态结构相比,过渡态结构优化模型中猜测成分更多,难度也更大。当优化结果不能收敛时,需要采用相应的方法进行继续优化,比如可以调整构型进行继续优化、变换计算的方法和基组、加其他的关键词(例如opt=calcfc)等,需要视不同情况而定。

一般过渡态的寻找过程应用于化学反应机理的研究过程中,不同的反应路径下会有不同的过渡态,也就是说明有不同的势垒,对应了某个路径下反映的难易程度。不仅仅可以从热力学上进行解释,还可以依据计算时反应条件的设计,进而模拟真实实验体系中的情景,最大程度上对反映的过程进行预测和分析。在材料计算领域,可以通过过渡态来分析异构体之间的转化、材料前后结构和能量的变化对性质造成的影响等。

值得注意的是,计算实际物质的一切热力学和动力学性质都应该是最优结构下对应的性能参数,因而opt任务极其重要。在我们的材料计算研究中,若需要计算得到某种材料的相关能级参数,比如HOMO/LUMO能级能量,只有在优化后并且确实收敛的分子结构下计算得到的能级能量才是有意义的。通过opt任务,从输出文件中获取最高占据轨道和最低空轨道的能级信息,从而得到能极差,预测材料的迁移性能;通过不同电子和结构下能量的计算和比较,可以得到材料的重组能的预测值;最优结构下的分子轨道信息也是值得参考的数据,借助于Gaussian的可视化程序Gaussian View,可以选择感兴趣的分子轨道并得到该能级具体的形态与对称性特征。这些可以应用于我们所感兴趣的材料领域,帮助预测电荷传输性质和载流子迁移率。

6.4.3 频率分析

频率分析(freq)的原理是计算能量对原子的位置的二阶导数,其关键词是freq,并且频率分析是在基于优化好的稳定结构或者过渡态几何构型上进行,对于未优化的构型进行频率分析是没有意义的。一般常见的是关键词opt freq,意在表明在opt任务之后进行freq任务,两者作为复合任务出现。

进行频率分析可以得到以下信息,首先是驻点的性质得以判断,其次,可以为几何优化提供力矩阵,另外可以预测分子的红外和拉曼光谱等,同时可以计算得到单点能和热力学数据,例如热力学能量、等容热容、熵、零点能等。另外,由于采用不同的方法和基组优化得到的结构会有差别,所以当opt和freq分开执行任务时,必须在相同的计算水平下,即方法和基组必须完全相同。

频率分析不仅仅可以得到分子的红外等性质，还可以作为判断opt任务是否得以收敛的一个判断标准。当对优化后的分子执行freq命令时，可以根据输出文件中分子所有频率的正负来判断是否是能量极小点，根据大小来预测分子在各个方向的振动强度。Gaussian的输出文件中信息量大，另外还包括电荷密度布局分析、偶极矩等信息，在此不再逐一介绍。

以上仅是常用的三种基础任务，Gaussian程序包具有强大的理论计算和模拟功能，有些部分较适合于材料的模拟计算，例如在对材料的荧光磷光领域的研究中，可以通过Gaussian程序以CIS和TD-DFT为代表的计算预测激发态的不同能量及结构特征。

6.5 量子化学计算在OTFT材料中的应用

设计并开发具有高效率、高稳定性能的新型有机光电功能材料是制备有机光电器件的核心。有机半导体材料与激发态性质和发光机制密切相关，只有从理论和实验上阐明激发态电子结构的有关信息，明确有机半导体材料的发光机制，才能更高效的设计并制备新型高效有机半导体材料。量子化学和计算技术发展到今天，尤其是密度泛函方法的成功应用，分子的基态结构和性质已经在理论上得到了充分的阐述，但是物质的激发态结构和性质还处于初级研究阶段。

迁移率的概念是电子或空穴载流子在单位电场情况下的平均漂移速度，也就是说迁移率可以衡量载流子在电场下运动速度的快慢，迁移率的大小和运动速度的大小成正比。在同一种半导体材料中，迁移率因载流子的类型不同而不同。

载流子的测量方法有：飞行时间（TOF）法、电压衰减法、霍尔效应法、表面波传输法、辐射诱发导电率、电流-电压特性法、外加电场极性反转法。实验方法测出的迁移率，无法给出载流子迁移率的各向异性曲线，实验上也无法确定载流子和有机半导体材料结构之间的关系，这就需要用理论计算的方法模拟有机半导体材料的各向异性曲线和结构与功能之间的构效关系。

早在1960年就有人开始研究电子或是空穴在有机半导体材料中的迁移机制。1960年，芝加哥Leblanc研究组就已经用理论方法展开了研究[7]。随后在1970年，许多研究组（Xerox、Kodak、IBM等）以高度纯净的有机晶体为研究对象，研究其载流子迁移率和温度的变化关系[8]。我们现在之所以能够以有机晶体材料为体系研究其本征输运特性，最主要的功劳是由于斯图加特大学的Karl教授花了40多年的时间致力于研究有机晶体的生长以及纯化[9]。还有就是，Kenkre及其同事把电声相互作用的理论研究和高纯度的并二苯晶体实验结果进行了很好的关联[10]。

我们首先假设材料中没有物理缺陷也没有化学缺陷，那么材料的电荷输运性质取决于电子和电子之间的相互作用以及电子和声子之间的相互作用。无机半导体中的作用力主要是共价键，电子-电子之间的相互作用力比电子-声子之间的相互作用力大很多，因此，只有当体系为高度局域的载流子时电子-声子之间的相互作用力才有散射（scattering）作用。但是在有机半导体材料中，这两种相互作用大小相差不大，有时电子-电子之间的相互作用力会比电子-声子之间的相互作用力还要小。这种情况下电子和声子之间的相互作用就不仅仅是一种微扰，而是会导致极化子（polarons）准粒子的形成，人们把极化子形象的描述成"声子云修饰的电荷"（dressed by phonon clouds）[11]。

现有的许多研究工作已经证明了有机半导体材料的性能和材料的空间结构有密切的联系，这里所说的空间结构包括组成单元有机小分子的结构、分子和分子之间的距离、分子的堆积方式等。换句话说就是声子坐标（phonon coordinates）的微小变化都会影响材料的微观特性，这就是电声耦合作用。由于分子间的范德瓦耳斯（van der Waals）作用比较微弱，所以在有机分子晶体中，可以忽略它，而是首先单独考虑分子内和分子外的振动自由度，接着再考虑这两种振动间的杂化作用。两种最主要的电子和声子之间的耦合作用，第一种是位能（site energy），除了会受分子内振动的调控外，还会受晶体环境势的影响，这种环境势的影响可以当作是分子间振动的影响。我们把电子和振动之间的耦合对于位能的调控作用称作局域耦合（local coupling）；第二个是非局域耦合（nonlocal coupling）：即晶格声子（lattice phonons）对电荷转移积分的调控。换句话说就是电荷转移积分（charge transfer integrals）和相邻分子间距离还有相对转动的相互依赖关系。在有机半导体材料中，上述两种耦合对电子输运都有很大的影响。

Sundar等在2004年发现红荧烯晶体具有各向异性[12]。邓伟侨和韩克利提出来一种研究有机半导体材料的结构和载流子迁移率的关系的新方法，这种方法是以第一性原理和马库斯理论为基础，可用于研究一系列有机半导体材料，如并苯、红荧烯和红荧烯衍生物等[13]。

有机半导体器件的光电性能是科研工作者不断追求的目标，其中最核心的是有机半导体材料本身的光电特性。有机半导体材料的光电性能取决于材料本身的电荷输运性质。

6.5.1 应用Spartan软件计算相关材料的能级及重组能举例

以孟鸿课题组一项研究为例，应用Spartan计算软件计算了所合成材料的相关性能参数。目标化合物的分子结构及合成方法如图6.1所示。表6.1给出了应用Spartan软件计算材料的HOMO/LUMO能级与试验测量值比较结果。

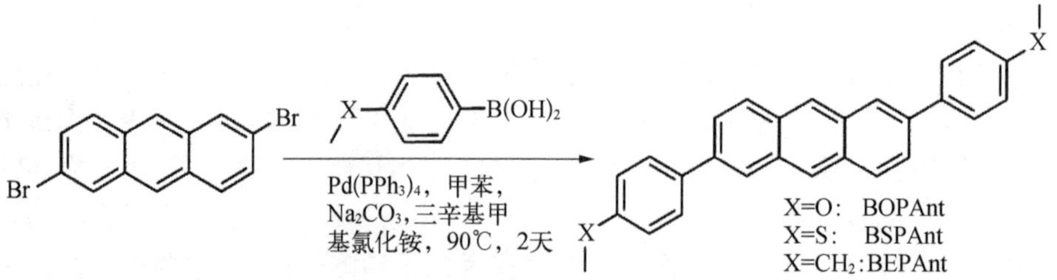

图6.1 目标化合物的合成方法

表6.1 应用Spartan软件计算材料的HOMO/LUMO能级与试验测量值比较

半导体	E_{ox}^{onset}/V[a]	E_{HOMO}/eV[b]	E_{HOMO}^{cal}/eV[c]	E_{LUMO}^{cal}/V[c]	E_g^{opt}/eV[c]
BOPAnt	0.88	−5.46	−4.95	−1.65	−2.70
BSPAnt	0.85	−5.43	−5.04	−1.78	−2.71
BEPAnt	0.93	−5.51	−5.07	−1.73	−2.74

[a] 电化学测量数值(以二茂铁为参比电极);[b] $E_{HOMO}=-(E_{ox}^{onset}+5.10)$;
[c] 使用Spartan14程序在DFT理论下B3LYP/6-31G*水平上计算

6.5.2 应用Gaussian软件计算相关材料重组能举例

利用Gaussian软件包可以进行多种任务计算,以下以并五苯为例,简要介绍在Gaussian程序下如何计算材料的重组能。

重组能一般包括外重组能和内重组能,前者主要与外界环境有关,比如受到温度和溶剂的影响,而后者只取决于分子本身的结构,在此,我们只考虑内重组能。内重组能又分为两种,空穴重组能和电子重组能,其中,空穴重组能是中性分子与正离子结构转化间的能量变化,相应的,电子重组能则是中性分子与负离子间的能量变化。具体见以下公式。

$$\lambda_h=(E_+^*-E_+)+(E^*-E) \tag{6.1}$$

$$\lambda_e=(E_-^*-E_-)+(E^*-E) \tag{6.2}$$

其中,λ_h、λ_e分别为空穴重组能和电子重组能,$E_+^*(E_-^*)$为中性结构下带正电荷(负电荷)的分子对应的能量,$E_+(E_-)$代表带正电荷(负电荷)的分子的稳定结构所对应的能量,E^*是以带正(负)电荷状态时的最稳定结构下计算中性分子的单点能,E代表中性分子最稳定结构下的能量。

以并五苯的空穴重组能为例,第一步,首先优化中性并五苯分子的结构并得到对应的能量,输入文件命令行关键词为# opt B3LYP/6-31G(d,p),得到输出文件提取能量信息,E=−846.821 966 70 a.u.。

第二步,在此结构基础上,即以此中性分子的稳定结构参数为输入文件,修改电荷为+1,其余项不变,输入文件关键词为:B3LYP/6-31G(d,p)。得到输出文件,此时能量为:E_+^*=-846.603 333 83 a.u.。

第三步,进而以此结构为输入文件,进行优化,求得带正电荷的并五苯的稳定结构下的能量,命令行: # opt B3LYP/6-31G(d,p),得到能量值E_+=-846.605 167 15 a.u.。

最后一步即求E^*,在第三步的最优结构下,建立输入文件,其中除了电荷参数由1改为0之外,其余不变。命令行: # B3LYP/6-31G(d,p)。得到能量值E^*=-846.820 271 62 a.u.。

由此,可代入上文空穴重组能公式,求得λ_h=0.003 528 4 a.u.,即约为0.096 eV。文献参考值0.098 eV[32]。

6.5.3 材料模拟计算的主要研究组举例(以迁移率计算为例)

1. 迁移率计算理论模型

目前,对于有机半导体材料中的电荷传输机理还存在很大的争议,因而对迁移率的计算方法也有明显的不同。目前,主要存在三类电荷传输模型:跳跃模型、能带理论和极化子模型[14]。跳跃模型(hopping model)认为在有机半导体中分子间耦合较弱,电子处于高度离域化状态,也就是说,分子间的转移积分V(transfer integral)远远小于分子本身的重组能λ(reorganization energy)。这种电荷跳跃传输机理可以用Marcus理论来计算,目前这种计算方法被认为适用于大多数的有机半导体材料,一般用的理论计算公式如下。

相邻分子间的跃迁速率:
$$k = \frac{V^2}{h}\left(\frac{\pi}{\lambda k_B T}\right)^{1/2} \exp\left(-\frac{\lambda}{4k_B T}\right) \quad (6.3)$$

迁移率由下式得出:
$$\mu = \frac{e}{k_B T}D = \frac{e}{k_B T} \lim_{t \to \infty} \frac{1}{2n} \frac{\langle x(t)^2 \rangle}{t} \approx \frac{e}{2nk_B T} \sum_i r_i^2 W_i P_i \quad (6.4)$$

能带理论(band theory)是另一种情况,针对分子间耦合很强,从能带上看带宽很大,例如红荧烯,主要是某些密堆积高共轭的有机分子体系,同理,可以理解为分子间的转移积分V接近甚至大于重组能λ。

极化子模型,则综合了以上两种理论研究的结果,认为根据不同的温度范围,材料的电荷传输会相应的以某种方式为主,而不是固定不变的呈现一种作用模式。在极化子模型中,把电子及其周围的额外势场看成一个整体,称为极化子。在低温的时候,由于晶格振动不明显,此时认为是以能带形式传输的,随着温度的升高,晶格振动越发显著,当超过一临界温度时,转变为跳跃传输,即遵从跳跃模型[46]。一般的研究中仅是针对不同的温度范围使用不同的理论解释。

相应的,迁移率的计算方法在不同课题组的研究中也不尽相同。下文以几个课题组为例简要介绍在迁移率计算方面的方法,相关计算结果也以表格形式在文末汇总体现。

2. 清华大学化学系/中国科学院化学研究所帅志刚课题组

帅志刚课题组的主要研究领域是理论化学、材料的功能理论计算与模拟,发表了领域内一系列相关著作,如《纳米结构与性能的理论计算与模拟》、《Theory of charge transport in carbon electronic materials》、《理论化学原理与应用》、《分子科学前沿》(白春礼主编,第10章"理论化学")、《功能材料化学进展》(朱道本主编,第8章"有机功能材料理论研究进展")等,其研究成果也多次发表在理论计算和材料模拟领域的顶级期刊。

其课题组主要致力于开发和应用新的理论和计算方法研究光电功能材料,课题组的主要研究目标之一是开发和应用新的计算方法来解释和预测有机功能材料的光电功能。他们感兴趣的是在有机半导体、碳纳米带、薄板中的电荷/热电传输、电子激发态衰变过程相关的有机发光量子效率和频谱、电荷在聚合物光电和激子动力学、热电图的优点、非线性光学响应和多光子吸收、超分子自组装和拆卸。此外,还包括在半经验的水平上的相关电子量子化学密度矩阵重整化群方法和运动方程耦合的集群理论。

例如,在Marcus电子转移理论、绝热模型和均匀扩散的假设下计算迁移率[16]。其具体的计算方法为利用Gaussian程序包通过密度泛函方法在B3LYP/6-31G(d,p)的水平上计算重组能λ,在PW91PW91/6-31G(d,p)的水平上计算传输积分V,新颖之处在于此处对于传输积分的计算:

$$V_{ij} = \langle \phi_1^0 | \hat{F}^0 | \phi_2^0 \rangle \tag{6.5}$$

利用求得的传输积分V和重组能λ,代入下式计算得到跃迁速率k和扩散系数D,

$$k = \frac{V^2}{h}\left(\frac{\pi}{\lambda k_B T}\right)^{1/2} \exp\left(-\frac{\lambda}{4k_B T}\right) \tag{6.6}$$

$$D = \lim_{t \to \infty} \frac{1}{2n} \frac{\langle x(t)^2 \rangle}{t} \approx \frac{1}{2n}\sum_i d_i^2 k_i P_i = \frac{1}{2n}\frac{\sum_i d_i^2 k_i^2}{\sum_i k_i} \tag{6.7}$$

最终由$\mu = \frac{e}{k_B T}D$得出迁移率数值。

课题组主页链接: http://www.shuaigroup.net/。

3. 中国科学院大连化学物理研究所分子反应动力学国家重点实验室

中国科学院大连化学物理研究所分子反应动力学国家重点实验室下设多个研究课题组，分别为复杂分子体系反应动力学研究组、气相与表面动力学研究组、分子模拟与设计研究组、大分子体系动力学及超快光谱理论研究组、团簇反应动力学研究组、材料动力学模拟与设计研究组和超快时间分辨光谱与动力学创新特区研究组。该实验室利用多种量化和分子动力学模拟程序和资源，在以上领域的相关计算中取得了重要进展。其中，在材料模拟和有机小分子的迁移率计算方面成功利用多种程序的结合，详细地阐述了迁移率计算过程和影响材料电荷转移性能的因素，在电荷迁移理论方法的研究领域，分子反应动力学国家重点实验室韩克利研究员和邓伟侨研究员等基于π堆积体系中电荷迁移理论方法的研究取得新进展，相关结果在 *Nature Protocols* 上发表[13]。

材料动力学模拟与设计研究组以自己发展的创新理论方法为技术核心，通过计算机模拟来设计所需性能的材料，并合成所设计的材料。主要研究方向包括：气体捕获微孔材料、太阳能电池材料。在太阳能电池材料的研究中，主要发展精确描述太阳能电池中基本过程动力学过程的理论方法，集成这些多尺度的理论方法，做到仅根据材料结构就能预测太阳能电池的光电性能。基于此方法，模拟染料敏化太阳能电池和钙钛矿太阳能电池中光电材料的性能，根据模拟结果筛选所需性能的光电材料。发展出来的新型材料有用于染料敏化太阳能电池的卟啉衍生物和用于钙钛矿太阳能电池的钙钛矿材料。

由2015年发表的一篇文章可以了解该课题组在迁移率计算方面的成果。文章指出研究是在量子力学第一性原理计算和Marcus理论的结合下得出的，并且要求模型应用于重组能远远大于传输积分的情况，即$\lambda \gg V$，同时要求材料是处于室温附近的单晶结构[13]。具体计算过程：

DFT理论下B3LYP/6-31G(d,p)水平上优化分子几何构型，在B3LYP/6-311++G(d,p)水平上得到体系能量，利用此方法，每一步优化和计算之后得到分子的重组能。重组能计算式如下。

$$\lambda_h = (E_+^* - E_+) + (E^* - E) \tag{6.8}$$

$$\lambda_e = (E_-^* - E_-) + (E^* - E) \tag{6.9}$$

对于传输积分的计算，在此与上文略有不同。

$$V = \frac{J_{RP} - S_{RP}(H_{RP} + H_{PP})/2}{1 - S_{RP}^2} \tag{6.10}$$

传输积分V是在VMN下PW91/TZ2P水平上计算，运用的是ADF程序包。

在此研究中，跃迁速率 W 的计算方法与上文一致：

$$W = \frac{V^2}{h}\left(\frac{\pi}{\lambda k_B T}\right)^{1/2} \exp\left(-\frac{\lambda}{4 k_B T}\right) \tag{6.11}$$

该研究的创新之处在于成功的运用多种计算程序和软件，将材料性能的计算用现代的科技方法联系起来，同时多个相关课题组还编写了一系列计算程序辅助材料性能的理论计算。

课题组主页链接：http://www.sklmr.dicp.ac.cn/。

4. 美国佐治亚理工学院 Brédas 课题组

Brédas 课题组重点是计算材料化学，他们使用计算方法作为一种工具来揭示新型有机材料的属性，以及了解他们的化学和物理性质。他们活跃在各种新兴有机电子学、光子学和信息技术应用领域，寻求得到一个完整的分子和纳米级的分析过程。因此他们的工作不但与合成化学家们通力合作，而且与物理化学家、物理学家、工程师有紧密的联系。

特别是开发新型材料，以此来节约能源的新方法（即高效的固态照明和低功耗显示）和产生能量（也就是太阳能电池），Brédas 课题组探究新型结构、电子和光学性质，π-conjugated 分子和聚合物，另外也包括与化学的交叉学科，涉及物理、材料科学与工程、计算机科学概念和技术。课题组采用和发展了强大的基于量子力学的理论技术、凝聚态物理学和经典力学精确模型的物理化学机制，最终结合得到最有效的研究成果。

Brédas 课题组目前的研究兴趣的方向包括太阳能和有机光伏电池、场致发光在固态照明和显示技术中的应用研究、非线性光学和信息技术的应用、界面和表面化学、电子传递在有机电子应用程序的基本解释等。2007 年的一项研究探究了并五噻吩系列的分子迁移率等性质，借助量子力学密度泛函理论和实验相结合的方法，并通过高分辨率的气相紫外光电子光谱（UPS）技术，得出了在研究体系中的电子和振动耦合，这些会影响晶体的电荷传输性能，该研究也是在噻吩半导体材料研究中第一次深入到分子层面研究影响电荷传输参数的因素[17]。

具体的计算过程如下：结构优化部分在 Gaussian 程序包中进行，采用 B3LYP/6-31G(d,p) 的方法和基组；而 Huang-Rhys factors 和 normal mode frequencies 在 DUSHIN code 中得到，过程中采取波恩-奥本海默近似等理论；对于转移积分项的计算则是在 ADF 程序包中于 PW91 泛函下的 TZP 基组得到。文中针对能带模型和跳跃模型分别作出了介绍。

根据能带理论，较宽的能带中迁移率可由下式给出：

$$\mu = \frac{q\tau}{m} \tag{6.12}$$

式中 q 为电荷量，τ 为碰撞之间的平均自由时间，m 为载流子的有效质量。随着温度的逐渐升高，带宽逐渐减小，之后电荷逐渐局域化，能带模型不再适合，此时更有利的描述转为跳跃模型——此时迁移率可定量计算：

$$\mu = \frac{qd^2}{k_BT}k_{ET} \tag{6.13}$$

其中 k_{ET} 为电子转移速率，

$$k_{ET} = A\exp\left[-\frac{(\lambda-2t)^2}{4\lambda k_BT}\right] \tag{6.14}$$

课题组主页链接：http://www.bredators.gatech.edu/。

5. 有机半导体材料迁移率量化计算举例

首先以孟鸿课题组计算过的两类材料为代表举例说明迁移率的计算过程。

材料主要包括作为OTFT器件的p型和n型的代表分子，分别是以蒽类衍生物为代表的一系列p型半导体材料和以二酰亚胺为代表的n型半导体材料。其分子结构如图6.2所示。在对合成出的产物进行纯化后生长单晶，经过单晶衍射得到其晶体结构与分子堆积方式，利用结构参数计算迁移率，并与器件性能表征数据比较分析，一方面用理论手段从微观结构上解释器件性能的特点与异同，另一方面探究更适合某种类型材料的计算方法，从而更好地预测相关有机材料的光电性能，指导高性能光电器件的合成与制备。

如图6.2所示，BEPAnt、BOPAnt和BSPAnt是分子骨架末端一系列不同取代的p型材料，通过在骨架外围引入O、S等杂原子，探究极化率对具有高迁移率和场致发光的共轭体系器件性能的影响，从而形成系统的分析方法。利用各个材料的单晶结构数据和理论计算，解释引入杂原子后，器件性能的表现差异的微观原因，为实验数据提供理论支持，以更好地设计新的高效器件。

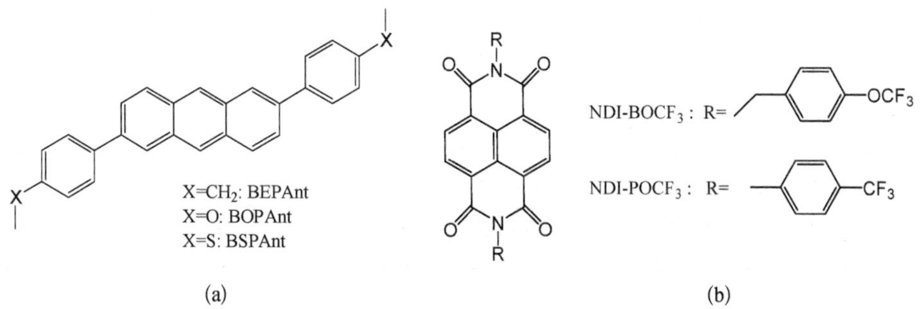

图6.2 研究对象的化学结构式
(a) 蒽类衍生物为代表的杂原子取代的p型材料；
(b) 以萘四二酰亚胺衍生物为代表的n型材料

我们采用绝热势能面的方法来计算材料分子的重组能。单个分子在电中性和阴(阳)离子态时的结构优化过程是在密度泛函理论(DFT)下以B3LYP方法和6-31G(d)基组相结合的计算水平下完成，单点能的计算在同样的方法下采用6-311G(d,p)基组。以上计算均在Gaussian 09程序中完成。单晶数据分析在Mercury程序界面完成。

通过单晶X射线衍射(XRD)得到三种材料的晶体结构，BEPAnt每个晶胞中有2个分子，BOPAnt每个晶胞包含有4个分子，BSPAnt每个晶胞中有2个分子。可见杂原子取代后，会对晶体结构产生较大的影响，其他的异同点如表6.2所示。

表6.2 三个半导体材料的单晶衍射结果

晶系	BOPAnt		BSPAnt		BEPAnt	
	正交		三斜		单斜	
空间群	$Pbca$		$P\bar{1}$		$P\,21/C$	
晶胞参数	a=7.44 Å	α=90.00°	a=6.03 Å	α=92.83°	a=22.66 Å	α=90.00°
	b=6.16 Å	β=90.00°	b=7.68 Å	β=6.55°	b=7.72 Å	β=92.45°
	c=42.30 Å	γ=90.00°	c=22.61 Å	γ=0.10°	c=6.04 Å	γ=90.00°
Z	4		2		2	
V	1 938.71(15)Å^3		1 040.09(11)Å^3		1 056.00(7)Å^3	
D	2.06/nm^3		1.92/nm^3		1.89/nm^3	

根据各个分子的晶体结构，分别选取不同方向上的二聚体计算每两个邻近分子之间的传输积分。

如图6.3所示，对于选定的每一层上的分子，每个分子周围邻近有6个分子与其有相互作用，即存在电子耦合。根据晶体的周期性排列和实际的分子间距离和角度的测量，这6个分子可分为两类，P(parallel)方向和T(transverse)方向。以BOPAnt为例，1、2、4和5是T方向，定义1(或5)为$T1$，2(或4)为$T2$，3(或6)为P，选用ADF程序包在GGA泛函下的PW91/TZ2P水平上分别计算，得到不同方向的空穴传输积分值。

忽略溶剂等环境影响的外重组能，只考虑材料分子本身的性质，在B3LYP/6-31G(d)水平上对分子进行结构优化后，分别计算电中性和阴(阳)离子的稳定结构下的单点能、电中性结构下阴(阳)离子的单点能和带一个正(负)电荷结构下电中性分子的单点能，根据公式(6.8)和公式(6.9)，得到其重组能，如表6.3所示。

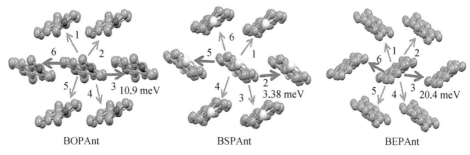

图6.3 各方向传输积分计算

表6.3 三种半导体材料的空穴和电子重组能

半导体材料	空穴重组能 λ_h/eV	电子重组能 λ_e/eV
BOPAnt	0.249	0.225
BSPAnt	0.183	0.466
BEPAnt	0.179	0.219

综合材料分子结构参数、重组能和传输积分等数值,代入公式(6.6),最终得到各个材料的迁移率数值,并与实验测量值分析比较,如表6.4所示。

表6.4 各个材料迁移率相关的实验测量值和理论值对比[18]

单晶材料	薄膜器件实验测量值				理论计算值
	T/K	μ_h/[cm²/(V·s)]	I_{on}/I_{off}	V_T/V	μ_h/[cm²/(V·s)]
BOPAnt	293	1.22	6.1×10^6	-6.3	0.26
	333	2.82	1.1×10^5	-5.2	
BSPAnt	293	0.01	8.5×10^5	-11.7	0.11
	333	0.01	2.2×10^4	-10.1	
BEPAnt	293	1.49	1.2×10^5	-17.8	0.64
	333	3.81	1.3×10^6	-19.6	

以BOPAnt和BEPAnt为例,研究在选定平面上的各向异性迁移率,分别计算并绘制各向异性的迁移率图表。

如图6.3所示的晶体晶面上,选取T1、T2和P方向的二聚体计算分子间相互之间的传输积分,并将分子的重组能、分子质心间距离、传输积分各值代入式(6.7),得到图6.4。

由于BEPAnt和BOPAnt属于拥有相同的蒽母核,在上文的一系列分析中也发现其性质有很多相似之处。如图6.4所示,二者在迁移率的各向异性分布上趋势是一致的,都是在同样的角度(270°或90°)时有最大的理论迁移率,这是由于二者有着类

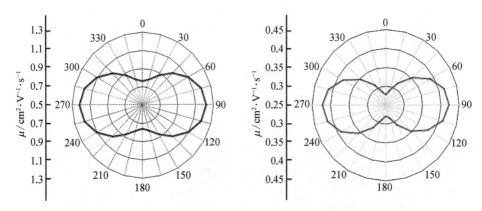

图6.4　BEPAnt（左）与BOPAnt（右）各向异性迁移率分布

似的晶体堆积方式（鱼骨形堆积），晶胞中分子排列方式相近，因而表现上传输积分值都是在T方向大于P方向。另外，通过晶体结构和各向异性的迁移率分析，可得出BEPAnt的分子之间有效接触面积更大，因而有效传输值大，利于产生高的迁移率；另一方面，通过计算重组能，BOPAnt的重组能比BEPAnt大，反而不利于迁移率的提高，在上文的理论分析中，也可得出小的重组能更利于高的迁移率。

比较最大迁移率与最小迁移率的数值，二者的比值均在1.5左右，因而理论迁移率的各向异性不是非常明显，需要后期制备单晶器件精确测量然后对比分析。

某些结构非常相近的材料对应的器件迁移率却差异巨大，通过理论计算和分析，可以从各个方向上传输积分的差别来解释器件迁移率的巨大差别。以有机半导体材料NDI-BOCF3和NDI-POCF3为例，孟鸿等对两个材料的传输积分做了分析研究[19]。首先通过单晶衍射得到材料的单晶结构数据，如表6.5所示。在Mercury程序的可视化界面下选取不同方向的晶体分子和晶面，直观的展现出分子堆叠方式，并获得晶体结构参数。在传输积分的计算中，相关的参数是在GGA泛函结合PW91梯度校正和TZ2P的基组下计算得到，该计算过程在ADF程序中完成。

表6.5　两个n型材料单晶衍射结果

晶系	NDI-BOCF3		NDI-POCF3	
	单斜		单斜	
空间群	P21/C		P21/C	
晶胞参数	a=20.91 Å	α=90.00°	a=5.12 Å	α=90.00°
	b=4.65 Å	β=109.14°	b=24.50 Å	β=99.76°
	c=14.26 Å	γ=90.00°	c=9.79 Å	γ=90.00°
V	1 309.08 Å^3		1 210.42 Å^3	

通过对分子构型、单晶结构和实验现象的分析,我们认为导致二者传输性能巨大差异的原因主要是堆积分子之间的传输积分差异,本质上即分子排列堆积的差异。

如图6.5所示,NDI-BOCF3的Z字形的构型层叠交叉排列,极利于相互靠近的平行平面间的电荷跳跃传输,尤其是萘四二酰亚胺母核与母核之间的近似平行排列堆积方式,较小的分子间距离(4.65 Å),增大了电荷跳跃传输的概率。在NDI-POCF3单晶结构中,分子呈交错式排列,由于分子本身呈直线型,因而间隔式的排列方式反而降低了有效重叠面积,邻近分子的母核与母核之间的距离比NDI-BOCF3大,且间隔导致只有部分的有效堆积,因而导致电荷的跳跃传输相对更困难,表现为传输积分值的减小。

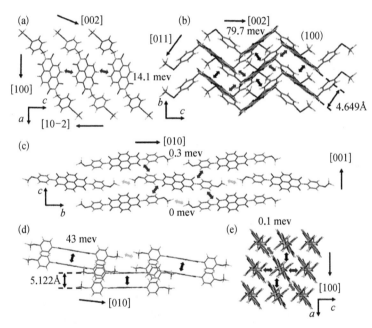

图6.5　NDI-BOCF3(a～b)和NDI-POCF3(c～e)单晶结构和传输积分

另外,其他有机半导体材料的迁移率量化计算方法也简要举例列于表6.6中。图6.6为这些半导体材料对应的化学结构式。

表6.6　有机半导体材料迁移率量化计算举例

材料	模拟方法	重组能λ_h/eV	迁移率μ /[cm^2/(V·s)]	实验值μ /[cm^2/(V·s)]
红荧烯	B3LYP/6-31G**(Gaussian) Pw91/TZVP(ADF)	0.152[20]	0.03～7.12[20]	1.2～5.0[21]
并五苯	B3LYP/6-31G**(Gaussian)	0.098[22]	0.66～4.88[20]	0.6～2.3[23]

续 表

材料	模拟方法	重组能 λ_h/eV	迁移率 μ /[cm²/(V·s)]	实验值 μ /[cm²/(V·s)]
并四苯	B3LYP/6-31G** (Gaussian) PW91/TZVP (ADF)	0.116[20]	0.01～3.36[20]	0.15[24]
蒽[25]	B3LYP/6-31G* (Gaussian) ZINDO	0.141	3.46	2.93
4T[25]	B3LYP/6-31G* (Gaussian) ZINDO	0.379	0.19	0.23
DPA[25]	B3LYP/6-31G* (Gaussian) ZINDO	0.154	8.6	3.7
PICEN[25]	B3LYP/6-31G* (Gaussian) ZINDO	0.190	6.87	9.0

注：B3LYP/6-31G** 代表 B3LYP/6-31G(d,p)；B3LYP/6-31G* 代表 B3LYP/6-31G(d)

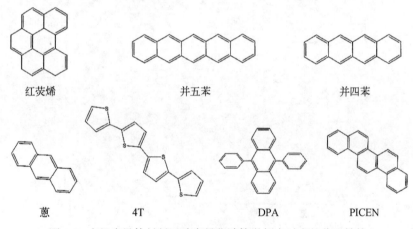

图6.6 有机半导体材料迁移率量化计算举例中对应的分子结构

参 考 文 献

[1] 程新,冯修吉,童大懋.应用量子化学研究 $Ca_2Fe_{(2-x)}Al_xO_5$ 的水化活性.材料研究学报,1996: 293-296.

[2] 闵新民,沈尔忠,江元生,等.镧系三氟化物的 $SCF-X_\alpha-SW$ 研究.化学学报,1990: 973-981.

[3] 李炳瑞.结构化学.北京：高等教育出版社,2007.

[4] 周公度,段连运.结构化学(3版).北京：北京大学出版社,2003.

[5] 陈光巨,黄元河.量子化学.上海：华东理工大学出版社,2008.

[6] Frish M J, Trucks G W, Schlegel H B, et al. Gaussian 09, Gaussian Inc., Wallingford CT, 2009.

[7] Leblanc O H. Hole and electron drift mobilities in anthracene. J. Chem. Phys., 1960, 33: 626-626.

[8] Schein L B, Ghie A R. Band-hopping mobility transition in naphthalene and deuterated naphthalene. Phys. Rev. B, 1979, 20: 1631−1639.

[9] Karl N. Charge carrier transport in organic semiconductors. Synthetic Met., 2003, 133: 649−657.

[10] Kenkre V M, Andersen J D, Dunlap D H, et al. Unified theory of the mobilities of photoinjected electrons in naphthalene. Phys. Rev. Lett., 1989, 62: 1165−1168.

[11] Coropceanu V, Cornil J, Filho D A, et al. Charge transport in organic semiconductors. Chem. Rev., 2007, 107: 926−952.

[12] Sundar V C, Zaumseil J, Podzorov V, et al. Elastomeric transistor stamps: Reversible probing of charge transport in organic crystals. Science, 2004, 303: 1644−1646.

[13] Deng W Q, Sun L, Huang J D, et al. Quantitative prediction of charge mobilities of pi-stacked systems by first-principles simulation. Nat. Protoc., 2015, 10: 632−642.

[14] 奚晋扬. 二维纳米材料电声相互作用及电荷传输的第一性原理研究. 北京: 清华大学博士学位论文, 2014.

[15] Bredas J L, Calbert J P, da Silva D A, et al. Organic semiconductors: A theoretical characterization of the basic parameters governing charge transport. P. Natl. Acad. Sci. USA, 2002, 99: 5804−5809.

[16] Wang C, Wang F, Yang X, et al. Theoretical comparative studies of charge mobilities for molecular materials. Org. Electron., 2008, 9: 635−640.

[17] Kim E G, Coropceanu V, Gruhn N E, et al. Charge transport parameters of the pentathienoacene crystal. J. Am. Chem. Soc., 2007, 129: 13072−13081.

[18] Yan L, Zhao Y, Yu H, et al. Influence of heteroatoms on the charge mobility of anthracene derivatives. J. Mater. Chem. C, 2016, 4: 3517−3522.

[19] Zhang D, Zhao L, Zhu Y, et al. Effects of p-(trifluoromethoxy)benzyl and p-(trifluoromethoxy) phenyl molecular architecture on the performance of naphthalene tetracarboxylic diimide-based air-stable n-type semiconductors. ACS Appl. Mater. Interfaces, 2016, 8:18277−18283.

[20] Wen S H, Li A, Song J, et al. First-principles investigation of anistropic hole mobilities in organic semiconductors. J. Phys. Chem. B, 2009, 113: 8813−8819.

[21] Ling M M, Reese C, Briseno A L, et al. Non-destructive probing of the anisotropy of field-effect mobility in the rubrene single crystal. Synthetic Met., 2007, 157: 257−260.

[22] Gruhn N E, Silva D A, Bill T G, et al. The vibrational reorganization energy in pentacene: Molecular influences on charge transport. J. Am. Chem. Soc., 2002, 124: 7918−7919.

[23] Lee J Y, Roth S, Park Y W. Anisotropic field effect mobility in single crystal pentacene. Appl. Phys. Lett., 2006, 88: 252106.

[24] Butko V Y, Chi X, Ramirez A P. Free-standing tetracene single crystal field effect transistor. Solid State Commun., 2003, 128: 431−434.

[25] Yavuz I, Martin B N, Park J, et al. Theoretical study of the molecular ordering, paracrystallinity, and charge mobilities of oligomers in different crystalline phases. J. Am. Chem. Soc., 2015, 137: 2856−2866.

第 7 章

有机半导体单晶场效应晶体管

7.1 有机半导体单晶FET研究现状

相比于多晶薄膜,有机单晶具有更规整的分子排列,并且没有晶界的影响,一方面,它可以用来研究有机半导体内部电荷传输机制,研究分子排列对于电荷传输的影响,并且为化学合成科学家设计合成具有各种特殊功能的新材料提供有益的反馈。另一方面,单晶器件可以得到极高的电荷迁移率,远远高于同等的多晶器件,因而对于将来产业化的应用具有重要意义,目前在大面积有机单晶TFT阵列方面的研究也取得了很大进展。

不同于由共价键结合而成的无机半导体,有机半导体是由分子间范德瓦耳斯力结合而成,因而具有溶液可加工性并适用于柔性器件。但有机晶体的生长过程,不论是物理气相法还是溶液法,跟大自然其他晶体的生长过程都是相似的,一样由晶核开始,沿着一定晶向生长,形成特定的晶面,在本书7.2中将详细介绍有机半导体生长的过程。物理气相转移法(physical vapor transport, PVT)作为一种经典的有机单晶生长方法,利用较简单的设备,即不同温区的管式炉,这种设备一直被研究者应用,本书7.3将详细介绍它的发展概况和工作原理。由于不同的方向具有不同的分子间作用力,单晶的不同方向具有不同的物理性质,有机半导体的单晶分子排列可以通过单晶衍射仪测得,通过生长大面积的单晶薄膜,结合特殊的掩模板制备具有各个方向的沟道的单晶器件,可以深入了解材料的分子排列跟电荷传输之间的关系,得到结构与性能的关系。本书7.4将介绍有机单晶各向异性以及各向同性的研究进展。由于单晶薄膜具有更好的长程有序排列,相比于其各自的非定型态和多晶态的TFT而言,单晶器件具有更高的迁移率,因而基于应用的大面积和柔性衬底下的单晶TFT的研究也非常多。本书7.5将介绍溶液法单晶生长以及单晶阵列的研究进展。

有机单晶FET器件自问世已20多年,从单晶生长方法,器件制备方法到对半导体内部电荷传输机制的认识都得到了长足的发展。早年的单晶FET研究主要集中在几种典型材料的研究,如红荧烯、并五苯、并四苯、CuPc等。近年来,随着单晶制备技术被更多的研究团队所掌握,更多的不同类型材料的单晶器件也进入了研究范围。表7.1为一些典型材料的单晶FET器件的报道汇总。

表7.1 典型的有机半导体单晶FET器件研究报道

生长方法	材料	传输类型	迁移率 /[cm²/(V·s)]	各向异性 (μ_{max}/μ_{min})	绝缘层	备注
气相法	红荧烯[1-2]	p	20	4	空气	具有能带传输
气相法	并五苯[3]	p	2.2	3.5	派瑞林	—
气相法	并四苯[4]	p	2.4	5.7	PDMS	—
气相法	蒽[5]	p	0.02	—	SiO_2	—
气相法	CuPc[6]	p	1	—	派瑞林	—
气相法	FCuPc[7]	n	0.2	—	SiO_2	带状单晶
气相法	TCNQ[8]	n	1.6	—	空气	—
液相法	C8-BTBT[9]	p	9.1	—	PDMS	具有能带传输
气相法	DNTT[10]	p	9.4	1.3~1.7	空气	各向同性
液相法	TIPS PEN[11]	p	0.17	—	SiO_2	—
气相法	PDIF-CN$_2$[12]	n	5.1	—	空气	具有能带传输
气相法	DPVAnt[13]	p	4.3	1.5~1.95	SiO_2	—
气相法	DPA[14]	p	34	1.46	SiO_2	—
气相法	ditBu-BTBT[15]	p	17	—	SiO_2	各向同性

7.2 有机半导体晶体生长机理

有机半导体晶体生长规律跟大自然其他的晶体生长规律相似,都可以分为晶核形成和晶体生长过程。

IBM公司2001年报道了有机半导体薄膜的沉积规律,如图7.1所示,第一步晶核的产生,其余沉积上去的半导体分子围绕晶核进行结晶,并形成树枝状的单晶,当两个结晶生长区域碰撞,就会停止生长,晶界就由此形成,从而成为OTFT电荷迁移的陷阱[16]。第一层生长结束后,第二层在第一层基础上再重复上述的三个过程,图中颜色较深部分为在第二层上进行的第三层半导体结晶过程。影响此过程的参数很多,包括半导体的沉积速率、衬底的表面能、衬底温度、半导体分子的扩散

图7.1 有机半导体薄膜沉积过程：树枝状生长过程[16]

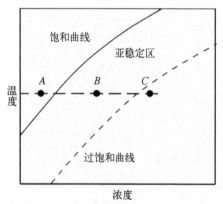

图7.2 溶液法有机单晶生长机理图

常数，通过调控这些参数，可以生长出不同形貌以及晶界的半导体薄膜。

对于溶液法单晶的生长情况，如图7.2所示，当溶液未达到饱和状态时（A点），体系处于稳定状态，没有晶体形成，当溶液达到过饱和状态时（C点），过饱和的部分形成晶核，同时晶体形成，而当溶液处于饱和曲线和过饱和曲线之间的准稳定状态（B点）时，晶核不能形成，但材料能够围绕晶核生长。结晶的过程可以通过控制温度、浓度等条件来进行调节。利用晶体生长的规律，可以先形成晶核，再保持在准稳定状态进行晶体生长，得到的晶体会越来越大。或者在处于准稳定状态的体系中，提供一定数量的晶核，也能得到大量的晶体[17]。

利用晶体生长规律可以控制有机半导体薄膜的沉积以及单晶的生长，以得到更有利于器件制备的半导体薄膜或者晶体。

Lee等利用溶液退火的方法进行多晶薄膜的生长，将氟取代的FTES-ADT掺入TES-ADT的溶液中，由于前者在体系中作为杂质存在，在结晶过程中首先作为晶核并参与结晶过程，随着前者掺入浓度的提高，晶核数目增大，得到晶界更多的半导体薄膜[18]。如图7.3所示，从右到左为掺入FTES-ADT浓度增加后溶液退火得到薄膜的形貌。

虽然饱和曲线-过饱和曲线是用于解释溶液法有机单晶生长的理论，但对于气相法单晶生长也同样存在类似的规律。例如，Bao等利用气相法生长红荧烯单晶薄膜，先在较低的温度下形成一定数量的晶核，再将沉积温度调高，进行短时间的生长，这种"快速法"单晶制备了大而薄的红荧烯单晶，并且可用于柔性衬底的有机单晶薄膜的生长[19]。

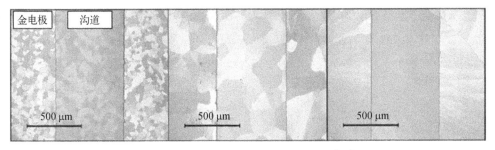

图7.3 通过掺杂改变薄膜的颗粒大小[18]

7.3 物理气相转移法制备单晶OFET

早期的OFET的材料一般都不溶于有机溶剂,通常用气相沉积的办法沉积单晶。Kloc等报道最早的气相法单晶生长方法如图7.4所示,文中利用 α-六噻吩(α-6T)作为生长材料,采用立式单晶生长炉,通过底部材料的加热升华,控制不同气压和不同温度来实现单晶的生长[20]。

单晶生长一般在常压下进行,封闭环境或者通以惰性气体,因为分子的平均自由程随着压力下降急剧上升,如图7.5所示,以至于在真空下平均自由程达到了设备的尺寸,单晶生长过程难以控制。通过适当选择沉积温度和设备的尺寸,Kloc等能成功生长出厘米级单晶,并且具有很好的重复性。

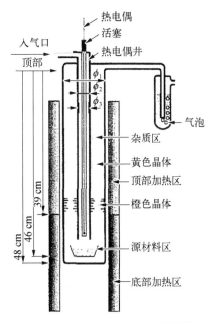

图7.4 立式气相转移法生长单晶设备示意图PVT[20]

Laudise等在上述报道的基础上,开发出水平式单晶生长炉,也是目前广泛使用的单晶生长炉[21]。如图7.6所示,由于有机单晶易碎,采用横式单晶生长炉,更有利于单晶的转移。Laudise等利用此单晶炉,生长了 α-6T、蒽、并五苯等一系列有机材料的单晶。

利用物理气相沉积的方法制备有机单晶OFET的工作主要集中在红荧烯、并四苯、并五苯等常见的不溶于有机溶剂的半导体材料。2003年,Boer等报道了并四苯的单晶OFET器件,迁移率为0.4 cm^2/(V·s)[22]。Podzorov在同年报道了红荧烯单晶OFET,迁移率达到1 cm^2/(V·s)[23]。随后,通过改进工艺,得到迁移率为8 cm^2/(V·s)的红荧烯单晶OFET器件,并发现其迁移率跟V_G没有关系,证明了沉

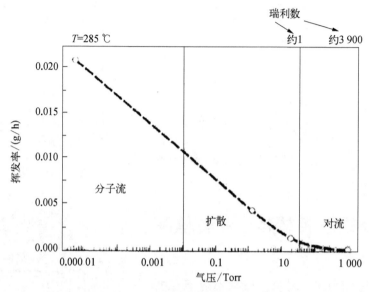

图7.5 气压与材料挥发速率关系图[20]

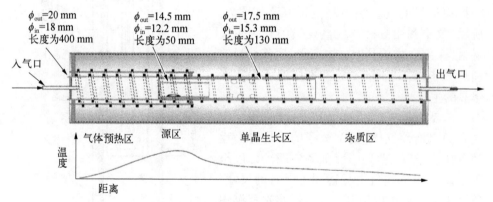

图7.6 横式气相传输法单晶生长设备示意图[21]

积的单晶没有太多的杂质,这与非单晶OFET器件有很大区别[24]。

2004年,Palstra等报道了并五苯单晶OFET,并讨论了杂质对于并五苯单晶OFET器件性能的影响,通过红外光谱检测C=O键以判断并五苯里杂质苯醌的存在,多次提纯除去杂质并五苯醌后,迁移率在室温下达到35 cm²/(V·s),在225 K下达到58 cm²/(V·s),是目前报道的有机半导体最高的迁移率[25]。此外,使用6,13-并五苯二醌作为绝缘层,可得到迁移率在15～40 cm²/(V·s)的OFET器件[26]。如图7.7所示,由于并五苯界面处有6,13-并五苯二醌作为杂质存在,形成散射中心,从而降低了大部分的并五苯的迁移率,如果直接使用6,13-并五苯二醌作为绝缘层,使得原本在界面处作为杂质的6,13-并五苯二醌形成规则排列,并五苯上的电荷传输也得到恢复。

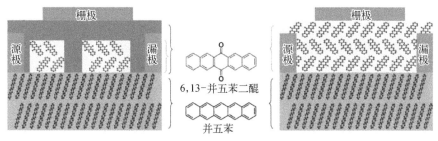

图7.7 以6,13-并五苯二醌作为绝缘层制备的并五苯TFT器件[26]

Takeya等在2007年报道了Rubrene单晶OFET器件,迁移率达到40 cm²/(V·s)[27]。利用高纯红荧烯作有源层,分别利用两探针和四探针方法进行迁移率测试,结果表明在V_G绝对值较小时候迁移率比较高,当V_G绝对值较大时候,迁移率反而衰减。Takeya等提出了理论模型,在纯度不高的情况下,随着V_G绝对值的增大,界面处的缺陷会得到填补,因而迁移率会得到恢复,而当纯度非常高,并且界面缺陷少的情况下,当V_G很小的时候,能诱导出多个分子层载流子在界面和半导体体内,它们同时参与传输,在界面处的载流子仍然会收到界面处的缺陷影响,而在半导体内的载流子则不受影响,因而迁移率更接近本征迁移率[高纯度红荧烯利用空间电荷限制电流测试的迁移率达到50 cm²/(V·s)],因而更高;而当V_G绝对值较大的时候,电场更大,所有电荷都诱导在界面处,因而受到界面缺陷的影响,所以迁移率反而降低。

2006年,Bao等报道了气相法生长单晶阵列OFET器件。如图7.8所示,通过PDMS压印的工艺在Si/SiO₂衬底上沉积阵列的SAMs十八烷基三甲氧基硅烷,随后,有机半导体并五苯、红荧烯以及C60通过气相沉积的方法在衬底上选择性生长[28]。

Bao等研究了SAMs尺寸对于晶体成核的影响,如图7.9所示,当SAMs尺寸在5 μm见方时,由于此时所得到的晶核单一,从而生长出规整的单晶。当SAMs尺寸增大,晶核数增大,在衬底上生长的为多个不连续的单晶。最终在单晶上制备的OFET的迁移率为2.4 cm²/(V·s),开关比达到10⁷。

7.4 有机单晶电荷传输的各向异性

由于有机分子在不同方向具有不同的分子间作用力,不同方向的生长速度的晶面之间夹角固定,因而有机半导体单晶通常具有特定的形状,如六边形、菱形。而在某一方向的分子间作用力远远大于其余方向的分子间作用力,通常形成纳米带或者针状晶体。由于有机半导体内部电荷传输采用hopping模式,因而也与传播方向的分子间相互作用有直接关系,电荷传输呈现各向异性。由于微纳加工技术

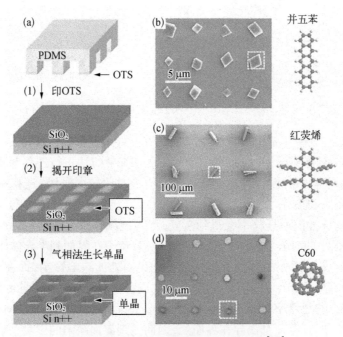

图 7.8 利用特殊图案法制备的单晶阵列[28]

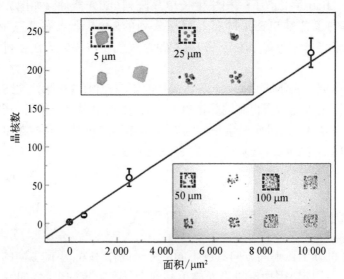

图 7.9 不同尺寸大小的单分子层处理区域跟晶核数的关系[28]

的进步,越来越多的有机半导体电荷传输随分子排列方向的关系得到揭示。

2006年,Park等报道了并五苯单晶OFET的各向异性[3]。Park等设计了特殊的器件结构(图7.10),保证在平面的各个角度的导电沟道都能表征到场效应性质,得到最高的迁移率为2.4 cm^2/(V·s)。

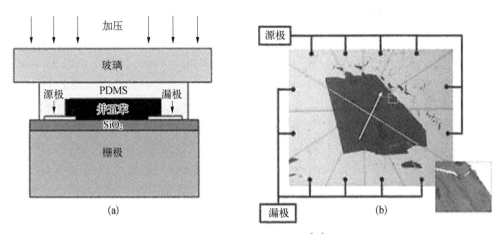

图7.10 红荧烯单晶器件[3]

除了并五苯外,红荧烯的各向异性也得到很多的研究。2007年,Reese等设计了分辨率更高的器件结构,利用PDMS作为绝缘层,得到红荧烯各向异性的迁移率,如图7.11所示,其各向异性规律更明显,即在某一方向迁移率达到9.6 cm^2/(V·s),与之垂直的另一方向的迁移率为3.7 cm^2/(V·s)[2]。

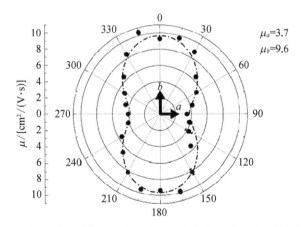

图7.11 红荧烯单晶器件得到的高分辨率各向异性电荷传输特性[2]

一般而言,要想研究单晶的传输各向异性需要使用特殊的扇形掩模板,由于加工技术和器件制备工艺的问题,需要单晶的尺寸足够大才能进行器件制备。而另一方面,单晶的尺寸大了,厚度随着增加,做出的FET器件的接触电阻会急剧上升,因此需要生长大而薄的单晶。

胡文平课题组发展了一套特殊的微纳米单晶的器件制备工艺,利用微纳米级的纤维作为掩模,能够实现小尺寸单晶的器件制备,并研究了单晶在各个晶向的电荷传输,发表了一系列的研究成果[13,29-31]。

不同方向的分子间作用力强弱决定了晶体的形状以及在衬底上的排列,一般而言,各向异性的研究仅限于平行于衬底的平面内,由于衬底上晶体生长难以控制,垂直于衬底方向的电荷传输并不在各向异性的报道之中。

陶绪堂等利用BNVBP作为单晶生长材料,通过改变PVT生长条件,在衬底上制备了碟状和棒状的有机单晶,如图7.12所示,结合微纳单晶的器件制备工艺,对于碟状单晶可以研究 *ab* 平面内的各向异性,对于棒状单晶,可以研究 *ac* 方向的各向异性。从而实现三维方向的电荷传输各向异性的研究[32]。

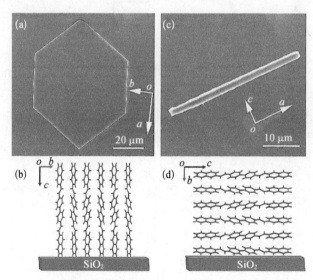

图7.12　碟状单晶和棒状单晶以及其在衬底上排列示意图[32]

虽然大部分的材料都呈现出各向异性的电荷传输,仍然有小部分有机半导体具有各向同性,或者是弱的各向异性。各向同性材料对于有机单晶薄膜阵列器件的制备具有重要的意义。由于有机单晶的生长过程无法对单晶的生长方向进行有效控制,制备的有机单晶阵列器件在每个单个的器件单晶的生长方向是随机的,因而会造成单个器件的性能不一致,而具有各向同性的有机半导体单晶器件能有效避免这一问题。想要获得各向同性的材料,一般需要有机半导体的分子排列具有较大和较平衡的电荷耦合,即在各个方向的电荷的转移积分达到比较相近的程度。各向异性或各向同性的表征需要制备尺寸较大的单晶,使用特殊的掩模板(扇形),得到各个不同分子排列方向的FET器件,再单独表征各个器件的迁移率,通过这些器件当中的最大迁移率和最小迁移率的比值μ_{max}/μ_{min}来进行判断。常见材料如红荧烯、并五苯、并四苯,它们的这一比值都在2以上[3-4,33]。而对于一些纳米带,这一比值可以达到100以上[34]。

Xie等利用真空绝缘层FET器件制备方法,采用扇形掩模板,报道了DNTT的迁移率随各个方向的变化,其μ_{max}/μ_{min}=1.3～1.7[10]。Bao等报道了4TTMS的单晶器件,其具有各向同性,并且分析了此分子的各个方向的转移积分[35]。蒽的衍生物的分子排列具有较大和较平衡的电子耦合,胡文平等报道的DPVAnt的单晶器件具有μ_{max}/μ_{min}=1.5～1.9[14]。此外,这个材料不但具有高迁移率,也同时具有很好的电致发光性能。孟鸿课题组也制备了基于蒽的衍生物的单晶器件,通过气相法(PVT)生长了大尺寸单晶,并研究了迁移率随分子方向的改变,结果迁移率在13～16 cm^2/(V·s),μ_{max}/μ_{min}=1.2,同时具有高迁移率和各向同性[36-37]。

7.5 溶液法单晶生长以及其他单晶相关内容

对于具有溶解性的有机半导体,可以通过设备成本较低的溶液法进行生长。利用咖啡环效应和毛细管原理,研究人员发明了各种生长有机单晶体的溶液法。Liu等利用溶剂退火办法制备C8-BTBT的一维单晶OFET器件[9]。随着溶剂退火时间的延长,C8-BTBT膜从无定形态变化成单晶,为了解决界面问题,Liu等使用了PMMA和C8-BTBT共混的办法进行薄膜制备,如图7.13所示。旋涂完毕后,

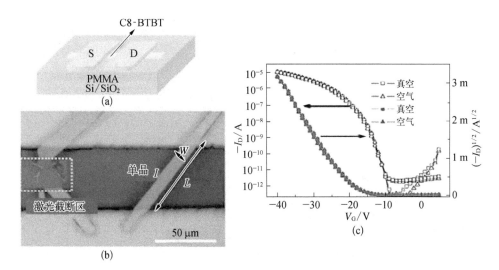

图7.13 溶剂退火法制备的单晶器件[9]

C8-BTBT跟PMMA自动形成相分离并形成良好的界面。溶剂退火得到的单晶尺寸在纳米到微米级别,经过激光刻蚀技术对不需要的单晶条进行刻断,制备了OFET器件,得到最高迁移率为9 cm^2/(V·s)。此外Liu等还研究了迁移率跟温度的关系,迁移率随温度降低而升高,因为随着温度降低,晶格振动减小,载流子迁移过程受到散射减小,从而得到跟常温下不一样的电荷传输方式。

Takeya等设计了特殊结构的成膜装置,在有机溶液上方覆盖倾斜一定角度的盖子,如图7.14所示,在衬底和盖子之间放置半导体溶液,使得溶液跟盖子紧密相连,只留一端和空气接触,和空气接触的一段由于溶剂挥发,溶液达到过饱和状态从而形成结晶核,随后液相-气相界面向另一侧转移并成膜,这样沿一个方向所得到的半导体薄膜为规整排列的多晶结构。Takeya等使用C8-BTBT以及C10-DNTT作为半导体材料,利用此方法得到OFET的迁移率达到10 cm^2/(V·s)以上[38]。

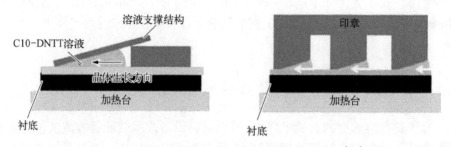

图7.14 利用溶剂不同挥发速率控制晶体生长方向[36]

Minemawari等制备了基于打印技术沉积的单晶OFET。Minemawari等利用打印技术,基于溶液和反溶剂(对半导体材料不溶解的溶剂)两相之间析出晶核的原理,先在衬底上打印反溶剂(DMF),再在反溶剂上打印C8-BTBT的二氯苯溶剂,并且利用一头凸起的特殊设计的图形,在其上沉积SAMs作为选择性生长半导体材料的区域,溶液首先在两相中间形成晶核,由于溶剂在一头凸起区域挥发较快,在突出的一侧首先形成晶核并结晶,再向着另一侧生长,最终得到层状的半导体晶体薄膜。如图7.15所示,通过偏光显微镜确认了所得的晶体结构,通过AFM可以看出层状阶梯的高度刚好在C8-BTBT分子长度大小。最终在沉积的半导体薄膜上制备了OFET器件,迁移率最高达到31 cm^2/(V·s)[39]。

Goto等利用特殊设计的模板,用光刻的方法在特定区域生长SAMs,并将衬底分成表面能不同的区域,有机半导体溶液在有SAMs沉积的区域进行单晶生长[17]。图7.16为沉积了SAMs层的生长控制区域,它由结晶控制区域和生长控制区域组成,较小的矩形为结晶控制区域,在此区域由于溶液挥发较快,达到晶核形成的条件,较大区域为生长控制区域,上面的溶质会围绕着上述晶核进行结晶。Osamu等还发现,当晶核区宽度缩小,所得的单晶具有更好的方向性。

类似的,Giri等报道了利用刮膜的工艺制备一定取向的OFET器件。如图7.17所示,通过设

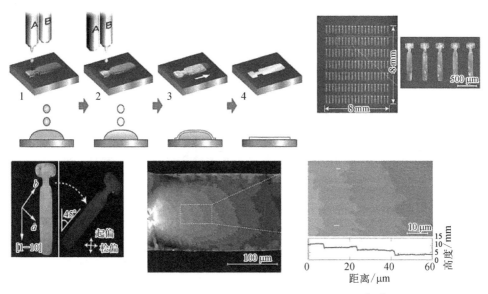

图7.15 通过反溶剂法得到的有机晶体过程示意图[39]

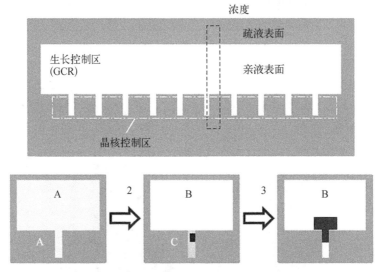

图7.16 图案化衬底溶液法单晶生长过程示意图[17]

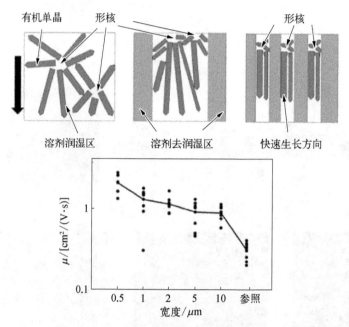

图7.17 利用特定图案化衬底刮涂得到的薄膜及其制备的TFT器件[40]

计不同的取向沟道,在沟道宽度较大时候,所得的半导体材料的取向呈无规则,当沟道宽度变小时候,得到取向更单一的晶体,所得器件的迁移率随沟道宽度减小而增大[40]。

Bao等利用快速单晶生长的方法,得到大而薄的有机单晶薄片,并利用此类单晶薄片在柔性衬底上制备单晶TFT器件,其柔性单晶TFT器件结构如图7.18所示。这种大而薄的单晶的生长诀窍在于先在温度较低的条件下生长得到一定数量的晶核,进而将生长温度调高,使得晶体围绕所得晶核快速生长,最终得到大而薄的有机单晶[19]。

孟鸿课题组发现,与溶液法单晶生长存在饱和曲线跟过饱和曲线之间的过渡区类似,气相法单晶生长同样具有一个过渡区,此过渡区位于饱和蒸汽压跟过饱和蒸汽压曲线中间,在单晶生长过程中适当利用此一区域,可以得到大而薄的有机

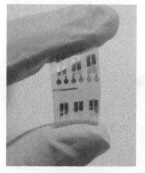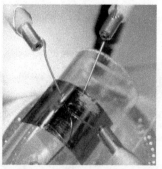

图7.18 在柔性衬底上制备的基于红荧烯的单晶TFT器件[19]

单晶,这种有机单晶不但适合于各向异性电荷传输的研究,也适用于柔性衬底单晶FET器件的制备。图7.19为孟鸿课题组生长的基于蒽衍生物的大而薄的单晶,其尺寸达到毫米级,厚度在100 nm左右。

自有机单晶FET首次报道以来,一方面人们对有机半导体中电荷传输机制的认识不断深入,更深刻地了解到材料结构及分子排列与性能之间的关系。另一方面,有机单晶器件具有高迁移率的特点,受到了工业界的广泛关注。

尽管目前报道了许多基于聚合物、液晶材料以及小分子材料的高迁移率TFT器件,但它们或需要严格控制分子取向,或存在稳定性的问题,而有机单晶由于具有更

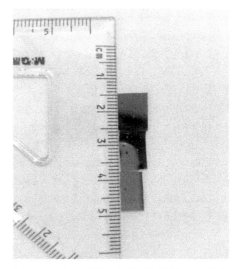

图7.19 生长的基于蒽衍生物的大而薄的单晶

好的长程有序性,更少的缺陷,可用于制备迁移率更高的器件。近年来在柔性衬底上制备单晶TFT,以及单晶TFT阵列的研究都取得了一定进展。但单晶TFT阵列仍然存在一大问题,即单晶的生长方向不可控制。这样会造成单晶TFT阵列当中各个TFT器件的性能不一致。解决这一问题的方法除了寻找更好的单晶生长方法对单晶方向的控制外,寻找具备各向同性的单晶也是一大策略。单晶TFT器件的结果反馈给化学合成科学家,可以设计合成出性能更佳的各向同性的半导体材料。

此外,基于有机单晶的其他光电器件也受到人们的关注,如基于单晶的光探测器、存储器、发光三极管、电致发光器件等。由于单晶器件具有长程有序、迁移率高等特点,还有许多独具优势的应用有待开发,限于目前的加工工艺未能得到实现。例如,异质结太阳能电池器件,目前的基于蒸镀和共混的有机太阳能电池的性能受限于材料的迁移率和激子的迁移距离,单晶具有更高的迁移率和激子迁移距离,若能形成两个能级匹配的单晶异质结电池,其光电转换效率必然会得到大幅提升。但目前单晶异质结的制备技术仍然是空缺,若能够在这一方向有所突破,将推动有机光电领域的进一步发展。

参 考 文 献

[1] Podzorov V, Menard E, Borissov A, et al. Intrinsic charge transport on the surface of organic semiconductors. Phys. Rev. Lett., 2004, 93: 086602.

[2] Reese C, Bao Z. High-resolution measurement of the anisotropy of charge transport in single crystals. Adv. Mater., 2007, 19: 4535–4538.

[3] Lee J Y, Roth S, Park Y W. Anisotropic field effect mobility in single crystal pentacene. Appl. Phys. Lett., 2006, 88: 4782.

[4] Xia Y, Kalihari V, Frisbie C D, et al. Tetracene air-gap single-crystal field-effect transistors. Appl. Phys. Lett., 2007, 90: 162106.

[5] Aleshin A N, Lee J Y, Chu S W, et al. Mobility studies of field-effect transistor structures based on anthracene single crystals. Appl. Phys. Lett., 2004, 84: 5383–5385.

[6] Zeis R, Siegrist T, Kloc C. Single-crystal field-effect transistors based on copper phthalocyanine. Appl. Phys. Lett., 2005, 86: 022103.

[7] Tang Q, Li H, Liu Y, et al. High-performance air-stable n-type transistors with an asymmetrical device configuration based on organic single-crystalline submicrometer/nanometer ribbons. J. Am. Chem. Soc., 2006, 128: 14634–14639.

[8] Menard E, Podzorov V, Hur S H, et al. High-performance n-and p-type single-crystal organic transistors with free-space gate dielectrics. Adv. Mater., 2004, 16: 2097–2101.

[9] Liu C, Minari T, Lu X, et al. Solution-processable organic single crystals with bandlike transport in field-effect transistors. Adv. Mater., 2011, 23: 523–527.

[10] Xie W, Willa K, Wu Y, et al. Temperature-independent transport in high-mobility dinaphtho-thieno-thiophene (DNTT) single crystal transistors. Adv. Mater., 2013, 25: 3478–3484.

[11] Payne M M, Parkin S R, Anthony J E, et al. Organic field-effect transistors from solution-deposited functionalized acenes with mobilities as high as 1 cm^2/Vs. J. Am. Chem. Soc., 2005, 127: 4986–4987.

[12] Minder N A, Ono S, Chen Z, et al. Band-like electron transport in organic transistors and implication of the molecular structure for performance optimization. Adv. Mater., 2012, 24: 503–508.

[13] Jiang L, Hu W, Wei Z, et al. High-Performance organic single-crystal transistors and digital inverters of an anthracene derivative. Adv. Mater., 2009, 21: 3649–3653.

[14] Liu J, Zhang H, Dong H, et al. High mobility emissive organic semiconductor. Nat. Commun., 2015, 6: 10032.

[15] Schweicher G, Lemaur V, Niebel C, et al. Bulky end-capped [1] benzothieno [3,2-b] benzothiophenes: Reaching high-mobility organic semiconductors by fine tuning of the crystalline solid-state order. Adv. Mater., 2015, 27: 3066–3072.

[16] Heringdorf F, Reuter M C, Tromp R M. Growth dynamics of pentacene thin films. Nature, 2001, 412: 517–520.

[17] Goto O, Tomiya S, Murakami Y, et al. Organic single-crystal arrays from solution-phase growth using micropattern with nucleation control region. Adv. Mater., 2012, 24: 1117–1122.

[18] Lee S S, Kim C S, Gomez E D, et al. Controlling nucleation and crystallization in solution-processed organic semiconductors for thin-film transistors. Adv. Mater., 2009, 21: 3605–3609.

[19] Briseno A L, Tseng R J, Ling M M, et al. High-performance organic single-crystal transistors on flexible substrates. Adv. Mater., 2006, 18: 2320–2324.

[20] Kloc C, Simpkins P G, Siegrist T, et al. Physical vapor growth of centimeter-sized crystals of alpha-hexathiophene. J. Cryst. Growth, 1997, 182: 416–427.

[21] Laudise R A, Kloc C, Simpkins P G, et al. Physical vapor growth of organic semiconductors. J. Cryst. Growth, 1998, 187: 449–454.

[22] Boer R W, Klapwijk T M, Morpurgo A F. Field-effect transistors on tetracene single crystals. Appl. Phys. Lett., 2003, 83: 4345-4347.

[23] Podzorov V, Pudalov V M, Gershenson M E. Field-effect transistors on rubrene single crystals with parylene gate insulator. Appl. Phys. Lett., 2003, 82: 1739-1741.

[24] Podzorov V, Sysoev S E, Loginova E, et al. Single-crystal organic field effect transistors with the hole mobility similar to 8 cm^2/Vs. Appl. Phys. Lett., 2003, 83: 3504-3506.

[25] Jurchescu O D, Baas J, Palstra T T M. Effect of impurities on the mobility of single crystal pentacene. Appl. Phys. Lett., 2004, 84: 3061-3063.

[26] Jurchescu O D, Popinciuc M, Wees B J, et al. Interface-controlled, high-mobility organic transistors. Adv. Mater., 2007, 19: 688-692.

[27] Takeya J, Yamagishi M, Tominari Y, et al. Very high-mobility organic single-crystal transistors with in-crystal conduction channels. Appl. Phys. Lett., 2007, 90: 102120.

[28] Briseno A L, Mannsfeld S C B, Ling M M, et al. Patterning organic single-crystal transistor arrays. Nature, 2006, 444: 913-917.

[29] Li R, Jiang L, Meng Q, et al. Micrometer-sized organic single crystals, anisotropic transport, and field-effect transistors of a fused-ring thienoacene. Adv. Mater., 2009, 21: 4492-4496.

[30] Li R, Li H, Song Y, et al. Micrometer-and nanometer-sized, single-crystalline ribbons of a cyclic triphenylamine dimer and their application in organic transistors. Adv. Mater., 2009, 21: 1605-1609.

[31] Tang Q, Jiang L, Tong Y, et al. Micrometer-and nanometer-sized organic single-crystalline transistors. Adv. Mater., 2008, 20: 2947-2951.

[32] He T, Zhang X, Jia J, et al. Three-dimensional charge transport in organic semiconductor single crystals. Adv. Mater., 2012, 24: 2171-2175.

[33] Zeis R, Besnard C, Siegrist T, et al. Field effect studies on rubrene and impurities of rubrene. Chem. Mater., 2006, 18: 244-248.

[34] Choi S, Chae S H, Hoang M H, et al. An unsymmetrically pi-extended porphyrin-based single-crystal field-effect transistor and its anisotropic carrier-transport behavior. Chem. Eur. J., 2013, 19: 2247-2251.

[35] Reese C, Roberts M E, Parkin S R, et al. Isotropic transport in an oligothiophene derivative for single-crystal field-effect transistor applications. Appl. Phys. Lett., 2009, 94: 1302.

[36] Li, A, Yan L, He C, et al. In-plane isotropic charge transport characteristics of single-crystal FETs with high mobility based on 2,6-bis(4-methoxyphenyl)anthracene: Experimental cum theoretical assessment. J. Mater. Chem. C, 2016, 5: 370-375.

[37] He C, Li A, Yan L, et al. 2D and 3D crystal formation of 2,6-Bis[4-ethylpheny]anthracene with isotropic high charge-carrier mobility. Adv. Electron. Mater., 2017, 1700282.

[38] Nakayama K, Hirose Y, Soeda J, et al. Patternable solution-crystallized organic transistors with high charge carrier mobility. Adv. Mater., 2011, 23: 1626-1629.

[39] Minemawari H, Yamada T, Matsui H, et al. Inkjet printing of single-crystal films. Nature, 2011, 475: 364-367.

[40] Giri G, Park S, Vosgueritchian M, et al. High-mobility, aligned crystalline domains of tipspentacene with metastable polymorphs through lateral confinement of crystal growth. Adv. Mater., 2014, 26: 487-493.

第 8 章

有机光电晶体管

8.1 光电晶体管基本特性

光电晶体管(phototransistors, PTs)是一种具有光响应性的晶体管,利用活性层的光电特性,使其同时具备光电探测与晶体管的信号放大特性,可以把光信号转换成电信号,进一步增强场效应的信号放大功能,降低器件的噪声。第一个光电晶体管的概念是在1951年由 William Shockley 提出的,PTs 器件发展迅速并在众多领域得到广泛应用。对于不同的光电探测器件结构,PTs 具有光控制开关的作用,可用于调节电荷的传输,具有高的灵敏度和调控的增益性能。传统的 PTs 光敏材料主要是硅及Ⅲ-Ⅴ族的半导体金属及氧化物无机材料[1-3]。自从20世纪70年代导电高分子膜被发现以来,有机材料受到极大的关注,因为有机材料具备生产成本低、柔性、可低温溶液制备、良好的机械兼容性和可用卷对卷制程的高效、低成本、连续大面积生产的能力,使其能够满足大规模工业化生产的要求且被应用于有机电子器件的研究当中。有机场效应晶体管也成为塑料电子行业的关键器件部分。尽管如此,有机材料的载流子迁移率一般要低于晶体及无机材料,明显限制了有机材料在高性能输出调节器件中的发展及应用。随着近年来新的有机材料不断合成及薄膜制备工艺的不断完善,有机化合物的场效应载流子迁移率不断得到提高,例如,真空蒸镀的不对称C13-BTBT迁移率达到17.2 $cm^2/(V \cdot s)$[4],溶液法制备的基于C8-BTBT的OTFTs器件的迁移率达到43 $cm^2/(V \cdot s)$[5],溶液法制备的导电高分子膜迁移率达到10.5 $cm^2/(V \cdot s)$[6]。超过了无定形硅约为10 $cm^2/(V \cdot s)$的迁移率,足以满足实际应用的标准。有机材料的快速发展使得一些具有特殊性质的有机活性材料可以应用到传统的场效应晶体管器件中,从而制备出多功能的场效应晶体管,其中包括了具有光响应特性的有机光电晶体管(organic phototransistors, OPTs)。相对于普通的有机晶体管,OPTs不仅具备普通有机场效应晶体管的基本性质,还增加了对光信号的响应特性,可以通过光的激发来诱导电荷的形成,对光和电信号具有高的响应灵敏度,能够同时具备光的探测、能量转换和电信号放大等功能。作为PTs的活性材料,需要对特定或不同波长的光具有很好的吸收性能,同时具有很好的响应性。相对于无机的光活性材料,有机半导体材料(小分子或高分子)具有另外一个明显优势,可通过分子工程学设计合成的方法对其带隙实现精确地调节,改变材料对不同波段光(紫外-可见-红外)的吸收和发射能力,从而满足不同光电器件功能化性能的需求。

光电晶体管器件的性能一般通过两个参数来衡量,一个是器件对光的响应度(R),另外一个是对光的灵敏度(P)。随着纳米材料的不断发展,晶体管的无机半导体材料也逐渐由块状材料向不同维度的纳米尺度方向发展,器件性能逐渐得到提高。对于二维结构的无机材料,例如报道的ZnO薄膜器件的R值为1.1 A/W(P约为10^3)[7],单层MoS_2和石墨烯材料,表现出较低的R值,分别为7.5 mA/W(P约为10^3)和1.0 mA/W[8-9]。一维结构可表现出极高的R值,例如目前报道的ZnO纳米线器件的R值可以达到1.29×10^4 A/W(P约为10^2)[10],垂直Si的纳米线阵列器件约为10^5 A/W[11]。Konstantatos等采用具有超高迁移率的石墨烯[60 000 cm^2/(V·s)]与对光具有高灵敏度的零维半导体量子点(1 000 A/W)复合,制备的器件具有超高的光响应性($R=1 \times 10^7$ A/W)[12]。对于传统的单晶硅制备的光电晶体管的R值为300 A/W,一般作为有机光电晶体管性能的参考标准。目前报道的性能最好的有机薄膜OPTs的R值为2 500~4 300 A/W,P约为10^4[13];通过溶液滴涂法制备的有机薄膜OPTs的R值可达到250 A/W,P为3.8×10^3[14];Kim等制备的蒽单晶OPTs的R值可达到1.0×10^4~1.1×10^4 A/W,P为1.4×10^5[15];有机的一维纳米线制备的OPTs的R值可达到1.4×10^3 A/W,P为4.93×10^3[16]。目前最有效的OPTs对光的R值超过1.2×10^4 A/W,器件性能已明显高于以多晶硅为基础制备的晶体管。

光的响应度R除了受材料影响外,同时受到测试条件和器件尺寸的影响。Gemayel报道了不同沟道长度同一器件的光响应度变化,发现光响应度随着沟道变窄而增大,不同沟道长度下,光响应度差别可以达到2到3个数量级,在2.5 μm沟道长度下得到4.08×10^5 A/W的光响应度[17]。此外,光源的强度不一样,测量的光响应度也不一样。这是因为在强光下由于光伏效应,产生光生载流子趋于饱和状态,因而器件一般在弱光强下得到更高的光响应度。有机光电晶体管不同于太阳电池,缺乏标准的测试方法,由于每个实验室采用光源强度不尽相同,采用器件的沟道长度也不一样,因而很难相互作比较。

8.2 光电晶体管器件结构与工作原理

有机光电晶体管基本的器件结构与场效应晶体管一致,采用底栅底接触和底栅顶接触的三端模式,这是由于有机半导体沟道活性层需要通过顶部接收光信号,作为光栅极，如图8.1所示。有机光电器件对光的响应通常有以下几个基本过程（图8.2）。首先有机半导体材料吸收光子后诱导形成激子，激子在外加电场、热或其他条件下分离成自由移动的电荷载流子，载流子在源漏极电场作用下在有机半导体中迁移并被电极收集形成电流，最终表现出器件输出I_{DS}电流信号的变化。可通过控制和优化这些过程来提高器件性能，从而制备出具有高灵敏度、高响应速率及低噪声的有机光电晶体管。这种晶体管器件的三端子结构相对于二端子的二极管器件结构具有更低的信噪比和更强的信号放大输出性能。

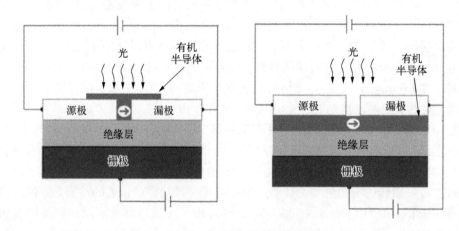

图8.1　有机光电晶体管的器件结构

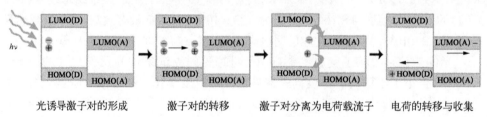

图8.2　有机光电晶体管半导体层入射光转变成电信号的过程[18]

光电晶体管在光照下除了源漏电流相比于黑暗条件下更大外，一般伴随着阈值电压（V_T）的偏移，或者用V_{on}（定义为电流超过一定值，如1 nA时候的栅压）的偏移来表征。造成此种偏移的原因跟偏置压力（bias stress）测量时候造成的阈值电压偏移的机理一样。Maarten研究了在光照条件下的V_{on}的漂移情况，发现其规律跟黑暗条件下的规律一样可以通过拉伸指数（stretched exponential）公式来进行表达[19]。如对于p型材料并五苯而言，绝缘层上的OH基团在当中起到捕获电子的作用，因而在开态下随着时间增大，需要更多的空穴注入来平衡缺陷态中的电子，而后才能贡献为沟道载流子，因而V_{on}变大。而光照下由于产生了更多的可移动电子，因而起到加速这一过程的作用。

根据激子分离的方式不同,通常可分为两种类型的光电晶体管。第一种激子需要到达半导体/绝缘层界面处进行分离。目前大部分报道的有机光电晶体管都基于此种分离类型,光电晶体管的光响应与分子排列有序程度有很大关系。因为在有序的活性层内,激子迁移距离可以达到更长。因此相同材料的单晶器件的光响应度比蒸镀多晶器件的光响应度更高,在8.4.4中将有所提及。这种结构优点在于器件结构简单,但由于依赖于半导体/绝缘层界面处进行激子分离以及载流子复合,往往响应时间较长。甚至在光源消失后,信号能保留数小时甚至数天。此时器件类似于存储器,需要通过加较大的栅极偏压来进行复原。以p型材料为例,光照激子分离后产生大量电子空穴对,电子到达界面处被俘获,空穴作为可移动载流子贡献到器件电导中,光源消失后,被界面(亦可能是杂质,氧化缺陷)俘获的电子不能快速与空穴进行复合。通过施加较大的负栅压,诱导大量空穴,从而快速复合。

另外一种在活性层中通过掺杂,激子在两种组分的界面处进行分离。其原理如有机太阳能电池的异质结结构,由于两种组分的电子亲和能差异(0.4 eV以上),界面处可发生超快电荷转移(飞秒级别)。而不同于太阳能电池的地方在于,有机光电晶体管不需要两种组分都形成连续的导电通道,其中一种组分只需均匀分散,如8.4.2中采用双层有机异质结结构,即采用典型的有机太阳能电池结构。而8.4.3中采有机无机复合结构,在体内只需有机层形成连续导电沟道,而无机组分如TiO_2形成纳米颗粒,电荷起到分离中心和复合中心的作用。这类结构由于激子能快速的分离,以及载流子能光照消失后快速的复合,因而具有很快的光响应时间,往往达到毫秒级别。

与传统的PTs一样,OPTs在光照条件下,根据栅压的不一样,有机沟道活性层可表现出典型的光伏和光导两种不同的效应[20]:一是在晶体管开态下(on state),既当阈值电压(V_T)高于栅电压(V_G)时,光电流与光源功率的关系表现为光伏效应。这种效应使得V_T在光照条件下向更正(p型)或更负(n型)的方向移动。对于p型OPTs,光诱导形成的空穴容易向漏极移动,电子在源极聚集,这样能有效地降低源电极空穴注入的电阻,导致活性层与电极接触电阻的减小,使得V_T向正的方向移动,最终增大器件的源漏电流值(I_{DS})。对于n型OPTs器件,光诱导下表现出类似的效应,导致V_T向负的方向移动。由于器件的这种效应,随着光照强度的增大,I_{DS}逐渐增大同时V_T值逐渐减小。由光伏效应引起的光电流可以用以下公式表示[1,21]:

$$I_{ph,pv} = g_m \Delta V_T = \frac{AKT}{q} \ln\left(1 + \frac{\eta q \lambda P_{opt}}{I_{pd} hc}\right) \quad (8.1)$$

其中η是光转化的量子效率,P_{opt}是入射光强度,I_{pd}是暗电流值,hc/λ是光子的能量,g_m是跨导数,ΔV_T是阈值电压的变化值,A是比例常数。

二是在晶体管关闭状态(off state)下,既当阈值电压(V_T)低于栅电压(V_G)时,表现为光导效应，即有机半导体层的电导率和 I_D 随着光照强度的增加而成比例增大，这是由于光生载流子密度增大所引起的。电流可以用以下公式表达[22]：

$$I_{ph,pc}=(q\mu_p pE)WD=BP_{opt} \tag{8.2}$$

其中 μ_p 是主要电荷载流子的迁移率，p 是电荷的浓度，E 是沟道电场强度，W 是沟道宽度，D 是吸光区域的深度，B 是相关的比例系数。

8.3 器件性能及表征

光电晶体管结合了光探测和电流信号放大的功能特征，器件性能相关的参数主要表现为对光信号的响应性，包括对光的响应度、灵敏度、器件的外量子效率及响应时间等。其中最重要指标参数为光的灵敏度(P)，定义为光生电流($I_{DS,i}-I_{DS,d}$)和暗电流($I_{DS,d}$)的比值：

$$P=(I_{DS,i}-I_{DS,d})/I_{DS,d} \tag{8.3}$$

其中 $I_{DS,i}$ 和 $I_{DS,d}$ 分别为光照下的漏极电流值和避光下的漏极电流值。另外一个重要的参数为对光的响应度(R)，定义为光生电流值($I_{DS,i}-I_{DS,d}$)与器件沟道的入射光强的比值：

$$R=(I_{DS,i}-I_{DS,d})/(SP_i) \tag{8.4}$$

其中 S 为有效的光照面积，即有机半导体层沟道的面积；P_i 为单位面积的入射光强。通过测定闭光和光照条件下光电晶体管的输出特性曲线和转移特性曲线可以得到不同光密度下对应的漏极电流值(I_{DS})。

为了对光电晶体管的性能进行鉴定，需要对其一系列相关参数进行表征，包括器件材料的载流子迁移率、器件在不同光照和阈值电压下器件光电流的输出特性曲线[光电流的形成、调控及对光的响应性能（包括对光的灵敏度、响应度、响应时间及稳定性）]等的相关测试。一般对 OPTs 器件性能的表征方法如图8.3所示。

首先通过测定器件在不同栅电压下的源电流可以得到相关的转移特性曲线，通过转移特性曲线可以得到器件的阈值电压 V_T（通过 $I_D^{1/2}$ 与 V_G 曲线的斜率引出），开关电压，避光状态下电流的开关比值 I_{on}/I_{off}，场效应载流子的迁移率和电荷密度相关的参数信息。通过避光和一定光强度照射条件下得到的响应特性曲线，可以得到光电流和暗电流的比值，从而计算出相应的光响应度 R 和对光的灵敏度 P。通过不同光强度照射下的光电流变化可以看出器件对光吸收及转化能力。另外，通

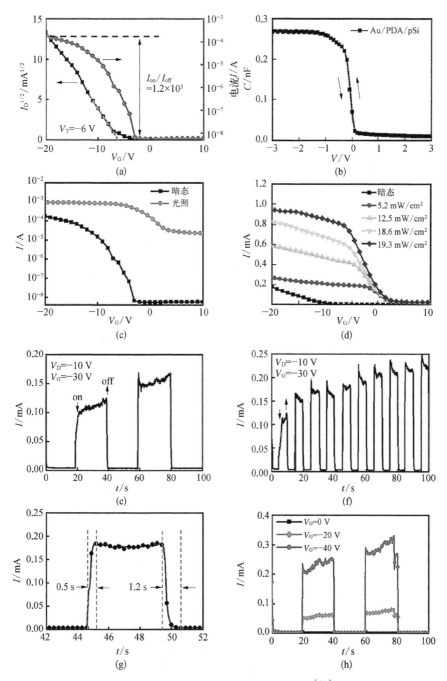

图 8.3 OPTs 器件性能的一般表征方法[23]

(a) 基于有机材料 PDA 的 OPTs 在避光下 (V_D=-10 V) 测得的转移特性曲线;(b) 在空气中测得的器件 C-V 滞后曲线 [器件结构为 Au/PDA(30 nm)/p-Si];(c) 在避光和 (d) 光照条件下不同光强度照射下电流与栅电压的曲线 (V_D=-10 V);(e) 5 s 和 (f) 20 s 时间间隔下 OPTs 对光的响应行为 (V_D=-10 V, V_G=-30 V);(g) 是对 (e) 图单个响应曲线的放大;(h) 不同栅电压下器件对光的响应 (V_D=-10 V)

过对器件进行简单的光响应测试,一般通过一定时间间隔的光脉冲激发,测试器件在光开关作用下对应的电流值变化,可以检测器件对光的响应时间及器件的稳定性等相关参数,从而确定光对器件电信号的调节能力。

8.4 光电功能有机半导体材料

有机光电晶体管(OPTs)的性能主要取决于三个过程,即光生载流子的形成、运输和收集。因此,OPTs的有机半导体材料需要具有高的光响应性和高的载流子迁移率,需要满足以下条件:有机半导体材料需要具有宽的吸收波长和高的吸光系数;具有理想的异质结构来解离光生激子;具备高的载流子迁移率,理想的HOMO和LUMO分子轨道;具有较高的稳定性和满足溶液法制备的要求。因此,有机半导体材料的分子设计和开发是提高功能化OPTs性能的有效途径。通过对典型的有机半导体材料分子结构及器件性能的系统研究,可以从以下两个方面对有机材料进行设计,第一是分子的能级状态设计,有利于载流子从接触电极向半导体材料的注入,有利于半导体界面载流子束缚能力的调整,有利于电荷传导沟道内激子的分离与载流子复合的调控。第二是分子间的堆叠、聚集方式和相互作用的设计,有利于OPTs内载流子的传输,一般是对已有的载流子传输能力高的分子材料进行特殊官能团修饰,例如,对高迁移率的小分子半导体材料并五苯、红荧烯、CuPc和F_{16}CuPc等分子材料的修饰。

有机半导体材料主要分为小分子和高分子两种类型。其中小分子材料又可分为共轭小分子薄膜材料和小分子单晶材料,高分子材料可分为单分子的高分子薄膜材料和多种单体的高分子薄膜材料。目前,报道的用于OPTs的有机半导体材料种类繁多,其中,小分子有机半导体单晶材料制备的OPTs器件可表现出极高的光响应性能,例如星型的噻吩小分子寡聚物制备的OPTs对光的响应度可达到R值为4 300 A/W,相对应的灵敏度P达到$4×10^4$,这些OPTs器件性能明显高于传统无定形Si制备的OPTs(300 A/W,10^3)[13]。通过物理气相转移和溶液生长的方法得到小分子单晶化合物,也可制备出性能较高的Photo-OPTs器件,例如,用6-甲基蒽[2,3-b]苯并[d]噻吩(Me-ABT)单晶制备的OPTs器件的迁移率达到1.66 cm^2/(V·s),对光的R值在低的光密度条件下高达$1.2×10^4$ A/W,光电流和暗电流比值P达到$6×10^{3}$[24]。对于高分子膜材料,例如,由聚3-己基噻吩(P3HT)制备的OPTs器件的R值最高达到250 A/W[14]。BDT-联噻唑的给体-受体型的共聚合膜具有0.194 cm^2/(V·s)的迁移率,制备的OPTs光响应度R值达到132 A/W,P值达到$2×10^5$[25]。

除了对半导体活性材料分子设计与选择之外,绝缘材料的选择与优化也至关重要,载流子的运输通道通常靠近绝缘层与活性层的界面处,有机聚合物材料绝缘层可以减少接触的有机活性层界面载流子的捕获单元,从而提高器件的响应速率,因此,绝缘层的特性,例如表面能的大小、粗糙度、电荷束缚能力、厚度及电容性能等都影响着OPTs的器件性能。通常情况下,绝缘层薄的厚度及高的介电常数导致高的电容值和低的阈值电压。目前,除了掺杂的SiO_2外,多种绝缘材料被用于OPTs器件的制备,例如PVP、PMMA、PA、P4PMS、BCB、PVA、PI、Ta_2O_5或其中两种的混合材料。例如并五苯的OPTs绝缘层Ta_2O_5经过聚合物PVP和PMMA修饰之后,器件性能发生明显变化,如表8.1所示,光照条件下,V_T的变化逐渐变小,对光的响应度R值逐渐降低,灵敏度P值变大,对光的响应时间却越来越快。

表 8.1　经不同绝缘材料修饰的并五苯OPTs光响应性能[26]

	ΔV_T/V	R_{max}/(mA/W)	P_{max}	t_R/s
Ta_2O_5	14	761	5×10^3	>6 000
PVP+Ta_2O_5	7.6	303	6.7×10^4	550
PMMA+Ta_2O_5	5.8	223	7.3×10^4	80

8.4.1　有机单分子和高分子材料

我们将具有代表性的有机单分子和高分子材料及其器件结构与器件性能列于表8.2。

表 8.2　有机半导体材料及器件性能数据

半导体材料	器件结构	迁移率/[cm^2/(V·s)]	光源/nm	响应度 R_{max}/(A/W)	灵敏度 P
(结构式)	Au/Au, PVP, ITO	$0.03^{[27]}$	白光	1.0×10^{-3}	31
(结构式)	Au/Au, OTS/SiO_2, n-Si	0.02~$0.07^{[28]}$	408	NA	4.0×10^3
(结构式)	NiO_x/NiO_x, SiO_2, p-Si	$3 \times 10^{-3[29]}$	364	NA	3×10^3
(结构式)	Au/Au, SiO_2, Si	$0.49^{[30]}$	365	10~50	1.3×10^5
(结构式)	Au/Au, PMMA, ITO	$0.02^{[31]}$	365	NA	1×10^3
(结构式)	Au/Au, Ta_2O_5, ITO	$0.207^{[26]}$	太阳光模拟	0.76	5.0×10^3

续 表

半导体材料	器件结构	迁移率 /[cm²/(V·s)]	光源 /nm	响应度 R_{max}/(A/W)	灵敏度 P
	Au|Au / PVP / Ta₂O₅ / ITO	$0.129^{[26]}$	太阳光模拟	0.30	6.7×10^4
	Au|Au / PMMA / Ta₂O₅ / ITO	$0.165^{[26]}$	太阳光模拟	0.22	7.3×10^4
	Au|Au / Cr|Cr / PVP / ITO	$0.02^{[32]}$	NA	NA	$1 \times 10^6 \sim 10 \times 10^6$
	Au|Au / HMDS/SiO₂ / n-Si	$0.52 \pm 0.22^{[33]}$	白光	$> 1.0 \times 10^3$	$> 1.0 \times 10^6$
	Au|Au / SiO₂ / n-Si	$2.38 \times 10^{-3}/2.34 \times 10^{-3\,[34]}$	254	0.043	1.6
		$4.85 \times 10^{-3}/5.35 \times 10^{-3\,[34]}$	254	0.039	5.5
		$4.73 \times 10^{-3}/4.78 \times 10^{-3\,[34]}$	356	0.14	7.2
		$3.16 \times 10^{-3}/2.41 \times 10^{-3\,[34]}$	356	0.059	3.7
		$3.63 \times 10^{-3}/2.85 \times 10^{-3\,[34]}$	254	0.139	40
	Au|Au / PA / n-Si	$6.12 \times 10^{-3}/4.96 \times 10^{-3\,[34]}$	254	0.1	188
		$4.82 \times 10^{-3}/4.44 \times 10^{-3\,[34]}$	356	0.214	39
		$6.17 \times 10^{-3}/4.47 \times 10^{-3\,[34]}$	356	0.101	160
	Au|Au / SiO₂ / n-Si	$0.4^{[35]}$	白光	1 000	800
	Au|Au / OTS/SiO₂ / n-Si	$1.66^{[24]}$	白光	1.2×10^4	6.0×10^3
	Au|Au / SiO₂ / Si	$0.082^{[36]}$	380	82	2×10^5
	Au|Au / PMMA / Si	$0.43^{[37]}$	白光	0.02	6.8×10^5
	Au|Au / SiO₂ / Si	$0.09^{[38]}$	365	$1.5 \sim 2.4$	1.3×10^3
	Au|Au / SiO₂ / Si	$0.4^{[39]}$	白光	NA	1×10^4

续表

半导体材料	器件结构	迁移率 /[cm²/(V·s)]	光源 /nm	响应度 R_{max}/(A/W)	灵敏度 P
	Au|Au SiO₂ Si	0.1[39]	白光	NA	3
	Au|Au HMDS/SiO₂ p-Si	$1\times10^{-4}\sim 2\times10^{-4}$[40]	370	25	290
	Au|Au SiO₂ n-Si	NA[41]	655	6.9×10^{-7}	59
	Au|Au OTS/SiO₂ n-Si	4.5[42]	白光	10.5	2.7×10^{5}
	Au|Au SiO₂ Si	0.02[30]	365	0.5～2	3×10^{3}
	Au|Au P4PMS ITO	5.3×10^{-4}[43]	白光	1.5×10^{-3}	22
	Au|Au PVP ITO	1.05×10^{-4}[44]	白光	1.4×10^{-3}	79
	Au|Au PVP BPDA-ODA	4.6×10^{-4}[45]	白光	2.15×10^{3}	300
	Au|Au SiO₂ n-Si	0.1[46]	白光	NA	4.5×10^{4}
		0.68×10^{-7}[47]	白光	0.1	100
	Au|Au HMDS/SiO₂ p-Si	1.3×10^{-6}[48]	370	1	500
		2.7×10^{-7}[49]	370	0.44	2.1×10^{3}

续 表

半导体材料	器件结构	迁移率 /[cm^2/(V·s)]	光源 /nm	响应度 R_{max}/(A/W)	灵敏度 P
		$0.2 \sim 1.6$[15]	400	$> 1.0 \times 10^4$	1.0×10^4
		$1.2 \sim 1.6$[15]	400	$> 1.4 \times 10^4$	1.4×10^5
		3.92×10^{-3}[50]	505	$0.3 \times 10^{-4} \sim 1.1 \times 10^{-4}$	NA
		0.7[51]	400	2×10^3	1.2×10^6
		0.3[52]	白光	2.7×10^4	1.1×10^7
		0.1[53]	白光	7	2.5×10^3
		0.6×10^{-3}[54]	白光	0.024	63.82
		1.8×10^{-6}[55]	370	0.3	115

续 表

半导体材料	器件结构	迁移率 /[cm²/(V·s)]	光源 /nm	响应度 R_{max}/(A/W)	灵敏度 P
	Au/Au, SiO₂, p-Si	1.3×10^{-3}[13]	436	$2.5 \times 10^3 \sim 4.3 \times 10^3$	4×10^4
		NA[13]	436	390	NA
	Au/Au, PVA, Al	2.6×10^{-3}[56]	NA	NA	NA
	Au/Au, OTS/SiO₂, n-Si	$0.01 \sim 0.07$[14]	白光	245	3.8×10^3
	Au/Au, PVA, Al	$10^{-4} \sim 10^{-3}$[57]	532	1	$1 \times 10^2 \sim 10 \times 10^2$
	Au/Au, PMMA, PVP, PEDOT-PSS	1.1×10^{-3}[58]	525	6.6	100
	ITO/ITO, SiNx, BCB, Cr, SiO₂, Si	3×10^{-3}[59]	白光	7×10^{-4}	1×10^3
	Au/Au, Cr, SiO₂, n-Si	1.2×10^{-4}[60]	465	18.5	100
	Au/Au, OTS/SiO₂, Si	0.06[61]	白光	NA	4.6×10^4
	Au/Au, SiO₂, n-Si	0.05[62]	白光	0.36	1.2×10^5
	Au/Au, OTS/SiO₂, n-Si	4.6×10^{-3}[25]	白光	3.5	1.4×10^4

续 表

半导体材料	器件结构	迁移率 /[cm^2/(V·s)]	光源 /nm	响应度 R_{max}/(A/W)	灵敏度 P
		0.064[25]	白光	100	1.2×10^5
	Au / Au / OTS/SiO$_2$ / n-Si	1.8×10^{-3}[25]	白光	1.3	2.6×10^3
		0.183[25]	白光	115	1.4×10^5
		0.194[25]	白光	132	2.1×10^5
	Au / Au / OTS/SiO$_2$ / n-Si	6.0×10^{-3}[63]	白光	3.2	4.0×10^5
	PEDOT-PSS / PMMA / Ag Ag / Polyimide	0.14~0.26[64]	白光	2.5	1.54×10^5
	Au/Cr Au/Cr / SiO$_2$ / n-Si	9.4×10^{-4}[65]	白光	0.1	10
	Au Au / SiO$_2$ / Si	0.96[66]	白光	9	6.9×10^4
	Au Au / Polyimide / ITO	NA[67]	白光	5×10^{-3}	6×10^3
	Au Au / SiO$_2$ / Si	NA[68]	白光	0.036	3.3×10^3

NA：代表未知

8.4.2 有机异质结复合材料

对于单组分有机半导体材料，电子和空穴的分离与捕获两个过程难以分开，极大地影响了器件性能的提高。采用给体和受体材料复合的方法制备高性能有机光电器件并开展研究。对于多组分的异质结材料,一种电荷的载流子可以被一种材料捕获,同时带相反电荷的载流子可以在另外组分的材料中快速地传导,从而达到高效的电子和空穴的分离效果,产生高的光导增益性能。Anthopoulos等用并五苯活性层与PCBM活性层相叠加制备的双极性OPTs(图8.4)表现出了低的操作电压(低于3 V)及低功率消耗,在低的操作电压下,电子和空穴的迁移率分别为 0.1 $cm^2/(V·s)$ 和 0.194 $cm^2/(V·s)$,此外,沟道电流大小不仅依赖于所施加的偏压大小,还依赖于光照强度,使其可作为OPTs应用[69]。

赵铌课题组采用具有低能带隙和高迁移率的空穴传输材料DPP-DTT以及和PCBM组成的异质结材料制备出了一种近红外OPTs(图8.5),对近红外光表现出了超高的响应度 R 为 $5×10^5$ A/W 和灵敏度 P 为 $1×10^4$。光诱导形成的空穴能在DPP-DTT的聚合膜基底中快速的传输,同时电子被PCBM俘获,具有较慢的去陷速率,因此异质结中两种材料的协同作用使光电器件表现出超高的性能[70]。

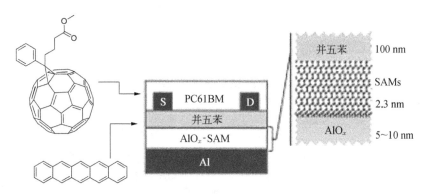

图8.4 PCBM和并五苯的分子结构式及双极性异质结晶体管器件结构[69]

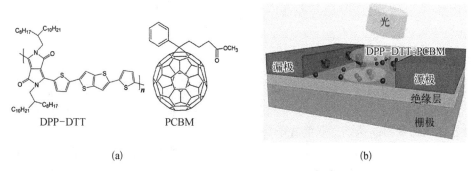

图8.5 近红外OPTs材料与器件[70]
(a)DPP-DTT的分子结构式;(b)DPP-DTT与PCBM复合的异质结光电晶体管

8.4.3 有机-无机异质结复合材料

Mok等报道的一种P3HT与无机TiO$_2$纳米颗粒复合的有机半导体材料制备的OPTs，如图8.6所示，对可见光和紫外光显示出了高的灵敏度、快速的响应性和器件稳定性。P3HT或TiO$_2$吸收光子后形成的激子可以在P3HT/TiO$_2$界面处解离成电子和空穴对，通过解离形成的电子可以被TiO$_2$纳米颗粒掳获，最终光照形成的电子在TiO$_2$纳米颗粒中累积，导致光电晶体管V_T的变化[71]。

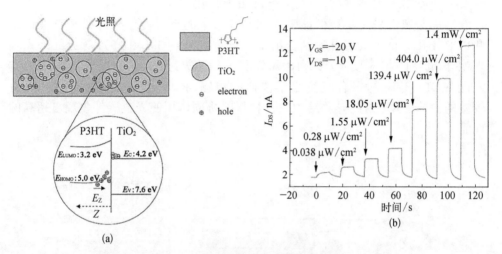

图8.6 由P3HT与TiO$_2$纳米颗粒复合半导体材料制备的OPTs

(a) 光照条件下电荷在P3HT/TiO$_2$复合材料中的聚集情况；
(b) 不同光强照射条件下，P3HT/TiO$_2$复合材料沟道中电流的大小；P3HT与TiO$_2$重量百分比为1∶0.75，TiO$_2$的平均粒径为5 nm × 20 nm[71]

Yuan等报道用银纳米粒子修饰并五苯薄膜的Photo-OPTs器件，如图8.7所示。利用银粒子在445 nm光照下的表面等离子体共振效应和光照下稳定的表面传导响应，器件对白光的光响应度R达到17.7 mA/W；灵敏度P可以达到2.1×10^3 [72]。

8.4.4 有机单晶材料

有机单晶由于没有晶界的影响，相比于多晶和无定形态薄膜具有更长的激子迁移距离，以及更长的激子寿命。因此，对于同一材料，相比于多晶薄膜而言，基于单晶的光探测器能达到更高的光响应度。

对于有机光电器件而言，激子迁移距离（L_D）是影响器件性能最重要的物理参数之一，定义为激子在寿命范围内所迁移的距离。对于OPV而言，更长的激子迁移距离有助于激子到达界面处实现分离。对于OLED而言，过长的激子迁移距离则会导致激子淬灭,从而降低器件的发光效率。Curtin 等报道了不同纯度材料的激子迁移距离,随着材料纯度的提高,激子迁移距离从 3.9 nm(纯度 97%)提高至 5.3 nm(纯度 99%)[73]。Forrest 等报道了激子迁移距离跟材料分子排列有序程度之间的关系[74]。Jason 等报道了多种激子迁移距离的测试方法,并对比了它们之间各自的优劣[75]。

胡文平课题组报道了亚微米级别纳米带的光探测晶体管,并提出了其工作原理[76]。Pinto 等报道了基于红荧烯单晶/C60 异质结的光探测晶体管,在 27 μW/cm² 光强下达到 20 A/W 的光响应度[77]。胡文平课题组报道了基于 TTF 和 TCNQ 两种化合物单晶的光探测晶体管,由于不同的分子结构,得到两种不同的光响应特性[78]。Bao 课题组报道了基于 N 型半导体纳米线的光探测晶体管,并对比了相应的薄膜器件,单晶器件不但大大高于薄膜的性能,并表现了外量子效率大于 100% 的光电倍增效应,光响应度达到了 1 400 A/W[79]。Kim 报道了基于 J 聚集态蒽衍生物单晶的光探测晶体管,其光响应度都达到了 10^4 W/A,而且可用于光控存储器件[15]。但目前对于单晶光探测器仍然缺乏系统和深入的研究。

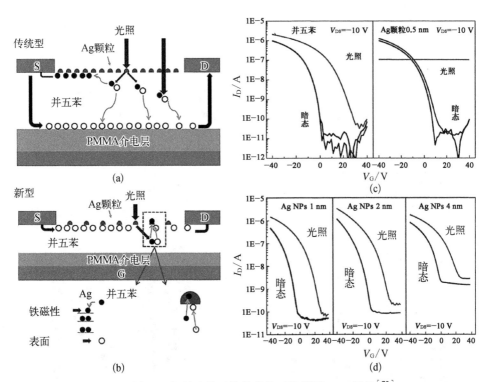

图 8.7 银纳米粒子修饰的并五苯薄膜 OPTs 器件[72]

(a)传统的和(b)超细的 Ag 纳米粒子修饰并五苯光电晶体管的原理示意图;(c)没有经过和经过 Ag(0.5 nm 厚的 Ag 层)纳米粒子修饰的并五苯有机光电晶体管在避光和白光照射下的转移特性曲线;(d)经过厚的 Ag (分别为 1 nm、2 nm、4 nm 厚的 Ag 层)纳米粒子修饰器件的转移特性曲线

孟鸿课题组采用基于物理气相法(PVT)的单晶生长技术,探究了蒽衍生物材料BOPAnt的单晶生长。在过饱和曲线和饱和曲线之间的过渡态实现大尺寸(毫米级)的薄膜(厚度小于150 nm)单晶生长,并且研究了BOPAnt不同晶体方向的迁移率[80]。在此基础上,进一步制备了基于BOPAnt的单晶光电晶体管[81]。BOPAnt单晶薄膜的特性及其光电晶体管结构如图8.8所示。

单晶光电晶体管明显比蒸镀薄膜光电晶体管的光响应更强烈,如图8.9所示,在1 mW/cm²功率照射下,蒸镀薄膜光响应度为9.75 A/W,而单晶光电晶体管为414 A/W。同时单晶光电晶体管的光照下的V_{on}(定义为I_D值大于1 nA处的V_G)变化也比蒸镀薄膜光电晶体管的V_{on}变化更大。对于单晶和蒸镀薄膜两种器件的差别,我们归因为单晶体内的激子迁移距离更长,因而可以迁移至界面处进行分离并转化成光生载流子。

为了进一步考察单晶光电晶体管在弱光照下的性能,我们采用LE-SP-MON1000THP-S28MSB单波长光源进行表征,中心波长为350 nm。如图8.10所示,在0.11 mW/cm²功率下,我们获得了3 100 A/W的光响应值,这是目前为止报道光响应值最高的有机光电晶体管之一。同时我们可以看到随着入射光功率降低,光响应值越高,这符合了前面所述的光伏效应。因为随着光功率的增加,光生载流子达到饱和,因而光响应度随着光功率的增大而减小。同时我们计算了器件的外量子效率,其结果如图8.11所示。

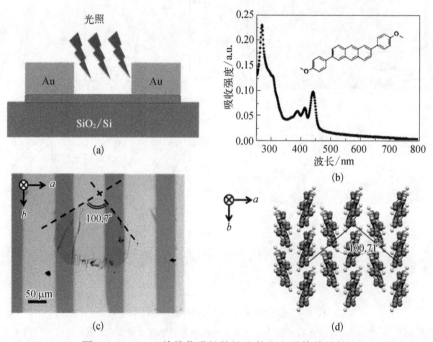

图8.8 BOPAnt单晶薄膜的特性及其光电晶体管结构
(a)单晶晶体管示意图;(b)BOPAnt分子结构与吸收光谱;(c)单晶晶体管器件偏光照片;(d)BOPAnt分子排列

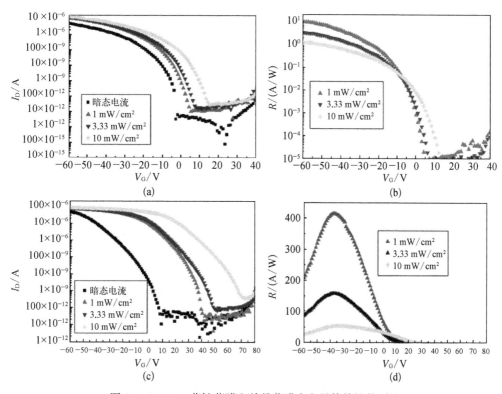

图 8.9 BOPAnt蒸镀薄膜和单晶薄膜光电晶体管性能对比

(a)和(b) BOPAnt蒸镀薄膜光电晶体管的I_D-V_G和R-V_G曲线；
(c)和(d) BOPAnt单晶光电晶体管的I_D-V_G和R-V_G曲线；
光源采用10 mW/cm² 蓝光LED灯，中心波长为450 nm，采用5%、10%以及30%衰减片获得不同功率直射光

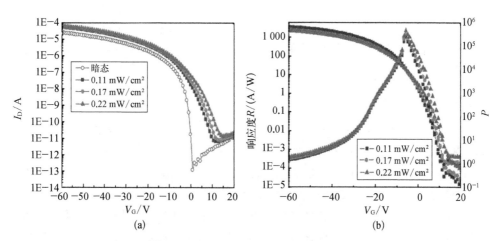

图 8.10 基于BOPAnt单晶光电晶体管性能
(a) I_D-V_G曲线；(b) 不同电压下的R和P值

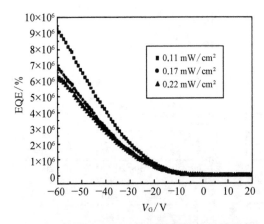

图 8.11　单晶 BOPAnt 光电晶体管的外量子效率
入射光波长为 350 nm

在 0.11 mW/cm² 光源下，器件外量子效率达到了 9.25×10^5 %。说明单晶光电晶体管中出现了光电倍增效应，即外量子效率大于 100%。我们推测是以下原因导致光电倍增效应的产生：① 单晶体内高度规整的分子排列以及缺陷少而导致载流子迁移率更高，这在我们以往的各向同性单晶晶体管中有所报道，BOPAnt 单晶 TFT 迁移率达到 16 cm²/(V·s)；② 由于在电极附近的陷阱辅助隧穿（trap assisted tunneling, TAT）效应，当激子分离成电子和空穴，空穴形成可移动载流子在沟道中移动，而电子则在有机半导体/电极界面处累积，累积结果是形成电场辅助了空穴的进一步注入，从而形成大量的空穴在沟道内移动。

最后，我们表征了单晶光电晶体管的开关性能，其结果如图 8.12 所示。我们发现，在该测试条件下，刚开始表现出较差的开关性能，但随着开关次数增加，开态电流逐渐增加，并且开关灵敏性增加，经过数分钟的开关测试，渐渐变得稳定，如图 8.12 所示。这种

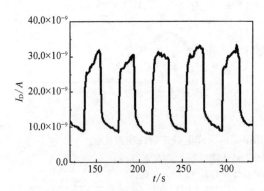

图 8.12　BOPAnt 单晶光电晶体管的开关性能
测试条件为 $V_G=0$ V, $V_D=-60$ V

需要数分钟的"热身"现象，我们归因于电子在半导体/绝缘层处的积累，形成新的电场，从而提高了激子的分离效率。

8.4.5　其他材料

Nguyen 课题组在 PCBDR 活性层的 OPTs 中加入了薄的 DNA 层，如图 8.13 所示，通过 PCBDR/DNA 界面间的偶极相互作用，可以加强激子的解离和电子在活性层的注入能力，从而可以提高 PCBDR-OPTs 的光响应性能。加入 DNA 层的 PCBDR-OPTs 的光灵敏度 P 可以达到 10^3 [82]。

由于有机光电晶体管具备高的光电流、光的响应性及灵敏性等性质，使得 OPTs 在整个光电应用领域具有很好的潜在应用价值，低成本的 OPTs 可用于光隔离器、光的转换器、感光器件、高灵敏的图像传感器等。

此外，OPTs 作为一种多功能化的晶体管器件，由于其独特的器件结构使其更

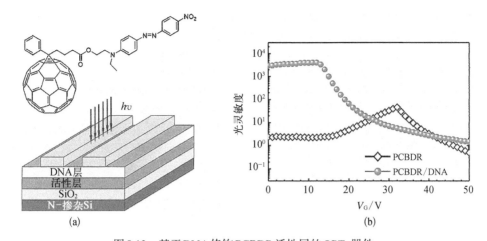

图 8.13　基于 DNA 修饰 PCBDR 活性层的 OPTs 器件
(a) PCBDR 的分子结构式和加入 DNA 层的 PCBDR-OPTs 的器件结构；(b) PCBDR-OPTs 加入 DNA 层前后的光灵敏度变化曲线

易于整合到电子器件电路中，例如转换器与逻辑线路、模拟信号传输器或继电器之间的接口等。OPTs 作为一种重要的电子设备，在过去的几年里受到极大的关注并得到广泛的研究。目前报道的非易失性存储器及光致变色场效应晶体管的应用虽然处于初级阶段，但是这些器件的研究为光电器件开辟了新的研究领域，包括柔性的、轻质的、高密度的数据存储器和光致存储设备等。OPTs 作为一种能接收光信号的晶体管，许多相关性能已经超过了传统的以硅材料为基础的 PTs。另外，科学家在分子工程学及化学合成方面的努力已经解决了活性有机小分子的溶解性问题并保持它们良好的电学性能，使其能实现低成本的低温溶液法大规模制备方式。虽然 OPTs 研究取得了巨大的突破，但仍然面对许多问题需要攻克：第一，有机活性材料需要进一步优化设计来加强对光的吸收和载流子的迁移过程，提高载流子迁移率，提高器件稳定性；第二，器件内异质界面需要得到更深入的研究，从而改善载流子的应用效率；第三，有机材料薄膜的生长制备技术需要得到进一步地完善，实现对异质结界面的优化制备。大量研究结果表明，器件的性能的改善可以通过控制有机活性材料在界面（包括有机-有机、有机-金属、有机-绝缘层之间）处的形貌和晶型特征，因为这些特征对导电性、迁移率、漏电流、器件稳定性和整个器件的性能都有很大的影响；第四，器件结构的优化对器件性能的影响也至关重要。总体来说，有机电子设备由于生产成本低，溶液化低温的生产过程，可实现大规模生产等优点，使其开辟了一条新的塑料电子道路，弥补了传统硅电子领域的不足。

参 考 文 献

[1] Choi C, Kang H, Choi W Y, et al. High optical responsivity of InAlAs-InGaAs metamorphic

high-electron mobility transistor on GaAs substrate with composite channels. IEEE Photonic. Tech. L., 2003, 15: 846–848.
[2] Barton J B, Cannata R F, Petronio S M. InGaAs NIR focal plane arrays for imaging and DWDM applications. SPIE, 2002, 4721: 37–47.
[3] Fossum E R. CMOS image sensors: Electronic camera-on-a-chip. IEEE trans. on electron devices, 1997, 44: 1689–1698.
[4] Amin A Y, Khassanov A, Reuter K, et al. Low-voltage organic field effect transistors with a 2-tridecyl [1] benzothieno [3, 2–b] [1] benzothiophene semiconductor layer. J. Am. Chem. Soc., 2012, 134: 16548–16550.
[5] Li Z, Kulkarni S A, Boix P P, et al. Laminated carbon nanotube networks for metal electrode-free efficient perovskite solar cells. ACS Nano, 2014, 8: 6797–6804.
[6] Li J, Zhao Y, Tan H S, et al. A stable solution-processed polymer semiconductor with record high-mobility for printed transistors. Sci. Rep., 2012, 2: 754.
[7] Lee K, Choi J M, Hwang D, et al. Top-gate ZnO thin-film transistors with a polymer dielectric designed for ultraviolet optical gating. Sensor. Actuator. A-Phys., 2008, 144: 69–73.
[8] Yin Z, Li H, Li H, et al. Single-layer MoS_2 phototransistors. ACS Nano, 2011, 6: 74–80.
[9] Xia F, Mueller T, Lin Y, et al. Ultrafast graphene photodetector. Nat. Nanotechnol., 2009, 4: 839–843.
[10] Weng W, Chang S, Hsu C, et al. A ZnO-nanowire phototransistor prepared on glass substrates. ACS Appl. Mater. Interfaces, 2011, 3: 162–166.
[11] Zhang A, Kim H, Cheng J, et al. Ultrahigh responsivity visible and infrared detection using silicon nanowire phototransistors. Nano Lett., 2010, 10: 2117–2120.
[12] Konstantatos G, Badioli M, Gaudreau L, et al. Hybrid graphene-quantum dot phototransistors with ultrahigh gain. Nat. Nanotechnol., 2012, 7: 363–368.
[13] Cho M Y, Kim S J, Han Y D, et al. Highly sensitive, photocontrolled, organic thin-film transistors using soluble star-shaped conjugated molecules. Adv. Func. Mater., 2008, 18: 2905–2912.
[14] Pal T, Arif M, Khondaker S I. High performance organic phototransistor based on regioregular poly (3–hexylthiophene). Nanotechnology, 2010, 21: 325201.
[15] Kim K H, Bae S Y, Kim Y S, et al. Highly photosensitive J-aggregated single-crystalline organic transistors. Adv. Mater., 2011, 23: 3095–3099.
[16] Yu H, Bao Z, Oh J H. High-performance phototransistors based on single-crystalline n-channel organic nanowires and photogenerated charge-carrier behaviors. Adv. Func. Mater., 2013, 23: 629–639.
[17] El Gemayel M, Treier M, Musumeci C, et al. Tuning the photoresponse in organic field-effect transistors. J. Am. Chem. Soc., 2012, 134: 2429–2433.
[18] Dong H L, Zhu H F, Meng Q, et al. Organic photoresponse materials and devices. Chem. Soc. Rev., 2012, 41: 1754–1808.
[19] Debucquoy M, Verlaak S, Steudel S, et al. Correlation between bias stress instability and phototransistor operation of pentacene thin-film transistors. Appl. Phys. Lett., 2007, 91: 074505.
[20] Lucas B, Trigaud T, Videlot A C. Organic transistors and phototransistors based on small

molecules. Polym. Int., 2012, 61: 374-389.
[21] Kang H-S, Choi C S, Choi W Y, et al. Characterization of phototransistor internal gain in metamorphic high-electron-mobility transistors. Appl. Phys. Lett., 2004, 84: 3780-3782.
[22] Sze S M, Ng K K, Physics of semiconductor devices. Cc/Eng. Tech. Appl. Sci., 1982, 27: 28.
[23] Nam H J, Cha J, Lee S H, et al. A new mussel-inspired polydopamine phototransistor with high photosensitivity: Signal amplification and light-controlled switching properties. Chem. Commun., 2014, 50: 1458-1461.
[24] Guo Y, Du C, Yu G, et al. High-performance phototransistors based on organic microribbons prepared by a solution self-assembly process. Adv. Func. Mater., 2010, 20: 1019-1024.
[25] Liu Y, Shi Q, Ma L, et al. Copolymers of benzo [1, 2-b: 4, 5-b'] dithiophene and bithiazole for high-performance thin film phototransistors. J. Mater. Chem. C, 2014, 2: 9505-9511.
[26] Liu X, Dong G, Zhao D, et al. The understanding of the memory nature and mechanism of the Ta_2O_5-gate-dielectric-based organic phototransistor memory. Org. Electron., 2012, 13: 2917-2923.
[27] Mukherjee B, Mukherjee M, Sim K, et al. Solution processed, aligned arrays of TCNQ micro crystals for low-voltage organic phototransistor. J. Mater. Chem., 2011, 21: 1931-1936.
[28] Zhao W, Tang Q, Chan H S, et al. Transistors from a conjugated macrocycle molecule: Field and photo effects. Chem. Commun., 2008: 4324-4326.
[29] Choi J M, Lee J, Hwang D, et al. Comparative study of the photoresponse from tetracene-based and pentacene-based thin-film transistors. Appl. Phys. Lett., 2006, 88: 43508.
[30] Noh Y Y, Kim D Y, Yase K. Highly sensitive thin-film organic phototransistors: Effect of wavelength of light source on device performance. J. Appl. Phys., 2005, 98: 074505.
[31] Lucas B, El Amrani A, Moliton A. Organic thin film photo-transistors based on pentacene. Mol. Cryst. Liq. Cryst., 2008, 485: 955-964.
[32] Kim Y H, Han J I, Han M K, et al. Highly light-responsive ink-jet printed 6, 13-bis (triisopropylsilylethynyl) pentacene phototransistors with suspended top-contact structure. Org. Electron., 2010, 11: 1529-1533.
[33] Kim J, Cho S, Kim Y H, et al. Highly-sensitive solution-processed 2, 8-difluoro-5, 11-bis (triethylsilylethynyl) anthradithiophene (diF-TESADT) phototransistors for optical sensing applications. Org. Electron., 2014, 15: 2099-2106.
[34] Guo W, Liu Y, Huang W, et al. Solution-processed low-voltage organic phototransistors based on an anthradithiophene molecular solid. Org. Electron., 2014, 15: 3061-3069.
[35] Guo Y, Du C, Di C, et al. Field dependent and high light sensitive organic phototransistors based on linear asymmetric organic semiconductor. Appl. Phys. Lett., 2009, 94: 143303.
[36] Noh Y Y, Kim D Y, Yoshida Y, et al. High-photosensitivity p-channel organic phototransistors based on a biphenyl end-capped fused bithiophene oligomer. Appl. Phys. Lett., 2005, 86: 043501.
[37] Zhao X, Tang Q, Tian H, et al. Highly photosensitive thienoacene single crystal microplate transistors via optimized dielectric. Org. Electron., 2015, 16: 171-176.
[38] Noh Y Y, Ghim J, Kang S J, et al. Effect of light irradiation on the characteristics of organic field-effect transistors. J. Appl. Phys., 2006, 100: 094501.

[39] Mas T M, Hadley P, Crivillers N, et al. Large photoresponsivity in high-mobility single-crystal organic field-effect phototransistors. Chem. Phys. Chem., 2006, 7: 86−88.

[40] Saragi T P, Londenberg J, Salbeck J. Photovoltaic and photoconductivity effect in thin-film phototransistors based on a heterocyclic spiro-type molecule. J. Appl. Phys., 2007, 102: 6104.

[41] Peng Y, Lv W, Yao B, et al. Improved performance of photosensitive field-effect transistors based on palladium phthalocyanine by utilizing Al as source and drain electrodes. IEEE Trans. Electron Devices, 2013, 60: 1208−1212.

[42] Ji Z, Shang L, Lu C, et al. Phototransistors and photoswitches from an ultraclosely-stacked organic semiconductor. IEEE Electron Device Lett., 2012, 33: 1619−1621.

[43] Mukherjee B, Mukherjee M, Choi Y, et al. Organic phototransistor with n-type semiconductor channel and polymeric gate dielectric. J. Phys. Chem. C, 2009, 113: 18870−18873.

[44] Mukherjee B, Mukherjee M, Choi Y, et al. Control over multifunctionality in optoelectronic device based on organic phototransistor. ACS Appl. Mater. Interfaces, 2010, 2: 1614−1620.

[45] Park J, Mukherjee B, Cho H, et al. Flexible n-channel organic phototransistor on polyimide substrate. Synthetic Met., 2011, 161: 143−147.

[46] Tang Q, Li L, Song Y, et al. Photoswitches and phototransistors from organic single-crystalline sub-micro/nanometer ribbons. Adv. Mater., 2007, 19: 2624−2628.

[47] Saragi T P, Onken K, Suske I, et al. Ambipolar organic phototransistor. Opt. Mater., 2007, 29: 1332−1337.

[48] Saragi T P, Pudzich R, Fuhrmann T, et al. Organic phototransistor based on intramolecular charge transfer in a bifunctional spiro compound. Appl. Phys. Lett., 2004, 84: 2334.

[49] Saragi T P, Pudzich R, Fuhrmann L T, et al. Light responsive amorphous organic field-effect transistor based on spiro-linked compound. Opt. Mater., 2007, 29: 879−884.

[50] Jung J S, Cho E H, Jo S, et al. Photo-induced negative differential resistance of organic thin film transistors using anthracene derivatives. Org. Electron., 2013, 14: 2204−2209.

[51] Kim Y S, Bae S Y, Kim K H, et al. Highly sensitive phototransistor with crystalline microribbons from new π−extended pyrene derivative via solution-phase self-assembly. Chem. Commun., 2011, 47: 8907−8909.

[52] Qi Z, Liao X, Zheng J, et al. High-performance n-type organic thin-film phototransistors based on a core-expanded naphthalene diimide. Appl. Phys. Lett., 2013, 103: 053301.

[53] Mukherjee B, Sim K, Shin T J, et al. Organic phototransistors based on solution grown, ordered single crystalline arrays of a π−conjugated molecule. J. Mater. Chem., 2012, 22: 3192−3200.

[54] Tozlu C, Kus M, Can M, et al. Solution processed white light photodetector based N, N′−di (2−ethylhexyl)−3, 4, 9, 10−perylene diimide thin film phototransistor. Thin Solid Films, 2014, 569: 22−27.

[55] Saragi T P, Fetten M, Salbeck J. Solution-processed organic thin-film phototransistors based on donor/acceptor dyad. Appl. Phys. Lett., 2007, 90: 253506.

[56] Dutta S, Narayan K. Photoinduced charge transport in polymer field effect transistors. Synthetic Met., 2004, 146: 321−324.

[57] Narayan K, Kumar N. Light responsive polymer field-effect transistor. Appl. Phys. Lett., 2001, 79: 1891−1893.

[58] Wasapinyokul K, Milne W, Chu D. Photoresponse and saturation behavior of organic thin film transistors. J. Appl. Phys., 2009, 105: 024509.

[59] Hamilton M C, Martin S, Kanicki J. Thin-film organic polymer phototransistors. IEEE Trans. Electron Devices, 2004, 51: 877−885.

[60] Wang X, Wasapinyokul K, De Tan W, et al. Device physics of highly sensitive thin film polyfluorene copolymer organic phototransistors. J. Appl. Phys., 2010, 107: 024509.

[61] Dong H, Bo Z, Hu W. High performance phototransistors of a planar conjugated copolymer. Macromol. Rapid Commun., 2011, 32: 649−653.

[62] Huang W, Yang B, Sun J, et al. Organic field-effect transistor and its photoresponse using a benzo [1, 2−b: 4, 5−b'] difuran-based donor-acceptor conjugated polymer. Org. Electron., 2014, 15: 1050−1055.

[63] Liu Y, Wang H, Dong H, et al. Synthesis of a conjugated polymer with broad absorption and its application in high-performance phototransistors. Macromolecules, 2012, 45: 1296−1302.

[64] Kim M, Ha H J, Yun H J, et al. Flexible organic phototransistors based on a combination of printing methods. Org. Electron., 2014, 15: 2677−2684.

[65] Tu D, Pagliara S, Cingolani R, et al. An electrospun fiber phototransistor by the conjugated polymer poly [2−methoxy−5−(2'−ethylhexyloxy)−1, 4−phenylene-vinylene]. Appl. Phys. Lett., 2011, 98: 023307.

[66] Jiná N H, Hwaná L S, Jongá Y W. A new mussel-inspired polydopamine phototransistor with high photosensitivity: Signal amplification and light-controlled switching properties. Chem. Commun., 2014, 50: 1458−1461.

[67] Xu Y, Berger P R, Wilson J N, et al. Photoresponsivity of polymer thin-film transistors based on polyphenyleneethynylene derivative with improved hole injection. Appl. Phys. Lett., 2004, 85: 4219−4221.

[68] Dong H, Li H, Wang E, et al. Phototransistors of a rigid rod conjugated polymer. J. Phys. Chem. C, 2008, 112: 19690−19693.

[69] Labram J G, Wobkenberg P H, Bradley D D C, et al. Low-voltage ambipolar phototransistors based on a pentacene/PC61BM heterostructure and a self-assembled nano-dielectric. Org. Electron., 2010, 11: 1250−1254.

[70] Xu H, Li J, Leung B H, et al. A high-sensitivity near-infrared phototransistor based on an organic bulk heterojunction. Nanoscale, 2013, 5: 11850−11855.

[71] Yan F, Li J, Mok S M. Highly photosensitive thin film transistors based on a composite of poly(3−hexylthiophene) and titania nanoparticles. J. Appl. Phys., 2009, 106: 2411.

[72] Yuan S H, Pei Z, Lai H C, et al. Pentacene phototransistor with gate voltage independent responsivity and sensitivity by small silver nanoparticles decoration. Org. Electron., 2015, 27: 7−11.

[73] Curtin I J, Blaylock D W, Holmes R J. Role of impurities in determining the exciton diffusion length in organic semiconductors. Appl. Phys. Lett., 2016, 108: 163301.

[74] Lunt R R, Benziger J B, Forrest S R. Relationship between crystalline order and exciton diffusion length in molecular organic semiconductors. Adv. Mater., 2010, 22: 1233−1237.

[75] Lin J D A, Mikhnenko O V, Chen J, et al. Systematic study of exciton diffusion length in organic

semiconductors by six experimental methods. Mater. Horiz., 2014, 1: 280−285.

[76] Tang Q X, Li L Q, Song Y B, et al. Photoswitches and phototransistors from organic single-crystalline sub-micro/nanometer ribbons. Adv. Mater., 2007, 19: 2624−2628.

[77] Pinto R M, Gouveia W, Neves A I S, et al. Ultrasensitive organic phototransistors with multispectral response based on thin-film/single-crystal bilayer structures. Appl. Phys. Lett., 2015, 11: 109.

[78] Jiang H, Yang X J, Cui Z D, et al. Micro-organic single crystalline phototransistors of 7,7,8,8-tetracyanoquinodimethane and tetrathiafulvalene. Appl. Phys. Lett., 2009, 94: 123308.

[79] Yu H, Bao Z A, Oh J H. High-performance phototransistors based on single-crystalline n-channel organic nanowires and photogenerated charge-carrier behaviors. Adv. Func. Mater., 2013, 23: 629−639.

[80] Li A, Yan L, He C, et al. In-plane isotropic charge transport characteristics of single-crystal FETs with high mobility based on 2,6-bis(4-methoxyphenyl)anthracene: experimental cum theoretical assessment. J. Mater. Chem. C, 2017, 5: 370−375.

[81] Li A, Yan L, Liu M, et al. Highly responsive phototransistors based on 2,6-bis(4-methoxyphenyl)anthracene single crystal. J. Mater. Chem. C, 2017, 5: 370−375.

[82] Zhang Y, Wang M F, Collins S D, et al. Enhancement of the photoresponse in organic field-effect transistors by incorporating thin DNA layers. Angew. Chem. Int. Edit., 2014, 53: 244−249.

第9章

提高有机半导体器件性能方法

9.1 有机半导体器件性能优化方案

随着有机半导体技术的不断发展,有机薄膜晶体管(OTFT)在过去的几十年时间里,已经在显示屏、射频识别标签、智能卡以及传感器等领域取得了较大的突破,充分体现了其应用价值和发展潜力。其实早在20世纪70年代初,Barbe和Westgate就提出了将有机半导体材料引入场效应管(FET)中作为半导体活性层的设想[1],然而直到1986年Tsumura等报道的第一个有机场效应晶体管之后,这个设想才得到证实[2]。从此以后,有机场效应晶体管逐步受到人们的关注,并在学术界及工业界掀起了研究热潮,从而得到了飞速的发展。

有机薄膜晶体管因其具有制作工艺简单、材料来源广泛、成本低以及良好的柔性衬底兼容性等优点,日益受到人们的关注[3-6]。尤其在提高器件性能方面,经过许多科研工作者们的不断努力,新型有机半导体材料的研究已经取得了许多突破性的进展。设计合成新型有机半导体材料一直是提高OTFT器件性能的重要研究方向之一。历年来都有新型材料的研究报道,以齐聚噻吩和并五苯为代表的几种明星有机半导体材料,其多晶薄膜的迁移率已经接近或超过 $1 \text{ cm}^2/(\text{V·s})$[7-9]。通过适当的分子结构修饰,有机小分子或高分子半导体材料的多晶薄膜迁移率也已经达到或超过$3.0 \text{ cm}^2/(\text{V·s})$,性能已经完全可以媲美非晶硅器件[10-15]。由此可见,高迁移率有机半导体材料的研究对OTFT性能提高有着巨大的作用。

除了设计合成新型结构的有机半导体材料之外,如何进一步提高器件的性能,这是本章讨论的重点。如图9.1所示,目前主要采取化学改性或物理改性两种措施。所谓化学改性,是指在保持分子基本骨架不变的情况下,通过分子修饰,如利用侧链效应、杂原子效应、分子量效应等来设计合成出具有合理结构的新型高迁移率有机半导体材料。侧链效应中可以通过引入侧链、改变侧链长度、变动侧链取代位置和控制碳原子数目的奇偶性等方案,来改变材料的溶解性和加工方式,也可以促使半导体分子具有良好的成膜性、结晶性和分子间堆积方式,从而增强有机半导体材料中载流子的迁移率,提高 OTFT 器件的性能[15-25]。通过碳、氢外的杂原子取代也能调节分子间相互作用,优化分子排列方式,进而提高材料迁移率。另外,在聚合物中,分子量对 OTFT 器件性能也有显著的影响。分子量对器件性能影响的一系列报道显示,沟道电流和场效应迁移率随有机材料分子量的增加而提高。除化学改性外,也可通过物理改性的方法来提高有机半导体器件性能,主要有半导体材料共混及掺杂、薄膜工艺优化、界面工程和采用新型器件结构等方案。

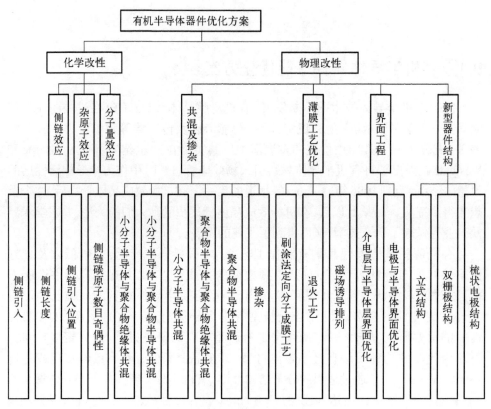

图 9.1　有机半导体器件性能优化方案

本章将从如何提高有机半导体器件性能的角度对有机薄膜晶体管的发展情况做一个系统的介绍,希望能为今后设计合成高性能有机半导体材料和进一步提高有机半导体器件性能起到一个很好的促进作用。

9.2 材料合成侧链效应、杂原子效应和分子量效应

9.2.1 侧链效应

共轭聚合物半导体材料一般结晶性比较差、场效应迁移率比较低、稳定性比较差，但其具有溶液加工性的优势，所以着重应用于溶液旋涂、柔性器件制备、喷墨打印以及卷对卷印刷技术等方面。有机小分子半导体材料虽然在溶液加工性方面不具备优势，但其具有固定的分子量、分子结构和物理性质，并且物理和化学性质能够通过改变分子结构和官能团来进行调整，通常能够展现出良好的结晶性和可观的场效应迁移率。为了提高有机材料的溶液加工性，柔性增溶链的引入是不可或缺的。常见的柔性侧链包括：烷基链、聚醚链和全氟链等，其中烷基链的应用最为广泛。然而，着重关注可溶液加工的优异特性却造成许多研究者忽略了侧链效应对器件性能的影响[26]。随着研究的不断深入，侧链效应对器件性能影响的研究也逐渐被挖掘出来。许多研究表明有机材料的自组装和器件性能跟柔性侧链的选择有很大的关系，比如侧链的添加和变换、柔性侧链的长短[27]、柔性侧链在芳香环上的取代位置[28]、碳原子数目的奇偶性[29]、卤素取代[30]都会直接影响到有机小分子或者高分子材料在固态下的排列，进而影响了器件的性能。

以并五苯（**1a**）为代表的线形稠环芳香烃具有优异的场效应性能，早在2003年，Kelley等就已经制备了基于并五苯的多晶薄膜有机场效应晶体管，器件的迁移率高达 5 cm^2/(V·s)[31]。然而并苯类材料的溶液加工性都非常差，而侧链取代基团的引入却能改善此类材料的不足，其中烷基取代是稠环芳香烃材料衍生物优化的一个重要方向。Kelley等引入烷基侧链制备了2,9-二甲基并五苯（**1b**），然后利用旋涂的单层烷基膦酸自组装层对绝缘层进行修饰，以形成利于化合物 **1b** 沉积的平整界面，在此情况下得到的多晶薄膜迁移率高达 2.5 cm^2/(V·s)[32]。

噻吩一直以来都是p型有机半导体材料的基团，因其可以提供一对孤对电子与两个双键共轭来形成离域的π键。并且，线性寡聚噻吩具有鱼骨状的固态分子堆积和平面型的分子结构，一直应用于有机薄膜晶体管领域的研究[33-34]。比如，以四噻吩 α-4T（**2a**）制备的器件其薄膜迁移率虽然只有 0.011 cm^2/(V·s)[35]，但是在两端引入烷基链后，分子的液晶特性增强[36]，引入己基封端的寡聚噻吩 DHα-4T（**2b**）迁移率最高可达到 0.23 cm^2/(V·s)[37]。上述化合物的结构式如图9.2所示。

烷基侧链的长度也对材料的性能有很大影响，因为高密度超长烷基侧链能在半导体π-π堆积之间创造一层笨重的绝缘层，从而限制垂直堆积并削

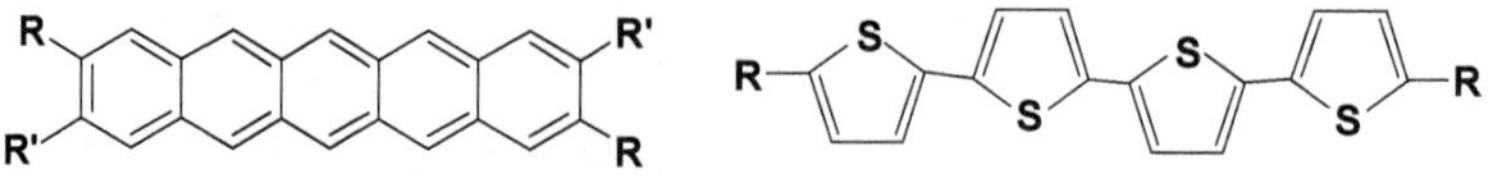

R = H, R' = H　**1a**;
R = CH₃, R' = H　**1b**

R = H　**2a**
R = C₆H₁₃　**2b**

图9.2　并五苯和四噻吩中烷基侧链取代基团的引入

弱沟道界面附近π共轭系统的数量。实际上,烷基链的长度和密度对有机半导体材料的溶液加工性、分子堆积、薄膜微观结构以及电荷输运都有着显著影响[15-16,18-19,21-23,24]。

代表性的侧链长度对载流子迁移率影响的研究工作总结见表9.1。在并五苯的2-位和9-位引入甲基所得的2,9-二甲基并五苯(**1b**)多晶薄膜迁移率高达2.5 cm²/(V·s)[32]。当增加烷基侧链长度之后,2,9-二己基并五苯(**1c**)却只得到较低的迁移率0.251 cm²/(V·s)[26]。其他不同烷基侧链长度的并五苯衍生物(**1d**~**1f**),甚至表现出比2,9-二己基并五苯(**1c**)更低的性能,二乙基并五苯(**1d**)的场效迁移率只有$4.8×10^{-2}$ cm²/(V·s),2,9-二丁基并五苯(**1e**)和2,9-二辛基并五苯的场效应迁移率(**1f**)分别只有$4.4×10^{-3}$ cm²/(V·s)和$8.8×10^{-4}$ cm²/(V·s)[44]。由此可见,并五苯2-位和9-位选用一系列烷基侧链取代衍生的化合物其迁移率明显随着烷基侧链长度的增加而降低。双噻吩蒽(ADT)及其衍生物(**3a**~**3d**)具有跟并五苯类似的结构,噻吩环的引入可提高材料的抗氧化能力,并且可通过引入不同长度的烷基侧链来提高材料的溶液加工性。结果显示,侧链长度的增加对材料性能的影响不大,真空蒸镀薄膜的迁移率可达到0.1 cm²/(V·s)左右。并五苯的6-位和13-位非常容易被氧化成醌,会对π电子在整个分子中的离域造成影响,所以在这两个位置引入官能团进行修饰,不仅能改变改变材料的固态堆积模式,还能改善材料的整体稳定性。通过引入C≡C共轭单元而得到的一系列衍生化合物(**4a**~**4c**),能有效改善材料的溶解性并调整分子间的固态堆积。其中,当烷基链为乙基时(**4b**),迁移率达到1 cm²/(V·s)[46-47]。此外,Anthony等在化合物**4b**的基础上,在噻吩环上引入烷基侧链得到一系列衍生物(**5a**~**5c**),可能是由于烷基侧链的增加影响到了材料的形态和分子间相互作用,化合物对应的场效应迁移率均降低[48]。

Halik等将不同长度的烷基侧链引入到化合物α-6T(**6a**)两端噻吩的β-位进行修饰,得到一系列化合物(**6b**~**6d**)。化合物α-6T(**6a**)采用底栅顶接触结构设计制备的薄膜晶体管器件,其迁移率只有0.07 cm²/(V·s)。在噻吩的β-位引入乙基(**6b**),其多晶薄膜迁移率达到1.1 cm²/(V·s),增加烷基侧链长度所得的化合物DHα6T(**6c**)其薄膜迁移率也达到了1.0 cm²/(V·s),但是当增加侧链长度至C10,化合物DDα-6T(**6d**)的迁移率却降至0.1 cm²/(V·s),侧链长度高于六个烷基单元之后会导致接触电阻大幅度提高,从而影响器件的性能。然而,化合物α-6T(**6a**)在采用底栅底接触的晶体管结构之后,其迁移率略微增加至0.1 cm²/(V·s),

化合物DEα-6T(**6b**)和DHα-6T(**6c**)的多晶薄膜迁移率分别降低至0.6 cm^2/(V·s)和0.5 cm^2/(V·s),反而化合物DDα-6T(**6d**)的迁移率提高到0.5 cm^2/(V·s)[49]。

烷基链的长度对苯并噻吩体系的BTBT化合物也有着不同程度影响。2007年,Ebata等尝试在BTBT母核结构中的2-位和7-位引入不同长度的烷基链进行官能团修饰,得到一系列空气稳定性强的高性能Cn-BTBT衍生化合物(**7a** ~ **7j**),并且引入的烷基链长度在戊基和壬基之间时,衍生物(**7a** ~ **7e**)的溶解性随着链长增加而明显提高,但是当侧链长度长于C$_{10}$H$_{25}$时,溶解性却明显下降。此外,烷基链的引入修饰对制备的器件性能也有显著的影响[38]。将Cn-BTBT化合物(**7a** ~ **7j**)旋涂到不作任何处理SiO$_2$/Si基片上,简单成膜制备了一系列OTFT器件,其中C5-BTBT(**7a**)、C6-BTBT(**7b**)、C7-BTBT(**7c**)、C8-BTBT(**7d**)伴随着烷基侧链的增加分别表现出最高达到0.43 cm^2/(V·s)、0.45 cm^2/(V·s)、0.84 cm^2/(V·s)和1.8 cm^2/(V·s)的多晶薄膜迁移率,而C9-BTBT(**7e**)和C10-BTBT(**7f**)的性能有所下降,迁移率分别为0.61 cm^2/(V·s)和0.81 cm^2/(V·s)。但是随着侧链长度的继续增加,C11-BTBT(**7g**)和C12-BTBT(**7h**)的迁移率又增至1.76 cm^2/(V·s)和1.71 cm^2/(V·s),化合物C13-BTBT(**7i**)对应的器件迁移率更是达到2.75 cm^2/(V·s),但其溶解性能相对较弱,限制了其应用。为了进一步的发现新的高性能有机半导体分子,研究者开始着眼于BTBT的类似物。Kang等设计合成了一系列高性能萘并噻吩并[3,2-b]萘并噻吩(DNTT)衍生物(**8a** ~ **8d**)[50]。这些材料在不做任何修饰的SiO$_2$/Si基片上制备OTFT器件,其中C10-DNTT(**8c**)表现出最高的薄膜迁移率3.7 cm^2/(V·s),而C6-DNTT(**8a**)、C8-DNTT(**8b**)和C12-DNTT(**8d**)也分别达到0.7 cm^2/(V·s)、2.1 cm^2/(V·s)和3.1 cm^2/(V·s)的迁移率。器件性能随着烷基链长度的增加而提高,烷基侧链的长度有利于促进分子间的相互作用。

烷基侧链的长度不仅对小分子材料的性能有一定的影响,而且对高分子材料的分子堆积也有不同程度的改善。比如,聚噻吩是最具代表性的p型共轭高分子材料之一,薄膜中聚噻吩分子的堆积方式会受到相对分子质量的大小、侧链的长短、成膜方式、基底界面的性质、溶剂的选择及薄膜处理过程的影响[39-43]。尤其是侧链的长短,能直接影响到分子堆积方式,恰当的分子堆积方式是获得高性能聚合物场效晶体管不可或缺的因素。McCulloch等通过在聚噻吩骨架中引入合适的吸电子稠环单元来起到束缚电子的作用,从而降低电子在整个噻吩骨架中的离域,进而降低材料的HOMO能级。然后在噻吩环单元的2-位和5-位引入烷基侧链进行修饰得到一系列PBTTT化合物(**9a** ~ **9c**),其中PBTTT-C14(**9c**)薄膜的场效应迁移率可达到0.72 cm^2/(V·s),相比之下,具有较短侧链长度的聚合物PBTTT-C10(**9a**)和PBTTT-C12(**9b**)只表现出了0.3 cm^2/(V·s)的迁移率[24]。这是由于分子骨架中吸电子稠环单元的引入,降低了相邻烷基链的立体结构,促进了分子平面共轭性的保持,从而形成高度有序分子堆积结构来提高器件的性能。

表 9.1 侧链长度对载流子迁移率的影响

半导体材料结构	器件结构	半导体材料	迁移率 /[cm²/(V·s)]	阈值电压/V	电流开关比
并五苯：R=H, R'=H **1a**；C-PEN：R=CH₃, R'=H **1b**；C6-PEN：R=C₆H₁₃, R'=H **1c**；C2-PEN：R=C₂H₅, R'=H **1d**；C4-PEN：R=C₄H₉, R'=H **1e**；C8-PEN：R=C₈H₁₇, R'=H **1f**	BGTC	并五苯[31]	5	NA	NA
		C-PEN[32]	2.5	NA	NA
		C6-PEN[26]	0.251	NA	NA
		C2-PEN[44]	4.8×10^{-2}	-20	10^4
		C4-PEN[44]	4.4×10^{-3}	-18	10^4
		C8-PEN[44]	8.8×10^{-4}	-20	10^3
蒽并二噻吩(ADT)：R=H；(**3a**)；二己基-蒽并二噻吩(DHADT)：R=C₆H₁₃；(**3b**)；双十二烷基-蒽并二噻吩(DDADT)：R=C₁₂H₂₅；(**3c**)；双十八烷基-蒽并二噻吩(DOADT)：R=C₁₈H₃₇；(**3d**)	BGBC	ADT[45]	0.09	NA	NA
		DHADT[45]	0.11	NA	NA
		DDADT[45]	0.12	NA	NA
		DOADT[45]	0.06	NA	NA
R=CH₃ **4a**；R=C₂H₅ **4b**；R=C₃H₇ **4c**	BGBC	9a[46]	10^{-4}	NA	10^3
		9b[46]	1.0	NA	10^7
		9c[47]	0.05	NA	NA
R=H **4b**；R=CH₃ **5a**；R=C₂H₅ **5b**；R=C₃H₇ **5c**	BGBC	9b[46]	1.0	NA	10^7
		10a[48]	$0.1 \sim 0.4$	NA	10^5
		10b[48]	$<10^{-3}$	NA	NA
		10c[48]	$<10^{-5}$	NA	NA

续　表

半导体材料结构	器件结构	半导体材料	迁移率/[cm^2/(V·s)]	阈值电压/V	电流开关比
六联噻吩(6T) **6a**; 二乙基六联噻吩(DEα-6T) **6b**; 二己基六联噻吩(DHα-6T) **6c**; 二癸基六联噻吩(DDα-6T) **6d**;	BGTC	α-6T[49]	0.07	13.1	10^2
		DEα-6T[49]	1.1	3.9	10^4
		DHα-6T[49]	1.0	6.1	10^4
		DDα-6T[49]	0.1	3.6	10^4
	BGBC	α-6T[49]	0.1	7.6	10^5
		DEα-6T[49]	0.6	5.5	10^3
		DHα-6T[49]	0.5	7.8	10^4
		DDα-6T[49]	0.5	3.1	10^3
R=C$_5$H$_{11}$(C5-BTBT) **7a**; R=C$_6$H$_{13}$(C6-BTBT) **7b**; R=C$_7$H$_{15}$(C7-BTBT) **7c**; R=C$_8$H$_{17}$(C8-BTBT) **7d**; R=C$_9$H$_{19}$(C9-BTBT) **7e**; R=C$_{10}$H$_{21}$(C10-BTBT) **7f** R=C$_{11}$H$_{23}$(C11-BTBT) **7g**; R=C$_{12}$H$_{25}$(C12-BTBT) **7h**; R=C$_{13}$H$_{27}$(C13-BTBT) **7i**; R=C$_{14}$H$_{29}$(C14-BTBT) **7j**;	BGTC	C5-BTBT[38]	0.16~0.43	-21	10^8
		C6-BTBT[38]	0.36~0.45	-25	10^8
		C7-BTBT[38]	0.52~0.84	-29	10^7
		C8-BTBT[38]	0.46~1.80	-17	10^7
		C9-BTBT[38]	0.23~0.61	-21	10^8
		C10-BTBT[38]	0.28~0.86	-23	10^8
		C11-BTBT[38]	0.73~1.76	-20	10^7
		C12-BTBT[38]	0.44~1.71	-20	10^8
		C13-BTBT[38]	1.20~2.75	-27	10^7
		C14-BTBT[38]	0.19~0.79	-18	10^8
R=C$_6$H$_{13}$(C6-DNTT) **8a**; R=C$_8$H$_{17}$(C8-DNTT) **8b**; R=C$_{10}$H$_{21}$(C10-DNTT) **8c**; R=C$_{12}$H$_{25}$(C12-BTBT) **8d**;	BGTC	C6-DNTT[50]	0.7	-9	10^6
		C8-DNTT[50]	2.1	-10	10^6
		C10-DNTT[50]	3.7	-13	10^6
		C12-DNTT[50]	3.1	-11	10^6
R=C$_{10}$H$_{21}$(**9a**), C$_{12}$H$_{25}$(**9b**), C$_{14}$H$_{29}$(**9c**)	BGBC	C10[24]	0.30	NA	10^6
		C12[24]	0.30	NA	10^6
		C14[24]	0.72	NA	>10^6

NA：代表未知

随着对有机半导体材料研究的不断深入,人们逐渐发现侧链基团的取代位置也会影响分子堆积结构,从而影响器件的性能。比如,DNTT(**8e**)具有典型鱼骨状排列结构特征,材料的迁移率高达3.1 cm^2/(V·s)[51]。当在DNTT的苯基上2-位,9-位和3-位,10-位引入烷基侧链时,分别得到的衍生物为2,9-DMDNTT(**8f**)和3,10-DMDNTT(**8g**)。固态时,这两种材料会表现出与DNTT不同的3D鱼骨状分子排列结构(图9.3)。2,9-DMDNTT表现出相对较好的迁移率,达到0.8 cm^2/(V·s),而3,10-DMDNTT只达到0.4 cm^2/(V·s)的迁移率[52]。此外,Yasuda等分析低聚苯基衍生物(**10a** ~ **10b**),化合物**10a**的迁移率仅仅只有10^{-4} cm^2/(V·s),而当改变侧链的取代位置之后,化合物**10b**的迁移率增加至0.13 cm^2/(V·s)[53]。Zhang等所合成的n型NDI-DTYM2衍生材料具有不同的烷基侧链长度和侧链分支点取代位置,发现当增加烷基侧链长度所得衍生物NDI2HD-DTYM2(**11a**)和NDI2OD-DTYM2(**11b**),电子迁移率会伴随着侧链长度的增加而增加,迁移率分别达到0.34 cm^2/(V·s)和0.65 cm^2/(V·s)[54]。在此基础上,分别对NDI2HD-DTYM2(**11a**)、NDI3HU-DTYM2(**11b**)和NDI4HD-DTYM2(**11c**)进一步分析了侧链分支点取代位置对材料性能的影响,其中NDI3HU-DTYM2(**11c**)的电子迁移率高达3.5 cm^2/(V·s),相比之下,NDI2HD-DTYM2和NDI4HD-DTYM2却只得到仅仅0.34 cm^2/(V·s)和0.25 cm^2/(V·s)的迁移率。这些结果表明,烷基链取代位置也是调整分子堆积模式的一种非常重要的方式。上述材料的化学结构式如图9.4所示。

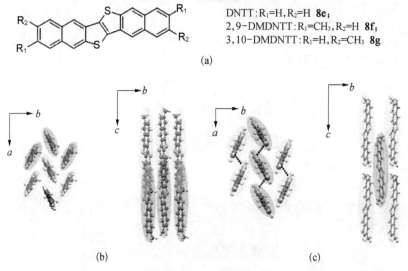

图9.3 DNTT衍生物的化学结构与分子排列[52]
(a)DNTT衍生物的化学结构图;(b)2,9-DMDNTT沿着分子长轴方向排列的分子结构及其侧面图;(c)3,10-DMDNTT沿着分子长轴方向排列的分子结构及其侧面图

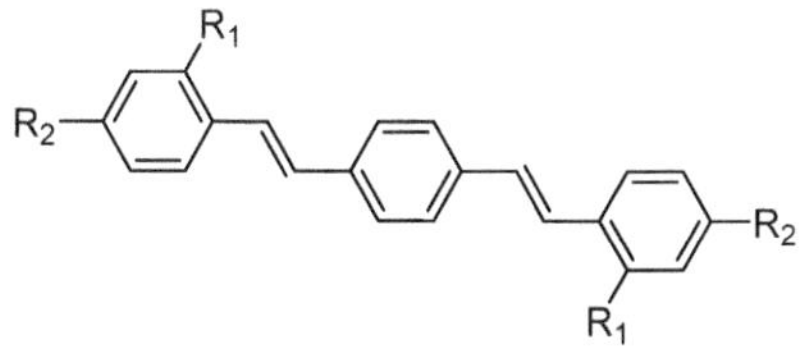

2MSB: $R_1 = CH_3$, $R_2 = H$ **10a**;
4MSB: $R_1 = H$, $R_2 = CH_3$ **10b**;
DNTT: $R_1 = H$, $R_2 = H$ **8e**;
2,9-DMDNTT: $R_1 = CH_3$, $R_2 = H$ **8f**;
3,10-DMDNTT: $R_1 = H$, $R_2 = CH_3$ **8g**;

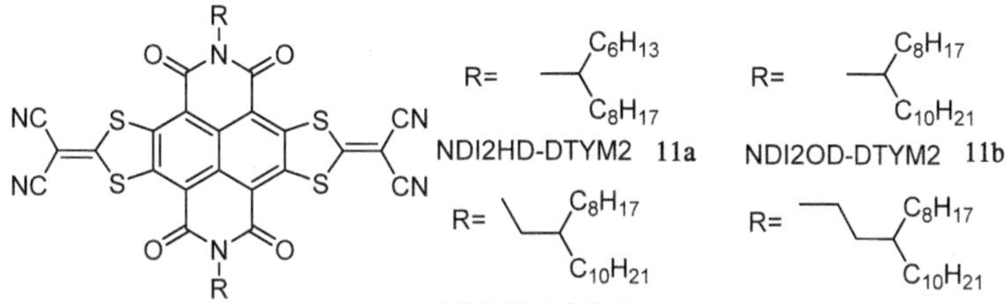

NDI2HD-DTYM2 **11a**
NDI2OD-DTYM2 **11b**
NDI3HU-DTYM2 **11c**
NDI4HD-DTYM2 **11d**

图9.4 一系列小分子材料不同侧链及侧链分支点取代位置的化学结构

侧链的取代位置对聚合物的性能也有显著的影响。在共轭聚合物中,链内载流子输运是依靠聚合物主链的π电子离域来实现,受到聚合物有效共轭长度的限制。然而,有效共轭长度却受到聚合物主链扭曲的限制。烷基链的取代位置可以影响到材料的空间位阻效应或扭曲角度,从而影响载流子的迁移率。如图9.5所示,比如Wu等在TPD的聚合物的基础上,通过在噻吩基上的不同位置引入两个十二烷基进行修饰,得到3种不同的聚合物TPD-1(**12a**)、TPD-2(**12b**)及TPD-3(**12c**)。实验结果证明烷基链的取向对分子堆积模式和器件性能有显著的影响,其中TPD-1(**12a**)和TPD-2(**12b**)的空穴迁移率只达到0.15 $cm^2/(V·s)$和1.1×10^{-2} $cm^2/(V·s)$,而TPD-3(**12c**)的空

TPD-1 **12a**

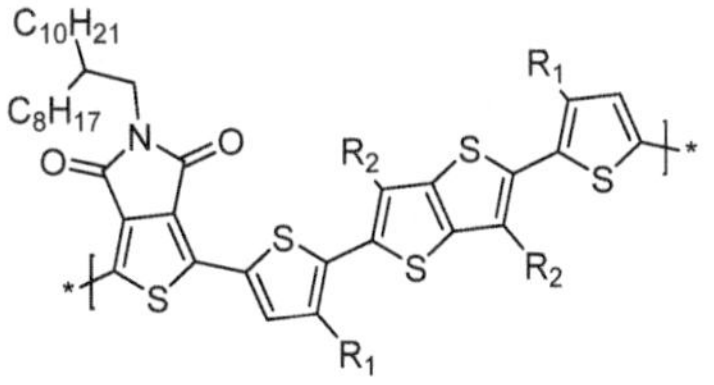

TPD-2: $R_1 = C_{12}H_{25}$; $R_2 = H$ **12b**;
TPD-3: $R_1 = H$; $R_2 = C_{12}H_{25}$ **12c**;

图9.5 一系列聚合物不同侧链及侧链分支点取代位置的化学结构

穴迁移率高达1.29 $cm^2/(V·s)$。这是由于聚合物**12c**中,烷基侧链之间空间距离较大,方便于侧链的相嵌连接和层状叠加结构的形成,这样有助于得到更高性能的器件[55]。

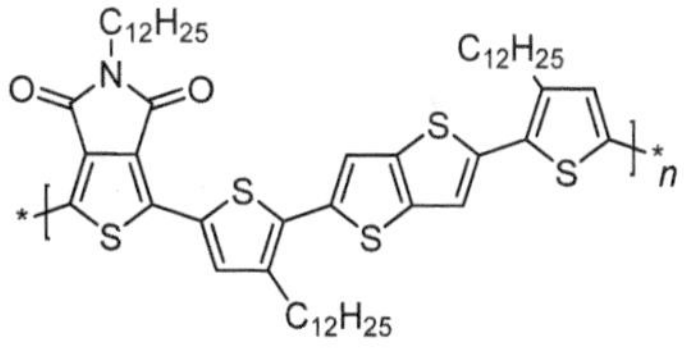

烷基链碳原子数目的奇偶性也会影响到晶体的堆积以及分子间的电荷迁移。Ding课题组就在一系列荧蒽酰亚胺二聚物(DFAIs)研究中发现,烷基链奇偶性不

仅影响到DFAIs(**13a** ～ **13e**)系列二聚物单晶结构的分子构型,还会控制晶体的生长,如图9.6所示[56]。当二聚物烷基链的碳原子数目为奇数时,二聚物中DFAI-C3(**13a**)和DFAI-C5(**13c**)的单晶结构表现出V字形的分子构型,并显示出较强的一维(1D)生长趋势及良好的结晶性。反之,当碳原子数目为偶数时,二聚物中DFAI-C4(**13b**)、DFAI-C6(**13d**)和DFAI-12(**13e**)的单晶分子构型为Z字形,该结构的结晶性能相对较弱。显然,Z字形构型的单晶结构显然是由于烷基链奇偶性所导致,从而促使这些二聚物产生相对较弱的分子间相互作用,而影响到单晶的生长。

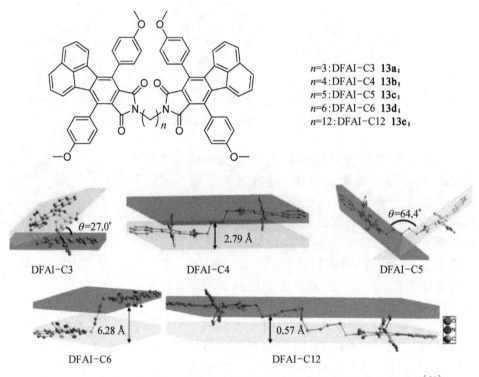

图9.6　DFAIs(**13a** ～ **13e**)系列二聚物的化学结构及其单晶结构的分子构型[56]

烷基链碳原子奇偶性对小分子材料的薄膜堆积结构也有显著的影响。在Ebata等设计合成了一系列2-位和7-位烷基侧链取代的10种Cn-BTBT(**7a** ～ **7j**)p型小分子材料,然后通过溶液法加工制备OTFT器件来分析烷基链碳原子数目的奇偶性对器件性能的影响[38]。结果如图9.7(a)所示,Cn-BTBT系列的载流子迁移率表现出较大的波动是与衍生物的奇数和偶数相关,从C5到C10之间,碳原子数目为偶数的BTBT衍生物要优于碳原子数目为奇数的衍生物,不过从C10到C14之后呈相反趋势。显然,这些材料的空穴迁移率不仅受到烷基链碳原子数目奇偶

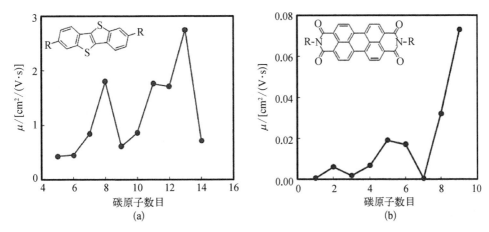

图 9.7　碳原子数目的奇偶性对 Cn-BTBT(a)和 Cn-PDI(b)迁移率的影响

性的影响,还受到烷基侧链长度的影响。这两个因素同时制约了分子堆积结构及电荷输运,尤其是烷基链碳原子数目的奇偶性跟分子构型和晶体堆积有着很大关系。Mumyatov 等合成了一系列不同长度烷基侧链取代的 n 型小分子半导体材料 Cn-PDI,也发现这系列材料的载流子迁移率与衍生物碳原子数目的奇偶性相关,结果如图 9.7(b)所示,从 C1 到 C8 之间,碳原子数目为偶数时的 PDI 衍生物其性能明显要优于碳原子数目为奇数的衍生物,不过从 C9 却表现出与之前截然相反的情况,迁移率呈现递增的趋势[57]。

9.2.2　杂原子效应

在分子结构中引入杂原子,即除碳和氢之外的其他原子,能够有效地改变分子间的相互作用力,调节半导体材料的能级,也被常用来提高有机半导体场效应器件的性能。常见的杂原子包括氧族、氮族、卤素三大类。代表性的杂原子效应对迁移率的影响的研究工作总结见表 9.2。

表 9.2　杂原子效应对迁移率的影响

结构式	取代原子	简称	迁移率/[cm^2/(V·s)]
	X=S	4T	μ_h=0.002 5[64]
	X=Se	4S	μ_h=0.003 6[64]
	X=S	DPh-BDT	μ_h=0.081[65]
	X=Se	DPh-BDS	μ_h=0.17[65]
	X=Te	DPh-BDTe	μ_h=0.0073[65]
	X=S	DPh-BTBT	μ_h=2.0[58]
	X=Se	DPh-BSBS	μ_h=0.3[58]

续表

结构式	取代原子	简称	迁移率/[cm^2/(V·s)]
	X=S	DNTT	μ_h=2.9[51]
	X=Se	DNSS	μ_h=1.9[51]
	X=S	TTT-CN	μ_e=0.05[66]
	X=O	TFT-CN	μ_e=1.11[66]
	X=S	PDVT-10	μ_h=8.2[10]
	X=Se	PDPPDTSe	μ_h=4.97[67]
	X=S	P-29-DPPDBTE	μ_h=8.5[68]
	X=Se	P-29-DPPDTSE	μ_h=9.8[68]
	X=S	C3-DPPTT-T	μ_h=0.9[69]
	X=Se	C3-DPPTT-Se	μ_h=1.6[69]
	X=Te	C3-DPPTT-Te	μ_h=1.6[69]
	X=S,Y=H	PNBT	μ_h=0.7,μ_e=2.7[59]
	X=Se,Y=H	PNBS	μ_h=1.7,μ_e=7.8[59]
	X=S,Y=F	PNBTF	μ_h=0,μ_e=1.7[59]
	X=Se,Y=F	PNBSF	μ_h=0,μ_e=2.8[59]
	X=S	BBBT	μ_h=0.01[70]
	X=NH	ICZ	μ_h=0.1[60]
	X=S	—	μ_h=0.009[71]
	X=NH	—	μ_h=0.001[71]

续 表

结构式	取代原子	简称	迁移率/[cm^2/(V·s)]
	X=S	DBTDT	μ_h=0.51[3]
	X=NH	anti-DBTP	μ_h=0.012[72]
	X=S	BBTT	μ_h=0.6[73]
	X=NH	syn-DBTP	μ_h=0.001[72]
	X=CH	TBP	μ_h=0.017[74]
	X=N	Pc	μ_h=0.0026[74]
	X=CH	TBP	μ_h=0.1[75]
	X=N	Pc	μ_h=0.02[76]
	X=H	TIPS-TCT	μ_h=1.25[77]
	X=F	TIPS-FTCT	μ_h=0.12, μ_e=0.37[78]
	X=Cl	TIPS-ClTCT	μ_h=0.22, μ_e=0.56[78]
	—	DFPDT	μ_e=0.43[79]
	—	BTFDT	μ_h=0.004[79]
	X=H	PDCDI-F	μ_e=0.00095[80]
	X=Br	PDCDI-FBr$_2$	μ_e=0.00088[80]
	X=F	PDCDI-FF$_2$	μ_e=0.349[80]
	X=CN	PDCDI-FCN$_2$	μ_e=0.24[80]

氧族原子特别是硫原子经常出现在有机半导体中，例如噻吩环中就含有硫原子。一般认为，因为硫原子具有较大的原子半径，能够有效增强分子间的相互作用；同时，其表面具有较高的电子云密度，能够有效地提高分子间电子云的重叠。苯并噻吩是有机半导体材料中最常见的组成单元。例如，Takimiya等对比了硫原子与硒原子取代的效果（DPh-BTBT 与 DPh-BSBS，DNTT 与 DNSS），发现将噻吩环上的硫原子换成硒原子后，迁移率反而下降[58]。刘云圻等将聚合物PNBT中噻吩环上的硫用硒取代，却使得聚合物的电子迁移率从 $3.1~cm^2/(V\cdot s)$ 上升到了 $8.5~cm^2/(V\cdot s)$ [59]。

氮族原子尤其是氮原子也经常出现在有机半导体中，比如吡咯、吡啶环中均含有氮。吡咯中氮原子的孤对电子在芳香环中离域化，从而提高材料的HOMO和LUMO能级，因此，含吡咯环的有机半导体更可能为p型；而在吡啶环中，孤对电子不参与π电子系统，同时由于氮原子具有较强的电负性，含吡啶环的有机半导体常常具有较低的HOMO和LUMO能级，可能为n型。Zhao等将BBBT中噻吩环上的硫用氮取代，器件空穴迁移率从 $0.01~cm^2/(V\cdot s)$ 提高到 $0.1~cm^2/(V\cdot s)$ [60]；缪谦课题组系统地研究了氮原子在TIPS-PEN上的取代效果，最终实现了 $3.3~cm^2/(V\cdot s)$ 的电子迁移率[61]。

跟氧族和氮族原子不同，卤素原子不能取代分子主体结构上的原子，而只能作为吸电子基团来增强分子间作用力，降低材料的HOMO和LUMO能级。氟原子半径比氢原子更小，常被用来取代氢原子来调节分子特性。例如，$F_{16}CuPc$器件电子迁移率超过 $0.01~cm^2/(V\cdot s)$ [62]。并五苯经过全氟取代后也变为n型，电子迁移率超过 $0.11~cm^2/(V\cdot s)$ [63]。

总而言之，在有机半导体共轭主体或侧链上引入氧族、氮族、卤素等杂原子能够有效地调节分子结构、分子间相互作用、HOMO和LUMO能级等参数，是一种提高有机半导体迁移率的简单有效的方法。

9.2.3 分子量效应

聚合物的分子量呈正态分布，与有机小分子不同，不具有确定的分子质量。伴随着人们不断的深入研究，发现聚合物的平均分子量与器件的性能有着非常紧密的联系。优化聚合物的分子量可以有效提高器件的性能，由于聚合物的薄膜形态会伴随着分子量的变化而改变，从而大大地影响器件的性能。

聚3-己基噻吩（P3HT）是一个经典的聚合物半导体。早在2003年，Kline等系统的研究了高规整聚3-己基噻吩（RR P3HT）的场效应迁移率与其分子量之间的相关性，并且与McCullough课题组和Rieke课题组报道的结果作对比，如图9.8所示[41]。图中组A、组B和组C分别代表McCullough、Rieke及Kline所合成的高规整聚合物RR P3HT在不同分子量下所具有的迁移率[81-84]。这三组结果都显示器件的迁移率明显伴随着分子量的增加而增加，其中Kline等的结果(组C)由一开始RR P3HT的分子量为3.2 kDa,所达到器件迁移率值为1.7×10^{-6} cm^2/(V·s),当聚合物的分子量增加至36.5 kDa时,器件的迁移率增加至9.4×10^{-3} cm^2/(V·s)。他们发现聚合物分子量的大小会影响器件薄膜的形貌,此外还会影响到聚合物的规整性和化学缺陷,从而影响到分子之间的堆积方式,进而导致其场效应迁移率有4个量级的变化[41]。这一结果也得到了Zen等的证实,他们发现较高分子量的P3HT在室温的情况下,其分子骨架具有良好的平面型以及π共轭结构,从而形成紧密的分子堆积结构,进而提高分子间电荷传输性能,所以器件的迁移率往往较高[43]。

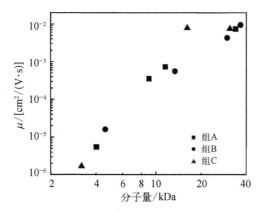

图9.8 聚3-己基噻吩(P3HT)的分子量与迁移率之间的关系[42]

2006年,Hamilton报道的pBTTT-C12[图9.9(a)]聚合物的在不同分子量的情况下,其有机薄膜晶体管的薄膜微观结构及电学性能有着显著的变化[85]。聚合物的平均分子量从开始的8 kDa增加至18 kDa,其载流子迁移率从开始仅仅只有0.035 cm^2/(V·s)增加至0.105 cm^2/(V·s),如图9.9(c)所示。此外,还有一系列类似的有关共轭高分子材料分子量与迁移率之间关联性的研究,Tsao等设计了一种高性能共轭高分子材料CDT-BTZ-C16[图9.9(b)],当提高该材料的平均分子量时,其迁移率也有着显著的提高[图9.9(d)],当增加平均分子量至35 kDa时,其迁移率可以提升至3.3 cm^2/(V·s),而随着分子量的继续提高,其性能还会有着进一步提升[15]。2014年,Tseng课题组报道的高分子聚合物PCDTPT,其半导体聚合物薄膜在不经过定向处理的情况下的载流子迁移率也明显伴随着分子量的增加而提升[86]。这些结果显示,共轭聚合物半导体材料的分子量对器件场效应性能有着非常显著的影响,器件的场效应迁移率一般随着分子量的增加而提升。可以认为在一定的条件下,聚合物分子量的提升是提高器件场效应性能的一条捷径。当然还需更深入地去了解聚合物分子量与迁移率的关系,从而得到最优化的分子量,使聚合物的场效应性能达到最优的效果。

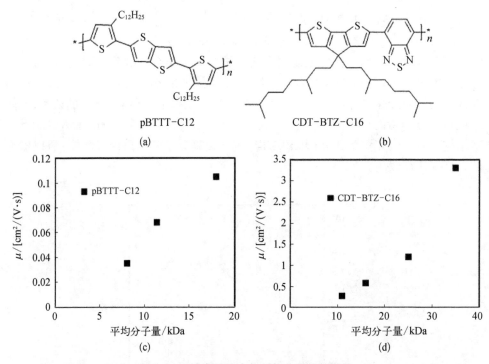

图9.9 迁移率随聚合物平均分子量的变化

（a）聚合物pBTTT-C12的化学结构;（b）聚合物CDT-BTZ-C16的化学结构;（c）聚合物pBTTT-C12迁移率与平均分子量的关系;（d）聚合物CDT-BTZ-C16迁移率与平均分子量的关系

9.3 共混及掺杂半导体材料器件

研究者发现,通过共混及掺杂,可以有效地提高器件的迁移率。共混半导体材料器件的研究主要分为小分子半导体与聚合物绝缘体共混、小分子半导体与聚合物半导体共混、聚合物半导体与聚合物绝缘体共混、小分子半导体共混以及聚合物半导体共混等方面。本节将针对上述几种共混方法,作一个简要的介绍。

9.3.1 小分子半导体与聚合物绝缘体共混

小分子半导体材料通常具有良好的结晶性和场效应迁移率,却具有溶液加工性差的弊端,然而聚合物却具有很好的溶液加工性,与小分子半导体材料共混之后,可以有效地提高共混薄膜的成膜性。小分子半导体与聚合物的共混研究,主要分为小分子半导体与聚合物绝缘体/半导体这两种情况,本节我们将根据几个比较典型的聚合物绝缘体与小分子半导体材料（图9.10）共混的例子来分析共混薄膜的优势。

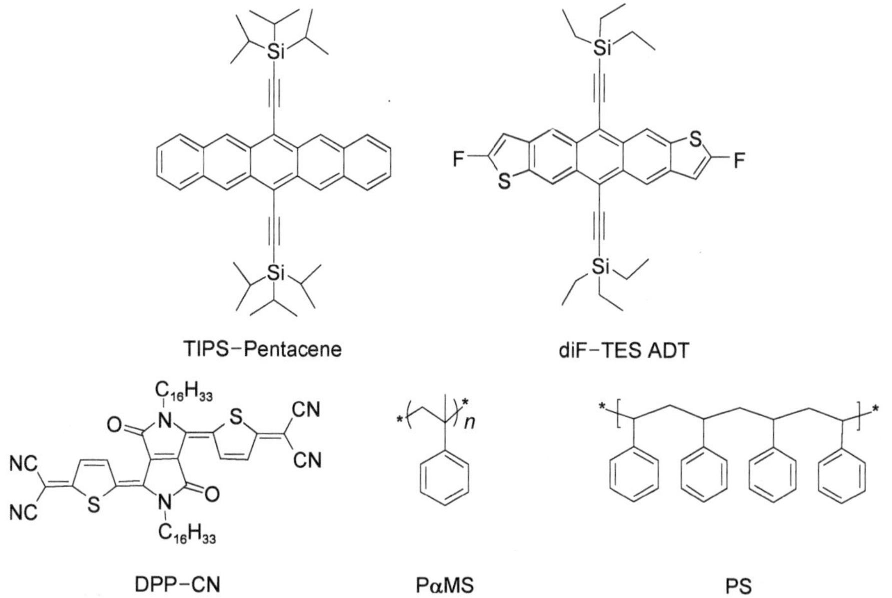

图9.10 典型用于共混的小分子半导体与聚合物绝缘体材料的化学结构

2008年，Kang等以可溶性小分子有机半导体材料TIPS-PEN采用旋涂工艺制备的底栅底接触式OTFT器件，其平均场效应迁移率仅仅达到0.05 cm²/(V·s)，器件的I_{on}/I_{off}比为10^5。这主要是由于TIPS-PEN的成膜特性较差，从而大大地影响器件的性能[87]。经研究发现，采用聚合物绝缘体PαMS与TIPS-PEN共混优化后通过同样的方法制备的OTFT器件，其场效应迁移率可以增加至0.54 cm²/(V·s)且I_{on}/I_{off}达$5×10^5$。聚合物绝缘体PαMS的应用，能提供TIPS-PEN分子在分离薄膜中的π-π堆积分子层取向平行于衬底表面，从而形成高结晶结构，有利于形成更均匀的连续性薄膜，并增加TIPS-PEN活性层的稳定性，提高器件的性能。在此基础上，之后Hamilton等于2009年采用小分子半导体TIPS-PEN和diF-TESADT与不同的聚合物绝缘体共混优化制备一系列OTFT器件[88]。其中，以TIPS-PEN与PαMS共混优化而制备的OTFT其迁移率达到0.69 cm²/(V·s)，稍高于先前Kang课题组所得的结果。此外，James等将小分子半导体TIPS-PEN与聚苯乙烯(PS)共混之后，通过喷墨打印工艺制备的共混半导体器件，发现共混薄膜改善了沟道中TIPS-PEN与栅绝缘层之间的界面质量，大大降低了器件的阈值电压，并使器件的平均迁移率从0.22 cm²/(V·s)(TIPS-PEN)提升至0.72 cm²/(V·s)(TIPS-PEN：PS)[89]。2015年，Amassian课题组将diF-TESADT分别与绝缘体聚甲基苯乙烯(PαMS)和聚苯乙烯(PS)混合，采用在热台上刮涂成膜的方式，通过系统优化聚合物分子量、溶液浓度、刮涂速率、混合溶剂等参数，最终实现了6.7 cm²/(V·s)的空穴迁移率，且阈值电压低于1 V，亚阈值摆幅小于0.5 V/decade[90]。

此外，也有系列研究者进行其他类型的小分子半导体材料与聚合物绝缘体共混的研究,比如BTBT、DPP系列材料。2012年,Zhong等针对n型小分子半导体材料DPP-CN与聚合物绝缘体PαMS混合制备空气稳定的高性能n型共混薄膜器件,实验中通过将DPP-CN与PαMS以1∶1的比例混合,将其旋涂于金源/漏极蒸镀好的玻璃基底上,然后旋涂CYTOP(900 nm)为栅绝缘层,并最后蒸镀一层铝作为栅极,从而得到顶栅底接触式的共混薄膜器件,其器件的电子迁移率在空气中高达0.5 cm^2/(V·s)[91]。2014年,Yuan等对小分子材料C8-BTBT进行了深入研究,发现与聚苯乙烯(PS)共混优化后可以有效提高器件的性能[92]。器件的结构及所采用的化合物的化学结构如图9.11所示,实验中通过采用ITO片作为基底,以PVP与HDA交链剂混合通过旋涂工艺制备作为栅绝缘层,然后将小分子材料C8-BTBT与聚苯乙烯(PS)共混优化后通过偏心(off-center)旋涂工艺制备出超薄有序的有机半导体层,并在其上蒸镀一层银作为器件的源/漏极,最终器件的平均空穴迁移率可达到23 cm^2/(V·s),最高可达到43 cm^2/(V·s),比之前报道的平均空穴迁移率[3~16 cm^2/(V·s)]要高出很多。这主要是由于采用偏心(off-center)旋涂工艺制备的超薄有机层薄膜(10~18 nm),而C8-BTBT的空穴迁移率跟薄膜的厚度息息相关,并且C8-BTBT和PS的共混可以增加溶液的黏度,有利于形成更有连续性的薄膜,从而提高晶粒间的连接性[87,93]。除此之外,C8-BTBT和PS具有不同表面能,能促使两者之间在垂直方向上的相分离,介电层/有机层界面被PS隔离,有助于减少界面陷阱。

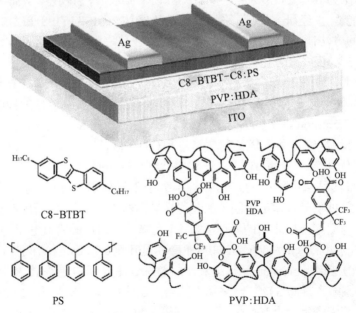

图9.11 以C8-BTBT:PS混合物作为有机层、PVP:HDA作为栅绝缘层、ITO作为栅极的OTFT器件示意图及C8-BTBT、PS、PVP和HDA的化学结构[92]

9.3.2 小分子半导体与聚合物半导体共混

小分子半导体与聚合物半导体共混制备薄膜晶体管器件提高载流子迁移率的研究也逐步受到关注。目前，已经有许多报道证实聚合物半导体与小分子材料的共混结合可以提高器件的性能。本节我们将同样根据几个比较典型的聚合物半导体(图9.12)与小分子半导体材料共混的例子来分析该共混方法的优势。

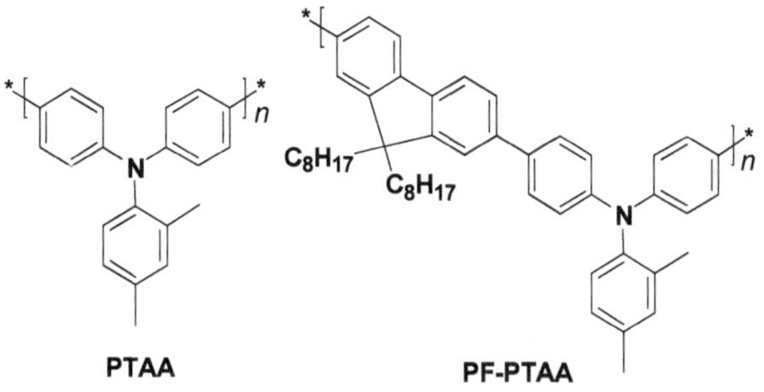

图9.12 典型用于共混的聚合物半导体材料的化学结构

2008年Smith等就通过将小分子半导体diF-TES ADT与聚合物半导体PTAA共混，旋涂制备底栅底接触的晶体管，并将其用于有机集成电路，共混器件的迁移率达到了0.1 $cm^2/(V·s)$[94]。

2012年，Smith等使用小分子材料diF-TESADT与PF-TAA共混优化而制备的共混薄膜器件，与PTAA共混优化所得共混薄膜器件作对比[14]。实验中采用玻璃基底，经过五氟硫醇自组装单层膜处理后，蒸镀一层金薄膜作为源极和漏极，并将两种混合物分别通过旋涂工艺制备于玻璃衬底上作为有机薄膜层，并采用CYTOP作为栅绝缘层，之后蒸镀一层铝薄膜作为栅极。经测试，以diF-TES ADT：PTAA共混制备的器件的迁移率在2～2.5 $cm^2/(V·s)$之间，而diF-TES ADT：PF-TAA共混制备的器件的场效应迁移率高5 $cm^2/(V·s)$，并且I_{on}/I_{off}达到10^6。这是由于PF-TAA相比于PTAA明显具有相对较高的空穴迁移率[95]。

2014年，Hunter等更进一步通过调节diF-TESADT与PTAA的共混比例，采用与Smith一样的的顶栅底接触式OTFT器件，分析共混比例对共混薄膜OTFT器件性能的影响，最终发现diF-TESADT的比重在50%时，其共混薄膜器件的效果达到最佳，最大迁移率可以达到2.4 $cm^2/(V·s)$[96]。随着器件制备工艺的逐步完善，之后2016年，Pitsalidis等选用最优的diF-TESADT与PTAA共混比例1∶1，并首次采用电喷雾印刷工艺制备共混OTFT器件，器件的最大载流子迁移率可以达到1.7 $cm^2/(V·s)$[97]。2016年，Amassian研究组进一步将diF-TESADT与PTAA共混，发现薄膜的垂直相分离情况可以通过调控旋涂速率控制(图9.13)。他们发现当在高转速条件下，能够形成聚合物在下，小分子半导体在上的理想分层结构，并

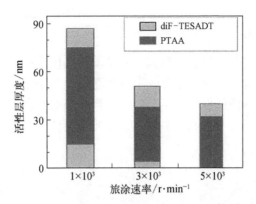

图9.13 旋涂速率影响垂直方向相分离[101]

系统分析了该动力学过程[98]。

Paterson等采用高迁移率小分子半导体材料C8-BTBT与共轭聚合物C16IDT-BT混合作为活性层。他们之所以选中C16IDT-BT,是因为其具有良好的溶解性、较高的迁移率[$3.6\ cm^2/(V·s)$]以及与C8-BTBT相近的HOMO能级(图9.14)。在优化加工溶剂,并选用C60F48作为掺杂剂的基础上,获得了超过$13\ cm^2/(V·s)$的迁移率[99]。

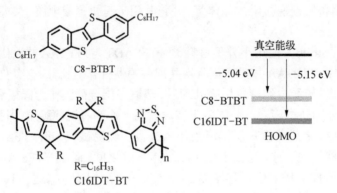

图9.14 C8-BTBT与C16IDT-BT结构式及HOMO能级[99]

9.3.3 小分子半导体共混

相比较于小分子半导体与聚合物材料的共混研究,小分子半导体材料由于其较弱的溶液加工性,因此对于小分子半导体材料的共混研究还是非常少的。目前,也有系列研究证实小分子半导体共混可以有效地提高共混薄膜的载流子迁移率。本节将分别针对小分子半导体共混制备p型或n型薄膜晶体管器件的研究做一个简要的介绍。

首先,对于n型共混薄膜晶体管器件,2009年Wei等就曾对n型小分子半导体材料PTCDI-e与典型的电子给体材料TMTSF和TTF以及典型的电子受体材料

TCNQ做过共混研究,其化合物结构如图9.15(a)所示。实验中发现当PTCDI-e与电子供体材料TMTSF或TTF共混时,可以显著提高共混薄膜器件的性能,并且共混比例(摩尔分数)达到28.46%和77.68%时,其器件达到最大的电子迁移率分别为8.47×10^{-2} cm^2/(V·s)和4.05×10^{-2} cm^2/(V·s)。相比之下,与电子受体材料TCNQ共混却对器件的性能造成负面影响,并伴随着TCNQ比例的增加,器件性能逐步降低至一定值,具体结果如图9.15(b)所示[100]。

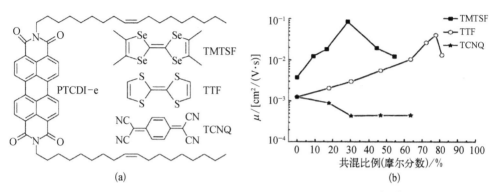

图9.15 小分子半导体共混材料的结构式及其器件性能[100]
(a)PTCDI-e、TMTSF、TTF和TCNQ的化学结构;
(b)共混比例对器件性能的影响

对于p型共混薄膜晶体管器件,2014年Cheng等采用溶液法制备基于OP-BTDT的TFT器件,其载流子迁移率仅仅达到0.05 cm^2/(V·s),器件结构如图9.16所示[101]。为了实现器件的高性能和良好环境稳定性,他们选择采用具有良好结晶性的P-BTDT作为混合材料。结果发现伴随P-BTDT比例的增加,器件性能逐步提高,当OP-BTDT和P-BTDT的比例达到1:0.33时,器件的载流子迁移率达到最大值

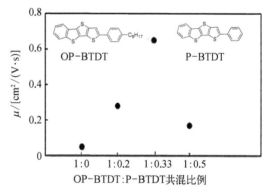

图9.16 OP-BTDT与P-BTDT的化学结构及共混比例对器件迁移率的影响[101]

0.65 cm^2/(V·s)(图9.16),然而继续增加P-BTDT的比例会导致共混薄膜的连续性降低,从而对器件的性能造成一定的负面影响。

孟鸿课题组将晶态半导体小分子Ph-BTBT与液晶的半导体小分子C12-Ph-BTBT共混(图9.17),采用高温旋涂的方式,成功地改善了活性层的成膜特性[102]。同时,由于两种分子具有相同的主体结构,分子之间的相互作用力增强,活性层结晶性也得到了改善。

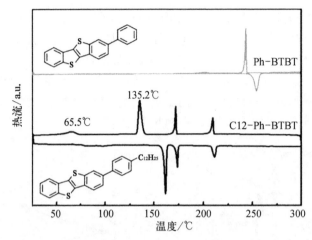

图9.17 Ph-BTBT与C12-Ph-BTBT结构式及DSC曲线[102]

9.3.4 聚合物半导体与聚合物绝缘体共混

相比于小分子半导体与聚合物材料的共混研究,聚合物的共混研究还是相对较少的。这是由于聚合物半导体材料存在难以提纯、有序度较低、结晶性差、场效应迁移率低的弊端。目前,聚合物的共混研究也主要分为聚合物半导体共混、聚合物半导体/绝缘体共混这两种情况。本节将重点针对一种典型的聚合物半导体材料(P3HT)与系列聚合物绝缘体材料的共混研究介绍该共混工艺的发展状况。

2008年,Qiu等曾分析聚合物半导体材料P3HT与聚合物绝缘体PMMA的共混比例对共混薄膜OTFT器件性能的影响(结构式如图9.18所示),发现当P3HT的含量在40%~80%之间时,其共混薄膜器件与纯P3HT器件的性能相近。有意思的是P3HT的含量从20%降低到5%的过程当中,共混薄膜器件的性能急剧上升,并在P3HT的含量降低到5%时达到最大的迁移率2×10^{-3} cm^2/(V·s),当继续降低P3HT的含量,会造成共混薄膜的连续性和P3HT的覆盖面迅速下降,如图9.19所示,从而导致器件性能的降低[103]。2011年,他们采用聚合物绝缘体PVCn替换先前所用的PMMA,与P3HT纳米纤维按9∶1的比例共混72小时,将其旋涂于源/漏极备好的硅片上,然后通过采用掩膜板覆盖源/漏极沟道部分,并将其置于处于

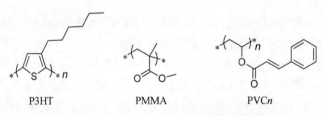

图9.18 P3HT、PMMA及PVCn的化学结构式

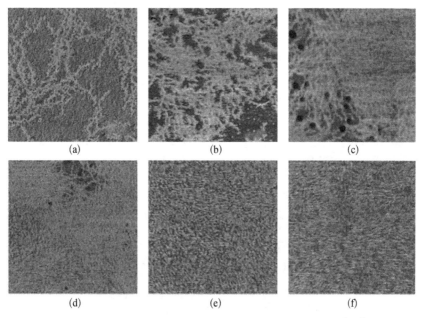

图9.19 P3HT：PMMA共混比例对共混薄膜形貌的影响[103]
(a)P3HT：PMMA=1：99；(b)P3HT：PMMA=2：98；
(c)P3HT：PMMA=3：97；(d)P3HT：PMMA=5：95；
(e)P3HT：PMMA=8：92；(f)P3HT：PMMA=100：0

氮气环境下的UV灯（波长254 nm）下照射4分钟，随后在120℃下烘烤10分钟来完成交联过程，从而制备得到底栅底接触式的共混OTFT器件，器件的迁移率可以优化达到0.015 cm²/(V·s)[104]。

Lei等往共轭聚合物P(Ⅰ)中加入聚合物PAN，极大地提升了活性层薄膜的结晶性，使得器件迁移率从1.91 cm²/(V·s)跃升至16 cm²/(V·s)，开关比也达到了10^8。他们将PAN应用于P(Ⅱ)、P3HT、PBTTT器件（图9.20），发现它们的性能也得到了不同程度的提升[105]。同时，他们发现，PAN的加入能够有效改善共轭聚合物溶液的黏度及流动性（图9.21），使得溶液更加有利于未来打印成膜。

9.3.5 聚合物半导体共混

相比于上述几种共混研究，聚合物半导体共混来提升迁移率的研究还是非常薄弱的，本节将根据以往聚合物半导体材料共混的研究介绍该共混工艺的发展状况。

早在2002年，Babel和Jenekhe就曾研究聚合物半导体制备n型有机场效晶体管，实验中采用PBZT和BBL按不同的比例旋涂在Si/SiO₂硅片上，实验中发现当PBZT的比重在5%～60%之间时，器件的迁移率大致保持在5×10^{-5} cm²/(V·s)，这意味着在这个浓度范围内，共混聚合物的无序性如预期的不断扩大，但对电子

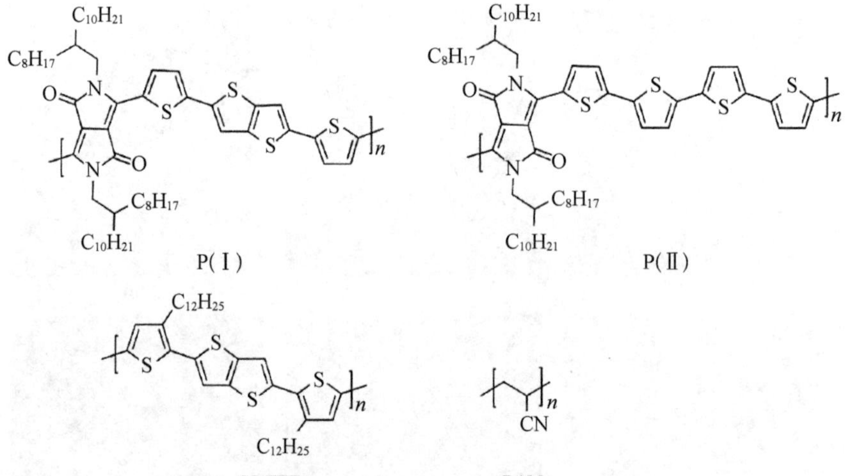

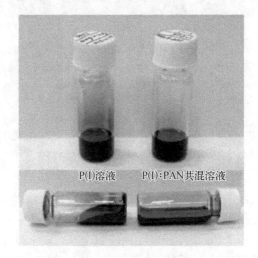

图9.20　P(Ⅰ)、P(Ⅱ)、PBTTT及PAN的化学结构式

图9.21　P(Ⅰ)与P(Ⅰ)∶PAN(40∶60)二氯苯溶液对比[105]

传输的影响却非常小,只有在PBZT比重继续提升后才对电子传输造成影响,如图9.22(a)所示[106]。之后在2005年,该课题组对P3HT和MEH-PPV进行共混制备纳米纤维场效晶体管,结果发现器件的场效应迁移率伴随着MEH-PPV比例的增加而逐步降低,如图9.22(b)所示[107]。

直到2015年,通过聚合物半导体的共混来提升器件载流子迁移率的研究终于取得初步性进展,Zhao等采用溶液法制备了基于DPP-C3的底栅底接触式的场效应晶体管器件,其最大载流子迁移率仅仅达到0.015 $cm^2/(V \cdot s)$[108]。为了提高器件的性能,他们选择采用DPP-C0作为混合材料。结果发现当DPP-C3溶液中掺入

1%的DPP-C0，器件的迁移率整整提升了2个数量级，从0.015 cm²/(V·s)提升至1.14 cm²/(V·s)，并且其性能伴随着DPP-C0的比例提升（5%～100%），器件的迁移率进一步从1.54 cm²/(V·s)（5%）提升至3.2 cm²/(V·s)（100%），如图9.23所示。

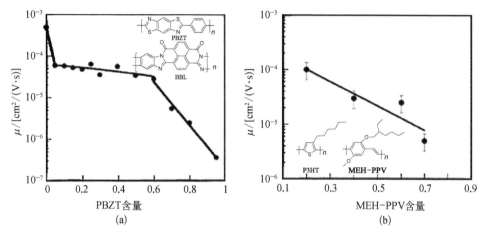

图9.22　共混比例对器件场效应性能的影响
(a)PBZT 和 BBL[106]；(b)P3HT 和 MEH-PPV[107]

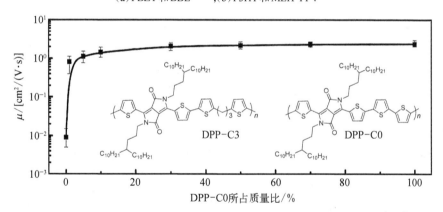

图9.23　DPP-C3 和 DPP-C0 的共混比例对器件场效应性能的影响[108]

9.3.6　掺杂半导体器件

跟无机半导体类似，有机半导体器件性能也可以通过掺杂来调控。如图9.24所示，掺杂剂从主体材料接受电子，而在主体材料中留下空穴，即为p型掺杂；当掺杂剂给予电子给主体材料时，即为n型掺杂。通过掺杂引入载流子，能够有效填

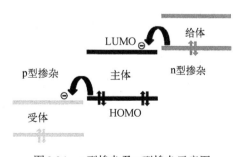

图9.24　p型掺杂及n型掺杂示意图

充主体材料中的陷阱态,从而调节器件阈值电压,提高迁移率。

有机半导体掺杂的难点在于调控半导体薄膜的形貌。掺杂剂的加入往往会破坏主体材料自身的分子间相互作用,从而引起结构混乱。另外,掺杂剂若不能在主体材料中均匀分散也将影响掺杂效率。因此,掺杂剂的选择及剂量的控制十分重要。2008年,Ma等通过采用P3HT掺杂电子受体材料F4-TCNQ,发现只需掺杂0.2% F4-TCNQ,其器件性能比基于P3HT的器件整整提高了30倍[图9.25(b)][109]。而当继续增加F4-TCNQ的比例(0.6%),器件性能迅速下降。通过薄膜XRD分析,我们可以发现当掺杂F4-TCNQ后,(100)峰的强度明显增加,并且在F4-TCNQ的比例达到0.2%时峰强最强,与之相反的是(010)峰却伴随着F4-TCNQ比例的增加而降低,如图9.25(a)所示。然而,掺杂的P3HT薄膜的XRD衍射峰的位置与无掺杂P3HT薄膜一样,这一结果意味着微量的掺杂对晶体结构没有显著的影响。当F4-TCNQ的掺杂比例为0.6%时,(100)和(010)峰的强度显著下降,这是由于太多的电荷转移复合物在缺电子F4-TCNQ分子和富电子P3HT聚合物之间形成,导致P3HT主链的刚性增加,从而促使聚合物在退火过程中难以移动和取向,进而导致迁移率的降低[110]。由此表明引入微量的掺杂剂可以促进的聚合物的分子取向,这种取向的各向异性的程度强烈地依赖于掺杂剂的浓度[44,111]。之后,2016年,Lee等采用聚合物半导体材料PCDTPT(图9.26),通过三明治浇注系统,在氮气的环境下,将其制备于金(50 nm)/镍(5 nm)光刻好的纳米沟道基底上,得到底栅底接触式的场效应晶体管器件[112,113]。在氮气环境下测试得到其器件平均迁移率高达51.9 cm^2/(V·s)。该器件暴露在NH$_4$OH环境下,经化学气相处理电荷补偿后,器件的迁移率反而下降至37.9 cm^2/(V·s)。但是随后暴露在I$_2$气体环境下5s进行碘掺杂,器件的迁移率直接提升至56.1 cm^2/(V·s)。

2017年,Zhang等巧妙地在半导体层中引入纳米孔洞结构,通过纳米孔洞往

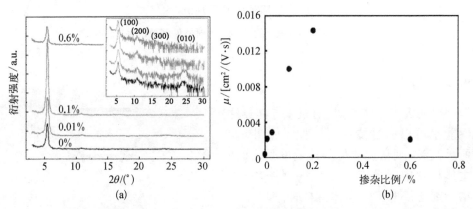

图9.25 P3HT薄膜中掺杂F4-TCNQ的比例对薄膜XRD(a)和器件性能(b)的影响[109]

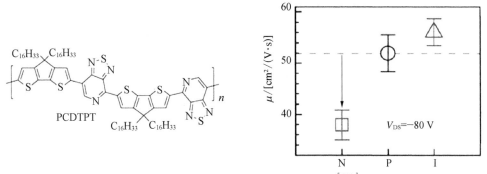

图 9.26 掺杂对 PCDTPT 器件性能的影响[112]
其中 P 为未处理,N 为 NH$_4$OH 气氛处理,I 为 I$_2$ 气氛处理

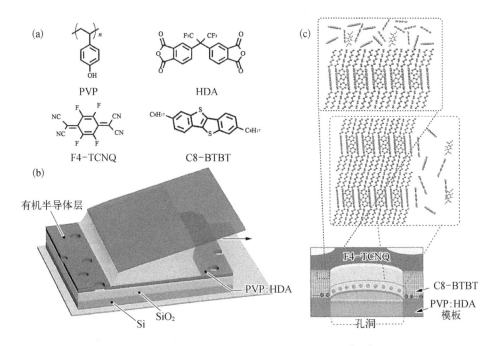

图 9.27 通过纳米孔洞掺杂对半导体层掺杂[114]
(a)PVP、HDA、F4-TCNQ、C8-BTBT 结构式;(b)掺杂过程示意图;(c)孔洞处分子排列示意图

C8-BTBT 半导体层中掺杂 F4-TCNQ(图 9.27)[114]。这种结构的优势在于能够在导电沟道使得 F4-TCNQ 与 C8-BTBT 充分接触而产生电荷转移,填充界面缺陷态,然而并不破坏 C8-BTBT 材料自身的分子排列与薄膜形貌,从而将器件迁移率提高了约 7 倍,达到将近 19 cm^2/(V·s),阈值电压也降低了 20 V 左右。

除了上面所提到的掺杂外,实际器件制备过程中还存在另外一类掺杂,它们并不会起到填充载流子陷阱态的作用,而是通过与主体材料之间的相互作用,调节主体材料的分子排列,改善成膜性能。例如Treat等发现,掺杂微量商业化的成核剂材料能够有效调节有机半导体薄膜的微观结构[115]。Luo等通过往聚合物半导体DPPTTT中添加微量的四甲胺碘(NMe_4I),器件的迁移率提高了惊人的24倍[116]。他们进一步研究发现,迁移率的提高源自于NMe_4^+和I^-的存在,抑制了DPPTTT分子烷基链的扭曲,提高了薄膜取向度和分子间的相互作用力(图9.28)。

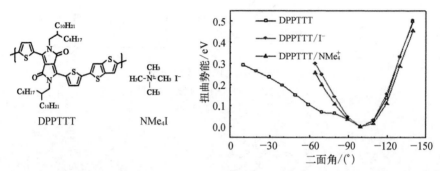

图9.28 DPPTTT经NMe_4I掺杂后分子扭曲势能随着分子支链与共轭主链之间二面角变化[116]

9.4 薄膜工艺优化

9.4.1 刷涂法定向分子成膜提高迁移率

众所周知,改变有机半导体的化学结构,或者绝缘层界面的化学成分已经被证明可以影响有机半导体的分子堆积。这是最常用的方法来设计高性能有机半导体器件[78,117-120]。然而,非合成技术提供了一种可供选择的方式,通过优化半导体材料活性层制备工艺条件来控制分子堆积方式和结晶性能,是一种提高有机半导体器件的有效方法。许多溶液法涂层技术都能够用来制备高质量的半导体活性层。比如,区域滴涂法[121]、在倾斜基底上用滴涂法[122]、空心笔涂布法[123]、溶液剪切法[124]、提拉涂布法[125]等方法,这些方法使用空气-溶液-基底接触导线的定向运动来控制晶体生长方向并扩大晶粒尺寸。

Giri等采用溶液剪切工艺来促使TIPS-PEN分子取向成膜[11]。如图9.29(a)所示,在溶液剪切过程中,采用一定的剪切角度来拖动剪切板,并对整个工艺过程进行优化,将溶液均匀剪切于加热的基底上,来制备有机半导体薄膜,在剪切过程中溶液会因热基底的作用而蒸发,所以需保持剪切片与基底之间的溶液体积。他们发现剪切速度的改变会改变薄膜的形态和性能,薄膜的空穴迁移率在0.4 mm/s的剪切速度下为0.8 $cm^2/(V·s)$,采用2.8 mm/s的速度之后,其迁移率可以提升至4.6 $cm^2/(V·s)$。偏光显微镜图像清晰地展现出在对应的剪切速度下所制备的薄膜纹理[图9.29(b)~图9.29(f)]。当剪切速度为0.4 mm/s时[图9.29(b)],观察到毫米宽度厘米长度的TIPS-PEN区域其取向平行于剪切方向,薄膜迁移率达到0.82 cm^2/(V·s)。剪切速度为1.6 mm/s时[图9.29(c)],结果与先前0.4 mm/s剪切速度的结果相比,TIPS-PEN区域的宽度变窄并且长度更短,并且薄膜迁移率提升至1.94 cm^2/(V·s)。这个TIPS-PEN区域形态变化趋势将会随着剪切速度的增加而进行,直到剪切速度提升至2.8 mm/s,薄膜纹理表现出更加完善的规整性[图9.29(d)],薄膜迁移率也达到了最大值,高达4.59 cm^2/(V·s)。如果继续增加剪切速度至4 mm/s,观察到一个彗星状的形态[图9.29(e)],达到百微米的宽度和数厘米的长度,薄膜迁移率降低至2.78 cm^2/(V·s)。这种特征曾在在温度梯度聚合物结晶和浓度梯度小分子结晶中观察到[126-127]。当继续增加剪切速度至8 mm/s,展现出各向同性的球晶的薄膜形态[图9.29(f)],薄膜迁移率降低至1.21 cm^2/(V·s)。此

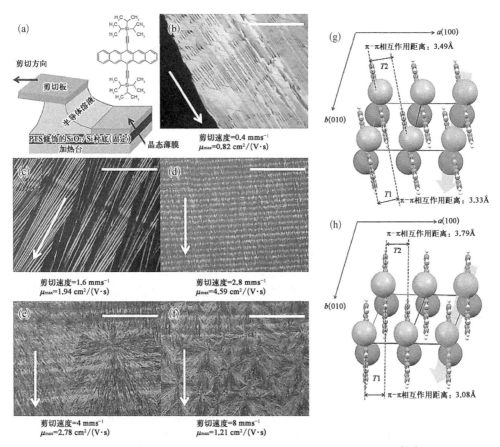

图9.29 溶液剪切工艺和偏光显微镜采集的溶液剪切薄膜图像[11]
(a)溶液剪切工艺原理;(b)~(f)偏光显微镜采集的溶液剪切的TIPS-PEN薄膜图像,分别采用0.4 mm/s、1.6 mm/s、2.8 mm/s、4 mm/s和8 mm/s的剪切速度(比例尺为200 μm),图像中的暗区是由于晶体取向沿着光的偏振方向,所有图片中的白色箭头所指的就是剪切方向;(g)TIPS-PEN蒸镀薄膜的分子堆积结构;(h)TIPS-PEN通过剪切工艺以8 mm/s剪切速度所制备的薄膜的分子堆积结构

外,他们还发现溶液剪切速度还会影响分子的堆积模式。图9.29(g)显示了正常情况下,TIPS-PEN蒸镀薄膜的分子堆积模式,与剪切速度8 mm/s的情况下所制备的薄膜[图9.29(h)]相比,他们发现T1分子对的π-π堆积距离明显从3.33 Å降低到3.08 Å[128]。这个改变非常重要,因为π-π堆积距离对π共轭有机半导体分子间的排列有着非常巨大的相关性,从而影响电荷的传输性能。

可溶液加工的半导体聚合物具有优良的成膜性能和机械灵活性,被认为是传统无机半导体最先进的替代品。然而,聚合物链的随机堆积和聚合物基体的无序性,通常导致低载流子迁移率[$10^{-5} \sim 10^{-2}$ cm^2/(V·s)]。低迁移率直接限制了半导体聚合物的性能和发展。为了有效解决聚合物链的随机堆积和聚合物基体的无序性,Heeger课题组设计了一种纳米沟道基底,从而使半导体聚合物在基底上的分子堆积,能够呈现出一种长距离的规律性[86,114,129]。在2012年,Tseng等通过将纳米沟道基底与缓慢干燥的三明治浇注系统隧道状结构的相结合,从而将聚合物主链排列成高取向性阵列,进而使高分子量的PCDTPT器件的载流子迁移率达到6.7 cm^2/(V·s)[129]。

之后2014年,Luo等改进了这个方案,通过利用毛细管作用,来调节半导体聚合物链在纳米沟道基底上的自组装并单向对准,专门设计了一种三明治浇注系统[113]。在这系统中使用毛细管作用,可以促使底栅TFTs中的栅感应电荷形成高电荷迁移率的宏观排列的纳米结构。如图9.30(a)所示,这种三明治浇注系统由两片Si/SiO$_2$基底组成,并通过两片功能性的玻璃隔板分开。这样的话,通过表面张力作用可以使聚合物溶液很容易困在浇注系统中,然后采用缓慢溶剂干燥来实现毛细管调节薄膜的沉积。一般来说,缓慢的薄膜形成过程有利于晶体纳米结构的自组装[93,130-131]。在这里,毛细管作用是由玻璃隔板形成,用于促进聚合物链在纹理基底上沿着单轴的纳米沟道方向自组装,并且毛细管作用的强度可以通过表面处理和功能化SAMs进行调整。纳米沟道基底采用PTS处理修饰后,使用分子量为140 kDa的共聚物PCDTPT,所制备的薄膜显示出规律性的沟/脊状纳米结构,平行于单轴的纳米沟道,如图9.30(b)所示。这是由于PTS处理后的表面毛细管作用,导致基底具有更结构化的构型,从而促使聚合物链在基底上沿着单轴的纳米沟道生长和扩散。分子间的π-π堆叠如图9.30(c)所示,大分子采用侧立(edge-on)的排列方式,优先沿着基底上的纳米沟道纹理方向堆积,并保持聚合物链之间的薄层厚度为2.47 nm和π堆积间距0.35 nm。由此可见,毛细管作用可以控制聚合物的微结构、结晶性以及电荷传输,并有效改善器件的性能。为证实毛细管作用对器件迁移率的改善,他们课题组采用两种不同半导体聚合物PCDTPT和CDTBTZ制备在经过PTS处理并带纹理Si/SiO$_2$基底上,器件的沟道长度为80 μm,结果显示毛细管作用能使这两种器件的平均饱和迁移率分别达到21.3 cm^2/(V·s)和18.5 cm^2/(V·s)。PCDTPT和CDTBTZ及PTS的分子结构式如图9.30(d)所示。然而,器件的性能还受到源-漏极接触电阻的限制,适当的增加沟道长度至140 μm,可以有效地

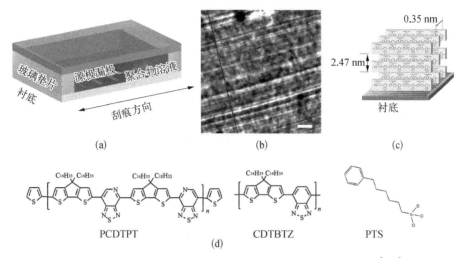

图9.30 利用毛细管作用调控半导体聚合物在沟道的排列组装[113]

(a)三明治浇注系统的结构;(b)经PTS处理后的Si/SiO$_2$基底表面的AFM分析图;(c)聚合物PCDTPT在带纹理的Si/SiO$_2$基底上堆积结构;(d)PCDTPT和CDTBTZ及PTS分子结构式

降低接触电阻对器件性能的影响,并提高聚合物PCDTPT的空穴迁移率达到36.3 cm^2/(V·s),当1/L→0时,器件的空穴迁移率更是可以达到47 cm^2/(V·s)。

9.4.2 退火工艺

为了方便有机薄膜晶体管材料今后应用于印刷电子器件,最近有关有机薄膜晶体管材料(包括小分子和聚合物材料)的研究都集中考虑材料的溶液可加工性,因为溶液法制备的OTFT具有制备工艺简单和低成本的独特优势[132]。为考虑OTFT器件的性能,在制备过程中通过旋涂工艺制备的有机半导体薄膜,可以采用热退火的方法来有效改善薄膜的均匀性和稳定性[17,133]。例如,可溶液加工的p型半导体材料TESADT,通常没有经过退火处理的薄膜,其场效应迁移率仅仅只有0.002 cm^2/(V·s),然而经过简单的真空退火之后其迁移率能增加至0.1 cm^2/(V·s)[134-136]。

目前,许多实验和理论研究已经证明薄膜形态会影响聚合物的电荷传输性能,从而影响器件的性能,所以通过退火工艺还能提高聚合物薄膜的结晶性。Cho等报道,在经过10分钟的150℃热退火之后,能有效提高P3HT薄膜的结晶性,并提高薄膜与电极之间的接触,从而提高器件的场效应迁移率[137]。在2014年,Sun等在Si/SiO$_2$片上采用聚合物PDBPyBT作为有机层,Cytop作为栅绝缘层,并通过旋涂工艺制备出顶栅底接触式OTFT器件,并通过退火工艺来改善薄膜的结晶性[138]。有趣的是,所有的器件在经过100℃温度的退火之后,都具有双极性电荷传输性能,并且平均电子迁移率和空穴迁移率分别高达4.54 cm^2/(V·s)和2.20 cm^2/(V·s),最好器件的电子迁移率和空穴迁移率更是分别达到6.3 cm^2/(V·s)和2.78 cm^2/(V·s),这是到目前为止双极性聚合物所报道的最高迁移率,特别是观察到的6.3 cm²/(V·s)的电子迁移率更是创造了聚合物半导体OTFT器件的最高纪录。这是由于聚合物PDBPyBT薄膜具有高backbone共平面性、高结晶度以及近距离的π-π堆积,从而使薄膜具有高效率的电荷传输性能。此外,由于Cytop是一种无定形聚合物,可以有效地填满PDBPyBT薄膜表面的裂纹和晶界,并形成更好的界面接触。然而,当退火温度增加至150℃和200℃的时候,平均电子迁移率/空穴迁移率分别降低至3.5 cm²/(V·s)/1.9 cm²/(V·s)和2.3 cm²/(V·s)/1.8 cm²/(V·s)。这是由于退火温度过高,会逐渐增加薄膜的粗糙性,导致聚合物薄膜形成更多的裂纹和晶界。如图9.31所示,在经过150℃退火温度之后,薄膜的裂纹明显比常温状态下时多出很多,并且裂纹的数目会随着退火温度的增加而变多。因此,为避免薄膜产生裂纹,我们在退火前需谨慎考虑退火温度的选择。

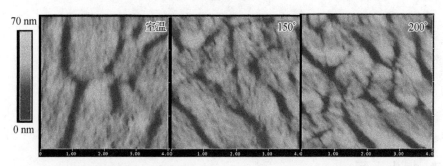

图9.31 PDBPyBT薄膜在经过150℃和200℃的退火温度之后经AFM测试所得的薄膜形态,并与常温下的薄膜形态对比[138]

此外,值得一提的是目前研究比较热门的π-共轭主链的聚合物,都支持材料的高温持久性以及均匀薄膜的易加工性[15,22,38]。为考虑OTFT器件的性能,在制备过程中通过旋涂工艺制备有机半导体薄膜,可以采用热退火的方法来有效改善薄膜的均匀性和稳定性[17,133]。比如,液晶聚合物PBTTT以及最近提出的聚合物PCDTPT,这些经过湿处理工艺制备的聚合物薄膜必须经过200℃高温热退火,才能形成均匀的薄膜并具有良好的热稳定性,且保证器件的高迁移率[38,89]。在2011年,Bronstein等报道的一种DPP聚合物,通过旋涂工艺制备的薄膜也需要200℃左右的高温热退火来提高薄膜的均匀性和热稳定性,而制备的顶栅底接触式的OTFT器件其空穴迁移率高达2 cm²/(V·s)[139]。不仅如此,一些可溶液加工的小分子材料,也需考虑高温热退火,来提高薄膜的均匀性。Iino等报道的应用潜力巨大的小分子材料Ph-BTBT-10,通过溶液法而旋涂制备的薄膜也需经过200℃的高温退火,使多晶薄膜具有良好的均匀性和热稳定性[132]。此外,当以Si/SiO₂(300 nm)为基底,Ph-BTBT-10为有机层制备的底栅顶接触式的OTFT器件,在常温的条件下的器件迁移率只达到2.1 cm²/(V·s)。然而,经过120℃热退火处理后,迁移率明显提升了大约一个数量级,最高可以达到14.7 cm²/(V·s)。这是由于在退火时，Ph-BTBT-10晶体结构发生变化，从而器件的性能得到一个很大程度的提升。

退火工艺还能有效地改善薄膜的分子堆积规整性。Zhang等所合成的n型NDI-DTYM2衍生物(**11a～11d**)具有不同的烷基侧链长度和侧链分支点取代位置，他们发现，所有材料在退火前的分子排列非常不规整，经过退火处理后分子堆积明显发生规整性的变化[54]。退火温度的选择，他们根据NDI2HD和NDI2OD-DTYM2发生相变的温度（分别为80℃和160℃），得出这些衍生材料的退火温度需要控制在80℃和160℃之间，从而避免溶剂的影响（$T<80℃$）以及薄膜上裂纹的出现（$T>160℃$）。这些NDI-DTYM2衍生物退火前后的分子堆积模式已经在图9.32中详细介绍，其中，NDI2HD-DTYM2薄膜在退火前，具有三种不同的相。薄膜经退火后，产生的单相具有大晶格尺寸，平面单元面积为133 $Å^2$，垂直间距20.8 Å，骨架倾斜角度为63°。而初生的NDI3HU-DTYM2薄膜在具有两种不同的相，当退火温度高于80℃时，产生单相控制的平面单元面积有127 $Å^2$，垂直间距22.1 Å，和骨架倾斜角度为66°。经过退火处理后的NDI4HD-DTYM2薄膜，其单相的平面单元面积有122 $Å^2$，垂直间距23.3 Å，和骨架倾斜角度为80°，然而当增加退火温度至160℃，薄膜的垂直间距更增加至27.2 Å。对于NDI2OD-DTYM2薄膜，具有明显较大的平面单元面积有148 $Å^2$，垂直间距21.3 Å，倾斜角度相对较小（只有55°）。

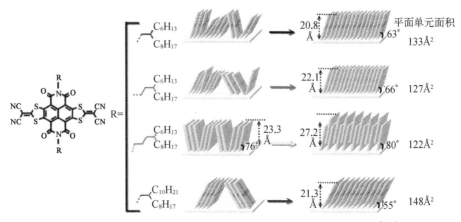

图9.32　NDI-DTYM2衍生物薄膜退火前后的分子堆积示意图[54]

9.4.3　磁场诱导排列

调控有机半导体薄膜形貌和结构，是获得高性能有机电子器件的关键。对分子堆积和取向的调控，更是重中之重。经研究发现可以利用外场（如磁场）来诱导薄膜宏观尺度上的分子取向，称之为磁场诱导排列。该工艺有效地提供了一个简单干净的非接触式方法，来诱导薄膜中的分子取向，可以应用于制备取向性好的大面积有机薄膜。

目前,磁场诱导排列技术已广泛研究于小分子和高分子液晶材料以及嵌段共聚物中[140-145]。早在2005年,Shklyarevskiy等发现高磁场可以有效地诱导液晶材料六苯并蒄(HBC)在薄膜中形成高度取向性,从而提高器件的场效应性能[143]。具体情况如图9.33所示,磁场诱导排列可以使薄膜中的分子取向垂直或平行于磁场方向,结果发现分子取向平行于磁场方向时,其薄膜的场效应性能与没有经过磁场诱导的薄膜几乎相同,但是当诱导薄膜分子取向垂直于磁场方向时,其场效应性能显著增加[图9.33(a)],并且其场效应性能伴随着沟道宽度的增加而降低[图9.33(b)],而沟道宽度的增加却对分子取向平行于磁场方向薄膜的场效应性能没有造成影响。

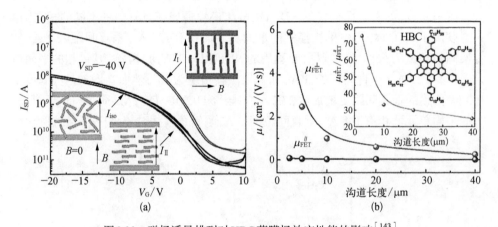

图9.33　磁场诱导排列对HBC薄膜场效应性能的影响[143]
(a)磁场诱导前后的电流传输特征曲线;(b)沟道长度对磁场诱导后的HBC薄膜场效应性能的影响

2015年,Pan等通过在高磁场中采用溶液法制备出具有良好电子传输性能的大面积高度有序取向的P(NDI2OD-T2)薄膜[142]。具体器件制备方案如图9.34所示,实验中采用氯苯作为溶剂,发现通磁场(8 T)来进行诱导后,旋转基底(5 r/min)的其薄膜XRD(010)峰的强度比不旋转基底时的情况高了整整2.5倍,但是(100)峰强度却略有减少。当然,以上结果明显表示出分子在面立(face-on)方向上堆叠增强,促使分子间π-π堆叠方向对准基板,从而增加薄膜中片状微晶的分数。此外,薄膜中分子取向平行于磁场方向时制备的器件,其场效应性能明显高于垂直于磁场方向时的结果[图9.34(c)],并且其性能伴随着沟道宽度的增加而降低[图9.34(d)],而沟道宽度的增加却对薄膜分子取向垂直于磁场方向时的场效应性能没有造成影响。

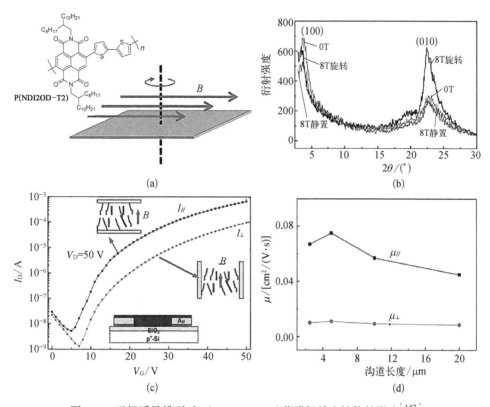

图 9.34 磁场诱导排列对 P(NDI2OD-T2) 薄膜场效应性能的影响[142]

(a) P(NDI2OD-T2) 的化学结构及其磁场诱导排列制备薄膜的示意图；(b) 基底旋转对薄膜 XRD 的影响；(c) 磁场诱导分子取向平行和垂直于磁场方向时的电流传输特征曲线；(d) 沟道长度对 P(NDI2OD-T2) 薄膜分子取向平行和垂直于磁场方向时场效应性能的影响

9.5 界面工程

OTFT 是一个复杂的多层器件，除了关注介电层、有机半导体层、电极等自身特性外，界面的优化也至关重要。OTFT 中的界面优化主要集中在两个方面，即电极/半导体层界面、介电层/半导体层界面(图 9.35)。

9.5.1 电极/半导体层界面优化

电极处金属与半导体层界面的优劣直接关系到载流子的注入和收集。当接

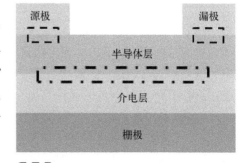

图 9.35 OTFT 器件中两组重要的界面

触电阻过大时,会不可避免在电极处引起不容忽视的电压降,从而降低导电沟道两端的有效电压。界面处所引起的接触电阻主要来自以下两个方面:一是由于金属费米能级与有机半导体HOMO(p型)或LUMO(n型)能级失配而产生势垒;二是在金属电极蒸镀过程中,热的金属原子穿入有机半导体层。金属与半导体层界面的优化一般针对这两个方面。

单分子自组装层(SAMs)是最常用的电极界面修饰材料。在Au、Ag、Cu等源漏电极与半导体界面引入SAMs是一种广泛而有效地改善界面接触的方法。由于加工过程中常常需要溶液浸泡,因此SAMs多用在底接触的OTFT器件中。它能够在界面引入电偶极子,从而调节电极功函数,降低接触势垒;同时能够降低表面粗糙度,减少界面缺陷,从而影响半导体活性层的形貌。硫醇是最早也是最常用的SAMs。Kymissis等在并五苯与金电极的界面处加入十六硫醇,使得器件的迁移率从 $0.16\ cm^2/(V\cdot s)$ 跃升为 $0.48\ cm^2/(V\cdot s)$ [146]。Stoliar等对比了硫醇烷基链的长短对电极修饰效果的影响,并发现了有趣的"奇偶效应",即奇数烷基链硫醇的修饰后器件性能往往不如相邻偶数烷基链硫醇修饰的器件(图9.36),这是烷基硫醇末端 σ 键与并五苯HOMO能级非均匀耦合的结果[147]。SAMs有时还能同时改善电子和空穴的注入性能。比如在双极性材料F8BT器件电极处引入癸硫醇,能够同时提高它的电子迁移率和空穴迁移率,而全氟癸硫醇只能提高器件的空穴迁移率[148]。这表明,SAMs的修饰作用不仅仅限于对电极功函数的改变,同时应该考虑其他协同作用,比如界面形貌改变、隧穿效应等。

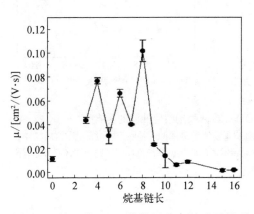

图9.36 并五苯OTFT器件迁移率随硫醇烷基链长度呈现"奇偶效应"[147]

除了烷基硫醇外,芳香烃类硫醇也被用来作为SAMs。与烷基硫醇相比,芳香烃类硫醇带隙更窄,更加有利于载流子的隧穿。苯硫酚尤其是五氟苯硫酚是最常用的电极修饰SAMs。比如用五氟苯硫酚修饰银源漏电极后,显著降低了接触势垒,使得TIPS-PEN器件的迁移率提升到 $0.17\ cm^2/(V\cdot s)$,开关比达到 10^5 [134]。除了硫醇外,其他SAMs比如硫酮类、硫脂类也被用来作为电极与半导体界面修饰层[149,150]。常用于电极/半导体层界面修饰SAMs材料如图9.37所示。

除了SAMs外,其他常用的电极修饰材料还有金属氧化物以及TCNQ及其衍生物等。MoO_3、WO_3、V_2O_5 等是常用的p型半导体器件电极修饰材料。例如Yang课题组真空蒸镀 MoO_3 作为电极缓冲层,降低接触势垒0.9 eV,并且有效地阻止了金属对有机半导体层的扩散,使得器件迁移率从 $0.002\ 8\ cm^2/(V\cdot s)$ 上升至

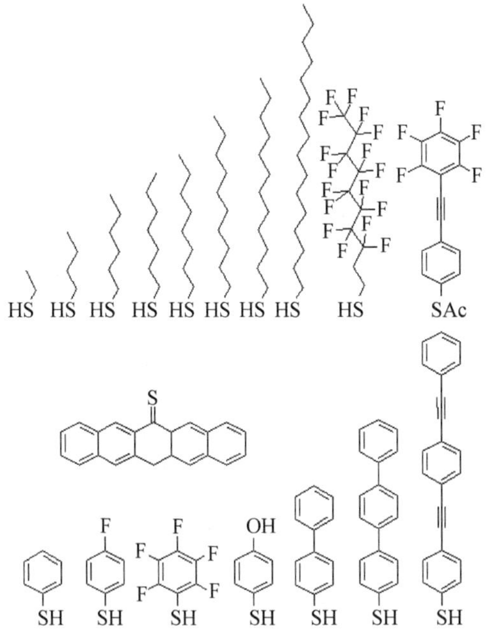

图9.37 常用于电极/半导体层界面修饰SAMs材料

$0.4\ cm^2/(V\cdot s)$[151]。Gao等采用原子层沉积技术在Cu源漏电极与有机半导体之间生长一层光滑致密的VO_x作为空穴注入层,不仅有效提升了器件性能,同时显著提高了器件的稳定性[152]。TiO_2、ZnO等是常用的n型半导体器件电极修饰层。Cho等发现在PC61BM和PC71BM器件中Al源漏电极处插入TiO_x,有效地提高了器件的性能[153]。TCNQ能够与Ag、Cu等金属形成电荷转移复合物,能够有效地降低注入势垒。Di等发现,在底接触的源漏电极(Ag或Cu)上滴涂一层TCNQ之后,不仅注入势垒显著降低,同时电极处活性层结晶性能也得到改善[154]。其中Ag电极器件经TCNQ修饰后迁移率达到$0.18\ cm^2/(V\cdot s)$,优于用Au作电极的顶接触器件。此外,也有用DNA[155]、二茂铁[156]作为电极修饰层的报道。

9.5.2 介电层/半导体层界面优化

对于OTFT来说,载流子的传输一般发生在靠近介电层界面的几个有机半导体分子层内,因此,有机半导体与介电层的接触界面至关重要。界面处的缺陷会影响半导体层载流子传输性能,同时,介电层表面特性如粗糙度、有序度、表面能等会进一步影响有机半导体活性层的形貌,进而影响器件性能。

与电极半导体接触相似,使用SAMs进行修饰,也是一种改善介电层与半导体层界面接触的有效方法。一般介电层表面存在大量缺陷,比如SiO_2衬底表面存在大量的—OH基团,通常作为界面电荷陷阱,将明显抑制电荷传输。通过SAMs进行修饰,可以明显降低界面缺陷。同时,通过改变SAMs的端基、链长、相态等,调节介电层表面粗糙度、表面能、有序度等特性，优化有机半导体层形貌及分子排列，有效地改善空穴和电子的传输性能。目前，SAMs的研究主要按类别进行，如修饰SiO_2衬底的三氯硅烷、烷氧基硅烷、硅氮烷，修饰Al_2O_3和HfO_2衬底的磷酸等。SAMs在OTFT介电层与半导体界面的应用始于1997年。Lin等在SiO_2的表面沉积了一层十八烷基三氯硅烷(OTS)，用并五苯作为活性层，获得的器件迁移率达到1.5 $cm^2/(V·s)$，开关比达到10^8，阈值电压接近0 V，亚阈值摆幅小于1.6 V/decade[9]。器件性能与无机非晶硅相当。一般认为介电层表面粗糙度更有利于载流子的传输，然而Yang等发现事实有时并非如此。他们分别采用十八烷基三氯硅烷(OTS)和六甲基二硅氮烷(HMDS)修饰SiO_2表面，发现粗糙度更小(0.1 nm)的OTS器件迁移率只有0.5 $cm^2/(V·s)$，而粗糙度更大(0.5 nm)的HMDS器件迁移率达到3.4 $cm^2/(V·s)$[157]。他们进一步研究发现，这种差别来自衬底对活性层形貌的影响。经OTS修饰的器件活性层呈树枝状，而经HMDS修饰的器件活性层呈片状(图9.38)。Liu等采用磷酸类SAMs如CDPA等修饰AlO_x/TiO_x表面，发现无论对于溶液加工器件还是蒸镀器件，抑或p型器件与n型器件，经CDPA修饰后器件性能均有明显的提升[158]。常用于介电层/半导体层界面修饰的SAMs材料如图9.39所示。

除SAMs外，聚合物绝缘体也被用来修饰介电层。相比于SAMs，聚合物绝缘体成膜性更好，可采用旋涂等方式加工，工艺更加简单；同时，其厚度更加容易调节；由于聚合物绝缘体材料结构多样，其表面能更易于调节。常用的用于介电层/半导体层界面修饰的聚合物绝缘体如图9.40所示。Yoshida等采用PVDF、PS、PMMA和PVA等作为缓冲层调节SiO_2的表面电势[159]。经研究发现，从PVDF到PVA，表面能量呈现出一个逐渐增加的趋势，这反过来又会影响并五苯薄膜的生长。当表面能低于47 mN/m时，活性层晶粒大小和器件迁移率随着表面能的增加

图9.38 不同SAMs对活性层形貌的影响[157]
(a)HMDS；(b)OTS

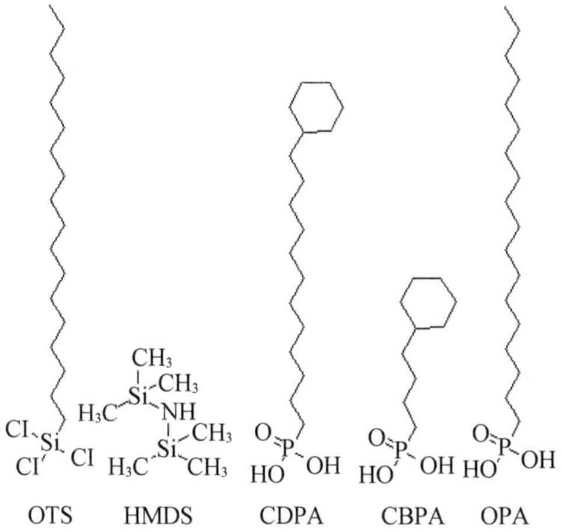

第 9 章 提高有机半导体器件性能方法 | 253

图 9.39 常用于介电层/半导体层界面修饰 SAMs 材料

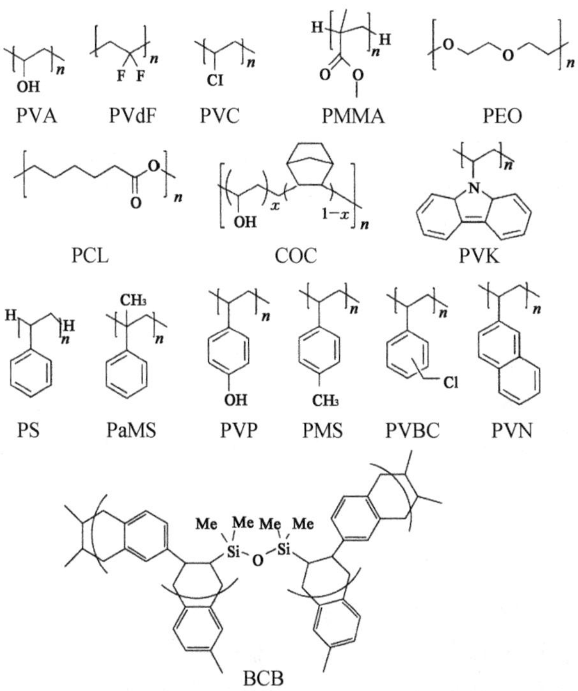

图 9.40 常用的用于介电层/半导体层界面修饰的聚合物绝缘体

而增大；当表面能高于47 mN/m时，活性层晶粒大小和器件迁移率随着表面能的增加而减小。除了选用不同的聚合物绝缘体，另一种系统调节介电层表面能的方法是将两种绝缘聚合物简单地混合并调节其比例。如基于CuPc的OTFT器件在选用比例为1∶3的PMMA与PS共混聚合物绝缘体修饰SiO_2表面后，性能得到了明显的提升[160]。如前所述，SiO_2衬底表面存在大量的—OH基团，是典型的电子陷阱。Chua等发现，采用不含羟基的BCB修饰SiO_2衬底后，典型的p型材料如P3HT的器件中也能发现n型信号[161]。Kim等发现，经过低介电常数的聚合物绝缘体修饰后，n型OTFT器件迁移率提升了两个数量级[162]。他们进一步系统地研究了不同聚合物绝缘体介电常数对器件迁移率的影响，发现器件迁移率随着介电常数降低而指数级升高。他们认为这是由于界面处用于载流子与电偶极子相互作用的能量降低所引起的。

9.6 新型器件结构

9.6.1 立式OTFT器件结构

传统OTFT器件的性能往往受到薄膜形态凌乱，载流子迁移率过低以及沟道长度过长的限制。在传统底栅顶接触结构的OTFT器件中，采用低成本的掩膜技术在源极和漏极之间制备一个超短沟道长度是非常具有挑战性的[163]。然而，减少器件的沟道长度却是必要的，这可以在降低驱动电压的基础上而不影响器件的输出驱动能力，从而提高器件的性能。为了有效减少OTFT器件的沟道长度来提高性能，早在1975年，Nishizawa等为有机薄膜晶体管设计了一种立式结构，该结构具有制备超短沟道长度的潜力[164]。伴随着制备工艺的提高，Zan和Wen于2007年成功制备了沟道长度小于100 nm立式结构有机薄膜晶体管，并采用网状源极结构来提高栅极对栅压的控制能力，该结构显著降低了栅极和漏极的驱动电压（＜10 V），从而降低了漏电流[165]。

立式结构OTFT器件又可以称为静电感晶体管（SIT），这是一种新型的特殊结构的OTFT器件，非常具有应用前景，结构的形式也是多种多样的，通常具有五层薄膜。图9.41（a）显示的顶漏极底源极立式结构OTFT，该结构包括三层金属层的源极、漏极和栅极，源极和漏极分别位于器件的顶部和底部，栅极位于有机半导体层和栅绝缘层之间。而图9.41（b）为顶漏极底栅极结构OTFT，这种结构的有机半导体层是镀在一个电容之上的，有机层和栅绝缘层之间的电极为源极，而栅极和漏极分别位于器件底层和顶层。

在2003，Parashkov等采用PEDOT∶PSS作为电极材料，聚乙烯醇和并五苯分别作为栅绝缘层和有机半导体层材料，使用立式结构，制备出沟道长度和宽

图 9.41　立式（vertical）OTFT 的器件结构[163]
(a) 顶漏极底源极结构；(b) 顶漏极底栅极结构

度分别为 2.4 μm 和 1 mm 的全有机 OTFT 器件，器件的载流子迁移率大约达到 0.01 cm²/(V·s)[166]。之后，Tanaka 等也曾采用并五苯作为有机半导体层材料，制备出顶漏极底源极立式结构晶体管，并与同种材料制备的传统底栅顶接触式晶体管作对比[167]。结果显示立式结构晶体管的迁移率达到 0.2 cm²/(V·s)，而底栅顶接触式晶体管的迁移率仅仅只有 0.001 8 cm²/(V·s)。这是由于立式结构能够提高沟道长度的可控性，从而提高器件的性能。然而，立式结构器件具有一个缺点，就是由于隧穿效应的影响，很难确定超短沟道器件的运转状态。Chen 和 Shih 采用 P3HT 作为有机层材料，制备出沟道长度只有 5 μm 的顶漏极底栅极立式结构 OTFT 器件，并与传统平面结构顶栅底接触式 OTFT 器件作对比，结果显示立式结构的 I_{on}/I_{off} 是传统平面结构 OTFT 器件的十倍，虽然立式结构器件的平均迁移率不是很理想，只达到 8.3×10^{-3} cm²/(V·s)，但相比于传统平面结构仅仅只有 3×10^{-3} cm²/(V·s) 的迁移率，还是能体现出立式结构对器件性能提高的优势[168]。伴随着制备工艺的提高，超短沟道长度的制备工艺也逐步提升。在 2013 年，Kleemann 等选用 p 型材料并五苯和 n 型材料富勒烯（C60），制备出沟道长度仅仅只有 50 nm 的顶漏极底栅极立式结构 p 型和 n 型 OTFT 器件，器件的 I_{on}/I_{off} 高达 10^6[169]。

此外，立式结构 OTFT 器件的成功设计，也提高了有机晶体管器件在柔性显示器领域的应用的可行性。相比于无机半导体材料，传统有机半导体材料具有低迁移率和高电阻率等特性，所以造成传统结构 OTFT 器件具有低速、低功耗并且需要相对较高的工作电压等缺陷，从而不适用于显示器的驱动元件。然而，立式结构晶体管沟道长度的可控特性，可以使器件的源极，漏极和栅极之间保持合适的沟道长度，从而使器件具有高速和高功耗的操作特性，进而使立式结构有机薄膜晶体管可以适用于显示器的驱动元件。Watanabe 和 Kudo 曾将立式结构有机晶体管制备于柔性衬底上，如图 9.41(b) 所示[170]。实验中采用真空热蒸镀工艺来制备薄膜，具体制备流程如下：他们采用 ITO/玻璃片作为基底，并在源极 ITO 上通过真空热蒸镀工艺制备一层 1 nm 厚度的 CuPc 薄膜对电极进行修饰，来促进空穴载流子的注入并提高器件的 I_{on}/I_{off} 比例。然后将并五苯蒸镀于 CuPc 薄膜上，再蒸镀一层 Al 薄膜作为栅极，之后在栅极上覆盖第二层并五苯薄膜作为有机层，最后将金薄膜通过真空热蒸镀工艺制备于并五苯薄膜上作为漏极。研究结果显示立式结构OTFT器件的开关比大于10^3，电流值大于40 μA，并且结果显示该立式结构OTFT器件可以作为柔性板显示器的合适驱动元件。该研究结果的公布，直接引起人们对立式结构有机晶体管在柔性显示器领域应用的关注。

9.6.2　双栅极OTFT

有机晶体管采用双栅极结构是为了有机半导体薄膜达到更好的载流子调制。早在1981年，Fang Chen等就制备了第一个基于硒化镉（CdSe）双栅极结构晶体管[171]。之后，Tuan和Kaneko先后于1982年和1992年报道了基于Si：H的双栅极结构TFT[172,173]。直到2005，Cui和Liang开发了第一个基于并五苯的有机双栅极结构OTFT[174]。同年，还有Iba课题组、Gelinck课题组、Chua课题组以及Morana课题组也先后报道了双栅极结构的OTFT器件[175-178]。双栅极结构有机薄膜晶体管是一种四端口器件，四个电极分别称为顶栅极、底栅极、源极和漏极，其基本结构如图9.42所示。在双栅极结构OTFT中，顶栅极和底栅极分别位于器件的两端，并且该器件具有两层栅绝缘层，分别称为上栅绝缘层和下栅绝缘层且位于两个栅极之间，而有机半导体层和源/漏极则分别先后制备于上下栅绝缘层之间，从而形成双栅极结构OTFT器件。在普通结构的有机薄膜晶体管中，比如底栅顶接触结构OTFT经常需要考虑如何解决有机半导体材料的不稳定性，通常采用空气稳定性强的有机半导体材料或者在器件上覆盖钝化材料来解决这一问题[179-180]。此外，为有效提高器件的性能，还需在介电层表面采用自组装膜进行修饰[181]。然而，双栅极结构OTFT能够同时并有效解决以上问题，该结构中的上栅绝缘层可以作为钝化层来有效维持有机半导体层在空气中的稳定性，并且可以通过顶栅极更加精确的控制器件的阈值电压[182]。此外，双栅极结构OTFT的应用还能显著提高有机电路中的噪声容限以提高器件性能[183]。双栅极结构OTFT还有一些其他的优点，比如高电流,极好的亚阈值斜率曲线，不过最重要的还是对阈值电压的更好控制。

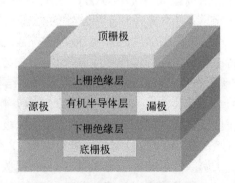

图9.42　双栅极OTFT的基本结构

在双栅极结构中,两边栅极所产生电荷的总量可表示为

$$Q_{\text{total}} = C_B \cdot V_B + C_T \cdot V_T \tag{9.1}$$

式中,C_B 为下栅绝缘层单位面积的电容;C_T 为上栅绝缘层单位面积的电容;V_B 为底栅极的电压;V_T 为顶栅极的电压。如果当顶栅的电压固定而扫底栅极时,阈值电压的变化可以表示为

$$\Delta V_{T,B} = -\frac{C_T}{C_B}\Delta V_T \tag{9.2}$$

为了更好地了解双栅极结构和传统结构 OTFT 器件之间的性能区别,Kumar 等介绍了双栅极,以及传统顶栅和底栅结构 OTFT 器件之间 I_{DS}-V_{DS} 特征的比较[163]。结果显示,相比于单栅结构,双栅极结构在较低 V_T 情况下具有相对较高的 I_{DS},其结果甚至高于底栅极和顶栅极结构器件的电流总和。另外,可以观察到双栅极结构的开态电流相比于单栅结构增加了 45%,反之关态电流却降低了 92%,由此可见双栅极结构的 I_{on}/I_{off} 相对较高,因为双栅极结构具有更好的界面情况。

由于双栅极结构 OTFT 具有上述的种种优点,该结构也逐渐被科研人员采用来提高 OTFT 器件的性能。Tsamados 等就曾采用双栅极结构来显著提高薄膜晶体管对亚阈值摆幅和漏电流的控制[182]。Someya 等也曾在互补 OTFT 逆变电路中采用双栅极结构来达到降低工作电压的目的[184]。实验中通过真空蒸镀工艺将金制备于聚酰亚胺基底作为底栅极,下栅绝缘层采用聚酰亚胺,通过旋涂工艺制备于底栅极上。有机半导体层将分别采用 p 型半导体材料并五苯和 n 型半导体材料 NTCDI 制备 p 型和 n 型有机薄膜晶体管,这两种材料将通过真空蒸镀工艺制备在下栅绝缘层上。然后,真空蒸镀一层金薄膜作为源极和漏极,而上栅绝缘层采用聚对二甲苯旋涂于有机半导体层上,最后在上栅绝缘层上蒸镀一层金薄膜作为双栅极结构 OTFT 器件的顶栅极。经测试,这两件 p 型和 n 型双栅极结构 OTFT 的迁移率分别达到 0.18 cm²/(V·s) 和 0.09 cm²/(V·s)。

并且双栅极器件的性能相比于单栅极,主要体现在器件迁移率的提高[174,178],电流开/关比的增加[174-176,185-186],以及亚阈值斜率的改善等方面[174,176,183,185,187]。Cui 和 Liang 报道了一种双栅极结构 OTFT 并与单栅结构 OTFT 作对比,实验中采用 Si/SiO₂ 基底并作为器件的底栅和下栅绝缘层,然后通过真空热蒸镀法将金薄膜制备于基底上作为源极和漏极。有机半导体层选用并五苯,并通过真空热蒸镀工艺来制备,而上栅绝缘层则采用 SiO₂ 纳米颗粒通过自组装工艺制备,最后,将铝薄膜通过真空热蒸镀法制备于上栅绝缘层上作为顶栅极。实验结果显示,双栅极结构的 OTFT 器件的场效应迁移率达到 0.1 cm²/(V·s),相比之下,单栅结构 OTFT 器件的场效应迁移率仅仅达到 0.02 cm²/(V·s),并且亚阈值斜率相比于单栅器件

整整提高了35%[174]。

此外,为得到更好的器件性能,双栅极结构也逐渐应用于有机单晶晶体管的研究,Takeya等就曾采用双栅极结构来制备高性能的单晶场效晶体管器件,实验中使用硅片作为基底,采用标准光刻法将金属金制备于基底上作为源极和漏极,然后将通过物理气相转移法生长的红荧烯单晶薄片放置于源极与漏极之间作为有机层,再将通过同样方法生长的厚度大约为1 μm的DPA单晶薄片附着于红荧烯单晶薄片作为上栅绝缘层,最后的顶栅极将通过真空热蒸镀工艺制备在DPA单晶薄片上。通过有效调节双栅极的电压,可以使双栅极结构的红荧烯单晶晶体管器件的场效应迁移率达到43 cm^2/(V·s)[188]。

9.6.3 梳状结构OTFT

梳状结构OTFT也可以称为叉指结构,是一种提高沟道电流的有效办法,原理是通过增加电极之间沟道宽度,从而提升源漏电流。具体器件结构如图9.43所示,为了充分利用面板空间,在制备电极时候,通常会使用梳状结构的电极,对OTFT性能的提升也有一定的作用[189]。

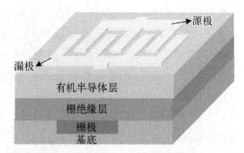

图9.43 梳状OTFT的基本结构

Yakuphanoglu等就尝试采用梳状结构来提高酞菁铜(CuPc)薄膜晶体管的迁移率[189]。之前就有许多有关采用酞菁铜作为晶体管活性层的报道,但是性能却不是很理想,Puigdollers报道的采用PMMA作为栅绝缘层的CuPc-OTFT器件,其迁移率只有2×10^{-5} cm^2/(V·s)[190]。当使用SiO$_2$和SiN$_x$作为栅绝缘层时,器件的迁移率为3×10^{-4} cm^2/(V·s)[191]。经OTS化学修饰后,迁移率能提升至1.48×10^{-3} cm^2/(V·s)[192]。Yakuphanoglu等采用真空热蒸镀工艺,以p-SiO$_2$为基底,在不做任何基底处理的情况下,制备出的梳状结构CuPc-OTFT器件,就可以将迁移率提高到5.32×10^{-3} cm^2/(V·s),并且电流开关比达到1.94×10^{4}[189]。这个结果我们看到晶体管的源/漏极采用梳状结构后,可以提高CuPc-OTFT的迁移率。

本章从如何提高有机半导体器件性能的角度,主要通过针对化学改性或物理改性的方法,对有机薄膜晶体管的发展情况做一个简单的系统介绍。其中化学改性的侧链效应、杂原子效应和物理改性的共混工艺、薄膜优化工艺及界面工程目前备受科研工作者的关注,也将会成为今后有机半导体器件性能发展的主流方向,本章对其进行了具体介绍,也简要介绍了其余几种有机半导体器件性能提升的方法,希望能为今后指导高性能有机半导体材料的设计合成以及在进一步提高有机半导体器件性能方面起到一个很好的促进作用。

参 考 文 献

[1] Barbe D F, Westgate C R. Surface state parameters of metal-free phthalocyanine single crystals. J. Phys. Chem. Solids, 1970, 31: 2679-2687.
[2] Tsumura A, Koezuka H, Ando T. Macromolecular electronic device: Field-effect transistor with a polythiophene thin film. Appl. Phys. Lett., 1986, 49: 1210-1212.
[3] Gao J H, Li R J, Li L Q, et al. High-performance field-effect transistor based on dibenzo [d,d'] thieno [3,2-b;4,5-b'] dithiophene, an easily synthesized semiconductor with high ionization potential. Adv. Mater., 2007, 19: 3008-3011.
[4] Generali G, Dinelli F, Capelli R, et al. Correlation among morphology, crystallinity, and charge mobility in OFETs made of quaterthiophene alkyl derivatives on a transparent substrate platform. J. Phys. Chem. C, 2011, 115: 23164-23169.
[5] Kwon J H, Chung M H, Oh T Y, et al. Enhanced electrical and photosensing properties of pentacene organic thin-film phototransistors by modifying the gate dielectric thickness. Microelectron. Eng., 2010, 87: 2306-2311.
[6] Sayyad M H, Zubair A, Kh S K, et al. Photo-organic field effect transistor based on a metalloporphyrin. J. Phys. D: Appl. Phys., 2009, 42: 105112.
[7] Klauk H, Halik M, Zschieschang U, et al. High-mobility polymer gate dielectric pentacene thin film transistors. J. Appl. Phys., 2002, 92: 5259-5263.
[8] Laudise R A, Kloc C, Simpkins P G, et al. Physical vapor growth of organic semiconductors. J. Cryst. Growth, 1998, 187: 449-454.
[9] Lin Y Y, Gundlach D J, Nelson S F, et al. Stacked pentacene layer organic thin-film transistors with improved characteristics. IEEE Electr. Device L., 1997, 18: 606-608.
[10] Chen H, Guo Y, Yu G, et al. Highly π-extended copolymers with diketopyrrolopyrrole moieties for high-performance field-effect transistors. Adv. Mater., 2012, 24: 4618-4622.
[11] Giri G, Verploegen E, Mannsfeld C B, et al. Tuning charge transport in solution-sheared organic semiconductors using lattice strain. Nature, 2011, 480: 504-508.
[12] Minemawari H, Yamada T, Matsui H, et al. Inkjet printing of single-crystal films. Nature, 2011, 475: 364-367.
[13] Nakayama K, Hirose Y, Soeda J, et al. Patternable solution-crystallized organic transistors with high charge carrier mobility. Adv. Mater., 2011, 23: 1626-1629.
[14] Smith J, Zhang W, Sougrat R, et al. Solution-processed small molecule-polymer blend organic thin-film transistors with hole mobility greater than 5 cm^2/Vs. Adv. Mater., 2012, 24: 2441-2446.
[15] Tsao H N, Cho D M, Park I, et al. Ultrahigh mobility in polymer field-effect transistors by design. J. Am. Chem. Soc., 2011, 133: 2605-2612.
[16] Bao Z, Lovinger A J. Soluble regioregular polythiophene derivatives as semiconducting materials for field-effect transistors. Chem. Mater., 1999, 11: 2607-2612.
[17] Kline R J, DeLongchamp D M, Fischer D A, et al. Critical role of side-chain attachment density on the order and device performance of polythiophenes. Macromolecules, 2007, 40: 7960-7965.

[18] Lei T, Dou J H, Pei J. Influence of alkyl chain branching positions on the hole mobilities of polymer thin-film transistors. Adv. Mater., 2012, 24: 6457−6461.

[19] Mei J, Kim D H, Ayzner A L, et al. Siloxane-terminated solubilizing side chains: Bringing conjugated polymer backbones closer and boosting hole mobilities in thin-film transistors. J. Am. Chem. Soc., 2011, 133: 20130−20133.

[20] Ong B S, Wu Y, Liu P, et al. High-performance semiconducting polythiophenes for organic thin-film transistors. J. Am. Chem. Soc., 2004, 126: 3378−3379.

[21] Osaka I, Zhang R, Sauvé G, et al. High-lamellar ordering and amorphous-like π−network in short-chain thiazolothiazole-thiophene copolymers lead to high mobilities. J. Am. Chem. Soc., 2009, 131: 2521−2529.

[22] Sirringhaus H, Brown P J, Friend R H, et al. Two-dimensional charge transport in self-organized, high-mobility conjugated polymers. Nature, 1999, 401: 685−688.

[23] Sung A, Ling M M, Tang M L, et al. Correlating molecular structure to field-effect mobility: The investigation of side-chain functionality in phenylene-thiophene oligomers and their application in field effect transistors. Chem. Mater., 2007, 19: 2342−2351.

[24] Mculloch I, Heeney M, Bailey C, et al. Liquid-crystalline semiconducting polymers with high charge-carrier mobility. Nat. Mater., 2006, 5: 328−333.

[25] Osaka I, Abe T, Shinamura S, et al. High-mobility semiconducting naphthodithiophene copolymers. J. Am. Chem. Soc., 2010, 132: 5000−5001.

[26] Wang C, Dong H, Hu W, et al. Semiconducting pi-conjugated systems in field-effect transistors: A material odyssey of organic electronics. Chem. Rev., 2012, 112: 2208−2267.

[27] Wang X Y, Lin H R, Lei T, et al. Azaborine compounds for organic field-effect transistors: Efficient synthesis, remarkable stability, and bn dipole interactions. Angew. Chem., 2013, 125: 3199−3202.

[28] Biniek L, Fall S, Chochos C L, et al. Impact of the alkyl side chains on the optoelectronic properties of a series of photovoltaic low-band-gap copolymers. Macromolecules, 2010, 43: 9779−9786.

[29] Ding L, Ying H Z, Zhou Y, et al. Polycyclic imide derivatives: Synthesis and effective tuning of lowest unoccupied molecular orbital levels through molecular engineering. Org. Lett., 2010, 12: 5522−5525.

[30] Subramanian S, Park S K, Parkin S R, et al. Chromophore fluorination enhances crystallization and stability of soluble anthradithiophene semiconductors. J. Am. Chem. Soc., 2008, 130: 2706−2707.

[31] Kelley T W, Muyres D V, Baude P F, et al. High performance organic thin film transistors. MRS Proceedings, 2003, 771: 1−11.

[32] Kelley T W, Boardman L D, Dunbar T D, et al. High-performance otfts using surface-modified alumina dielectrics. J. Phys. Chem. B, 2003, 107: 5877−5881.

[33] Horowitz G, Fichou D, Peng X, et al. A field-effect transistor based on conjugated alpha-sexithienyl. Solid State Commun., 1989, 72: 381−384.

[34] Horowitz G, Garnier F, Yassar A, et al. Field-effect transistor made with a sexithiophene single crystal. Adv. Mater., 1996, 8: 52−54.

[35] Facchetti A, Yoon M H, Stern C L, et al. Building blocks for n-type molecular and polymeric electronics. Perfluoroalkyl-versus alkyl-functionalized oligothiophenes (n=2-6). Systematic synthesis, spectroscopy, electrochemistry, and solid-state organization. J. Am. Chem. Soc., 2004, 126: 13480-13501.

[36] Fichou D. Structural order in conjugated oligothiophenes and its implications on opto-electronic devices. J. Mater. Chem., 2000, 10: 571-588.

[37] Katz H E, Lovinger A J, Laquindanum J G. α,ω-Dihexylquaterthiophene: A second thin film single-crystal organic semiconductor. Chem. Mater., 1998, 10: 457-459.

[38] Ebata H, Izawa T, Miyazaki E, et al. Highly soluble [1] benzothieno [3,2-b] benzothiophene (BTBT) derivatives for high-performance, solution-processed organic field-effect transistors. J. Am. Chem. Soc., 2007, 129: 15732-15733.

[39] Chang J F, Sun B, Breiby D W, et al. Enhanced mobility of poly(3-hexylthiophene) transistors by spin-coating from high-boiling-point solvents. Chem. Mater., 2004, 16: 4772-4776.

[40] Kim D H, Park Y D, Jang Y, et al. Enhancement of field-effect mobility due to surface-mediated molecular ordering in regioregular polythiophene thin film transistors. Adv. Func. Mater., 2005, 15: 77-82.

[41] Kline R J, McGehee M D, Kadnikova E N, et al. Controlling the field-effect mobility of regioregular polythiophene by changing the molecular weight. Adv. Mater., 2003, 15: 1519-1522.

[42] Wang G, Hirasa T, Moses D, et al. Fabrication of regioregular poly(3-hexylthiophene) field-effect transistors by dip-coating. Synthetic Met., 2004, 146: 127-132.

[43] Zen A, Pflaum J, Hirschmann S, et al. Effect of molecular weight and annealing of poly(3-hexylthiophene)s on the performance of organic field-effect transistors. Adv. Func. Mater., 2004, 14: 757-764.

[44] Kunugi Y, Ikari M, Okamoto K, et al. Organic field-effect transistors based on vapor deposited 2,9-dialkylpentacene films. J. Photopolym. Sci. Tec., 2008, 21: 197-201.

[45] Laquindanum J G, Katz H E, Lovinger A J. Synthesis, morphology, and field-effect mobility of anthradithiophenes. J. Am. Chem. Soc., 1998, 120: 664-672.

[46] Payne M M, Parkin S R, Anthony J E, et al. Organic field-effect transistors from solution-deposited functionalized acenes with mobilities as high as 1 cm^2/Vs. J. Am. Chem. Soc., 2005, 127: 4986-4987.

[47] Anthony J E. Functionalized acenes and heteroacenes for organic electronics. Chem. Rev., 2006, 106: 5028-5048.

[48] Anthony J E, Subramanian S, Parkin S R, et al. Thin-film morphology and transistor performance of alkyl-substituted triethylsilylethynyl anthradithiophenes. J. Mater. Chem., 2009, 19: 7984.

[49] Halik M, Klauk H, Zschieschang U, et al. Relationship between molecular structure and electrical performance of oligothiophene organic thin film transistors. Adv. Mater., 2003, 15: 917-922.

[50] Kang M J, Doi I, Mori H, et al. Alkylated dinaphtho [2,3-b:2′,3′-f] thieno [3,2-b] thiophenes: Organic semiconductors for high-performance thin-film transistors. Adv. Mater., 2011, 23:

1222-1225.

[51] Yamamoto T, Takimiya K. Facile synthesis of highly π-extended heteroarenes, dinaphtho [2,3-b:2',3'-f] chalcogenopheno [3,2-b] chalcogenophenes, and their application to field-effect transistors. J. Am. Chem. Soc., 2007, 129: 2224-2225.

[52] Kang M J, Yamamoto T, Shinamura S, et al. Unique three-dimensional (3D) molecular array in dimethyl-DNTT crystals: A new approach to 3D organic semiconductors. Chem. Sci., 2010, 1: 179-183.

[53] Takeshi Y, Masatoshi S, Hiroaki N, et al. Organic field-effect transistors based on oligo-p-phenylenevinylene derivatives. Jap. J. Appl. Phys., 2006, 45: 313.

[54] Zhang F, Hu Y, Schuettfort T, et al. Critical role of alkyl chain branching of organic semiconductors in enabling solution-processed n-channel organic thin-film transistors with mobility of up to 3.50 cm^2/Vs. J. Am. Chem. Soc., 2013, 135: 2338-2349.

[55] Wu Q, Wang M, Qiao X, et al. Thieno [3,4-c] pyrrole-4,6-dione containing copolymers for high performance field-effect transistors. Macromolecules, 2013, 46: 3887-3894.

[56] Ding L, Li H B, Lei T, et al. Alkylene-chain effect on microwire growth and crystal packing of π-moieties. Chem. Mater., 2012, 24: 1944-1949.

[57] Mumyatov A V, Leshanskaya L I, Anokhin D V, et al. Organic field-effect transistors based on disubstituted perylene diimides: Effect of alkyl chains on the device performance. Mendeleev Commun., 2014, 24: 306-307.

[58] Takimiya K, Kunugi Y, Konda Y, et al. 2,7-Diphenyl [1] benzoselenopheno [3,2-b] [1] benzoselenophene as a stable organic semiconductor for a high-performance field-effect transistor. J. Am. Chem. Soc., 2006, 128: 3044-3050.

[59] Zhao Z, Yin Z, Chen H, et al. High-performance, air-stable field-effect transistors based on heteroatom-substituted naphthalenediimide-benzothiadiazole copolymers exhibiting ultrahigh electron mobility up to 8.5 cm^2/Vs. Adv. Mater., 2017, 29: 1602410.

[60] Zhao H, Jiang L, Dong H, et al. Influence of intermolecular N–H ... pi interactions on molecular packing and field-effect performance of organic semiconductors. Chem. Phys. Chem., 2009, 10: 2345-2348.

[61] Liang Z, Tang Q, Xu J, et al. Soluble and stable N-heteropentacenes with high field-effect mobility. Adv. Mater., 2011, 23: 1535-1539.

[62] Bao Z, Lovinger A J, Brown J. New air-stable n-channel organic thin film transistors. J. Am. Chem. Soc., 1998, 120: 207-208.

[63] Sakamoto Y, Kobayashi M, Gao Y, et al. Perflooropentacene: High-performance p-n juctions and complementary circuits with pentacene. J. Am. Chem. Soc., 2004, 126: 8138-8140..

[64] Kunugi Y, Takimiya K, Yamane K, et al. Organic field-effect transistor using oligoselenophene as an active layer. Chem. Mater., 2003, 15: 6-7.

[65] Takimiya K, Kunugi Y, Konda Y, et al. 2,6-Diphenylbenzo [1,2-b:4,5-b'] dichalcogenophenes: A new class of high-performance semiconductors for organic field-effect transistors. J. Am. Chem. Soc., 2004, 126: 5084-5085.

[66] Xiong Y, Tao J, Wang R, et al. A furan-thiophene-based quinoidal compound: A new class of solution-processable high-performance n-type organic semiconductor. Adv. Mater., 2016, 28:

5949-5953.

[67] Kang I, An T K, Hong J A, et al. Effect of selenophene in a DPP copolymer incorporating a vinyl group for high-performance organic field-effect transistors. Adv. Mater., 2013, 25: 524-528.

[68] Kang I, Yun H J, Chung D S, et al. Record high hole mobility in polymer semiconductors via side-chain engineering. J. Am. Chem. Soc., 2013, 135: 14896-14899.

[69] Ashraf R S, Meager I, Nikolka M, et al. Chalcogenophene comonomer comparison in small band gap diketopyrrolopyrrole-based conjugated polymers for high-performing field-effect transistors and organic solar cells. J. Am. Chem. Soc., 2015, 137: 1314-1321.

[70] Gao P, Beckmann D, Tsao H N, et al. Benzo [1,2-b:4,5-b'] bis [b] benzothiophene as solution processible organic semiconductor for field-effect transistors. Chem. Commun., 2008, 39: 1548-1550.

[71] Dadvand A, Cicoira F, Chernichenko K Y, et al. Heterocirculenes as a new class of organic semiconductors. Chem. Commun., 2008: 5354-5356.

[72] Qi T, Guo Y, Liu Y, et al. Synthesis and properties of the anti and syn isomers of dibenzothieno [b,d] pyrrole. Chem. Commun., 2008: 6227-6229.

[73] Li R, Dong H, Zhan X, et al. Single crystal ribbons and transistors of a solution processed sickle-like fused-ring thienoacene. J. Mater. Chem., 2010, 20: 6014-6018.

[74] Shea P B, Kanicki J, Ono N. Field-effect mobility of polycrystalline tetrabenzoporphyrin thin-film transistors. J. Appl. Phys., 2005, 98: 014503.

[75] Bao Z, Lovinger A J, Dodabalapur A. Organic field-effect transistors with high mobility based on copper phthalocyanine. Appl. Phys. Lett., 1996, 69: 3066-3068.

[76] Shea P B, Pattison L R, Kawano M, et al. Solution-processed polycrystalline copper tetrabenzoporphyrin thin-film transistors. Synthetic Met., 2007, 157: 190-197.

[77] Tang M L, Reichardt A D, Siegrist T, et al. Trialkylsilylethynyl-functionalized tetraceno [2,3-b] thiophene and anthra [2,3-b] thiophene organic transistors. Chem. Mater., 2008, 20: 4669-4676.

[78] Tang M L, Oh J H, Reichardt A D, et al. Chlorination: A general route toward electron transport in organic semiconductors. J. Am. Chem. Soc., 2009, 131: 3733-3740.

[79] Yoon M H, Facchetti A, Stern C E, et al. Fluorocarbon-modified organic semiconductors: Molecular architecture, rlectronic, and crystal structure tuning of arene-versus fluoroarene-thiophene oligomer thin-film properties. J. Am. Chem. Soc., 2006, 128: 5792-5801.

[80] Jones B A, Facchetti A, Wasielewski M R, et al. Tuning orbital energetics in arylene diimide semiconductors materials design for ambient stability of n-type charge transport. J. Am. Chem. Soc., 2007, 129: 15259-15278.

[81] McCullough R D. The chemistry of conducting polythiophenes. Adv. Mater., 1998, 10: 93-116.

[82] Liu J, Sheina E, Kowalewski T, et al. Tuning the electrical conductivity and self-assembly of regioregular polythiophene by block copolymerization: nanowire morphologies in new di-and triblock copolymers. Angew. Chem. Int. Edit., 2002, 41: 329-332.

[83] Liu J, McCullough R D. End group modification of regioregular polythiophene through postpolymerization functionalization. Macromolecules, 2002, 35: 9882-9889.

[84] Chen T A, Wu X, Rieke R D. Regiocontrolled synthesis of poly(3-alkylthiophenes) mediated by rieke zinc: Their characterization and solid-state properties. J. Am. Chem. Soc., 1995, 117: 233-244.

[85] Hamilton R, Bailey C, Duffy W, et al. In The influence of molecular weight on the microstructure and thin film transistor characteristics of pBTTT polymers. SPIE, 2006, 6336: 1-6.
[86] Tseng H R, Phan H, Luo C, et al. High-mobility field-effect transistors fabricated with macroscopic aligned semiconducting polymers. Adv. Mater., 2014, 26: 2993-2998.
[87] Kang J, Shin N, Jang D Y, et al. Structure and properties of small molecule-polymer blend semiconductors for organic thin film transistors. J. Am. Chem. Soc., 2008, 130: 12273-12275.
[88] Hamilton R, Smith J, Ogier S, et al. High-performance polymer-small molecule blend organic transistors. Adv. Mater., 2009, 21: 1166-1171.
[89] James D T, Kjellander B K C, Smaal W T T, et al. Thin-film morphology of inkjet-printed single-droplet organic transistors using polarized raman spectroscopy: Effect of blending tips-pentacene with insulating polymer. ACS Nano, 2011, 5: 9824-9835.
[90] Niazi M R, Li R, Qiang Li E, et al. Solution-printed organic semiconductor blends exhibiting transport properties on par with single crystals. Nat. Commun., 2015, 6: 8598.
[91] Zhong H, Smith J, Rossbauer S, et al. Air-stable and high-mobility n-channel organic transistors based on small-molecule/polymer semiconducting blends. Adv. Mater., 2012, 24: 3205-3211.
[92] Yuan Y, Giri G, Ayzner A L, et al. Ultra-high mobility transparent organic thin film transistors grown by an off-centre spin-coating method. Nat. Commun., 2014, 5: 3005.
[93] Smith J, Hamilton R, Mculloch I, et al. Solution-processed organic transistors based on semiconducting blends. J. Mater. Chem., 2010, 20: 2562-2574.
[94] Smith J, Hamilton R, Heeney M, et al. High-performance organic integrated circuits based on solution processable polymer-small molecule blends. Appl. Phys. Lett., 2008, 93: 253301.
[95] Zhang W, Smith J, Hamilton R, et al. Systematic improvement in charge carrier mobility of air stable triarylamine copolymers. J. Am. Chem. Soc., 2009, 131: 10814-10815.
[96] Hunter S, Chen J, Anthopoulos T D. Microstructural control of charge transport in organic blend thin-film transistors. Adv. Func. Mater., 2014, 24: 5969-5976.
[97] Pitsalidis C, Pappa A M, Hunter S, et al. High mobility transistors based on electrospray-printed small-molecule/polymer semiconducting blends. J. Mater. Chem. C, 2016, 4: 3499-3507.
[98] Zhao K, Wodo O, Ren D, et al. Vertical phase separation in small molecule: Polymer blend organic thin film transistors can be dynamically controlled. Adv. Func. Mater., 2016, 26: 1737-1746.
[99] Paterson A F, Treat N D, Zhang W, et al. Small molecule/polymer blend organic transistors with hole mobility exceeding 13 cm^2/Vs. Adv. Mater., 2016, 28: 7791-7798.
[100] Wei Z, Xi H, Dong H, et al. Blending induced stack-ordering and performance improvement in a solution-processed n-type organic field-effect transistor. J. Mater. Chem., 2010, 20: 1203-1207.
[101] Cheng S S, Huang P Y, Ramesh M, et al. Solution-processed small-molecule bulk heterojunction ambipolar transistors. Adv. Func. Mater., 2014, 24: 2057-2063.

[102] He C, He Y, Li A, et al. Blending crystalline/liquid crystalline small molecule semiconductors: A strategy towards high performance organic thin film transistors. Appl. Phys. Lett., 2016, 109: 143302.

[103] Qiu L, Lim J A, Wang X, et al. Versatile use of vertical-phase-separation-induced bilayer structures in organic thin-film transistors. Adv. Mater., 2008, 20: 1141–1145.

[104] Qiu L, Xu Q, Lee W H, et al. Organic thin-film transistors with a photo-patternable semiconducting polymer blend. J. Mater. Chem., 2011, 21: 15637–15642.

[105] Lei Y, Deng P, Lin M, et al. Enhancing crystalline structural orders of polymer semiconductors for efficient charge transport via polymer-matrix-mediated molecular self-assembly. Adv. Mater., 2016, 28: 6687–6694.

[106] Babel A, Jenekhe S A. n-Channel field-effect transistors from blends of conjugated polymers. J. Phys. Chem. B, 2002, 106: 6129–6132.

[107] Babel A, Li D, Xia Y, et al. Electrospun nanofibers of blends of conjugated polymers: Morphology, optical properties, and field-effect transistors. Macromolecules, 2005, 38: 4705–4711.

[108] Zhao Y, Zhao X, Roders M, et al. Complementary semiconducting polymer blends for efficient charge transport. Chem. Mater., 2015, 27: 7164–7170.

[109] Ma L, Lee W H, Park Y D, et al. High performance polythiophene thin-film transistors doped with very small amounts of an electron acceptor. Appl. Phys. Lett., 2008, 92: 063310.

[110] Aziz E F, Vollmer A, Eisebitt S, et al. Localized charge transfer in a molecularly doped conducting polymer. Adv. Mater., 2007, 19: 3257–3260.

[111] Brinkmann M, Rannou P. Effect of molecular weight on the structure and morphology of oriented thin films of regioregular poly(3–hexylthiophene) grown by directional epitaxial solidification. Adv. Funct. Mater., 2007, 17: 101–108.

[112] Lee B H, Bazan G C, Heeger A J. Doping-induced carrier density modulation in polymer field-effect transistors. Adv. Mater., 2016, 28: 57–62.

[113] Luo C, Kyaw A K, Perez L A, et al. General strategy for self-assembly of highly oriented nanocrystalline semiconducting polymers with high mobility. Nano Lett., 2014, 14: 2764–2771.

[114] Zhang F, Dai X, Zhu W, et al. Large modulation of charge carrier mobility in doped nanoporous organic transistors. Adv. Mater., 2017, 29: 1700411.

[115] Treat N D, Nekuda Malik J A, Reid O, et al. Microstructure formation in molecular and polymer semiconductors assisted by nucleation agents. Nat. Mater., 2013, 12: 628–633.

[116] Luo H, Yu C, Liu Z, et al. Remarkable enhancement of charge carrier mobility of conjugated polymer field-effect transistors upon incorporating an ionic additive. Sci. Adv., 2016, 2: 1600076.

[117] Okamoto T, Senatore M L, Ling M M, et al. Synthesis, characterization, and field-effect transistor performance of pentacene derivatives. Adv. Mater., 2007, 19: 3381-3384.

[118] Gsänger M, Oh J H, Könemann M, et al. A crystal-engineered hydrogen-bonded octachloroperylene diimide with a twisted core: An n-channel organic semiconductor. Angew. Chem. Int. Edit., 2010, 122: 752–755.

[119] Feng X, Marcon V, Pisula W, et al. Towards high charge-carrier mobilities by rational design of

the shape and periphery of discotics. Nat. Mater., 2009, 8: 421-426.
[120] Anthony J E, Eaton D L, Parkin S R. A road map to stable, soluble, easily crystallized pentacene derivatives. Org. Lett., 2002, 4: 15-18.
[121] Pisula W, Menon A, Stepputat M, et al. A zone-casting technique for device fabrication of field-effect transistors based on discotic hexa-peri-hexabenzocoronene. Adv. Mater., 2005, 17: 684-689.
[122] Lee W H, Kim D H, Jang Y, et al. Solution-processable pentacene microcrystal arrays for high performance organic field-effect transistors. Appl. Phys. Lett., 2007, 90: 132106.
[123] Headrick R L, Wo S, Sansoz F, et al. Anisotropic mobility in large grain size solution processed organic semiconductor thin films. Appl. Phys. Lett., 2008, 92: 063302.
[124] Becerril H A, Roberts M E, Liu Z, et al. High-performance organic thin-film transistors through solution-sheared deposition of small-molecule organic semiconductors. Adv. Mater., 2008, 20: 2588-2594.
[125] Sele C W, Kjellander B K C, Niesen B, et al. Controlled deposition of highly ordered soluble acene thin films: Effect of morphology and crystal orientation on transistor performance. Adv. Mater., 2009, 21: 4926-4931.
[126] Rogowski R Z, Darhuber A A. Crystal growth near moving contact lines on homogeneous and chemically patterned surfaces. Langmuir, 2010, 26: 11485-11493.
[127] Lovinger A J, Wang T T. Investigation of the properties of directionally solidified poly(vinylidene fluoride). Polymer, 1979, 20: 725-732.
[128] Mannsfeld S C B, Tang M L, Bao Z. Thin film structure of triisopropylsilylethynyl-functionalized pentacene and tetraceno [2,3-*b*] thiophene from grazing incidence X-ray diffraction. Adv. Mater., 2011, 23: 127-131.
[129] Tseng H R, Ying L, Hsu B B Y, et al. High mobility field effect transistors based on macroscopically oriented regioregular copolymers. Nano Lett., 2012, 12: 6353-6357.
[130] Song L, Bly R K, Wilson J N, et al. Facile microstructuring of organic semiconducting polymers by the breath figure method: Hexagonally ordered bubble arrays in rigid rod-polymers. Adv. Mater., 2004, 16: 115-118.
[131] Campoy M, Ferenczi T, Agostinelli T, et al. Morphology evolution via self-organization and lateral and vertical diffusion in polymer:fullerene solar cell blends. Nat. Mater., 2008, 7: 158-164.
[132] Iino H, Usui T, Hanna J. Liquid crystals for organic thin-film transistors. Nat. Commun., 2015, 6: 6828.
[133] Dechamp D M, Kline R J, Lin E K, et al. High carrier mobility polythiophene thin films: Structure determination by experiment and theory. Adv. Mater., 2007, 19: 833-837.
[134] Hong J P, Park A Y, Lee S, et al. Tuning of Ag work functions by self-assembled monolayers of aromatic thiols for an efficient hole injection for solution processed triisopropylsilylethynyl pentacene organic thin film transistors. Appl. Phys. Lett., 2008, 92: 143311.
[135] Dickey K C, Smith T J, Stevenson K J, et al. Establishing efficient electrical contact to the weak crystals of triethylsilylethynyl anthradithiophene. Chem. Mater., 2007, 19: 5210-5215.
[136] Dickey K C, Anthony J E, Loo Y L. Improving organic thin-film transistor performance through solvent-vapor annealing of solution-processable triethylsilylethynyl anthradithiophene. Adv. Mater., 2006, 18: 1721-1726.

[137] Cho S, Lee K, Yuen J, et al. Thermal annealing-induced enhancement of the field-effect mobility of regioregular poly(3−hexylthiophene) films. J. Appl. Phys., 2006, 100: 114503.

[138] Sun B, Hong W, Yan Z, et al. Record high electron mobility of 6.3 cm^2/Vs achieved for polymer semiconductors using a new building block. Adv. Mater., 2014, 26: 2636−2642.

[139] Bronstein H, Chen Z, Ashraf R S, et al. Thieno [3,2−b] thiophene-diketopyrrolopyrrole-containing polymers for high-performance organic field-effect transistors and organic photovoltaic devices. J. Am. Chem. Soc., 2011, 133: 3272−3275.

[140] Boamfă M I, Viertler K, Wewerka A, et al. Mesogene-polymer backbone coupling in side-chain polymer liquid crystals, studied by high magnetic-field-induced alignment. Phys. Rev. Lett., 2003, 90: 025501.

[141] Kim H S, Choi S M, Lee J H, et al. Uniaxially oriented, highly ordered, large area columnar superstructures of discotic supramolecules using magnetic field and surface interactions. Adv. Mater., 2008, 20: 1105−1109.

[142] Pan G, Chen F, Hu L, et al. Effective controlling of film texture and carrier transport of a high-performance polymeric semiconductor by magnetic alignment. Adv. Func. Mater., 2015, 25: 5126−5133.

[143] Shklyarevskiy I O, Jonkheijm P, Stutzmann N, et al. High anisotropy of the field-effect transistor mobility in magnetically aligned discotic liquid-crystalline semiconductors. J. Am. Chem. Soc., 2005, 127: 16233−16237.

[144] McCulloch B, Portale G, Bras W, et al. Dynamics of magnetic alignment in rod-coil block copolymers. Macromolecules, 2013, 46: 4462−4471.

[145] Tran H, Gopinadhan M, Majewski P W, et al. Monoliths of semiconducting block copolymers by magnetic alignment. ACS Nano, 2013, 7: 5514−5521.

[146] Kymissis I, Dimitrakopoulos C D, Purushothaman S. High-performance bottom electrode organic thin-film transistors. IEEE Trans. on Electron Devices, 2001, 48: 1060−1064.

[147] Stoliar P, Kshirsagar R, Massi M, et al. Charge injection across self-assembly monolayers in organic field-effect transistors: Odd-even effects. J. Am. Chem. Soc., 2007, 129: 6477−6484.

[148] Cheng X, Noh Y Y, Wang J, et al. Controlling electron and hole charge injection in ambipolar organic field-effect transistors by self-assembled monolayers. Adv. Func. Mater., 2009, 19: 2407−2415.

[149] Tulevski G S, Miao Q, Afzali A, et al. Chemical complementarity in the contacts for nanoscale organic field-effect transistors. J. Am. Chem. Soc., 2006, 128: 1788−1789.

[150] Hamadani B H, Corley D A, Ciszek J W, et al. Controlling charge injection in organic field-effect transistors using self-assembled monolayers. Nano Lett., 2006, 6: 1303−1306.

[151] Chu C W, Li S H, Chen C W, et al. High-performance organic thin-film transistors with metal oxide/metal bilayer electrode. Appl. Phys. Lett., 2005, 87: 193508.

[152] Gao Y, Shao Y, Yan L, et al. Efficient charge injection in organic field-effect transistors enabled by low-temperature atomic layer deposition of ultrathin VO_x interlayer. Adv. Func. Mater., 2016, 26: 4456−4463.

[153] Cho S, Seo J H, Lee K, et al. Enhanced performance of fullerene n-channel field-effect transistors with titanium sub-oxide injection layer. Adv. Func. Mater., 2009, 19: 1459−1464.

[154] Di C, Yu G, Liu Y, et al. High-performance low-cost organic field-effect transistors with chemically modified bottom electrodes. J. Am. Chem. Soc., 2006, 128: 1618−1619.

[155] Zhang Y, Zalar P, Kim C, et al. DNA interlayers enhance charge injection in organic field-effect transistors. Adv. Mater., 2012, 24: 4255−4260.

[156] Singh S, Mohapatra S K, Sharma A, et al. Reduction of contact resistance by selective contact doping in fullerene n-channel organic field-effect transistors. Appl. Phys. Lett., 2013, 102: 153303.

[157] Yang H, Shin T J, Ling M M, et al. Conducting AFM and 2D GIXD studies on pentacene thin films. J. Am. Chem. Soc., 2005, 127: 11542−11543.

[158] Liu D, He Z, Su Y, et al. Self-assembled monolayers of cyclohexyl-terminated phosphonic acids as a general dielectric surface for high-performance organic thin-film transistors. Adv. Mater., 2014, 26: 7190−7196.

[159] Yoshida M, Uemura S, Kodzasa T, et al. Surface potential control of an insulator layer for the high performance organic FET. Synthetic Met., 2003, 137: 967−968.

[160] Gao J, Asadi K, Xu J B, et al. Controlling of the surface energy of the gate dielectric in organic field-effect transistors by polymer blend. Appl. Phys. Lett., 2009, 94: 093302.

[161] Chua L L, Zaumseil J, Chang J F, et al. General observation of n-type field-effect behaviour in organic semiconductors. Nature, 2005, 434: 194−199.

[162] Sunjoo Kim F, Hwang D K, Kippelen B, et al. Enhanced carrier mobility and electrical stability of n-channel polymer thin film transistors by use of low-k dielectric buffer layer. Appl. Phys. Lett., 2011, 99: 173303.

[163] Kumar B, Kaushik B K, Negi Y S. Organic thin film transistors: Structures, models, materials, fabrication, and applications: A review. Polym. Rev., 2014, 54: 33−111.

[164] Nishizawa J, Terasaki T, Shibata J. Field-effect transistor versus analog transistor (static induction transistor). IEEE Trans. Electron Devices, 1975, 22: 185−197.

[165] Hsiao W Z, Kuo H Y. Vertical-channel organic thin-film transistors with meshed electrode and low leakage current. Jap. J. Appl. Phys., 2007, 46: 3315.

[166] Parashkov R, Becker E, Hartmann S, et al. Vertical channel all-organic thin-film transistors. Appl. Phys. Lett., 2003, 82: 4579−4580.

[167] Tanaka S, Yanagisawa H, Iizuka M, et al. Vertical-and lateral-type organic FET using pentacene evaporated films. Electr. Eng. JPN, 2004, 149: 43−48.

[168] Chen Y, Shih I. Fabrication of vertical channel top contact organic thin film transistors. Org. Electron., 2007, 8: 655−661.

[169] Kleemann H, Günther A A, Leo K, et al. High-performance vertical organic transistors. Small, 2013, 9: 3670−3677.

[170] Watanabe Y, Kudo K. Vertical type organic transistor for flexible sheet display. SPIE, 2009, 7415: 1−10.

[171] Fang Chen L, Chen I, Genovese F C. A thin-film transistor for flat planel displays. IEEE Trans. Electron Devices, 1981, 28: 740−743.

[172] Tuan H C, Thompson M J, Johnson N M, et al. Dual-gate a-Si:H thin film transistors. IEEE Trans. Electron Devices, 1982, 3: 357−359.

[173] Kaneko Y, Tsutsui K, Tsukada T. Back-bias effect on the current-voltage characteristics of amorphous silicon thin-film transistors. J. Non-Cryst. Solids, 1992, 149: 264−268.

[174] Cui T, Liang G. Dual-gate pentacene organic field-effect transistors based on a nanoassembled SiO_2 nanoparticle thin film as the gate dielectric layer. Appl. Phys. Lett., 2005, 86: 064102.

[175] Iba S, Sekitani T, Kato Y, et al. Control of threshold voltage of organic field-effect transistors with double-gate structures. Appl. Phys. Lett., 2005, 87: 023509.

[176] Gelinck G H, Veenendaal E, Coehoorn R. Dual-gate organic thin-film transistors. Appl. Phys. Lett., 2005, 87: 073508.

[177] Chua L L, Friend R H, Ho P K H. Organic double-gate field-effect transistors: Logic AND operation. Appl. Phys. Lett., 2005, 87: 253512.

[178] Morana M, Bret G, Brabec C. Double-gate organic field-effect transistor. Appl. Phys. Lett. 2005, 87: 153511.

[179] Anthopoulos T D, Anyfantis G C, Papavassiliou G C, et al. Air-stable ambipolar organic transistors. Appl. Phys. Lett., 2007, 90: 122105.

[180] Breemen A, Herwig P T, Chlon C, et al. High-performance solution-processable poly(p-phenylene vinylene)s for air-stable organic field-effect transistors. Adv. Func. Mater., 2005, 15: 872−876.

[181] Suemori K, Uemura S, Yoshida M, et al. Threshold voltage stability of organic field-effect transistors for various chemical species in the insulator surface. Appl. Phys. Lett., 2007, 91: 192112.

[182] Tsamados D, Cvetkovic N V, Sidler K, et al. Double-gate pentacene thin-film transistor with improved control in sub-threshold region. Solid-State Electron., 2010, 54: 1003−1009.

[183] Spijkman M, Smits E C P, Blom P W M, et al. Increasing the noise margin in organic circuits using dual gate field-effect transistors. Appl. Phys. Lett., 2008, 92: 143304.

[184] Hizu K, Sekitani T, Someya T, et al. Reduction in operation voltage of complementary organic thin-film transistor inverter circuits using double-gate structures. Appl. Phys. Lett., 2007, 90: 093504.

[185] Lim W, Douglas E A, Lee J, et al. Transparent dual-gate InGaZnO thin film transistors: OR gate operation. J. Vac. Sci. Technol. B, 2009, 27: 2128−2131.

[186] Park C H, Lee K H, Min Suk O, et al. Dual gate ZnO-based thin-film transistors operating at 5 V: Gate application. IEEE Electron Device Lett., 2009, 30: 30−32.

[187] Koo J B, Ku C H, Lim J W, et al. Novel organic inverters with dual-gate pentacene thin-film transistor. Org. Electron., 2007, 8: 552−558.

[188] Takeya J, Yamagishi M, Tominari Y, et al. Very high-mobility organic single-crystal transistors with in-crystal conduction channels. Appl. Phys. Lett., 2007, 90: 102120.

[189] Yakuphanoglu F, Caglar M, Caglar Y, et al. Improved mobility of the copper phthalocyanine thin-film transistor. Synthetic Met., 2010, 160: 1520−1523.

[190] Puigdollers J, Voz C, Fonrodona M, et al. Copper phthalocyanine thin-film transistors with polymeric gate dielectric. J. Non-Crystal. Solids, 2006, 352: 1778−1782.

[191] Schauer F, Zhivkov I, Nespurek S. Organic phthalocyanine films with high mobilities for efficient field-effect transistor switches. J. Non-Crystal. Solids, 2000, 266: 999−1003.

[192] Xiao K, Liu Y, Guo Y, et al. Influence of self-assembly monolayers on the characteristics of copper phthalacyanine thin film transistor. Appl. Phys. A, 2005, 80: 1541−1545.

第 10 章

有机薄膜晶体管的应用

2011年,我国工业和信息化部总经济师周子学在《有机电子产业发展现状与前景展望》中指出,未来10年,将是有机电子产业高速发展的时期,有机半导体、有机电子产品的应用领域将越来越广泛,市场规模将越来越大。图10.1展示了有机薄膜晶体管(organic thin-film transistor,OTFT)的应用。综合 iSuppli、Nano Markets、ID TechEx 及我国台湾工业技术研究院等机构的预测,得出有机电子各主要领域的未来市场规模:有机冷光片(organic electroluminescence,OEL)照明市场,2020年将达到500亿美元;有机发光二极管(organic light-emitting diode,OLED)显示市场,2020年将达到1 500亿美元;有机射频识别标签(organic radio frequency identification device,ORFID)市场,2020年将达到300亿美元。这些产品几乎都离不开有机薄膜晶体管。有机薄膜晶体管除了可以用于OEL照明、有源OLED的驱动、RFID,还可

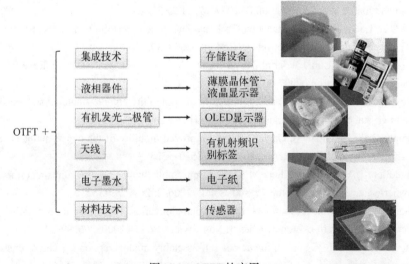

图 10.1　OTFT 的应用

用于大规模集成电路、生物医药领域和各类传感器（如化学传感、生物传感、气体传感、压力传感等）。此外，它更是现在备受关注的柔性器件、可穿戴器件不可分割的部分。本章将围绕有机薄膜晶体管在上述方面的应用展开介绍。

10.1 应用于集成电路

存储器是现代信息技术中用于保存信息的记忆设备。在数字系统中，只要能保存二进制数据的都可以称为存储器。在系统中，具有实物形式的存储设备也叫存储器，如内存条、闪存卡等。在集成电路中，一个没有实物形式的具有存储功能的电路也叫存储器，如随机存储器（random access memory, RAM）、先进先出数据缓存器（first in first out, FIFO）等。计算机中全部信息，包括输入的原始数据、计算机程序、中间运行结果和最终运行结果都保存在存储器中。它根据控制器指定的位置存入和取出信息。有了存储器，计算机才有记忆功能，才能正常工作。

相对于无机存储器来说，发展迅速的有机存储器已有很多类型，如有机双稳态存储器[1-2]、有机-无机复合存储器[3]和有机薄膜晶体管存储器[4-9]等。根据存储器件的结构，可将现有的有机存储器分为阻变式有机存储器、电容式有机存储器、有机薄膜晶体管存储器。

有机薄膜晶体管存储器不仅质量轻、可柔、可低温集成、可任意形状大面积制造、成本低廉，而且具有低操作电压、无损伤读取等特点，因此，该存储器在可写入和擦除的非易失性存储方面受到广泛关注[9-15]。根据存储机制的不同，有机薄膜晶体管存储器可以分为浮栅型存储器、铁电型存储器、聚合物绝缘层存储器。

10.1.1 浮栅型有机薄膜晶体管存储器

浮栅型有机薄膜晶体管（floating gate organic thin film transistor, FG-OTFT）存储器是典型的非易失性存储结构，这种结构在现在商用的存储器芯片中有大量应用。图10.2是传统的底栅底接触有机薄膜晶体管和浮栅型有机薄膜晶体管存储器结构的对比。它们都含有控制栅、介电层、有机半导体层、源极和漏极。唯一的不同点在于浮栅型有机薄膜晶体管存储器在介电层中插入了多晶硅浮栅，这个浮栅更接近于有机层和介电层的界面。

其工作原理是：通过在栅极上施加一个脉冲电压，半导体沟道中的电荷（空穴或电子）通过直接隧穿或热电子发射的方式注入浮栅上，并可以部分屏蔽来自栅的电场，因而导致器件的阈值电压的偏移。当外加电场消失后，由于浮栅层被周围的绝缘介质包围，注入的电荷处于一个很深的势阱中，电荷很难在室温的热激发下返回沟道，所以它们不会因为外加电场的消失而消失，阈值电压在电场消失后仍然保持原来的值，从而使器件存储的信息具有非易失性。器件的写入过程，如图10.3

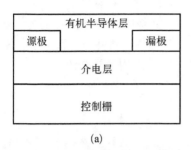
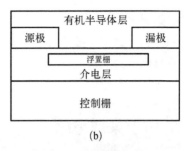

图10.2 传统底栅底接触有机薄膜晶体管和浮栅型有机薄膜晶体管结构对比
(a)底栅底接触OTFT;(b)浮栅型OTFT存储器

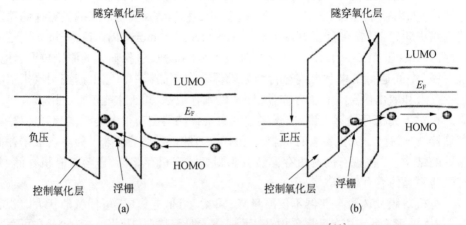

图10.3 浮栅型OTFT存储器的工作原理[16]
(a)FG-OTFT存储器写入过程;(b)FG-OTFT存储器擦除过程

(a)所示。当外加一个反方向的脉冲电压后,使存储于浮栅上的电荷返回到沟道中,浮栅对栅上外加电场屏蔽效应消失,从而使器件又回到写入前的阈值电压,这就是器件的擦除过程,如图10.3(b)所示。

而浮栅型有机薄膜晶体管存储器的概念最早是于2002年由Howard等提出的[6]。在此之前,都是硅基浮栅存储器,作为信息存储器件和自适应电路、突触电路和放大电路的元件。Howard等用传统的二氧化硅和玻璃树脂,以及两种特殊的疏水性聚合物,聚(4-甲基苯乙烯)和TOPAS环烯烃共聚物,这4种材料作为介电层制作OTFT存储器,并用这个非易失存储器制作了一个像素电路。发现存储电荷位于界面及绝缘层的各个位置,与传统的Si基浮栅存储器区别较大。此外,发现使用不掺杂的半导体和疏水性介电层,浮栅效应更明显。这个发现使得更多的材料能够被用于浮栅型存储器,特别是大量的低掺杂半导体可以列入考虑,如噻吩-噻唑低聚物[17]、苯并二噻吩[18]、芴等。

直到2006年,Liu等才报道了第一个真正意义上以浮栅来存储电荷的有机薄膜晶体管存储器[19]。他们以重掺杂的n型Si作为基底,用热生长法制备上100 nm

的氧化层,然后通过静电逐层自组装法将金纳米颗粒沉积在氧化层上,金纳米颗粒是作为浮栅来存储电荷的,然后以旋涂的聚3-己基噻吩薄膜作为半导体层,聚4-乙烯基苯酚作为隧穿层,制作流程如图10.4所示。制备过程使用的低温溶液法十分适合塑料基底电路,因此,这个研究能很好地推动价格低廉的柔性有机非易失性存储器的发展。然而,该存储器工作电压很大,数据保留时间为200 s,器件保持特性还不理想。

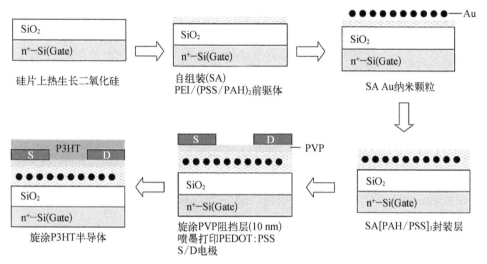

图10.4 浮栅型OTFT存储器制备流程图[19]

10.1.2 铁电型有机薄膜晶体管存储器

铁电存储技术是继半导体存储技术后最为重要的存储技术,是21世纪信息存储领域的主流技术之一。随着有机电子器件的发展,铁电存储技术和有机半导体器件技术的结合成为人们研究的热点。

铁电型有机薄膜晶体管存储器主要是利用非线性极化的铁电材料作为绝缘层取代OTFT器件中的线性极化的栅介质,构成新型的非破坏读出存储器件(图10.5)。它利用铁电材料的极化特性实现二进制数据的存储,也正是这种非线性极化可以实现信息存储功能。

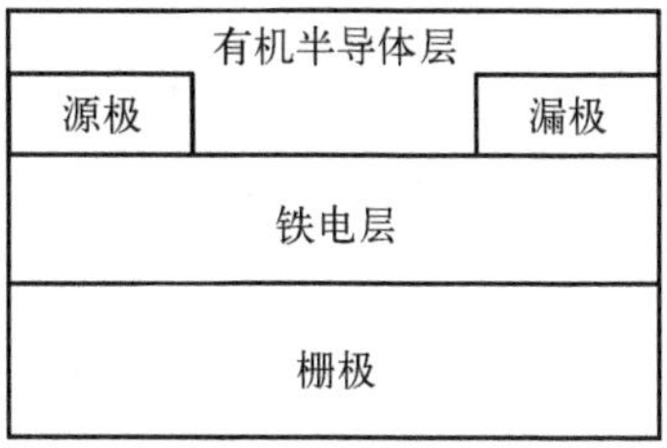

以基于p型有机半导体材料的铁电OTFT存储器为例,其工作原理:在进行"写"操作时,在栅极上施加一个较大数值的脉冲,该脉冲必须使铁电材料内部的电场大于矫顽电场,从而将铁电材料绝缘层极化。根据所施加脉冲的正负,铁电材料会产生两个极化方向,这样就用两种不同的阈值电压实现了"0"、"1"两种存储状态,实现了二进制数据的

图10.5 铁电型有机薄膜晶体管存储器结构图

存储。在进行"读"操作时,在栅极上施加适当的电压(小于较高阈值电压且大于较低阈值电压)并且在漏极施加适当负偏压,然后通过比较源漏极输出电流的相对大小来确定存储单元的逻辑值。

现在比较典型的有机铁电材料是聚偏氟乙烯(PVDF)和偏氟乙烯-三氟乙烯共聚物P(VDF-TrFE),它们具有永久的长程极化能力,快速开关能力和良好的热稳定性。氟原子有着极强的电负性,因此在PVDF中,由于氟原子的诱导作用使得分子间存在着很强的偶极作用。当有电场存在时,这种偶极就会随着PVDF链段的旋转而发生排列,即产生铁电作用。

图10.6是Lee等制作的铁电型有机薄膜晶体管存储器,左上角是底栅底接触苯基铁电型OTFT结构示意图,右下角是含有P(VDF-TrFE)铁电层的ZnO顶栅非易失晶体管示意图,右上角是在PES薄膜上制作的柔性苯基非易失晶体管的照片。为了解决普通P(VDF-TrFE)层表面粗糙度大导致迁移率低的问题,以及PVP/P(VDF-TrFE)双层弱极化的问题,他们用单层短程有序的P(VDF-TrFE)晶相作为非易失存储器的介电层。这样制作的铁电型OTFT存储器中的铁电层展现出了很好的剩余极性,最大值达7 μC/cm²。基于200 nm厚的P(VDF-TrFE)铁电层的p型苯基和n型ZnO非易失晶体管展现出较高的迁移率,分别为0.1 cm²/(V·s)和1 cm²/(V·s),且漏电流很低[20]。

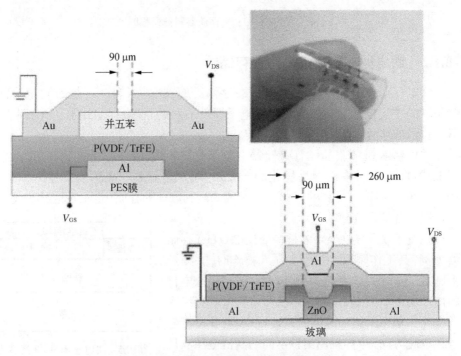

图10.6 铁电型有机薄膜晶体管存储器[20]

10.1.3 聚合物绝缘层有机薄膜晶体管存储器

基于电荷俘获机制的非易失性存储器是一类被广泛研究和应用的存储器,但它一般都需要有电荷隧穿层和电荷俘获层,器件结构比较复杂。而对于有机聚合物绝缘层有机薄膜晶体管存储器来说,仅聚合物绝缘层就可以满足电荷隧穿和电荷俘获的需要,制备工艺简单。

2006年,Kang等在含SiO_2的硅基片上,以聚甲基苯乙烯(PαMS)为栅介电层,并五苯为有机层制作OFET存储器(图10.7)。该器件有较高的开关比(约为10^5),较高的迁移率[约为0.5 $cm^2/(V·s)$],很短的转化时间(低于1 μs),较长的存储保持时间(超过100 h),较大的存储窗口(约为90 V)[9]。只有在SiO_2绝缘层和并五苯层间插入合适的聚合物(如PαMS)作为栅介电层,器件的存储特性才会表现出来。这可能是由于在聚合物栅电极上存储的电荷对栅电场的调控。也就是说,载流子从有机并五苯层迁移到PαMS层,并存储在里面。但其中更详细的机理仍在研究中。

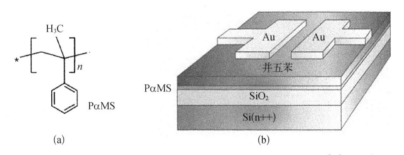

图10.7 基于聚合物绝缘层的有机薄膜晶体管存储器[9]
(a)聚甲基苯乙烯分子结构;(b)聚合物绝缘层有机薄膜晶体管存储器结构

2008年,Kang等用多种聚合物作为栅介电层,在含SiO_2基底上制作了苯基OFET(图10.8)[21]。既有非极性的疏水材料聚苯乙烯(PS)、聚丙烯腈(PVN)、PαMS和聚4-甲基苯乙烯(P4MS),又有中等极性的亲水材料聚乙烯基苯酚(PVP)和聚乙烯吡咯烷酮(PVPyr),还有强极性的亲水材料聚乙烯醇(PVA)。实验发现,用非极性的疏水性材料作为栅介电层,其存储效果优于极性的亲水性材料,这可类比于在闪存中的浮栅材料。

逻辑电路和存储电路是现在电子产品的基本单元。人们认为有机存储器能够解决传统存储技术所面临的尺寸缩小问题,因此有机存储器有望广泛地应用在下一代存储器中。此外,在射频识别、柔性传感器、柔性显示等领域,有机存储器也极具应用前景。

2007年,Poly IC公司成功研制出第一个基于OTFT的RFID标签,可在13.56 MHz下稳定工作。2009年,Sekitani等把OTFT存储器应用在压力传感器领

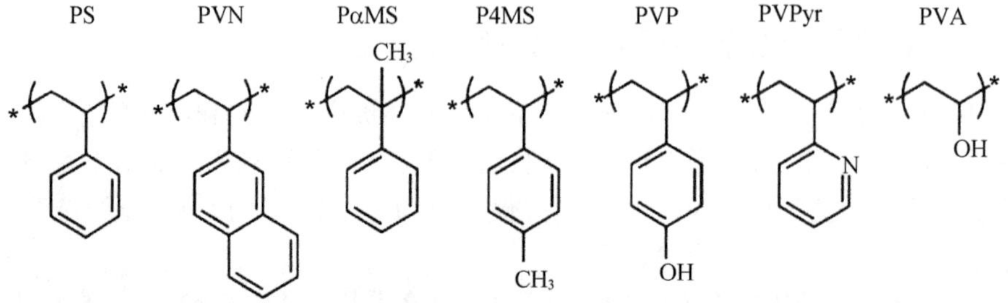

图10.8 用于聚合物绝缘层OTFT存储器研究的聚合物分子结构[21]

域,开辟了又一新的应用领域[22]。同年,也出现了OTFT多位存储的报道,代表了未来存储单元的发展方向,即通过在小单元上产生2^n的阈值电压来获得多位存储信息。Guo等以PS和聚甲基丙烯酸甲酯(PMMA)为栅介质层,以并五苯和酞菁铜(CuPc)为有机层制作OTFT,实现了单个存储单元的2位信息存储,而且具有电学及光辅助可编程的优点[23]。实现OTFT多位存储是一个不小的挑战,其中的机理尚不明确。

10.2 应用于有源显示驱动

10.2.1 OTFT-LCD

OTFT-LCD(organic thin-film transistor-liquid crystal display)全称为有机薄膜晶体管液晶显示器。传统的TFT-LCD受材料的局限,只能以平面方式显示,无法做到弯曲显示。OTFT-LCD由于使用有机材料,具有可弯曲显示的优势,不但耐冲击,而且重量轻、体积小。这种显示器不仅外观得到了提升,而且应用环境也因此大为扩展和多样化。

目前,各种形态的液晶材料基本上都用于开发液晶显示器,现在已开发出的有各种向列相液晶、聚合物分散液晶、双(多)稳态液晶、铁电液晶和反铁电液晶显示器等。这些显示器中的每一个像素点都离不开晶体管的驱动。工业上制作OTFT底板的方式有喷墨印刷[24-25]、旋涂层的平版印刷[26-27]和压膜方法[28]等。

图10.9是OTFT驱动的聚合物分散液晶(polymer-dispersed liquid crystal,PDLC)显示单元示意图。PDLC是用于柔性显示中很有前景的一种材料。因为PDLC在分布横截面上展示出可控的电光效应,而且不要求极性,使得PDLC很容易与塑料基底结合,亮度比普通LCD更高[29]。其工作原理是,通过OTFT的开关性质对施加在液晶上的电场进行调控。施加电场可调节液晶微滴的光轴取向,当两者折射率相匹配时,呈现透明态。除去电场,液晶微滴又恢复最初的散光状态,从而进行显示。

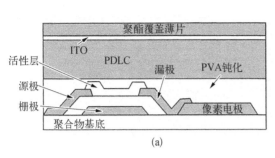 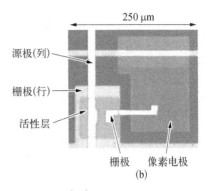

图 10.9 OTFT 驱动的聚合物分散液晶显示[29]

(a)OTFT 驱动的 PDLC 显示单元结构示意图;(b)在光学显微镜下观察到的制作在柔性聚萘二甲酸乙二醇酯(PEN)薄膜上的 OTFT-AMLCD 像素

而目前在液晶显示中,开发最成功、市场占有量最大、发展最快的是向列相液晶显示器。按照液晶显示模式,常见有扭曲向列相模式、高扭曲向列相模式、超扭曲向列相模式、薄膜晶体管模式等。其像素点构造及工作原理与 PDLC 类似。

10.2.2 OTFT-EPD

柔性电泳显示(electrophoretic display,EPD)是有机晶体管最被看好的应用方向之一[28]。该显示技术最吸引人的地方在于可像普通纸张一样具有柔性和可读性,同时,能利用本身的特性不断地及时更新信息。

电泳显示是利用带电的胶体颗粒可在电场中移动的原理,通过电极间带电物质在电场作用下的运动实现色彩交替显示的一种技术,以这样一个电泳单元为一个像素,将电泳单元进行代维矩阵式排列构成显示平面,根据要求像素可显示不同的颜色,其组合就能得到图像。电泳显示器技术主要有扭转球型电泳显示(twisting ball display,TBD)技术、微胶囊化电泳显示(microencapsulated electrophoretic display,MED)技术、微杯型(micro-cup)电泳显示技术,逆乳胶电泳显示(reverse emulsion electrophoretic display,REED)技术等。图 10.10 是有源(主动)OTFT 驱动的电泳显示器结构示意图。

图 10.11 是 Polymer Vision 和 Polymer Logic 公司制作的电泳显示器,是目前像素最高、质量最好的基于 OTFT 底板的显示器。Polymer Vision 公司制作的有机底板采用了标准的光刻工艺,这项工艺在工业生产上已经较为成熟[30]。Polymer Logic 公司主要采用的是加法沉积工艺,在印刷好的基底上喷墨打印导电层、半导体层和介电层。加法过程相对于减法过程,步骤更少,材料消耗也更少[24]。

但是,现在几乎所有的电泳显示技术都不成熟,响应速度比较慢,用作柔性显示存在以下问题:无法表达足够连贯的视频画面。因为电泳技术依赖于粒子的运动,用于显示的开关时间非常长,长达几百毫秒,这个速度对视频应用是不够的。

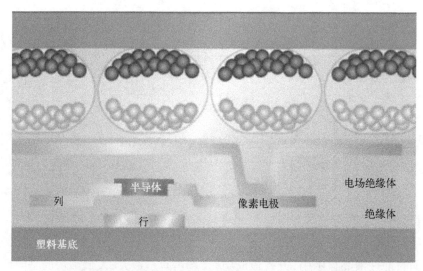

图 10.10　有源（主动）OTFT 驱动的电泳显示器示意图

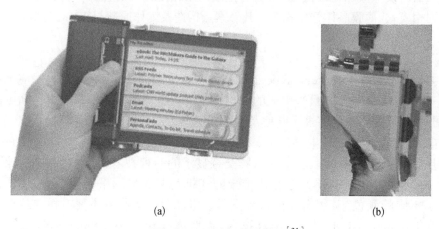

(a)   (b)

图 10.11　电泳显示器样机[31]
(a) Polymer Vision 公司产品；(b) Polymer Logic 公司产品

未来的研发重点在于，开发开关时间达到几十毫秒甚至更快的电泳技术，改进全彩显示技术，以及简化制造工艺、降低成本。

10.2.3　OTFT-OLED

　　PDLC 和 EPD 都存在播放视频画面响应不够快的问题。而 OLED 是很合适的柔性显示器，不仅具有薄且全固态的柔性结构，而且视角范围广，弯曲时仍清晰可见。OLED 色域宽、响应速度快、可以在柔性薄膜上显示全彩动图。因此，OTFT 作为高质量 OLED 柔性显示的底板很有应用前景。

　　目前有很多关于 OTFT 驱动 OLED 的报道。报道中主要有底发光结构和顶发光结构，底发光结构的OLED和OTFT集成相对更简单。就底发光结构来说，Chuman等第一次报道了绿色单色8×8像素的基于玻璃基底上的苯基OTFT驱动的OLED[32]。之后，Mizukami等制作了16×16像素的以聚碳酸酯为基底氧化钽为栅极的OTFT-OLED[33]。Zhou等报道了48×48像素的以PET为基底的苯基OTFT-OLED[34]。Han等在聚醚砜基底上制作了124×94像素的OTFT-OLED[31]。最近，Suzuki等在聚萘二甲酸乙二醇酯基底上制作了全彩213×RGB×120像素的OTFT-OLED[35]。

顶发光结构的OLED因为像素点有相对小的印脚，所以显示质量更好[31]。顶发光的OLED不仅分辨率高，而且使得集成整个结构的OTFT底板和塑料基底材料的选择更加自由。但是，这种结构要求更精细的制作工艺，因为多层介电层和连接层可能会导致OTFT的退化，这就是有源顶发光OTFT-OLED的制作难点。

10.3 应用于传感器

由于OTFT在传感器应用方面有着独特的优势，所以成为研究的一个热点。1987年，Laurs等在研究酞菁薄膜的电学特性时首次提出将OTFT作为气体传感器的想法[36]。1990年，Assadi等采用聚3-己基噻吩（P3HT）作为器件的有机半导体层，将OTFT器件暴露在NH_3环境下时，发现源漏电流的变化[37]。1993年，Ohmori等采用聚3-烷基取代噻吩作为器件有源层再次证实了OTFT可以作为传感器[38]。虽然早几年使用底栅的有机薄膜晶体管作为传感器被提出，但是将其作为传感器方面的优势并没有得到证实。直到2000年，Torsi等提出OTFT作为传感器能够超过化学电阻式传感器[39]。并指出它是一种多参数的传感器，参数包括有机薄膜体电导率、二维场效应电导率、晶体管阈值电压和场效应迁移率，实验证明当采用1,4,5,8-萘四甲酸酐（NTCDA）作为OTFT的有机层，分别在O_2、H_2O和N_2环境中测量时，这些参数都能够发生变化。因此通过检测器件的任意一个参数的变化都可以实现对气体的检测，从此实现了OTFT作为一种新型传感器的飞跃。

目前，OTFT传感器主要应用在环境监测[40]、化学试剂检测[41-42]、医学诊断[43]、药物投递和食品存储[44]等方面。传感器的研究主要聚焦在以下几个性能指标：稳定性、灵敏度和特异性（图10.12）。

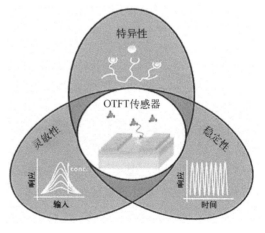

图10.12　OTFT传感器的关键指标[45]

10.3.1 气相传感器

在早前的工作中,研究人员发现有机材料,特别是并五苯对环境有着很高的灵敏度。这是因为水(相对湿度)[46-47]、氧气[48]或者臭氧[49]等的存在。

如图10.13所示,嵌入图中,方形、三角形和圆形分别代表迁移率、饱和电流和开关比的改变。并五苯基TFT在相对湿度从0%变化到30%时,其饱和电流下降至80%;当相对湿度增加到75%时,晶体管完全失效。然而,暴露在纯氧气、二氧化碳和氮气环境下时,晶体管性能未改变。

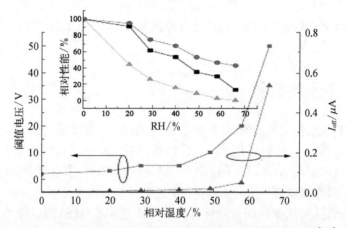

图10.13 相对湿度(RH)对并五苯基OTFT电学性能的影响[47]

新的有机电子材料的发展给监测环境稳定性和挥发性有机物对OTFT性能的影响提供了更多的可能。更关键的问题在于,如何将各类传感器集成在一个电子检测平台上。

2001年,贝尔实验室设计了一个包含11种有机半导体材料,用于检测16种气体的OTFT响应器(图10.14)。其中,黑色表示无效数据,白色表示无响应。他们发现,具有活性材料的场效应传感器用于电子鼻方面有着有效的灵敏度,对很多分析物都有响应,比如醇类、酮类、硫醇类、腈类、脂类和环状化合物等[50]。

2006年,Josephine等用含特殊官能团的聚噻吩半导体制作了一个检测挥发性有机溶剂的指纹响应器(图10.15)。响应是让传感器在0.04‰的检测物中暴露2 min后测得的。较大的差异使得这些材料应用于电子鼻成为可能[51]。对于羧酸和醛类,所有的材料都表现出一致的响应,但是对于聚3-己基噻吩/苄胺等,响应是显著增强的。可能是因为这些材料的强碱性和官能团的增加。但如果实际应用的话,器件的灵敏度可能需要达到0.001‰[52]。

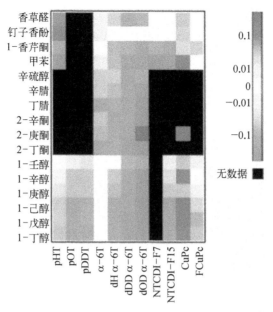

图10.14 整个传感器阵列对于不同化学物的响应[50]

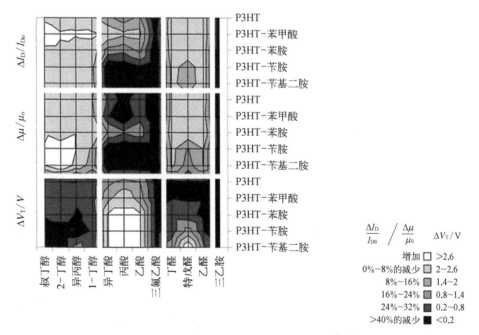

图10.15 含多种半导体材料的指纹响应[51]

10.3.2 液体传感器

OTFT也能制作成液体传感器,比如对溶液酸碱度有不同程度的响应、对不同的溶剂有不同程度的响应等。2008年,Rorberts等用p型半导体材料联噻吩衍生物(DDFTTF)制成的OTFT器件来检测不同溶液的pH对其影响[53]。该液体传感器探测装置及性能如图10.16所示,当溶液pH从3变化到11时,I_{DS}也产生了明显的变化,这就说明了该OTFT可用于溶液pH检测。

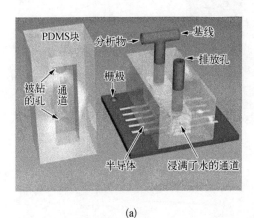
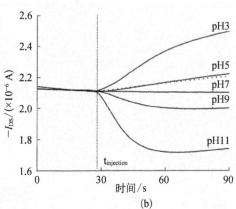

图10.16 基于OTFT的液体传感器探测装置及性能[53]
(a)DDFTTF OTFT水相传感器测试图;(b)I_{DS}对pH的响应

2015年,Lee等制作了一种对不同溶液有着高灵敏度的OTFT传感器。经过试验发现,含有大环芳烃化合物(C[8]A)的器件有着更高的灵敏度[54]。图10.17是对于不同的液相分析物,该传感器的响应程度。对于OTFT液相传感器,尤其是测

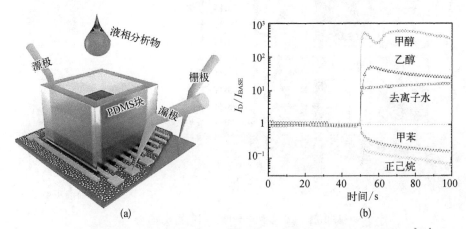

图10.17 OTFT传感器对不同液相分析物的响应程度测试与分析[54]
(a)测试装置图;(b)对不同液相分析物的响应信号

量有机溶剂,最大的一个挑战是,在有机溶剂中器件的电阻很大,导电性不好,这会直接导致I_{DS}测量不佳,甚至测不出来。

10.3.3 压力传感器

近几年,OTFT和OTFT阵列越来越多的应用于人工智能系统,比如"电子皮肤"和"电子鼻"。前面提到过,电子鼻主要用的是气体传感器。而电子皮肤主要用到的是压力传感器。

东京大学的Someya等第一次提出了电子皮肤的概念[55-57]。在早先关于电子皮肤的报道中,OTFT、压敏橡胶和温度传感器均集成在柔性的人造皮肤上。然而,压力传感器阵列并没有直接集成在晶体管上,其中一部分是压敏橡胶,OTFT作为另一部分提供信号开关(图10.18)。其原理是,在加压时,导电橡胶产生形变,导致电阻发生改变,所以最终对器件性能产生影响。

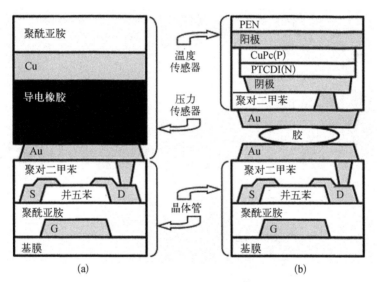

图10.18 传感器结构示意图[56]

(a)含有压敏橡胶的压力传感器;(b)OTFT热敏传感器

2013年,Schwartz等用微观结构的聚二甲基硅氧烷(PDMS)作为栅极介电层制作了一类新型压力传感器(图10.19)[58]。这个OTFT压力传感器是由两个分离层组成的。一部分包含底源漏电极和半导体聚合物,另一部分包含栅电极和微观结构的介电层。在半导体上的薄的PDMS层确保介电层表面均匀,而且提供了保护作用。将一个纸星星放在4×4的压敏晶体管阵列上[图10.20(a)],传感器的电流分布如图10.20(b)所示。

很多有机半导体材料在传感器活性层上都有着很好的应用前景。除了上述提到的几类OTFT传感器,还有很多其他类型的传感器。比如:DNA传感器、葡萄糖

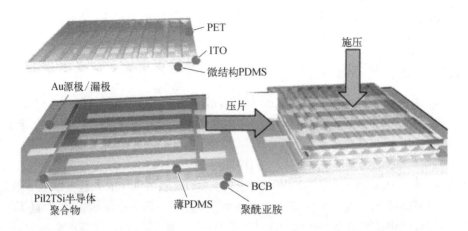

图 10.19 Schwartz 等制作的 OTFT 压力传感器[58]

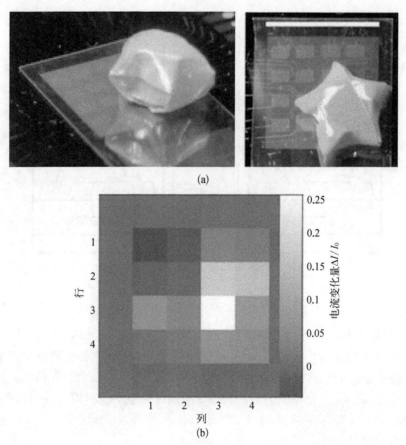

图 10.20 压敏晶体管阵列的性能展示[58]
(a) 放于 4×4 的压敏晶体管阵列上的纸星星；(b) 放置纸星星后传感器电流的分布

传感器、多巴胺传感器、抗体-抗原传感器等。

近些年,很多具有高迁移率和高稳定性的新型有机半导体材料被合成,这使得高性能OTFT传感器离实际应用又近了一步。但同时,我们应意识到OTFT制作的传感器现在也面临着许多挑战。一方面,我们需要优化OTFT传感器性能,包括稳定性、灵敏度、选择性等。另一方面,发展新型的传感器,使之具有较低的成本,具有高灵敏度、柔性、生物相容性和容易加工等优点。

10.4 应用于射频识别

射频识别(radio frequency identification, RFID)标签的应用开始于传统的超市标签和供应链的管理。今后,RFID将应用于越来越多的零售商店及物品上。为了适应发展趋势,低成本的RFID系统需要被建立。虽然现在RFID芯片只需几美分,但是它需要和天线集成组成完整的RFID应答器[59]。而天线和集成将会产生很大的成本。解决这个问题的一种方式是利用在线生产技术(如印刷)使得天线和电子器件集成在同一个基底上[60]。而由OTFT组成的电子器件恰好符合了这一点。此外,OTFT还具有低成本、可柔等优点。

对于OTFT制作RFID应答器而言,首先得制作一个可运行的OTFT集成电路。在2003年,3M公司就率先制作了1位苯基RFID应答器[61]。他们先用真空气相沉积工艺制作了7位环形振荡器(图10.21),然后将其与一个非门,两个输出缓冲器制作成1位苯基应答器电路(图10.22)。这个电路在高频8.8 MHz下工作,环形振荡器和非门从LC振荡腔中接收RF信号,从而产生响应。

关于有机RFID电路的设计已有很多报道。应用方面除了传统的身份识别、追踪溯源,还可用于防伪,而且柔性防伪有着很大的市场前景[62]。比如,2011年,Zschieschang等首次将OTFT器件嵌入到纸币中用于防伪。如图10.23所示,他们以Al作为栅极,将其暴露在氧等离子体中,得到的AlO_x厚度约为3～4 nm,然后将其浸泡在含烷基磷酸的异丙醇中。以AlO_x/SAMs为介电层,金作为源极和漏极,制作p型沟道TFT(二萘并噻吩并噻吩,DNTT)和n型沟道TFT(全氟酞菁铜,$F_{16}CuPc$)[63]。

虽然在纸币上制作的器件性能不如塑料基底和氧化硅基底高,但是在纸币上制作有机电路将会为发展柔性电子防伪系统开拓一个广泛的前景,它奠定了RFID技术用于防伪的基础,使得假币从

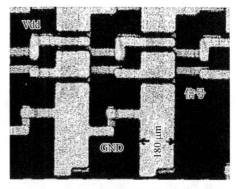

图10.21 3M公司制作的7位环形振荡器照片[61]

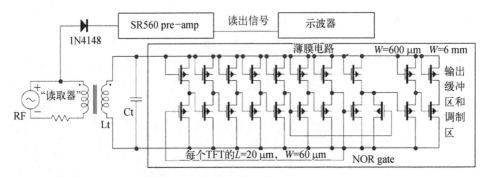

图10.22 3M公司制作的1位苯基应答器电路[61]

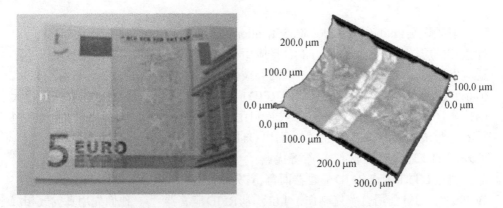

图10.23 将OTFT器件嵌入到纸币中用于防伪[63]
(a)排布着有机晶体管电路的5欧照片;(b)在纸币上的单个晶体管照片

此无可遁形。将RFID技术应用于纸币防伪有很多优点:第一,RFID芯片非法生产成本非常高,而且RFID的每个标签都有一个全球唯一的ID号码(UID),UID是写入ROM的,是无法修改和仿造的;第二,电子标签防污损、使用寿命可长达10年以上,无机械磨损、无机械故障、防转移、防复制;第三,使用RFID芯片防伪时,是芯片的生产商和应用商的结合,芯片中的信息可由银行将加密信息写到标签里,可用加密算法实现数据安全管理,形成真正的防伪标签;第四,读写器与标签可相互认证,确保信息的安全。

新颖的有机RFID技术在欧美被认定为极具投资价值的具有巨大市场潜力的新技术,新加坡及韩国都已明确指出要重点发展包括有机电子标签技术及应用的项目,而中国的大部分企业还处于观望的状态。不过,目前RFID技术存在的诸多问题亟待解决,如RFID技术的标准不统一,RFID的广泛使用将存在电磁辐射问题,缺乏RFID高技术人才,需建立较高安全性的计算机管理系统,检测设备的制造及安全管理问题等。

尽管目前有机薄膜晶体管在响应速度、性能和稳定性等方面还无法与传统的无机晶体管媲美,但它质轻、价廉、柔韧性好、易大面积生产等优点,使其在各种显示器、存储器、传感器和一些新型器件方面显示出良好的应用前景。

现在已有很多公司和科研院所致力于有机薄膜晶体管的相关研究,并取得了一系列非凡成果。我们有理由相信,随着相关有机半导体材料的开发和有机薄膜晶体管制备工艺的日渐成熟,未来不仅在已开发的应用上取得更卓越的进步,而且将开发出更多意想不到的新用途。

参 考 文 献

[1] Liping M, Seungmoon P, Jianyong O, et al. Nonvolatile electrical bistability of organic/metal-nanocluster/organic system. Appl. Phys. Lett., 2003, 82: 1419–1421.

[2] Chu C W, Ouyang J, Tseng H H, et al. Organic donor-acceptor system exhibiting electrical bistability for use in memory devices. Adv. Mater., 2005, 17: 1440.

[3] Moller S, Perlov C, Jackson W, et al. A polymer/semiconductor write-once read-many-times memory. Nature, 2003, 426: 166–169.

[4] Schroeder R, Majewski L A, Grell M. All-organic permanent memory transistor using an amorphous, spin-cast ferroelectric-like gate insulator. Adv. Mater., 2004, 16: 633.

[5] Naber R C G, Tanase C, Blom P W M, et al. High-performance solution-processed polymer ferroelectric field-effect transistors. Nat. Mater., 2005, 4: 243–248.

[6] Katz H E, Hong X M, Dodabalapur A, et al. Organic field-effect transistors with polarizable gate insulators. J. Appl. Phys., 2002, 91: 1572–1576.

[7] Singh T B, Marjanovic N, Matt G J, et al. Nonvolatile organic field-effect transistor memory element with a polymeric gate electret. Appl. Phys. Lett., 2004, 85: 5409–5411.

[8] Unni K N N, Bettignies R, Dabos S, et al. A nonvolatile memory element based on an organic field-effect transistor. Appl. Phys. Lett., 2004, 85: 1823–1825.

[9] Baeg K J, Noh Y Y, Ghim J, et al. Organic non-volatile memory based on pentacene field-effect transistors using a polymeric gate electret. Adv. Mater., 2006, 18: 3179.

[10] Crone B, Dodabalapur A, Lin Y Y, et al. Large-scale complementary integrated circuits based on organic transistors. Nature, 2000, 403: 521–523.

[11] Di C, Yu G, Liu Y, et al. High-performance organic field-effect transistors: Molecular design, device fabrication, and physical properties. J. Phys. Chem. B, 2007, 111: 14083–14096.

[12] Yoon M H, Kim C, Facchetti A, et al. Gate dielectric chemical structure-organic field-effect transistor performance correlations for electron, hole, and ambipolar organic semiconductors. J. Am. Chem. Soc., 2006, 128: 12851–12869.

[13] Kim C, Facchetti A, Marks T J. Polymer gate dielectric surface viscoelasticity modulates pentacene transistor performance. Science, 2007, 318: 76–80.

[14] Di C, Yu G, Liu Y, et al. High-performance organic field-effect transistors with low-cost copper electrodes. Adv. Mater., 2008, 20: 1286.

[15] Shtein M, Mapel J, Benziger J B, et al. Effects of film morphology and gate dielectric surface preparation on the electrical characteristics of organic-vapor-phase-deposited pentacene thin-

film transistors. Appl. Phys. Lett., 2002, 81: 268−270.

[16] 陆旭兵,邵亚云,刘俊明.浮栅型有机非易失性存储器的研究.华南师范大学学报(自然科学版),2013:85−91.

[17] Li W J, Katz H E, Lovinger A J, et al. Field-effect transistors based on thiophene hexamer analogues with diminished electron donor strength. Chem. Mater., 1999, 11: 458−465.

[18] Laquindanum J G, Katz H E, Lovinger A J, et al. Benzodithiophene rings as semiconductor building blocks. Adv. Mater., 1997, 9: 36.

[19] Liu Z, Xue F, Su Y, et al. Memory effect of a polymer thin-film transistor with self-assembled gold nanoparticles in the gate dielectric. IEEE Trans. on Nanotechnol., 2006, 5: 379−384.

[20] Lee K H, Lee G, Lee K, et al. High-mobility nonvolatile memory thin-film transistors with a ferroelectric polymer interfacing ZnO and pentacene channels. Adv. Mater., 2009, 21: 4287.

[21] Baeg K J, Noh Y Y, Ghim J, et al. Polarity effects of polymer gate electrets on non-volatile organic field-effect transistor memory. Adv. Funct. Mater., 2008, 18: 3678−3685.

[22] Sekitani T, Yokota T, Zschieschang U, et al. Organic nonvolatile memory transistors for flexible sensor arrays. Science, 2009, 326: 1516−1519.

[23] Guo Y, Di C, Ye S, et al. Multibit storage of organic thin-film field-effect transistors. Adv. Mater., 2009, 21: 1954−1959.

[24] Burns S E, Kuhn C, Jacobs K, et al. Printing of polymer thin-film transistors for active-matrix-display applications. J. Soc. Inf. Display, 2003, 11: 599−604.

[25] Arias A C, Ready S E, Lujan R, et al. All jet-printed polymer thin-film transistor active-matrix backplanes. Appl. Phys. Lett., 2004, 85: 3304−3306.

[26] Huitema E, Gelinck G, van der Putten B, et al. Polymer-based transistors used as pixel switches in active-matrix displays. J. Soc. Inf. Display, 2002, 10: 195−202.

[27] Gelinck G H, Huitema H E A, Van Veenendaal E, et al. Flexible active-matrix displays and shift registers based on solution-processed organic transistors. Nat. Mater., 2004, 3: 106−110.

[28] Rogers J A, Bao Z, Baldwin K, et al. Paper-like electronic displays: Large-area rubber-stamped plastic sheets of electronics and microencapsulated electrophoretic inks. P. Natl. Acad. Sci. USA, 2001, 98: 4835−4840.

[29] Sheraw C D, Zhou L, Huang J R, et al. Organic thin-film transistor-driven polymer-dispersed liquid crystal displays on flexible polymeric substrates. Appl. Phys. Lett., 2002, 80: 1088−1090.

[30] Gelinck G H, Huitema H E A, van Mil M, et al. A rollable, organic electrophoretic QVGA display with field-shielded pixel architecture. J. Soc. Inf. Display, 2006, 14: 113−118.

[31] Gelinck G, Heremans P, Nomoto K, et al. Organic transistors in optical displays and microelectronic applications. Adv. Mater., 2010, 22: 3778−3798.

[32] Ohta S, Chuman T, Miyaguchi S, et al. Active matrix driving organic light-emitting diode panel using organic thin-film transistors. Jap. J. Appl. Phys. 2005, 44: 3678−3681.

[33] Mizukami M, Hirohata N, Iseki T, et al. Flexible AMOLED panel driven by bottom-contact OTFTs. IEEE Electron Device Lett., 2006, 27: 249−251.

[34] Zhou L S, Wanga A, Wu S C, et al. All-organic active matrix flexible display. Appl. Phys. Lett., 2006, 88: 142.

[35] Suzuki M, Fukagawa H, Nakajima Y, et al. A 5.8-in. phosphorescent color AMOLED display

fabricated by ink-jet printing on plastic substrate. J. Soc. Inf. Display, 2009, 17: 1037−1042.

[36] Laurs H, Heiland G. Electrical and optical-properties of phthalocyanine films. Thin Solid Films, 1987, 149: 129−142.

[37] Assadi A, Gustafsson G, Willander M, et al. Determination of field-effect mobility of poly(3-hexylthiophene) upon exposure to NH_3 gas. Synthetic Met., 1990, 37: 123−130.

[38] Ohmori Y, Muro K, Yoshino K. Gas-sensitive and temperature-dependent schottky-gated field-effect transistors utilizing poly(3-alkylthiophene)s. Synthetic Met., 1993, 57: 4111−4116.

[39] Torsi L, Dodabalapur A, Sabbatini L, et al. Multi-parameter gas sensors based on organic thin-film-transistors. Sensor. Actuat. B-Chem., 2000, 67: 312−316.

[40] Johnson K S, Needoba J A, Riser S C, et al. Chemical sensor networks for the aquatic environment. Chem. Rev., 2007, 107: 623−640.

[41] Voiculescu I, Mc R A, Zaghloul M E, et al. Micropreconcentrator for enhanced trace detection of explosives and chemical agents. IEEE Sens. J., 2006, 6: 1094−1104.

[42] Noort D, Benschop H P, Black R M. Biomonitoring of exposure to chemical warfare agents: A review. Toxicol. Appl. Pharm., 2002, 184: 116−126.

[43] Macaya D J, Nikolou M, Takamatsu S, et al. Simple glucose sensors with micromolar sensitivity based on organic electrochemical transistors. Sensor. Actuat. B-Chem., 2007, 123: 374−378.

[44] Liao F, Chen C, Subramanian V. Organic TFTs as gas sensors for electronic nose applications. Sensor. Actuat. B-Chem., 2005, 107: 849−855.

[45] Roberts M E, Sokolov A N, Bao Z. Material and device considerations for organic thin-film transistor sensors. J. Mater. Chem., 2009, 19: 3351−3363.

[46] Zhu Z T, Mason J T, Dieckmann R, et al. Humidity sensors based on pentacene thin-film transistors. Appl. Phys. Lett., 2002, 81: 4643−4645.

[47] Li D W, Borkent E J, Nortrup R, et al. Humidity effect on electrical performance of organic thin-film transistors. Appl. Phys. Lett., 2005, 86: 521−523.

[48] Taylor D M, Gomes H L, Underhill A E, et al. Effect of oxygen on the electrical characteristics of field-effect transistors formed from electrochemically deposited films of poly(3-methylthiophene). J. Phys. D-Appl. Phys., 1991, 24: 2032−2038.

[49] Chaabane R B, Ltaief A, Kaabi L, et al. Influence of ambient atmosphere on the electrical properties of organic thin film transistors. Mat. Sci. Eng. C-Bio. S., 2006, 26: 514−518.

[50] Crone B, Dodabalapur A, Gelperin A, et al. Electronic sensing of vapors with organic transistors. Appl. Phys. Lett., 2001, 78: 2229−2231.

[51] Chang J B, Liu V, Subramanian V, et al. Printable polythiophene gas sensor array for low-cost electronic noses. J. Appl. Phys., 2006, 100: 79−100.

[52] Crone B K, Dodabalapur A, Sarpeshkar R, et al. Organic oscillator and adaptive amplifier circuits for chemical vapor sensing. J. Appl. Phys., 2002, 91: 10140−10146.

[53] Roberts M E, Mannsfeld S C B, Queralto N, et al. Water-stable organic transistors and their application in chemical and biological sensors. Proceedings of the National Academy of Sciences of the United States of America, 2008, 105: 12134−12139.

[54] Lee M Y, Kim H J, Jung G Y, et al. Highly sensitive and selective liquid-phase sensors based on a solvent-resistant organic-transistor platform. Adv. Mater., 2015, 27: 1540−1546.

[55] Someya T, Sekitani T, Iba S, et al. A large-area, flexible pressure sensor matrix with organic field-effect transistors for artificial skin applications. Proceedings of the National Academy of Sciences of the United States of America, 2004, 101: 9966−9970.

[56] Someya T, Kato Y, Sekitani T, et al. Conformable, flexible, large-area networks of pressure and thermal sensors with organic transistor active matrixes. Proceedings of the National Academy of Sciences of the United States of America, 2005, 102: 12321−12325.

[57] Someya T, Dodabalapur A, Huang J, et al. Chemical and physical sensing by organic field-effect transistors and related devices. Adv. Mater., 2010, 22: 3799−3811.

[58] Schwartz G, Tee B C K, Mei J, et al. Flexible polymer transistors with high pressure sensitivity for application in electronic skin and health monitoring. Nat. Commun., 2013, 4: 1859.

[59] Cantatore E, Geuns T C T, Gelinck G H, et al. A 13.56 MHz RFID system based on organic transponders. IEEE J. Solid-St. Circ., 2007, 42: 84−92.

[60] Subramanian V, Frechet M J, Chang P C, et al. Progress toward development of all-printed RFID tags: Materials, processes, and devices. Proceedings of the IEEE, 2005, 93: 1330−1338.

[61] Baude P F, Ender D A, Kelley T W, et al. Organic semiconductor RFID transponders. IEEE International Electron Devices Meeting, 2003, 8:1−4.

[62] Yoon B, Ham D Y, Yarimaga O, et al. Inkjet printing of conjugated polymer precursors on paper substrates for colorimetric sensing and flexible electrothermochromic display. Adv. Mater., 2011, 23: 5492−5497.

[63] Zschieschang U, Yamamoto T, Takimiya K, et al. Organic electronics on banknotes. Adv. Mater., 2011, 23: 654−658.

索　引

ALD技术　103
n型有机半导体　29
pH检测　282
p型有机半导体　29

B
饱和曲线　176
苝酰亚胺　81
吡咯并吡咯二酮　76
表面能　136
并噻吩　36
并五苯　6

C
侧链效应　217
叉指结构　258
掺杂　230
场效应迁移率　21
传感器阵列　281
重组能　162
磁场诱导排列　248
从头算法　154
存储器　271

D
大环类有机半导体　45
打印技术　9
单晶衍射　170
电荷转移积分　161
电离电势　32

电容率　139
电子皮肤　283
顶发光结构　279
定向分子成膜　242

F
发展历程　5
反溶剂　184
分子量效应　228
俘获　193
氟原子取代　53
浮栅　271
富勒烯　54

G
各向异性　179
给体调控　78
功能化　10
共混　230
共振能　33
光导效应　194
光电晶体管　190
光伏效应　193
光致存储　209
过饱和曲线　176

H
红荧烯　8

J
击穿电压　140

基本结构　16
激子迁移距离　204
极化　95
几何优化　159
奇偶性　224
加工工艺　6
加工温度　3
介电常数　96
界面工程　249
界面极性　137
近红外OPTs　203
晶核　179
聚合物分散液晶　276
聚噻吩　74

K
开关比　22
空气稳定性　7

L
量子化学　152
量子力学　151
灵敏度　191
漏电流　108

M
密度泛函方法　156
模板辅助自组装　58

N
萘酰亚胺　81

Q
迁移率分布　170
迁移率高估　11
迁移率计算　163
驱动电压　99

R
热退火　245
溶液法制备　7
柔性电泳显示　277
柔性电子防伪　285

S
扇形掩模板　183
生长机理　175
输出特性曲线　18
输运机制　24
双极性OPTs　203
双极性高分子　86
双极性有机半导体　29
四硫富瓦烯　42
隧穿　25

T
跳跃传导　26
图案化衬底　185

W
物理气相转移法　174

X
线性区域　49
响应度　191
小分子液晶材料　57
新型受体单元　88
旋涂　112

Y
亚阈值斜率　23
液晶相态　55
应答器　285
有机单晶　174
有机发光晶体管　34
有机铁电材料　274
有源层　29
阈值电压　20

Z
杂原子效应　225
载流子　30
增益　203
转移特性曲线　18
自组装单分子膜　126